# 结构工程师综合能力提升与工程案例分析

魏利金　编著

JIEGOU GONGCHENGSHI
ZONGHE NENGLI TISHENG
YU GONGCHENG ANLI FENXI

中国电力出版社
CHINA ELECTRIC POWER PRESS

## 内 容 提 要

本书基于作者35年的工程实践经验沉淀，近十年全国各地一百多场的传道授业、答疑解惑的精华总结，通过大量经典工程实际案例分析，对规范应用过程中的疑难、热点问题进行剖析，意在使广大设计者全面系统掌握熟悉结构设计理念和使用方法，尽快提高分析解决复杂工程设计问题的综合能力。

全书共分12章，包括综述，新颁布的几个标准及相关热点问题解读，《中国地震动参数区划图》和《建筑抗震设计规范》，现行规范的一些疑惑及“错误”，如何理解规范、标准、技术措施、图集及某些大型设计院的一些规定，对一些规范比较模糊的条款的分析及解读，结构设计主要控制指标的合理选取问题，建筑结构规则性合理界定及设计加强措施，抗震措施与抗震构造措施相关问题，关于几种常用结构设计方法的思考，结构设计容易违反的强制性条文及解析，一些复杂问题设计方法及设计应注意的问题。

内容涉及近期诸多新规范、标准，解读通俗易懂，系统翔实，工程案例极具代表性，阐述观点精辟，有助于相关人员全面系统理解规范、标准等实质内涵，更有助于尽快提高设计综合能力。

本书可供从事建筑结构设计、审图、咨询、科研人员阅读，也可供高等院校师生及相关工程技术人员参考使用。

**图书在版编目（CIP）数据**

结构工程师综合能力提升与工程案例分析 / 魏利金编著．—北京：中国电力出版社，2021.5
ISBN 978-7-5198-4414-1

Ⅰ．①结…　Ⅱ．①魏…　Ⅲ．①建筑结构–结构设计　Ⅳ．①TU318

中国版本图书馆CIP数据核字（2020）第035033号

出版发行：中国电力出版社
地　　址：北京市东城区北京站西街19号（邮政编码100005）
网　　址：http://www.cepp.sgcc.com.cn
责任编辑：王晓蕾（010-63412610）
责任校对：黄　蓓　朱丽芳
装帧设计：张俊霞
责任印制：杨晓东

印　　刷：三河市航远印刷有限公司
版　　次：2021年5月第一版
印　　次：2021年5月北京第一次印刷
开　　本：787毫米×1092毫米　16开本
印　　张：22.75
字　　数：519千字
定　　价：88.00元

# 前　言

随着我国土木工程的迅猛发展，越来越需要大量素质高、技术能力强、工程实践经验丰富的建设人才。在土木技术日新月异、专业纷繁交错的今天，即使已经有一些工程经验的土木工程人员，也需要不断巩固已有的理论知识和经验，更需要不断吸收新的知识和借鉴他人的经验。

根据住房和城乡建设部对2018年全国具有资质的工程勘察设计企业从业人员情况进行的统计，2018年年末全国工程勘察设计行业从业人员447.3万人，其中专业技术人员188.2万人。具有高级职称的人员为40万人，占从业人员总数的9%；具有中级职称的人员为67.7万人，占从业人员总数的15.1%。由这些数据可以看出，我国还急需大量的素质高、技术能力强、工程实践经验丰富的建设人才。

结构设计工作是由工程师去完成的，也就是说，在设计工作中，工程师应是主导者。工程师应该运用个人专业综合知识控制整个设计过程，让设计出来的建筑结构体现设计者的智慧和水平。当然，如果结构设计工程师自身的综合能力不够强，即使控制了整个设计，那设计成果也只能体现工程师所具有的实际水平。因此，提高工程师的综合设计能力是首要的。提高设计综合能力水平，可以通过不断的实践，包括刻苦学习基础理论，钻研有关技术，认真积累和吸收自己成功与失败的经验，学习他人先进经验以及创新等途径来实现。

另外，一些工作方法、思路也能起到帮助提高综合设计水平的作用。如在方案设计阶段，充分收集有关资料并进行概念分析判断，从中发现和掌握其核心，把它运用在设计中；在设计过程中，积极运用智慧，思考并发现问题和解决问题，尤其对一些疑点，决不能不求甚解，轻易放过，而是必求其解，弄个水落石出，这样不仅可以保证设计工程的安全可靠，经济合理，更重要的是还能从中悟出一些概念和培养敏锐的分析解决问题的综合能力。

在职场上，“综合能力强”的人会得到同事的羡慕和领导的垂青。我们总是能听到“大家多学习提升自己的能力”“只要有能力，不管去哪都能做得不错”，但工作中的“综合能力”到底是个什么东西呢？

工作综合能力通常是指一个人在工作中所能够发挥的力量，广泛且深刻地体现在工作质量和工作效率上，且影响着他人。一个人的业绩是能力的外在表现，综合能力才是业绩内在的根本。一个人的工作能力能够通过业绩显现，而“综合能力”并不是一个单一的概念，而是多个概念的集合。

专业技能主要是指从事某一职业的专业能力，也是胜任岗位工作基本的专业能力。随着工作的熟练和经验的不断积累，个体的专业能力会在学习与实践中得到不断提升，并进一步得到掌握、历练和巩固。专业技能是工作能力的起点，有了扎实牢靠的专业岗位能力才能在职场上立于不败之地，当然也是拥有价值延伸的本钱，其他方面都是锦上添花的拓展。

21 世纪是一个知识大爆炸的时代，在这个时代，我们可以以非常低廉的价格，非常轻松的方式接触到广泛的知识及经验，对学习者来说，这是一个前所未有的好时代。人和人不会因为知识的获取而形成很大差距，但是，人和人会在“自我提升、自我完善”上拉开距离，提升包括对事物的认知方式、思考方式和执行方式。

作为一名合格的结构工程师，日常除了完成自己本职工作，更重要的是完成任务后的思考、总结和提炼。我们要学会和他人交流、分享、共同提高。将自己掌握的一点点知识和经验，藏着掖着，生怕别人也学会，自己没有优势了。这样只会导致自己的知识形成一个个孤岛，难以提升自己的综合技术能力。知识的海洋无边无际，是永远学不完的。作者多年来一直通过各种渠道（微博、微信、写书、现场传道答疑、解惑等）将自己掌握的一些知识和经验毫无保留地分享给大家，让年轻的设计师尽量少走弯路。其实每次分享（写书或去各地传道解惑）作者都花费了不少工夫去思考、总结和提炼，分享的越多意味着自我需要学习的更多，这其实是一个良性的循环。综合能力提升，只有通过不断的实践，包括刻苦学习基础理论、钻研有关技术、认真积累和吸收经验、学习借鉴、不断总结和交流。

本书基于作者 35 年的工程实践经验沉淀，近十年全国各地一百多场的传道授业、答疑解惑的精华总结，通过大量经典工程实际案例分析，对规范应用过程中的疑难、热点问题进行剖析，意在使广大设计者全面系统掌握熟悉结构设计理念和使用方法，尽快提高分析解决复杂工程设计问题的综合能力。

全书共分 12 章，包括综述，新颁布的几个标准及相关热点问题解读，《中国地震动参数区划图》和《建筑抗震设计规范》，现行规范的一些疑惑及“错误”，如何理解规范、标准、技术措施、图集及某些大型设计院的一些规定，对一些规范比较模糊的条款的分析及解读，结构设计主要控制指标的合理选取问题，建筑结构规则性合理界定及设计加强措施，抗震措施与抗震构造措施相关问题，关于几种常用结构设计方法的思考，结构设计容易违反的强制性条文及解析，一些复杂问题设计方法及设计应注意的问题。

内容涉及近期诸多新规范、标准，解读通俗易懂，系统翔实，工程案例极具代表性，阐述观点精辟，有助于相关人员全面系统理解规范、标准等实质内涵，更有助于尽快提高设计综合能力。

本书可供从事建筑结构设计、审图、咨询、科研人员阅读，也可供高等院校师生及相关工程技术人员参考使用。

最后用一段话与广大读者共勉：“人生的捷径无非就是自我的积累、自我的超越、自我的发现与判断，一件事做久了自然就掌握到规律，能不走的弯路尽量不走，就是捷径。总之，其实并无捷径，唯有不断提升自己，比什么都重要！”

编著者

## 本书涉及的主要规范、规程、标准、规定全称与对应简称

| 序号 | 规范、规程、标准、规定名称 | 本书简称 |
| --- | --- | --- |
| 1 | 《建筑结构可靠性设计统一标准》（GB 50068—2018） | 《建筑可靠性标准》 |
| 2 | 《工程结构可靠性设计统一标准》（GB 50153—2008） | 《工程可靠性标准》 |
| 3 | 《建筑工程抗震设防分类标准》（GB 50223—2008） | 《设防分类标准》 |
| 4 | 《老年人照料设施建筑设计标准》（JGJ 450—2018） | 《老年设施标准》 |
| 5 | 《混凝土结构设计规范》（GB 50010—2010）（2015 年版） | 《砼规》 |
| 6 | 《建筑抗震设计规范》（GB 50011—2010）（2016 年版） | 《抗规》 |
| 7 | 《高层建筑混凝土结构技术规程》（JGJ 3—2010） | 《高规》 |
| 8 | 《建筑结构荷载规范》（GB 50009—2012） | 《荷载规范》 |
| 9 | 《建筑地基基础设计规范》（GB 50007—2011） | 《地规》 |
| 10 | 《高层建筑筏形与箱形基础技术规范》（JGJ 6—2011） | 《箱筏规范》 |
| 11 | 《建筑地基处理技术规范》（JGJ 79—2012） | 《地基处理规范》 |
| 12 | 《建筑桩基技术规范》（JGJ 94—2008） | 《桩基规范》 |
| 13 | 《高层民用建筑钢结构技术规程》（JGJ 99—2015） | 《高钢规》 |
| 14 | 《钢结构设计标准》（GB 50017—2017） | 《钢标》 |
| 15 | 《人民防空地下室设计规范》（GB 50038—2005） | 《人防规范》 |
| 16 | 《北京地区建筑地基基础勘察设计规范》（DBJ 11—501—2009）（2016 年版） | 《北京地规》 |
| 17 | 《岩土工程勘察规范》（GB 50021—2001）（2009 年版） | 《勘察规范》 |
| 18 | 上海《建筑抗震设计规程》（DGJ 08—9—2013） | 《上海抗规》 |
| 19 | 广东《高层建筑混凝土结构技术规程》（DBJ 15—92—2013） | 《广东高规》 |
| 20 | 《工业建筑防腐蚀设计标准》（GB/T 50046—2018） | 《防腐蚀标准》 |
| 21 | 《水工混凝土结构设计规范》（SL 191—2008） | 《水工规范》 |
| 22 | 《城市桥梁设计规范》（CJJ 11—2011）（2019 年版） | 《桥梁规范》 |
| 23 | 《中国地震动参数区划图》（GB 18306—2015） | 《地震区划图》 |
| 24 | 《建筑边坡工程技术规范》（GB 50330—2013） | 《边坡规范》 |
| 25 | 《全国民用建筑工程设计技术措施　结构（混凝土结构）》（2009 年版） | 《技术措施（混凝土结构）》 |
| 26 | 《全国民用建筑工程设计技术措施　结构（地基与基础）》（2009 年版） | 《技术措施（地基与基础）》 |
| 27 | 《全国民用建筑工程设计技术措施　结构（防空地下室）》（2009 年版） | 《技术措施（防空地下室）》 |
| 28 | 《超限高层建筑工程抗震设防专项审查技术要点》（建质〔2015〕67 号文） | 《超限审查要点》 |
| 29 | 2016 年江苏省建设工程施工图审查技术问答（结构专业） | 2016 年江苏审图 |
| 30 | 北京市建设工程施工图设计文件审查专家委员会房屋建筑组结构专业相关问题研讨会纪要 2015（京施审专家委房建〔2015〕结字第 1 号） | 2015 年北京施工图审查解答 |

# 目录

# 第1章

# 综　　述

## 1.1 对结构工程师继续教育的四点建议

### 1.1.1 应以问题为主要导向进行培训

工程师已经具备了必要的专业知识，也不同程度积累了工程经验，又在实践中遇到了不少疑惑问题，迫切希望知道如何解决这些疑惑，故继续教育应面向问题。结构工程涉及的领域很广泛，如地基基础、基坑工程、地下工程、混凝土结构、钢结构、木结构、砌体结构、高耸结构、加固改造、道路桥梁、抗震设计、超限高层等，不同领域有不同的问题。由于各人的主客观条件不同，从事领域也不同，要求每位工程师全面掌握不太现实，但这些领域是互相关联的，要培养综合处理问题的能力。

### 1.1.2 应以工程案例为主要培训内容

工程典型案例对解决处理问题的针对性最强、最生动，最容易被工程师理解，也体现从实践中来、再到实践中去的认识过程。工程案例作为培训内容，不是简单地介绍某个工程的经验，更不是简单地宣传某种新方法、新技术，而是要提高到问题的实质和理论的高度去认识。

### 1.1.3 应以培养综合决策能力为主要目标

结构工程师综合能力的提高，主要在于综合分析能力、综合判断能力、综合思考能力和综合决策能力。技术问题要综合决策，团队管理问题、公共关系问题更要综合决策。可以典型案例为单元，涵盖结构安全问题、经济性问题、技术措施问题、内部管理问题、市场问题等，综合分析，综合决策。

### 1.1.4 应以国际和未来为大视野

我国建筑工程正走向国际化，不断走向世界各地。工程师需要了解国外建筑工程的新理论、新方法，国际上的技术标准、技术法规和商业运作模式，外国的地质条件和抗震、抗风设计理念及材料标准，各国各民族的风土人情，在发达国家和发展中国家开展工作的经验等。还需要知道建筑工程未来发展的趋势，相关领域的发展情况（如信息技术、计算技术、机电工程、结构工程等），激发工程师的创造力和创新活力，促进结构工程的技术进步。

## 1.2 合格的结构设计师应该在日常工作中特别重视以下五个方面的问题

### 1.2.1 应积极主动起到全过程控制作用

设计工作是由工程师去完成的，也就是说，在设计工作中，工程师是主导者。工程师应该运用个人专业知识，控制整个设计，让设计出来的建筑体现自身的智慧和水平。当然，要是设计工程师自身水平不高，纵使控制了整个设计，那设计成果也只能体现当前具有的水平而已。因此，提高工程师的自身设计水平是首要的任务。提高设计水平，只有通过不断的实践，包括刻苦学习理论知识、钻研有关技术、认真积累和吸收成功与失败的经验、学习他人经验、推新创新等途径来实现。

一方面，一些成功经验与工作方法能起到帮助提高设计水平的作用。如在设计方案阶段，充分收集有关资料并进行分析研究，从中发现和掌握其核心和关键点，把它灵活的运用在设计中；在设计过程中，积极运用概念思考去发现问题和解决问题，尤其对一些疑点，决不能不求甚解，轻易放过，而是必求其解，弄个水落石出，这样不但可以保证本次设计的质量，还能从中悟出一些道理、概念和培养敏锐的分析能力，对提高设计水平也有好处；在设计完成后，要很好地总结，不断创新提高。

另一方面要发挥工程师的主导作用。显而易见，要是设计工程师放弃了自我的主导作用，不运用所具有的知识去掌控设计，那么即使设计水平很高，设计成果的水平也不可能高。这里有两种情况：一是责任心不强，懒得花工夫，这属于态度问题，要从思想方面去解决，这里就不多谈了；二是不自觉地失去了控制能力，这一点在普遍使用计算程序进行设计的情况下往往容易出现。原因是有些人过于甚至于盲目相信或依赖程序，对程序的计算结果或者成图不作检查分析和判断，有时还被程序的结果牵着走。其实任何程序都有一定的适用条件，而且程序是根据计算简图和所输入的数据去工作的，适用条件不符、计算简图不能反映实际结构或者输入数据不正确，其结果就不准确甚至可能是错误的，盲目使用就失去了对设计的控制，失去工程师的主导作用。要提高设计水平，就要求设计工程师既有高的设计水平，还得要能起到控制设计的作用，两者必须兼备，缺一不可。

### 1.2.2 要特别重视概念设计

概念是一种反映事物本质属性的思维形式，它反映客观事物的一般的、本质的特征，是人们在实践基础上经过感性认识上升到理性认识而形成的。概念设计就是以工程概念为依据，用符合工程客观规律和本质的方法，对所设计的对象作宏观的控制，具体地说就是制定方案，包括总体系和所有分体系的布局和处理原则。设计工作是由工程师控制的。所谓控制，就是在设计的各个阶段对设计的各部分，设计工程师首先根据一般的工程结构概念和该类型工程的结构概念，结合该工程的具体外部条件，考虑一个结构设计方案，包括结构体系、结构布置、构造处理原则、采用的计算方法等，经过初步分析研究认为合理并可行后，以此作为原则进行具体的设计。由于这个原则来自有关概念，也就是说它是符合客观规律的，这样就保证了正确的设计方向，不犯原则上的错误。

当然，在具体细节中还要作这样或那样的调整才能完成设计，但这些调整不会影响大局。掌握好概念设计不仅可以保证正确的设计原则，还可以通过它来解决设计中出现的问题以至提高设计水平。当发现某个技术问题时，可以根据概念来分析其原因，这往往比直接检查数据更快更有效，而且可以找到问题的症结所在。这个方法最适合用于判断电算结果，电算过程有上亿个数据，要跟踪数据是不可能的，只有用概念来判断其合理性或找原因，又用概念去解决问题才是出路。

概念设计运用得好，能使结构尽量满足外部条件并以最合理的受力状态去工作，从而带来结构更安全可靠和良好的经济效益。可以说，某些创新也是来自概念的，当你掌握某些体系、构件或构造的概念而又发现可以用更简单更合理的另外一些体系、构件或构造来代替它时，其结果就是创新。概念设计是设计工程师的思维活动，必然贯穿着设计工程师的知识水平和设计水平，这就保证了工程师在设计中的主导作用。概念设计的水平越高，设计成果的水平就越高。概念设计的水平来自深厚的基础理论、对结构原理和力学性质的深刻理解及丰富的工程经验（包括积累的和吸收的）等方面，要提高概念设计水平从而提高设计水平就要在这些方面下工夫。

### 1.2.3 把控好抗震、抗风设计基本概念

我国是一个多地震国家，保证建筑物的抗震性能以减少地震发生时的人员伤亡和财产损失是一个重要问题。因此，提高建筑结构的抗震设计水平是提高建筑结构设计水平的一个重要组成部分。关于抗震设计，我国目前建筑结构的抗震设防原则是“小震（超越概率63%）不坏、中震（超越概率 10%）可修、大震（超越概率 2%）不倒”。根据这些原则，我国颁布了《建筑抗震设计规范》，其他设计规范也据此列出了有关抗震设计的原则、计算方法、构造处理等内容，为我国的建筑抗震设计提供了依据。遵循这些进行抗震设计，建筑物的抗震性能应该是符合我国的建筑抗震标准的。

可是，目前的情况仍不太理想。主要是有些设计人员对抗震设计方法的本质还认识不够，抗震设计不是从概念入手，而仅着重于具体计算，造成了建筑物表面上是经过抗震计算而且满足规范要求，但实际上并不具有真正的抗震性能的情况，这种情况屡见不鲜。地震的随机性很大，建筑物遇到地震时所产生的地震作用难以准确判定。目前规范所提供的抗震计算方法是理论的方法，而有关参数则是在有限统计资料的基础上通过概率分析得出的，据之作出的计算结果仅能是理论上的和近似的，不能认为它真实反映建筑物在地震时所受到的作用和它的真正工作能力。

通过过去大量的震害调查研究，已从宏观上总结出各种形式的结构和构造，哪些是对抗震有利的，哪些是不利的，从而制定了一些抗震设计的原则，这些原则在有关规范中都有列出，它反映了客观规律，遵循这些原则就能使建筑物在原则上具有比较可靠的抗震性能。也就是说，掌握抗震原则比抗震计算更为重要。综上所述，抗震原则和抗震计算的相对关系是定性与近似定量的关系，前者是概念设计问题，而后者是具体计算。概念设计决定建筑物的本质（抗震性能），若是本质上就不适宜于抗震，那么不管多“精确”的计算

也无济于事。提高抗震设计水平首先要做好概念设计，当然在此基础上也要认真计算以作出适当的定量。

### 1.2.4 必须避免过度依赖计算机程序计算结果，必须具有完善和补充计算机程序不足的能力

目前结构分析工作基本上都在计算机上进行，绝大多数图纸也采用计算机辅助设计来完成，因此计算机程序的内容和功能直接影响结构设计水平。目前我国已经具有好几个较通用的、都比较“傻瓜”、功能比较强、得到广泛应用的建筑结构分析程序，其中有些还带有成图功能，此外还有很多专项结构的计算程序，这些程序为结构设计工作提供了有力的工具，在解决结构分析难度和速度、保证以至提高结构设计水平上起了很大的作用。然而随着建筑事业的发展，特别是目前，一方面建筑物规模越来越大，形式越来越多也越复杂，建筑结构设计的内容多了，难度也越来越增大了；另一方面随着我国建筑结构技术水平的提高，对建筑结构设计的要求，包括广度和深度也提高了。在这样的情况下，现有的结构设计软件已显得有些难以满足需要。例如有些力学模型不能适应比较复杂的结构和构件形式；对某些构件的承载力设计处理不理想或尚未解决；还未具有足够的计算功能以应对某些复杂结构所需要进行的各种计算（纵使有也比较粗糙）；计算机成图功能不够齐全或成图质量不高等。可是这些结构又非得用计算机计算不可，有时为了解决实际问题，只有硬把结构作这样或那样（甚至是不合理）的简化以满足计算程序的能力，导致计算结果不准确甚至错误；一些必要而且重要的计算也只好省略或者只能进行一些粗糙的计算，这些做法都足以影响以至降低结构设计的水平。

因此，要提高结构设计水平，一个重要方面就是要完善和补充计算机程序的功能，提高其水平。工欲善其事，必先利其器，道理是显然的。关于完善和补充计算机程序功能，最好是通过结构设计人员和计算机程序专业人员合作去完成。前者根据实际工作需要制定内容和要求，后者用合理的力学模型和足够精度的数学方法编成程序，各尽所长，这将会使编出的程序既满足设计需要又省时和准确。顺便要提醒的是，作为结构设计人员，纵使不参与程序的编制，也应该对计算机程序有深入的了解，掌握其适用范围、编制依据、力学模型和计算方法、构造处理原则等，这是必需的知识也是提高概念设计能力的一个重要部分，不能忽视。

纵观当今业界，在从事实际工作的结构工程师中，有一种非常令人不安的观点正在逐渐蔓延，那就是把计算程序看成是知识、经验和思考的替代品。这些工程师似乎相信计算程序能使他们对工程作出正确的判断，而根本不管，在没有计算程序的年代，做这样的工作需要什么必要的知识和经验。现在，有一些工程师认为：他们解决工程问题的专业知识也就是使用计算程序。这样的工程师越来越多。在结构工程中，把会使用计算程序当成能胜任工作的证明，这种观点正像传染病一样蔓延。大量的结构工程师确实相信，他们仅仅依靠计算程序就可以“解决”工程问题，而没有认识到安全可靠、经济合理的工程，只能是具有渊博的工程理论、大量工程经验以及不断思考相结合的产物。

有人认为问题出在我们的设计周期短，如果设计师不依赖计算程序几乎不可能完成任务，设计周期短变成了不少设计师不再学习思考的借口。就目前我国的教育和实践两方面来说，对计算机应用如此过分地强调给朝气蓬勃的年轻工程师一个错误的信息，那就是：

工程学习和工程实践就是轻松地使用菜单和用计算机生成五颜六色的画面。

大家应记住这样的观点：除了快捷的计算速度，计算机程序只是一些分散的知识。有些人似乎没有认识到，知识已经远远超过了有限的计算机指令所能编程的界限，真正的工程知识是经验、直觉、灵感、悟性、创造力和想象力，以及比计算机程序和程序员所“理解”的工程含义更深的一个大系统。相反，他们认定土木工程就是一个巨大的有限元模型，而计算机能够并且也应该自动建模、分析、设计，并打印出最后结果。

这种对计算机的过分依赖性将会带来巨大的安全隐患。今后，会越来越少的工程师能独立地（即不依赖计算程序）、正确地解决结构工程问题，随着对计算程序的依赖不断增加，谁将来解决工程问题？是那些没有或只有很少结构工程知识和实践经验，或是有其他专业学位而不是结构工程学位的程序员来做吗？计算程序不是，也永远不会是解决工程问题的源泉。只有合格的工程师才能正确地解决工程问题。如果结构工程师们继续制造这样的氛围，认为在结构工程实践中，靠计算机，而不是依靠基础理论知识、有创新和有丰富经验的结构工程师本身，就能够解决结构工程问题，那他们就是自欺欺人，也欺骗了他们的服务对象。

实际上真正的结构工程师并不需要依赖计算软件。相反，他们能做出复杂结构系统的简化模式，并在此基础上执行相应的分析，做出设计。人们对这些简化模式的安全性、经济性和实用性相当信任。不借助计算程序就不能完成这些设计的结构工程师都不是真正的结构工程师。

值得注意的是，商业应用的计算机和计算机软件都受制于许多因素，在解决结构工程问题中，它们的能力都会受到不同程度的影响。只要按下“计算按钮”程序马上就会给出计算结果，有时结果可能是相当错误的。而当不正确的结果产生时，计算机程序是不会发现的。如果工程师基础理论知识不够扎实，又缺乏工程经验，对这种假“正确”的结果没有意识，也就不可能意识到错误。计算机的危险在于，不少工程师相信计算机总是产生“正确”的结论。这种意识常会从思想上降低工程师对错误的警惕和敏感，而这些潜在的和经常性的错误是由计算机产生的！

在软件的实际应用方面，往往是那些只有极少学识、极少经验，最年轻的结构工程师靠基本的责任感，依靠计算机软件来解决复杂的结构分析和设计问题。而那些经验丰富的高级工程师正忙于自己公司的经营和管理。作者发现经常有这样的情形：使用计算机的年轻工程师缺乏经验，在结构的原理和工程经验方面的知识也很有限，根本不具有分析判断计算结果正确与否的能力；更可怕的是那些缺乏经验的工程师经常由于受到挫折或缺乏常识，宁愿相信，无论计算机程序产生的任何结果都是正确的。

虽然，解决计算机滥用这样严重的问题并不容易，但作者认为通过自我严格要求，所有的结构工程师经过训练和反复实践，还是有可能解决问题的。

（1）不断学习基础知识，积累工程经验，学会独立思考的良好习惯。

（2）总是对计算程序的某些功能在自己未核实之前总是存有质疑。

（3）不过分依赖计算机程序，而推崇知识和工程经验，推崇对工程系统行为细节、模型、理论、实践全面的了解。

（4）尽量从工程经验丰富、学识渊博的工程师那里吸取经验教训。

（5）对于工程关键部位，能够人工简化校核的必须校核，暂时没有能力手工校核的，也应采用不同力学模型的另一软件校核。

（6）要认识到只有经验和学识都非常丰富的工程师才有能力把计算程序作为一种分析和设计的工具。

（7）充分认识到“只有”工程师才能解决工程问题，而计算程序却不能。

作者总结出几句话与大家共勉：

仅仅会使用计算软件是“初级水平”；会使用且能发现计算问题是“中级水平”；能发现计算问题且能解决问题才是“高级水平”；计算结果如果没有出现“红色”还能判断结果是异常，那就是“教授级水平”。

### 1.2.5 应积极主动与各相关专业配合

设计工作需要由多工种多专业合作共同完成，因此结构设计工作不是孤立的。在设计方面，就需要与建筑、机电及经济等专业紧密配合；在设计以外，它又跟很多学科，如结构材料、施工技术、分析理论和计算工具、检测手段等密切相关，因此，要提高结构设计水平，除做好自身工作以外，还要取得这些专业的支持。这方面的工作面很广，内容很多。这里仅提出笔者认为进行这项工作时需要注意的一些问题。不要把结构设计工作自闭起来，应该认识到它的成果或者提高是与其他工种和专业的支持分不开的。

碰到涉及其他工种和专业有关的技术问题，要与他们进行协调，不能以本专业为主，但也不能放弃结构基本原则，要多替对方想办法，提出各种方案，努力做到既解决结构问题，又能为别的专业提供方便。提高结构分析水平直接依靠力学和数学问题的解决，要向这方面的专家多请教学习，争取他们的帮助。或者提出问题，共同或者请专家去研究。计算机程序的补充和提高，很有必要采取这种做法。创新必然与新材料的应用、新工艺的跟进、科学试验的配合等方面存在着密切的关系，主动争取这些专业的支持是非常必要的。

总之综合能力提升，只有通过不断的工程实践，包括刻苦学习基础理论，钻研有关技术，认真积累和吸收经验，学习借鉴，不断总结、交流、分享。

人生的捷径无非就是自我的积累、自我的超越、自我的发现与判断，一件事做久了自然就掌握到规律，能不走的弯路尽量不走，就是捷径。唯有不断提升自己，比什么都重要！

# 第 2 章

# 新颁布的几个标准及相关热点问题解读

## 2.1 对新标准《建筑结构可靠性设计统一标准》（GB 50068—2018）的一些思考

### 2.1.1 执行时间与总体原则

《建筑结构可靠性设计统一标准》为国家标准，编号为 GB 50068—2018，自 2019 年 4 月 1 日起实施。其中，第 3.2.1、3.3.2 条为强制性条文，必须严格执行。

该标准是我国建筑结构领域的一本重要的基础性国家标准，是制定我国建筑结构其他相关标准的基础。该标准对各种材料的建筑结构可靠性设计的基本原则、基本要求和基本方法做出了统一规定，其目的是使设计建造的各种材料的建筑结构能够满足确保人的生命和财产安全并符合国家的技术经济政策的要求。“可持续发展”越来越成为各类工程结构发展的主题，根据《工程结构可靠性设计统一标准》（GB 50153—2008），本次修订中增加了“使结构符合可持续发展的要求”。

对于建筑结构而言，可持续发展需要考虑经济、环境和社会三个方面的内容。

（1）经济方面。应尽量减少从工程的规划、设计、建造、使用、维修直至拆除等各阶段费用的总和，而不是单纯从某一阶段的费用进行衡量。以墙体为例，如仅着眼于降低建造费用而使墙体的保暖性不够，则在使用阶段的采暖费用必然增加，就不符合可持续发展的要求。

（2）环境方面。要做到减少原材料和能源的消耗，减少污染。建筑工程对环境的冲击性很大。以建筑结构中大量采用的钢筋混凝土为例，减少对环境冲击的方法有提高水泥、混凝土、钢材的性能和强度，淘汰低性能和强度的材料；提高钢筋混凝土的耐久性；利用粉煤灰等作为水泥的部分替代用品（生产水泥时会大量产生二氧化碳），利用混凝土碎块作为骨料的部分替代用品等。

（3）社会方面。要保护使用者的健康和舒适，保护建筑工程的文化价值。可持续发展的最终目标还是发展，建筑结构的性能、功能必须好，能满足使用者日益提高的要求。

### 2.1.2 主要修订的内容

该标准修订的主要技术内容是：

（1）与《工程结构可靠性设计统一标准》（GB 50153—2008）进行了全面协调；

（2）调整了建筑结构安全度的设置水平，提高了相关作用分项系数的取值，并对作用的基本组合，取消了原标准当永久荷载效应为主时起控制作用的组合式；

（3）增加了地震设计状况，并对建筑结构抗震设计引入了“小震不坏、中震可修、大震不倒”设计理念；

（4）完善了既有结构可靠性评定的规定；

（5）新增了结构整体稳固性设计的相关规定；

（6）新增了结构耐久性极限状态设计的相关规定等。

### 2.1.3 荷载分项系数是如何提高的

建筑结构的作用分项系数，应按标准中表 8.2.9（见表 2－1）采用。

**表 2－1　　建筑结构的作用分项系数**

| 作用分项系数 | 适用情况 | |
|---|---|---|
| | 当作用效应对承载力不利时 | 当作用效应对承载力有利时 |
| $\gamma_G$ | 1.3 | ≤1.0 |
| $\gamma_P$ | 1.3 | ≤1.0 |
| $\gamma_Q$ | 1.5 | 0 |

注：1. $\gamma_G$ 为永久作用的分项系数，$\gamma_Q$ 为可变作用的分项系数，$\gamma_P$ 为预应力作用的分项系数。

2. 永久作用可分为以下几类：① 结构自重；② 土压力；③ 水位不变的水压力；④ 预应力；⑤ 地基变形；⑥ 混凝土收缩；⑦ 钢材焊接变形；⑧ 引起结构外加变形或约束变形的各种施工因素。

3. 可变作用可分为以下几类：① 使用时人员、物件等荷载；② 施工时结构的某些自重；③ 安装荷载；④ 车辆荷载；⑤ 吊车荷载；⑥ 风荷载；⑦ 雪荷载；⑧ 冰荷载；⑨ 多遇地震；⑩ 正常撞击；⑪ 水位变化的水压力；⑫ 扬压力；⑬ 波浪力；⑭ 温度变化。

4. 偶然作用可分为以下几类：① 撞击；② 爆炸；③ 罕遇地震；④ 龙卷风；⑤ 火灾；⑥ 极严重的侵蚀；⑦ 洪水作用。

### 2.1.4 为什么要提高荷载分项系数

通俗点说就是国家经济水平高了，人们有权利选择具有较高投入的结构可靠度从而降低所承担的风险。

我们一起仔细阅读以下解读，也许就明白为何这次对荷载分项系数做了适当提高：在“以概率理论为基础、以分项系数表达的极限状态设计方法”中，将对结构可靠度的要求分解到各种分项系数设计取值中，作用（包括永久作用、可变作用等）分项系数取值越高，相应的结构可靠度设置水平也就越高，但从概率的观点看，一个结构可靠与否是随机事件，无论其可靠度水平有多高，都不能做到 100%安全可靠，总会有一定的失效概率存在，因此不可避免地存在着由于结构失效带来的风险（危及人的生命、造成经济损失、对社会或环境产生不利影响等），人们只能做到把风险控制在可接受的范围内。

一般来说，可靠度设置水平越高，风险水平就越低，相应的一次投资的经济代价也越高；相反，可靠度设置水平越低，风险水平就越高，而相应的一次投资的经济代价则越低。在经济发展水平较低的时候，对结构可靠度的投入受到经济水平的制约，在保证“基本安全”的前提下，人们不得不承受较高的风险；而在经济发展水平较高的条件下，人们更多会选择具有较高投入的结构可靠度从而降低所承担的风险。本次修订将永久作用分项系数 $\gamma_G$ 由 1.2 调整为 1.3，可变作用分项系数 $\gamma_Q$ 由 1.4 调整为 1.5，同时相应调整预应力作用的分项系数 $\gamma_P$，由 1.2 调整为 1.3，为我国房屋建筑结构与国际主流规范可靠度设置水平的一致性奠定了基础。

### 2.1.5 新旧标准中荷载组合有哪些变化

新旧标准荷载设计值变化如下：

旧标准

$$S=1.2G_k+1.4Q_k \text{（活荷载控制时）}$$

$$S=1.35G_k+1.4\times0.7Q_k \text{（恒荷载控制时）}$$

新标准

$$S=1.3G_k+1.5Q_k \text{（不区分恒荷载或活荷载控制）}$$

注意：新标准取消了以恒荷载控制时的组合系数 1.35 组合，经过分析发现设计荷载有如下规律：

当 $G_k=2.8Q_k$ 时，新标准荷载设计值增幅最大，约为 8%；

当 $G_k=10.4Q_k$ 时，新标准荷载设计值与旧标准相同；

当 $G_k>10.4Q_k$ 时，新标准荷载设计值小于旧标准。

### 2.1.6 分项系数对主要设计控制指标的影响

分项系数对主要设计控制指标的影响见表 2－2。

表 2－2　分项系数对主要设计控制指标的影响

| 项目 | 规范计算方式简述 | 是否有影响 |
|---|---|---|
| 周期、振型 | 结构固有特性，与荷载分项系数无关 | 无 |
| 位移、位移比 | 按弹性方法计算多遇地震或风荷载标准值作用下的楼层层间最大的水平位移与层高之比 $\Delta u/h$ | 无 |
| 剪重比 | 多遇地震水平地震作用计算时，结构各楼层对应于地震作用标准值的剪力应符合 | 无 |
| 地基反力<br>桩反力 | 地震作用效应和荷载效应标准组合；单桩的竖向和水平方向抗震承载力特征值，可比非地震设计时提高 25% | 无 |
| 剪力墙轴压比 | 指重力荷载代表值下墙肢承受的轴压力设计值与墙肢全截面面积和混凝土轴心抗压强度设计值乘积的比值 | 无（见下文理由 1.2） |
| 柱轴压比 | 指柱考虑地震作用组合的轴压力设计值与柱全截面面积和混凝土轴心抗压强度设计值乘积的比值 | 有 |
| 刚重比 | $G_i$、$G_j$ 分别为 $i$、$j$ 楼层重力荷载设计值，取永久荷载与可变荷载的设计值 | 有（见下文理由 3） |
| .梁、板、柱<br>基础构件配筋 | 考虑分项系数的设计值 | 有 |

理由 1：作者认为剪力墙的轴压比无影响，理由是重力荷载代表值是不计入地震，但应取组合系数 1.2，即 1.2（$G+0.5g$）。

理由 2：再看看《抗规》编制者解读答疑。

“重力荷载代表值作用下墙肢的轴压比”该怎样理解？

重力荷载代表值作用下，是指结构和构件自重标准值和各可变荷载的组合，可变荷载的组合值系数按表 7－4（规范 11.3 条，见表 2－3）采用，墙肢轴压比计算时，组合后的重力荷载分项系数取 1.2。

**表 2－3　可变荷载组合值系数**

| 可变荷载种类 | | 组合值系数 |
|---|---|---|
| 雪荷载 | | 0.5 |
| 屋面积灰荷载 | | 0.5 |
| 屋面活荷载 | | 不计入 |
| 按实际情况计算的楼面活荷载 | | 1.0 |
| 按等效均布荷载计算的楼面活荷载 | 藏书库、档案库 | 0.8 |
| | 其他民用建筑 | 0.5 |
| 吊车悬吊物重力 | 硬钩吊车 | 0.3 |
| | 软钩吊车 | 不计入 |

理由 3：按理说刚重比计算应该有影响，但 2019 年 3 月《高规》编制者答复：在《高规》修订前，暂时不考虑荷载分项系数提高。

### 2.1.7　国家标准调整前后的荷载分项系数与国际标准对比

详见表 2－4。

**表 2－4　国家标准调整前后的荷载分项系数与国际标准的对比**

| 国家 | 恒载分项系数 | 可变荷载分项系数 | 风荷载分项系数 |
|---|---|---|---|
| 中国（原） | 1.2 | 1.4 | 1.4 |
| 中国（现） | 1.3 | 1.5 | 1.5 |
| 美国 | 1.4（1.2） | 1.6 | 1.3 |
| 英国 | 1.4 | 1.6 | 1.4 |
| 欧洲 | 1.35 | 1.5 | 不详 |
| 国际建议 | 1.35 | 1.5 | 不详 |
| 国际规范 ISO | 1.4 | 1.6 | 不详 |
| 印度 | 1.5 | 1.5（1.05） | 不详 |

注：印度可变荷载对主结构取 1.5，对构件取 1.05。

以上资料部分内容来源于《一带一路土木人》及作者 2009 年出版发行的《建筑结构设计常遇问题及对策》一书。说明：此数据是基于 2009 年以前的资料，各国后期是否有所调整，各位读者如果遇到国外工程还需要以现行规范为准。

### 2.1.8　新标准强制性条文有哪些，如何正确理解

新标准强制性条文依然保持 2 条，分别是第 3.2.1、3.3.2 条。

3.2.1　建筑结构设计时，应根据结构破坏可能产生的后果，即危及人的生命、造成经济损失、对社会或环境产生影响等的严重性，采用不同的安全等级。建筑结构安全等级的划分应符合表3.2.1（见表2－5）的规定。

**表2－5　　建筑结构的安全等级**

| 安全等级 | 破坏后果 |
|---|---|
| 一级 | 很严重：对人的生命、经济、社会或环境影响很大 |
| 二级 | 严重：对人的生命、经济、社会或环境影响较大 |
| 三级 | 不严重：对人的生命、经济、社会或环境影响较小 |

说明：（1）本条为强制性条文。在本标准中，按建筑结构破坏后果的严重性统一划分为三个安全等级，其中，大量的一般结构宜列入中间等级；重要的结构应提高一级；次要的结构可降低一级。至于重要结构与次要结构的划分，则应根据建筑结构的破坏后果，即危及人的生命、造成经济损失、对社会或环境产生影响等的严重程度确定。

（2）本次在条文说明中补充：建筑结构抗震设计中的甲类和乙类建筑，其安全等级宜为一级。

（3）请注意：《工程结构可靠性统设计一标准》（GB 50153—2008）将房屋建筑结构抗震设计中的甲类建筑和乙类建筑，其安全等级放在注中，见表A.1.1注。

### A.1　房屋建筑结构的专门规定

A.1.1　房屋建筑结构的安全等级，应根据结构破坏可能产生后果的严重性按表A.1.1（见表2－6）划分。

**表2－6　　房屋建筑结构的安全等级**

| 安全等级 | 破坏后果 | 示例 |
|---|---|---|
| 一级 | 很严重：对人的生命、经济、社会或环境影响很大 | 大型的公共建筑等 |
| 二级 | 严重：对人的生命、经济、社会或环境影响较大 | 普通的住宅和办公楼等 |
| 三级 | 不严重：对人的生命、经济、社会或环境影响较小 | 小型的或临时性贮存建筑等 |

注：房屋建筑结构抗震设计中的甲类建筑和乙类建筑，其安全等级宜规定为一级；丙类建筑，其安全等级宜规定为二级；丁类建筑，其安全等级宜规定为三级。

3.3.2　建筑结构设计时，应规定结构的设计使用年限。

3.3.3　建筑结构的设计使用年限，应按表3.3.3（见表2－7）采用。

**表2－7　　建筑结构的设计使用年限**

| 类别 | 设计使用年限/年 |
|---|---|
| 临时性建筑结构 | 5 |
| 易于替换的结构构件 | 25 |
| 普通房屋和构筑物 | 50 |
| 标志性建筑和特别重要的建筑结构 | 100 |

说明：（1）本条为强制性条文。设计文件中需要标明结构的设计使用年限，而无需标明结构的设计基准期、耐久年限、寿命等。每个工程都必须明确规定其设计使用年限（强条），但具体规定多少年可以结合工程需要确定具体年限（非强条）。

（2）另外 2019 年 3 月全文强制规范《工程结构通用规范》（征求意见稿）将“设计使用年限”准备调整为“设计工作年限”。

2.2.3 工程结构设计时，应规定结构的设计工作年限。各类工程结构的设计工作年限应符合下列规定：

1 房屋建筑结构的设计工作年限不应低于表 2.2.3－1（见表 2－8）的规定。

表 2－8 房屋建筑结构的设计工作年限

| 类别 | 设计工作年限/年 | 示例 |
|---|---|---|
| 1 | 5 | 临时性建筑结构 |
| 2 | 25 | 易于替换的结构构件 |
| 3 | 50 | 普通房屋和构筑物 |
| 4 | 100 | 标志性建筑和特别重要的建筑结构 |

（3）“设计使用年限”。在 2000 年第 279 号国务院令颁布的《建设工程质量管理条例》中，规定了基础设施工程、房屋建筑的地基基础工程和主体结构工程的最低保修期限为设计文件规定的该工程的“合理使用年限”；在 1998 年国际标准 ISO 2394：1998《结构可靠性总原则》中，提出了“设计工作年限（Design Working Life）”，其含义与“合理使用年限”相当。

在《建筑结构可靠度设计统一标准》（GB 50068—2001）中，已将“合理使用年限”与“设计工作年限”统一称为“设计使用年限”，并规定建筑结构在超过设计使用年限后，应进行可靠性评估，根据评估结果采取相应措施，并重新界定其使用年限。

设计使用年限是设计规定的一个时段，在这一规定时段内，结构只需进行正常的维护而不需进行大修就能按预期目的使用，完成预定的功能，即建筑结构在正常使用和维护下所应达到的使用年限，如达不到这个年限则意味着在设计、施工、使用与维护的某一或某些环节上出现了非正常情况，应查找原因。所谓“正常维护”包括必要的检测、防护及维修。

### 2.1.9 新标准有哪些亮点

亮点 1：总则 1.0.1 条变化

原《标准》1.0.1 为统一各种材料的建筑结构可靠性设计的基本原则和方法，使设计符合技术先进、经济合理、安全适应、确保质量的要求，制定本标准。

新《标准》1.0.1 为统一各种材料的建筑结构可靠性设计的基本原则、基本要求和基本方法，使结构符合可持续发展的要求，并符合安全可靠、经济合理、技术先进、确保质量的要求，制定本标准。

说明：由这个变化可以看出，当前国家更关注设计安全可靠、经济合理、可持续发展的理念。

亮点 2：总则　1.0.2 变化

新　1.0.2　本标准适用于整个结构、组成结构的构件以及地基基础的设计；适用于结构施工阶段和使用阶段的设计；适用于既有结构的可靠性评定。

原 1.0.2　本标准适用于建筑结构、组成结构的构件以及地基基础的设计。

可以看出新标准的适用范围更全面广泛。

亮点 3：总则　1.0.4 新加

新　1.0.4　建筑结构设计宜采用以概率理论为基础、以分项系数表达的极限状态设计方法；当缺乏统计资料时，建筑结构设计可根据可靠的工程经验或必要的试验研究进行，也可采用容许应力或单一安全系数等经验方法进行。

此条是新增加条款：我国在建筑结构设计领域积极推广并已得到广泛采用的是以概率理论为基础、以分项系数表达的极限状态设计方法，但这并不意味着要排斥其他有效的结构设计方法，采用什么样的结构设计方法，应根据实际条件确定。概率极限状态设计方法需要以大量的统计数据为基础，当不具备这一条件时，建筑结构设计可根据可靠的工程经验或通过必要的试验研究进行，也可继续按传统模式采用容许应力或单一安全系数等经验方法进行。

亮点 4：总则　1.0.5 变化

新　1.0.5　制定建筑结构荷载规范和各种材料的结构设计规范以及其他相关标准应遵守本标准规定的基本准则，并应制定相应的具体规定。

原　1.0.5　制定建筑结构荷载规范以及钢结构、薄壁型钢结构、混凝土结构、砌体结构、木结构等设计规范应遵守本标准的规定；制定建筑地基基础和建筑抗震等规范宜遵守本标准规定的原则。

## 2.1.10 《工程结构可靠性设计统一标准》与《建筑结构可靠性设计统一标准》的关系

《工程结构可靠性设计统一标准》与《建筑结构可靠性设计统一标准》的关系如图 2－1 所示。

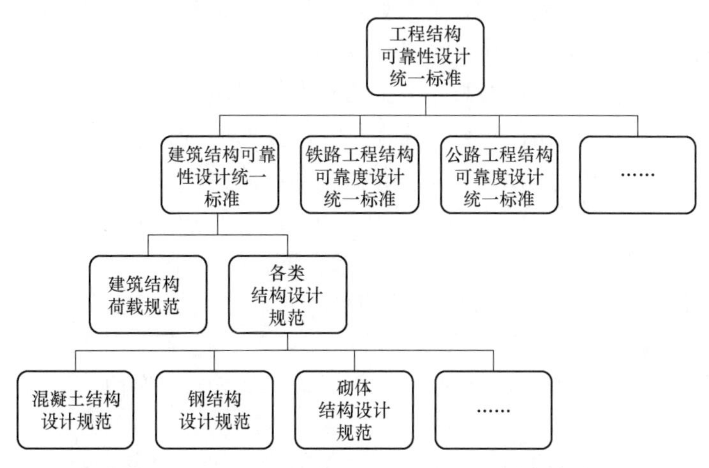


图 2－1　《工程结构可靠性设计统一标准》与《建筑结构可靠性设计统一标准》的关系

## 2.2 对《老年人照料设施建筑设计标准》(JGJ 450—2018)的一点思考和理解

### 2.2.1 问题由来

《老年人照料设施建筑设计标准》为行业标准，编号为JGJ 450—2018，自2018年10月1日起实施。其中，第4.2.4、5.1.2、5.6.4、5.6.6、6.5.3、7.2.5条为强制性条文，必须严格执行。原国家标准《养老设施建筑设计规范》(GB 50867—2013)和《老年人居住建筑设计规范》(GB 50340—2016)同时废止。

### 2.2.2 新标准与原标准的差异

原《养老设施建筑设计规范》(GB 50867—2013)第3.0.10条：养老设施建筑中老年人用房建筑耐火等级不应低于二级，且建筑抗震设防标准应按重点设防类建筑进行抗震设计。

但新标准《老年人照料设施建筑设计标准》(JGJ 450—2018)里面已经取消了第3.0.10条“应按重点设防”的要求。

### 2.2.3 是新标准遗漏还是“印刷”错误

作者看到上述修订结果也感到很诧异，于是通过各种渠道与主编单位参编人进行了电话沟通，沟通结果是：新标准这次经过反复讨论，综合考虑各种因素后，做出的不再要求养老设施按重点设防标准执行的规定。

2018年10月作者电话咨询主编单位，得出规范取消重点设防类出于以下两点：一是民政部推进养老事业发展的需要；二是不论中年老年生命价值同等，标准设防类能够达到的设防标准就能满足养老要求。

2019年3月作者一个朋友又咨询了《老年人照料设施建筑设计标准》主编之一，其解释新标准取消重点设防类的规定，主要基于以下三个方面：

(1)这个标准本身是一个底线标准，按此标准执行没有问题，但具体设计人在此基础上提高其设计标准，当然也没有问题，设计人可以根据项目具体情况自己决策，也就是说此标准只是规定了一个底线而已，没说不能按重点设防类执行。

(2)如果我们承认普通人的生活是受到保护的，普通人的家里也会有老人，他们有一些能住养老院，但也有大部分是住不了养老院的，我们不能为所有老人居住的建筑都提高抗震设防，既然对普通人能形成保护的这种状态，当然也能对老年人形成保护。在这一点上，我们的标准取得一致，人是平等的，老年人是普通人之一，他们是老了，可能行动不便，但普通人都能受到保护，老年人也一样能受到保护，更何况此标准为底线标准。

(3)国家大的政策是希望利用现有存量商品房发展养老建筑，而原有的《老年人照料设施建筑设计标准》偏高，投资大，只适合新建的政府投资项目，不适合社会机构利用现有房屋办理养老机构。所以从实际出发，为积极推进养老服务的发展，而取消“必须重点设防”的规定。

### 2.2.4 近些年关于养老建筑设防标准的一些规定的回顾

以下几点是来自作者撰写的书及以前课件内容：

（1）关于敬老院、福利院、残疾人学校，《建筑工程抗震设防分类标准》（GB 50233—2008）未作具体规定，但该规范主编王亚勇、戴国莹在合著的《建筑抗震设计规范疑问解答》一书中讲：对于一些使用功能与甲、乙类类似的建筑，当分类标准示例没有列出时，可“比照”示例划分。比如：人员密集的证券交易大厅，可比照商业建筑；敬老院、福利院、残疾人的学校等，可比照幼儿园的建筑。

（2）人力资源和社会保障部在 2011 年 11 月 4 日发布的《敬老院设施设计指导意见》（试行）中规定：敬老院的房屋建筑宜采用钢筋混凝土框架结构；老年人用房抗震强度应不低于《建筑工程抗震设防分类标准》（GB 50223—2008）中的重点设防类。

### 2.2.5 上海市已作出明确的规定

上海市城乡建设和管理委员会科学技术委员会办公室《2018 年超限高层抗震设防专委会活动信息汇报》（沪建科技信息〔2018〕第 1 号）中指出：

六、养老设施建筑的抗震设防分类的考虑

老年人全日照料设施建筑（老年养护院、养老院、老人院、福利院、敬老院等）、老年人日间照料设施建筑（托老所、日托站、老年人日间照料室、老年人日间照料中心等）、老年人活动设施建筑（老年学校、老年活动中心、老年服务中心、社会养老服务中心等）、老年人居住建筑（老年公寓等）的抗震设防分类均按重点设防类考虑，对于涉及部分区域为老年人用房的建筑，仅对老年人用房的抗震构造措施提高一级。

### 2.2.6 今后执行中可能会遇到哪些问题

除上海以外，其他地方的业主、设计、审图等相关人员执行该规范可能会有点困惑。如 2018 年 4 月北京的审图公司大多数人依然坚持养老设施应按重点设防。

作者个人观点及建议：

（1）政府投资建设的项目应按“重点设防”考虑。

（2）对于民间投资新建养老设施宜按“重点设防”考虑。

（3）对于老旧建筑改造可按“标准设防”考虑。

当然国家标准都是最低要求，可以依据业主需要、结合工程情况提高设防分类。

**【工程案例 2－1】**2019 年 3 月 2 日某地产商组织业内知名专家在北京召开改造工程项目论证会。

该项目原设计功能为文化艺术展览设施，总建筑面积为 14 474m$^2$。其中，地上共 4 层，建筑面积为 8205m$^2$；地下共 2 层，建筑面积为 6269m$^2$。结构形式采用框架结构。

该项目建筑设计于 2016 年 5 月 17 日取得施工图外审合格证书，同年开工。2018 年 5 月完成土建施工图（2019 年即完成了结构验收），但未投入使用。改造前项目外立面如

图 2-2 所示。

图 2-2　改造前项目外立面

为改善日益严重的老龄化社会面临的老人照料设施极度匮乏的社会现状，本着为周边社区提供优质老人照料服务公寓、为社会做贡献的目标，建设方提出将原文化艺术中心改成老人照料服务公寓。经与相关规划主管部门商讨，获得了大力支持。于 2018 年 12 月 20 日，取得将现状绿色产业用房改造建设养老设施的函。主要改造如下：

（1）养老照料服务公寓的使用对象为有行为能力的老人。

（2）考虑项目已建成，只进行了部分房间分隔调整以及相关的水电调整，以满足《老年人照料设施建筑设计标准》（JGJ 450—2018）的要求。

（3）本次改造结构墙、柱、梁未改动。项目由办公属性改为公寓属性，活荷载未变化。

（4）经计算，改造后建筑的重力荷载代表值为 532 683kN。改造前原结构重力荷载代表值为 536 217kN，变化幅度为 -0.7%。

在项目开展过程中，业主遇到了一个关键问题——就是应该采取什么抗震设防标准。对于新建建筑，这不是问题，但对于已有建筑改造来说，这就是个大问题。

因为已有建筑物采用的抗震设防标准，一定是不高于现行标准的，如果要采用现行高标准，正如之前的分析结果，大量的结构构件都需要进行加固改造，而且有些构件的加固是很难实施的。这样一来，项目增加了很大难度和投资，直接影响了建设单位的决策和国有资金的有效使用。尤其是类似该项目这样的情况，实际是响应现实的社会要求，解决日益凸显的老龄化问题。根据项目的实际情况，是完全满足建设时期的法规及规范要求的，建筑使用功能实际并没有发生改变，使用年限也没有增加，如果这样的项目因为建筑不能达到更高的抗震设防标准而无法实施，那么如此提高标准是利是弊，还有待商榷。

再者，就相关规范和标准本身而言，也存在以下问题：

（1）最新的养老规范 JGJ 450—2018 取消了养老机构按乙类的要求。

（2）《设防分类标准》也没有明确规定养老设施的抗震设防分类标准。

（3）养老设施细分类型很多，如居住型的老年公寓，老年生活类的老年活动室、老年大学，看护型的和医疗康复型的等，全部按乙类不能反映实际情况。

综上所述，专家建议，从让建筑的社会效益最大化的原则出发，针对该项目的实际情况确定适合的抗震设防标准，有利于项目实施，同时为国家的养老事业做出贡献。

与会专家们听取了设计单位关于本项目的结构抗震设计汇报，经质询及充分讨论后，形成专家意见如下：

（1）鉴于使用功能改变，按现行抗震规范进行计算复核。

（2）通过复核，现结构强度有较大余量，本项目可按标准设防类（丙类）进行设计。

（3）建议补充大震弹塑性分析。

### 2.2.7 今后遇到标准中相互矛盾的规定如何执行

根据《中华人民共和国标准化法》《中华人民共和国标准化法实施条例》规定的精神，对标准之间相互矛盾之处可按下列原则把握：

（1）理解标准制定的本意，可从条文说明中获取一些信息。

（2）同级别的标准对同一问题规定不一致时，注意标准的发布时间、严格程度及问题属性。

（3）不同级别的标准，低级别标准中如有低于高级别标准的规定应视同无效，但允许低级别标准做出严于高级别标准的规定。

（4）注意通用标准与专用标准的关系。

（5）如果某标准（规范）明确说明取代某标准（规范），这个自然被取代的标准（规范）相关要求自然也作废。

（6）实在无法判断时，建议提前与审图单位沟通（前提是审图这项工作还在进行）。

## 2.3 高强钢筋应用的相关问题

### 2.3.1 CRB600H 高强钢筋相关问题

**1. CRB600H 高强钢筋简介**

CRB600H 高强钢筋又称 CRB600H 高延性冷轧带肋钢筋，C、R、B、H 分别为冷轧（Cold rolled）、带肋（Ribbed）、钢筋（Bar）、高延性（High elongation）四个英文单词首位字母，是国内近年来研制开发的新型小直径带肋钢筋（见图 2－3）。其生产工艺的特点是对热轧低碳盘条钢筋进行冷轧后增加了回火热处理过程，使钢筋有明显的屈服点，强度和伸长率指标均有显著提高，是传统冷轧带肋钢筋的更新换代产品。

图 2－3 CRB600H 钢筋

该钢筋规格直径 5～14mm，其外形与细直径热轧带肋钢筋相似，可加工性能良好，最大拉力下总伸长率（均匀伸长率）$\delta_{gt}$≥5%（普通冷轧带肋钢筋为 2.5%），总伸长率指标达到了 RRB400 钢筋的延性指标要求，可用于考虑塑性内力重分布的结构。

**2. 推广高强钢筋意义**

建筑业是国民经济的支柱产业之一。如何在保证建筑物安全的前提下，节约建筑材料，一直是需要广大科技工作者解决的重要课题。在建筑工程中采用高强钢筋，是减少钢筋用量、节约资源、减少环境污染、解决钢筋密集、保证设计施工质量的一个便捷途径。

2015 年我国的城镇化水平达到了 56%。目前仍然以 0.9%的速度发展，每年有 1500 万人进入城市。

2013～2015 年，我国每年竣工面积 42 亿 $m^2$ 左右，需要消耗大量钢材。世界钢铁协会 2016 年数据：2016 年全球粗钢产量 16.2 亿 t，中国大陆 2016 年粗钢产量 8.08 亿 t，占全球钢产量的 50%，其中钢筋产量 2.03 亿 t。HRB400 及以上钢筋在东部发达地区的建筑工程中使用情况较好。传统能源消耗现状如图 2－4～图 2－7 所示。

图 2－4　因为过度开采矿物造成的地面塌陷

图 2－5　传统钢材生产时造成的“三废”排放

图 2－6　严重的雾霾天气

图 2－7　因钢筋过密造成质量事故

高强钢筋的优势如下：

（1）能耗低。综合能耗对比见表 2－9。

表 2-9　　综合能耗对比表

| 工序 | 能耗分项 | HRB400-CRB600H | | HRB500-CRB600H | |
|---|---|---|---|---|---|
| 工序 | 工序消耗 | 消耗量 | 折合标准煤/kg | 消耗量 | 折合标准煤/kg |
| 转炉 | 铁水/（kg/t） | -16.27 | -8.46 | -17.02 | -8.85 |
| | 碳粉、焦粉/（kg/t） | 1.02 | 0.16 | 1.02 | 0.16 |
| | 硅锰合金/（kg/t） | 17.81 | 18.34 | 17.81 | 18.7 |
| | 硅钙合金/（kg/t） | 1.5 | 1.55 | 1.5 | 1.58 |
| | 钒氮合金/（kg/t） | — | — | 0.95 | 1 |
| LF | 电极/（kg/t） | 0.1 | 0.52 | 0.15 | 0.77 |
| | 电耗/（kW·h/t） | 26.22 | 10.59 | 26.22 | 10.59 |
| 热轧工序 | 轧制能耗/（kW·h/t） | 28.8 | 3.54 | 40.8 | 5.01 |
| 冷轧工序 | 轧制能耗/（kW·h/t） | -135 | -16.50 | -135 | -16.59 |
| 吨产品能耗对比结果/（kg/t） | | | 9.7 | | 12.4 |

注：摘自冶金工业规划研究院能耗评估报告。

（2）合金消耗量少。CRB600H 高强钢筋生产技术是挖掘钢筋的内生潜力。生产过程中不需要添加任何钒、铌、钛等微量元素，从而可以大大节省微合金资源。CRB600H 高延性冷轧带肋钢筋与热轧带肋高强钢筋合金元素比较见表 2-10。

表 2-10　　CRB600H 高延性冷轧带肋钢筋与热轧带肋高强钢筋合金元素比较（化学成分%）

| 牌号 | C | Si | Mn | P | S | V | Nb | Cr |
|---|---|---|---|---|---|---|---|---|
| | 不大于 | | | | | | | |
| HRB400 | 0.25 | 0.80 | 1.60 | 0.045 | 0.045 | 0.025 | 0.001 | — |
| HRB500 | 0.25 | 0.80 | 1.60 | 0.045 | 0.045 | 0.105 | 0.003 | 0.042 |
| CRB600H | 0.14 | 0.12 | 0.4 | 0.030 | 0.030 | — | — | — |

（3）强度高。CRB600H 高强钢筋与其他钢筋强度比较见表 2-11。

表 2-11　　CRB600H 高强钢筋与其他钢筋强度比较

| 钢筋类别 | CRB600H | HRB335 | HRB400 | HRB500 |
|---|---|---|---|---|
| 极限强度标准值 $f_{stk}$/MPa | 600 | 455 | 540 | 630 |
| 强度标准值 $f_{yk}$/MPa | 540 | 335 | 400 | 500 |
| 强度设计值 $f_y$/MPa | 430 | 300 | 360 | 435 |
| 占 HRB400 钢筋用量的比率 | 0.837 | 1.200 | 1.000 | 0.828 |

注：CRB600H 高强钢筋可以比 HRB400 钢筋节约钢材用量 20%以上。

（4）国家政策大力支持。

1）国家重点推广的低碳技术。国家发展改革委在 2017 年 3 月 17 日发布公告，将 CRB600H 高强钢筋生产技术列为国家重点推广的低碳技术（这是钢铁行业唯一录入的钢铁生产技术）。

2）建筑业推广的十大新技术之一。2017 年 10 月 25 日，CRB600H 高强钢筋生产技术被住房城乡建设部列为建筑业推广的十大新技术之一。

3）绿色建筑节能推荐产品证书。2017 年 12 月 28 日，中国工程建设标准化协会为 CRB600H 高强钢筋颁发绿色建筑节能推荐产品证书。

4）高延性冷轧带肋钢筋新技术荣获世界自然基金会“2016—2017 年度气候创行者奖”称号。

（5）具有良好的社会综合效益。

冶金工业规划研究院评估：

与使用传统的 HRB400 相比，每使用 10t CRB600H 高强钢筋，可以为国家节约铁矿石消耗 320kg，节约煤消耗 120kg，节约新水消耗 800kg，减少二氧化碳排放 400kg，减少粉尘排放 1.5kg，减少污水排放 200kg。

### 2.3.2 世界高强钢筋应用情况

国外发达国家高强钢筋使用比例在一直升高，如美国、加拿大、韩国、伊朗、日本等国家，400MPa 级钢筋的用量已达到 70%以上，500MPa 级钢筋的用量也达到 25%；德国、法国、英国等国家，500MPa 级钢筋的比例已达到 70%以上，并且提出 600MPa 级钢筋的需求。

### 2.3.3 我国建筑工程常用的几种牌号的钢筋

建筑工程混凝土结构中常用的有三大类钢筋：热轧钢筋、冷轧钢筋和预应力钢筋。我国生产的热轧高强钢筋有三个品种：微合金热轧带肋钢筋（HRB）、细晶粒热轧带肋钢筋（HRBF）和余热处理钢筋（RRB）。冷轧钢筋有两个品种：普通冷轧钢筋（CRB）和近年来研制开发的高强度高延性冷轧带肋钢筋，例如 CRB600H 钢筋。

（1）微合金热轧带肋钢筋。通过添加钒（V）、铌（Nb）等合金元素提高屈服强度和极限强度的热轧带肋钢筋；牌号为 HRB，其后的数字表示屈服强度标准值（MPa），如 HRB400、HRB500、HRB600 等。

（2）细晶粒热轧带肋钢筋。通过特殊的控轧和控冷工艺提高屈服强度和极限强度的热轧带肋钢筋，其金相组织主要是铁素体加珠光体，晶粒度不粗于 9 级；牌号为 HRBF，其后的数字表示屈服强度标准值（MPa），如 HRBF400、HRBF500 等。

（3）余热处理钢筋。通过余热淬水处理的钢筋，其牌号为 RRB，其后的数字表示屈服强度标准值（MPa），如 RRB400。

上述三种牌号钢筋的金相结构如图 2－8 所示。

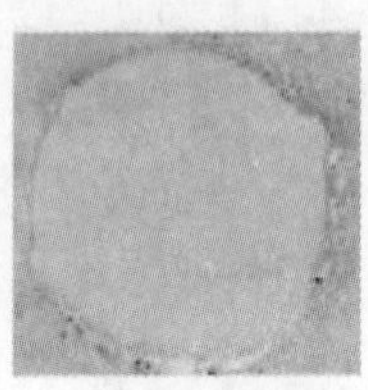

HRB合金化

HRBF细晶粒

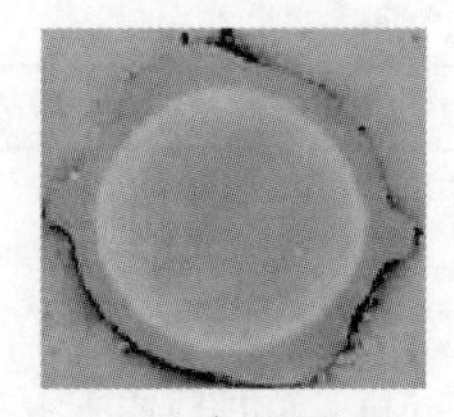

RRB余热处理

图 2－8 不同牌号钢筋的金相结构

这三种高强钢筋在材料力学性能、施工适应性以及可焊性方面，以微合金化钢筋为最可靠。细晶粒钢筋其强度指标与延性性能都能满足要求，可焊性一般。而余热处理钢筋其延性较差，可焊性差，加工适应性也较差。

（4）牌号带 E 的热轧带肋钢筋（抗震钢筋）。有较高抗震性能的热轧带肋钢筋，如 HRB400E、HRB500E、HRBF400E、HRBF500E 等。

其抗拉强度实测值与屈服强度实测值的比值不应小于 1.25，屈服强度实测值与屈服强度标准值的比值不应大于 1.3，且钢筋在最大拉力下的总伸长率（均匀伸长率）$\delta_{gt}$ 实测值不应小于 9%。（《抗规》3.9.2 条）

（5）冷轧带肋钢筋。热轧的圆盘条经冷轧后，在其表面带有沿长度方向均匀分布的三面或二面横肋的钢筋。例如 CRB550 钢筋。

（6）CRB600H 高延性冷轧带肋钢筋。把热轧的低碳盘条钢筋经过冷轧成型及退火热处理工艺，使其具有较高强度和较高伸长率的变形钢筋。

CRB600H 高强钢筋生产过程中不需要添加钒、铌、钛等微量元素，合金元素减少了能耗，成本比 HRB400 略低，比 HRB500 低 200 元/t 以上。

### 2.3.4 CRB600H 高强钢筋的适用范围

工业与民用建筑的现浇及预制混凝土结构中，CRB600H 高强钢筋适用于下列情况：

（1）楼板配筋，但不包括有抗震设防要求的板柱结构中板的受力钢筋。

（2）墙体的竖向和横向分布钢筋，以及剪力墙边缘构件中的箍筋。

（3）梁、柱箍筋，以及无抗震设防要求构件的纵向受力钢筋。

（4）混凝土基础配筋、构造钢筋以及预应力混凝土结构构件中的非预应力构造钢筋。

（5）柱箍筋，可减小加密区箍筋的体积配箍率（$r_v \geq l_v f_c / f_{yv}$），此时对 CRB600H 钢筋取 $f_{yv}=430$MPa，大于 HRB400 钢筋的 $f_{yv}=360$MPa。

### 2.3.5 CRB600H 高强钢筋与传统楼板钢筋比较有哪些异同

（1）CRB600H 高强钢筋在普通钢筋混凝土构件中的最小配筋率应符合现行国家标准《混凝土结构设计规范》（GB 50010）的有关规定。对于板类受弯构件（悬臂板除外），纵向受拉钢筋最小配筋百分率可取 0.15 和 $45f_t/f_y$ 两者中的较大值。

（2）按简支边或非受力边设计的现浇混凝土板，当与混凝土梁、墙整体浇筑或嵌固在砌体墙内时，应设置板面构造钢筋，并应符合下列要求：钢筋直径不宜小于 6mm（注意一般钢筋宜不小于 8mm），间距不宜大于 200mm，且单位宽度内的配筋面积不宜小于跨中相应方向板底钢筋截面面积的 1/3；与混凝土梁、混凝土墙整体浇筑单向板的非受力方向，单位宽度内钢筋截面面积尚不宜小于受力方向跨中板底钢筋截面面积的 1/3。

（3）在抗震设防烈度为 8 度及以下的地区，CRB600H 高强钢筋可用作钢筋混凝土房屋中抗震等级为二、三、四级剪力墙的墙体分布钢筋；其构造要求应符合现行国家标准《混凝土结构设计规范》（GB 50010）和《建筑抗震设计规范》（GB 50011）的有关规定。

（4）CRB600H 高强钢筋混凝土受弯构件，当混凝土强度等级不低于 C30，环境类别为一类时，可不作最大裂缝宽度验算。

由于 CRB600H 高强钢筋在各种配筋率下的计算最大裂缝宽度为 0.228mm，满足一类环境下最大裂缝宽度限值 0.30mm 的规定，因此，采用 CRB600H 高强钢筋比 HRB400 钢筋在裂缝控制上要好很多。

### 2.3.6 CRB600H 高强钢筋能否应用在人防工程板中

《人民防空地下室设计规范》（GB 50038—2005）对材料的要求，见表 2–12。

**表 2–12　　材料强度综合调整系数 $\gamma_d$**

| 材料种类 | | 综合调整系数 $\gamma_d$ |
|---|---|---|
| 热轧钢筋（钢材） | HPB235 级（Q235 钢） | 1.50 |
| | HRB335 级（Q345 钢） | 1.35 |
| | HRB400 级（Q390 钢） | 1.20（1.25） |
| | RRB400 级（Q420 钢） | 1.20 |

请读者注意表中 RRB400 级是可以使用的。分析如下：

《混凝土结构设计规范》（GB 50010—2010，2015 版）表 4.2.4 给出的 RRB400 级钢筋的总伸长率为 5.0%（见表 2–13）。

**表 2–13　　普通钢筋及预应力筋在最大力下的总伸长率限值**

| 钢筋品种 | 普通钢筋 | | | 预应力筋 |
|---|---|---|---|---|
| | HPB300 | HRB335、HRB400、HRBF400、HRB500、HRBF500 | RRB400 | |
| $\delta_{gt}$（%） | 10.0 | 7.5 | 5.0 | 3.5 |

RRB400 级钢与 CRB600H 完全相同，均为 5.0%。也就是说 RRB400 与 CRB600H 的钢筋强度基本一致（CRB600H 稍高），最大伸长率完全一致，即均为 5.0%。

因此可以得出结论：CRB600H 应用在人防工程板中钢筋完全可以。不过目前遗憾的是没有看到一本标准提到这个问题。

### 2.3.7 CRB600H 高强钢筋支座弯矩调幅问题

（1）河北、山东等的地方标准中规定：混凝土连续板配置 CRB600H 高强钢筋时，其内力计算可考虑塑性内力重分布，其支座弯矩调幅幅度不宜大于按弹性计算值的 20%。

（2）行标《冷轧带肋钢筋混凝土结构技术规程》（JGJ 95—2011）及《CRB600H 高延性高强钢筋应用技术规程》（CECS458：2016）规定：冷轧带肋钢筋混凝土连续板支座弯矩调幅幅度不应大于 15%。

由字面上看似乎《地标》与《行标》不一致，有人就认为《地标》是错误的，其实不然。

因为《行标》包含有 CRB550 钢筋，这样确定的原因是将 CRB550（$\delta_{gt}\approx 2\%$）和 CRB600H（$\delta_{gt}\geqslant 5\%$）统一考虑，未进行区分。由于 CRB600H 的延性明显优于 CRB550 冷轧带肋钢筋，均匀伸长率与现行《混凝土结构设计规范》（GB 50010）中的 RRB400 钢筋（$\delta_{gt}$≥5%）相同，而《混凝土结构设计规范》（GB 50010—2010）规定“钢筋混凝土连续板负弯矩的调幅幅度不宜大于 20%”。所以《地标》将采用 CRB600H 钢筋的混凝土连续板支座弯矩调幅幅度限值改为 20%。作者认为这是经过分析思考后的结果，这样的《地标》才有点意义。

## 2.4 《钢筋混凝土用钢　第 2 部分：热轧带肋钢筋》（GB/T 1499.2—2018）引起的一些思考

### 2.4.1 问题由来

《钢筋混凝土用钢　第 2 部分：热轧带肋钢筋》2018 年 2 月 6 日发布，2018 年 11 月 1 日开始实施。

### 2.4.2 新标准都有哪些主要变化

新标准与原标准相比，主要变化如下：

（1）增加了冶炼方法要求；

（2）取消 335MPa 级钢筋；

（3）增加 600MPa 级钢筋；

（4）增加了带“E”的钢筋牌号；

（5）对长度允许偏差、弯曲度适当加严；

（6）将牌号带“E”的钢筋反向弯曲试验要求作为常规检验项目；

（7）增加了钢筋疲劳试验方法的规定；

（8）增加了金相组织检验的规定；

（9）增加横肋末端间隙的测量方法；

（10）将表面标志轧上“经注册的厂名（或商标）”改为“企业获得的钢筋混凝土用热轧钢筋产品生产许可证编号（后 3 位）”，删除了“公称直径不大于 10mm 的钢筋，可不轧制标志，可采用挂标牌的方法”。

### 2.4.3 主要变化项的一些新亮点

（1）产品牌号的变化见表 2-14。注意：新牌号已没有了“RRB400”。

表 2-14　　新的钢筋牌号及其含义说明

<table>
<tr><th>类别</th><th>牌号</th><th>牌号构成</th><th>英文字母含义</th></tr>
<tr><td rowspan="5">普通热轧钢筋</td><td>HRB400</td><td rowspan="3">由 HRB+屈服强度特征值构成</td><td rowspan="5">HRB——热轧带肋钢筋的英文（Hot-rolled Ribbed Bars）缩写。<br>E——“地震”的英文（Earthquake）首位字母</td></tr>
<tr><td>HRB500</td></tr>
<tr><td>HRB600</td></tr>
<tr><td>HRB400E</td><td rowspan="2">由 HRB+屈服强度特征值+E 构成</td></tr>
<tr><td>HRB500E</td></tr>
</table>

续表

| 类别 | 牌号 | 牌号构成 | 英文字母含义 |
| --- | --- | --- | --- |
| 细晶粒热轧钢筋 | HRBF400 | 由 HRBF＋屈服强度特征值构成 | HRBF——在热轧带肋钢筋的英文缩写后加“细”的英文（Fine）首位字母。<br>E——“地震”的英文（Earthquake）首位字母 |
| | HRBF500 | | |
| | HRBF400E | 由 HRBF＋屈服强度特征值＋E 构成 | |
| | HRBF500E | | |

注：1. 普通热轧钢筋是指按热轧状态交货的钢筋。

2. 细晶粒热轧钢筋是指在热轧过程中，通过控轧和控冷工艺形成的细晶粒钢筋。

3. 特征值是指在无限多次的检验中，与某一规定的概率所对应的分位值。

4. 上述钢筋目前的规格：公称直径范围 6～50mm。

（2）本次提出对冶炼方法的要求。应采用转炉或电弧炉冶炼，必要时可以采用炉外精炼。

从标准设置的初衷来讲，标准修订的目的一是为了提高冶金、建筑水平，二是为了打击地条钢、强穿水钢筋。提高冶金、建筑水平主要靠指标的提升，如提高强度等级、重量偏差要求、推广先进工艺技术等；打击地条钢可以从钢坯冶炼工艺方面进行要求，如不允许使用中频炉炼钢（仅指用于生产螺纹钢筋的）；打击强穿水钢筋可以通过在行业公认轧钢装备技术领先的几家企业研究确定最低成分要求等，从而简化检验工作。

（3）化学成分要求的变化。新标准增加了 HRB600 牌号碳含量、碳当量要求，其余成分要求与原标准一致；对于氮含量的要求，仍按照“钢的氮含量应不大于 0.012%，供方如能保证可不作分析。钢中如有足够数量的氮结合元素，含氮量的限制可适当放宽”的规定，但没有给出具体的计算公式。

新的钢筋牌号及化学成分和碳当量（熔炼分析）应符合表 2－15 的规定。钢中还可加 V、Nb、Ti 等元素。

**表 2－15　　新钢筋牌号化学成分和碳当量**

| 牌号 | 化学成分（质量分数，%） | | | | | 碳当量 $C_{eq}$（%） |
| --- | --- | --- | --- | --- | --- | --- |
| | C | Si | Mn | P | S | |
| | 不大于 | | | | | |
| HRB400<br>HRBF400<br>HRB400E<br>HRBF400E | 0.25 | 0.80 | 1.60 | 0.045 | 0.045 | 0.54 |
| HRB500<br>HRBF500<br>HRB500E<br>HRBF500E | | | | | | 0.55 |
| HRB600 | 0.28 | | | | | 0.58 |

注：1. 目前 HRB600 还没有带“E”的“抗震”钢筋。

2. 新牌号已经取消 HRB335、RRB400，增加了 HRB600。

（4）钢筋的冷弯试验。新标准中 HRB600 钢筋的冷弯试验条件同 HRB500，即弯曲角度 180°，弯芯直径 $6d$～$8d$，试验条件未再放宽。

对抗震钢筋增加反向弯曲试验，普通钢筋反向弯曲试验不做强制性要求。而且增加了反弯工艺规定“反向弯曲试验，先正向弯曲 90°，把经正向弯曲的试样在 100℃±10℃温度下保温不少于 30min，经自然冷却后再反向弯曲 20°”，这与其他国家标准要求保持了一致。

（5）尺寸与重量偏差。新标准严格了重量偏差的要求（防止瘦身钢筋），主要是 6～12mm 规格重量偏差由±7%提升为±6.0%，其他规格重量偏差不变，但有效位数增加至小数点后一位，并明确规定按组测量重量偏差不允许复验。考虑数值修约规定，调整后的重量偏差实际提高了 0.45%~1.45%。此外，新标准考虑了重量偏差与内径允许偏差的相对应关系，明确规定内径偏差不作为交货条件。新旧标准对照见表 2－16。

表 2－16　重量偏差新旧标准对比

| 公称直径/mm | 实际重量与理论重量的偏差（%） | |
|---|---|---|
| | 新标准 | 旧标准 |
| 6～12 | ±6.0 | ±7 |
| 14～20 | ±5.0 | ±5 |
| 22～50 | ±4.0 | ±4 |

说明：依据编制标准规定，±5 就是允许＋4.5，－5.4；但±5.0 就是只允许＋5.0，－5.0（防止瘦身钢筋）。

### 2.4.4 目前设计能否采用 HRB600 级钢筋

新标准目前仅有 HRB600 钢筋的屈服强度标准值，并没有给出钢筋的抗拉强度设计值、抗压钢筋强度设计值等。

钢筋强度设计值＝钢筋屈服强度标准值/$\gamma_s$（材料分项系数）

HRB600 的材料分项系数是取 1.1 还是 1.15，还是其他值目前不得而知。

由于 HRB600 的材料分项系数到底取多少目前还不明确，所以作者认为目前设计者还不能直接应用。需要待相关标准或规范给出 HRB600 钢筋材料分项系数取值，即给出 HRB600 钢筋抗拉及抗压设计强度值后方可应用。

当然如果某工程要提前使用，也可通过专家论证会进行论证后，方可使用。

## 2.5 如何看待《地下结构抗震设计标准》(GB/T 51336—2018)

### 2.5.1 问题由来

《地下结构抗震设计标准》（GB/T 51336—2018）2018 年 11 月 1 日发布，2019 年 4 月 1 日起实施。

### 2.5.2 标准的一些特殊要求

本标准适用于抗震设防烈度为 6、7、8 和 9 度地区地下结构的抗震设计。相对于《建筑抗震设计规范》，此标准涉及地下建筑范围相当广泛，包括地下单体结构、地下多体结构、盾构隧道结构、矿山法隧道结构、明挖隧道结构、下沉式挡土结构。

### 2.5.3 地下结构也有抗震变形规定了

标准 6.9.1 地下结构进行弹性变形验算时，断面应采用最大弹性层间位移角作为指标，并应符合下式规定：

$$\Delta u_{e} \leqslant [\theta_{e}]h$$

式中 $\Delta u_{e}$ ——基本地震作用标准值产生的地下结构层内最大的弹性层间位移（m）；计算时，钢筋混凝土结构构件的截面刚度可采用弹性刚度；

$[\theta_{e}]$ ——弹性层间位移角限值，宜按表 6.9.1（见表 2－17）采用；

$h$ ——地下结构层高（m）。

表 2－17 弹性层间位移角限值

| 地下结构类型 | $[\theta_{e}]$ |
|---|---|
| 单层或双层结构 | 1/550 |
| 三层及三层以上结构 | 1/1000 |

注：圆形断面结构应采用直径变形率作为指标，地震作用产生的弹性直径变形率应小于 4%。

### 2.5.4 此标准适合房屋建筑工程地下结构吗

作者的观点是不适合，理由是：

（1）目前正式发布的标准已经取消了原标准中的“复建式地下结构”这一章节。

（2）本标准中的地下单体结构是指明挖法和矿山法施工的钢筋混凝土框架地下单体结构。

（3）本标准是推荐性标准。

（4）上海 2018 年 12 月 31 日正式发文，房屋建筑工程不执行该标准。

## 2.6 关于地下车库无梁楼盖垮塌的一些分析思考

### 2.6.1 问题由来

2018 年 11 月 12 日，中山市古镇镇海洲村万科某项目一期 2 标段发生地下室顶板无梁楼盖局部坍塌事故，坍塌面积约 2000m$^2$（见图 2－9）。

古镇镇官方通报称，经初步调查分析，坍塌原因是填土作业人员违反操作规程，且大型满载平板车停放不当，导致顶板过于集中荷载，造成局部坍塌。

工程概况：柱网尺寸：7.8m×8.1m；柱尺寸：500mm×600mm；结构形式：一阶矩形柱帽无梁楼盖；板厚：350mm；柱帽尺寸：1.5m×1.5m×0.45m（不含板厚）；柱、板混凝土强度：C30；钢筋强度等级：HRB400；覆土厚度：约 1.0～1.1m。

配筋方式：双层双向拉通钢筋＋局部附加钢筋，暗梁设置：无。

托板冲切箍筋设置：无，拉通筋：$\phi$18@200 双层双向。

托板范围附加面筋：$\phi$14@200～$\phi$20@200 不等，大部分托板附加面筋$\phi$14@200。

图 2－9　垮塌范围及照片

工程柱帽如图 2－10 所示。

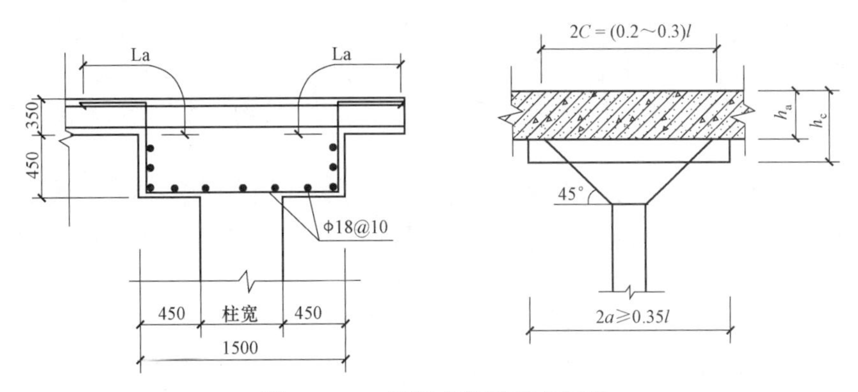


图 2－10　工程柱帽图及存在问题

作者看见这样的柱帽，第一反应就是：柱帽构造不满足规范要求。

经过建模复核，分析该项目事故的主要原因有以下几点：

（1）托板尺寸过小，冲切比控制不足。

该项目托板尺寸为 1.5m×1.5m×0.45m，板厚 350mm。经过计算，按 1m 覆土计算，按恒载 20/活载 4 进行计算时，该项目托板尺寸无法满足楼板冲切比计算要求，复核楼板处冲切比达到 1.16～1.21。

（2）柱帽顶面配筋严重不足，只有计算值的 0.58～0.70。

### 2.6.2 事故原因分析及处理结果

2019 年 1 月 30 日中山市安全生产监督管理局给出的事故原因。

**1. 直接原因**

设计安全储备不足，对施工荷载不利工况考虑不足，防连续倒塌措施不强；覆土施工超载导致托板与顶板交界处发生冲切破坏是地下室顶板坍塌的直接原因。

（1）设计荷载分项系数、板柱节点形状和尺寸、托板尺寸不符合相关规定。

（2）坍塌地下室顶板的柱上板带抗弯不满足承载力要求，顶板抗冲切不满足承载力要求。

**2. 间接原因**

（1）设计单位。某建筑设计院未按照国家有关建设工程设计文件编制深度要求编制工程设计文件；未在施工图设计文件中向建设、施工单位充分说明设计意图，未就无梁楼盖施工、使用过程的荷载限值向各方责任主体单位进行技术交底。

（2）土石方施工单位。某工程队未按照工程设计图纸施工，编制的专项施工方案不符合施工技术标准要求，且未按专项施工方案组织施工。

（3）建设单位。某置业公司违法将基础土石方工程肢解发包给某工程队，导致建设项目管理混乱；未按规定组织技术交底；在施工过程中，未履行质量安全管理职责，对多个施工单位同时施工未实施有效管理和总协调，以包代管，造成管理主体责任不明确。

2019 年 2 月 1 日中山市安全生产监督管理局给出处理结果。

据报告调查结果，该事故未造成人员伤亡。

建议处理：

（1）施工总承包单位。对公司及项目负责人进行行政处罚；对公司注册建造师提请省住建厅对其停止执业资格一年的处罚；对公司及相关责任人进行处理。

（2）监理单位。对监理公司及总监理工程师进行行政处罚；对公司注册监理工程师提请省住建厅对其停止执业资格一年的处罚；对公司及相关责任人进行处理。

（3）设计单位。建议由市住建局提请省住建厅对注册结构工程师停止执业资格一年的处罚。

（4）土石方施工单位。工程队未按照工程设计图纸施工，编制的专项施工方案不符合施工技术标准要求且未按专项施工方案组织施工，对事故发生负有责任，建议进行行政处罚。

（5）建设单位。建设单位未按规定组织技术交底，在缺乏总承包单位技术把关和管理的情况下，未做好总协调管理，导致直接发包的土石方工程施工缺乏有效管控，造成覆土施工超载，对事故发生负有责任，建议对公司及其负责人黄某进行行政处罚。

（6）审图单位。建议对审查公司及其负责人和审图人员进行行政处罚；对公司注册结构工程师提请省住建厅对其停止执业资格一年的处罚。

### 2.6.3 几个车库垮塌典型案例

【工程案例 2－2】2017 年 11 月 5 日发生在河北沧州坍塌的无梁楼盖工程，如图 2－11 所示。

图 2－11　河北沧州无梁楼盖坍塌

事故原因：

（1）推土及施工车辆作业荷载严重超出原设计荷载，导致该部分车库柱板发生局部破坏。

（2）该车库为独立工程，车库结构与周边住宅结构完全脱离，因此该部分局部破坏对周边住宅结构安全无影响。

（3）现场漏水由柱板破坏时造成车库内热力管破裂所致。

**【工程案例 2－3】**2017 年 8 月 19 日北京某无梁车库垮塌（见图 2－12）。

图 2－12　北京某无梁车库垮塌

事故原因：

（1）直接原因：根据国家建筑工程质量监督检验中心鉴定报告中鉴定结论："设计工况下地下一层顶板部分板柱节点冲切作用效应设计值大于相应位置受冲切承载力设计值，不满足《混凝土结构设计规范》（GB 50010—2010）的相关要求；实际工况下地下一层顶板部分板柱节点冲切作用效应设计值大于相应位置受冲切承载力设计值，不满足《混凝土结构设计规范》（GB 50010—2010）的相关要求。"该地库局部坍塌可能是由多种原因造成的，目前可确认的是地下一层顶板部分板柱节点处冲切承载力不满足设计规范要求，是该起质量问题发生的直接原因。

（2）间接原因：建设单位、设计单位、施工单位、监理单位均不同程度的存在管理漏洞，是导致该起质量问题发生的间接原因。

### 2.6.4 是无梁楼盖结构体系问题吗

作者认为，无梁楼盖结构体系本身并没有问题，问题出在现在的结构布置已经背离了无梁楼盖体系的一些基本原则（如柱网不规则、柱距大小不一、荷载不均匀等），加上目前计算程序的一些不靠谱的夸大其词（设计过于依赖计算结果），设计、审图等人员概念不够清晰，没有进行合理分析判断，再加上施工阶段及使用阶段的超堆载等，引起安全事故是迟早的事。

当然作者也承认无梁楼盖的确也存在着对于承受偶然荷载、防连续倒塌能力低的不足的问题。

大家看看《人民防空地下室设计规范》（GB 50038—2005）附录 D 无梁楼盖设计要点：

D.1.1 无梁楼盖的柱网宜采用正方形或矩形，区格内长短跨之比不宜大于 1.5。

D.2.3 当无梁楼盖的跨度大于 6m，或其相邻跨度不等时，冲切荷载设计值应取按等效静荷载和静荷载共同作用下求得冲切荷载的 1.1 倍；当无梁楼盖的相邻跨度不等，且长短跨之比超过 4:3，或柱两侧节点不平衡弯矩与冲切荷载设计值之比超过 0.05（$c+h_0$）（$c$ 为柱边长或柱帽边长）时，应增设箍筋。

特别注意：当时就提到了由于相邻跨度不等，需要考虑不平衡弯矩对冲切的影响。但据作者所知，2018 年 6 月前软件均没有考虑这个不平衡弯矩产生的附加冲切力。经过作者的建议，2018 年 6 月以后的常用软件都增加了计算不平衡弯矩对冲切的影响问题，如图 2－13 所示某软件菜单。

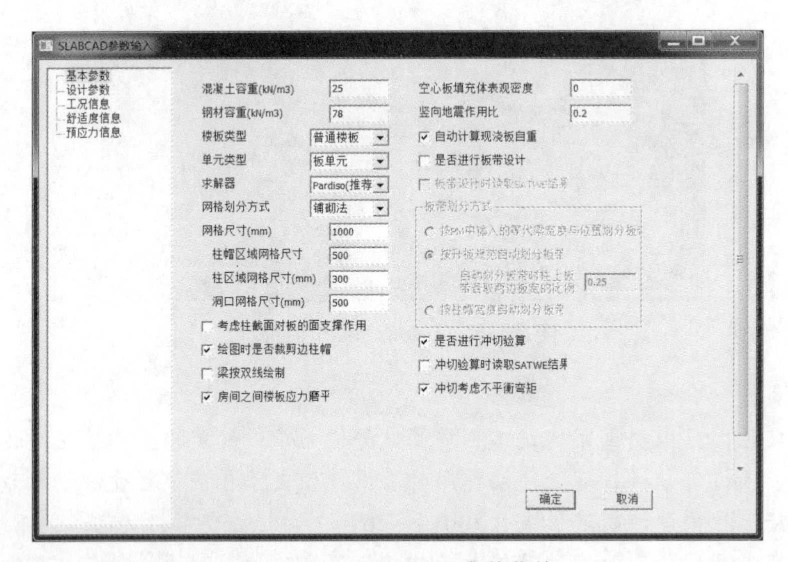


图 2－13 SLABCAD 参数菜单

2019 年，SATWE v5.1 又增加了这个调整系数。Slab 计算板的冲切验算考虑不平衡弯矩时，放大冲切反力设计值。

板的冲切验算考虑不平衡弯矩时，放大冲切反力设计值。依据《抗规》6.6.3－3 要求：板柱节点应进行冲切承载力的抗震验算，应计入不平衡弯矩引起的冲切，节点处地址作用组合的不平衡弯矩引起的冲切反力设计值应乘以增大系数。一、二、三级板柱的增大系数可分别取 1.7、1.5、1.3。

### 2.6.5 今后设计无梁楼盖应注意的问题

（1）精心分析、合理设计，不要盲目相信软件计算结果。

（2）对于程序无法考虑的不平衡弯矩引起的冲切必须进行人工手算复核。

（3）全部板底钢筋均应通长连续布置，为提高板的抗连续倒塌能力，钢筋的连接应采用焊接或机械连接，不应采用绑扎搭接。钢筋接头位置应设置在中间支座（柱）两侧各 0.3 倍净跨度范围内。

（4）在图纸上要标明设计荷载，明确说明考虑施工在内的总荷载不得超过总设计荷载；同时也应说明车库顶板堆土应分层均匀堆载。

（5）设计时应充分考虑并严格控制景观微地形、大型种植以及大型构筑物等荷载。

（6）对可能出现消防车、大型货运车辆等重型车辆的地方，不能遗漏荷载，并充分考虑其路线变化的可能性。

（7）做好施工交底，防患于未然，对必须施工堆载、施工车辆通行的地方，要将可能的施工荷载提前考虑。

（8）对于有柱帽的无梁楼盖也应构造加暗梁。

（9）必要时可以考虑在柱帽处增设型钢抗冲切。

（10）设计说明注明“待车库顶板混凝土强度达 100%时，方可进行顶板堆覆土”。

### 2.6.6 对于有柱帽的无梁楼盖是否需要加暗梁

现行《抗规》（GB 50011—2010，2016 版）这次修订刚刚明确了此内容。

《抗规》第 14.3.2 条，地下建筑的顶板、底板和楼板应符合下列要求：

（1）宜采用梁板结构。当采用板柱—抗震墙结构时，无柱帽的平板应在柱上板带中设置构造暗梁，其构造措施按本规范第 6.6.4 条第 1 款的规定采用。

……

依据这次修订可以认为《抗规》的本意是有柱帽的无梁楼盖可以不设构造暗梁，但是 2018 年 2 月 27 日，住房和城乡建设部发布《住房城乡建设部办公厅关于加强地下室无梁楼盖工程质量安全管理的通知》（建办质〔2018〕10 号），明确规定要求所有无梁楼盖都应设置构造暗梁，参见如下具体条款：

“二、注重设计环节的质量安全控制。设计单位要保证施工图设计文件符合国家、行业标准规范和设计深度规定要求，在无梁楼盖工程设计中考虑施工、使用过程的荷载并提出荷载限值要求，**注重板柱节点的承载力设计，通过采取设置暗梁等构造措施，提高结构的整体安全性**。要认真做好施工图设计交底，向建设、施工单位充分说明设计意图，对施工缝留设、施工荷载控制等提出施工安全保障措施建议，及时解决施工中出现的相关问题。施工图审查机构要加强对无梁楼盖工程施工图设计文件的审查。”

### 2.6.7 作者对地库覆土层无梁楼盖的建议

（1）今后对于“覆土层”车库顶板尽量不要再采用无梁楼盖，至少设计院不要主动提

出。[济南市住房和城乡建设局2019年10月10号发文（济建发〔2019〕44号）]

近年来，国内多地多次发生地下车库无梁楼盖坍塌事故，给广大人民群众生命财产造成了巨大损失。2020年1月1日后在济南市行政区域内进行规划方案报批的新建工程，其地下车库覆土顶板宜采用梁板结构。

（2）如果甲方要采用，设计院也不应反对，必要时可以建议采用现浇空心楼盖无梁楼盖。

1）即便是无梁空心楼盖，在柱子周围绝对不敢做成空心的，若荷载太大，有时还要设置柱帽。相当于实心楼盖，无梁空心楼盖的板厚不敢做得太薄，面对同样的荷载，无梁空心板的厚度要比心板厚度高8%～10%，相应的柱周围控制截面的抗冲切能力至少要提高8%～10%。

2）空心楼盖的综合体积空心率一般都在30%以上，自重的减轻意味着控制截面的抗冲切能力又要提高。

3）按照相关规范要求，无梁空心楼盖的柱上必须设置暗梁，暗梁的穿柱纵筋与箍筋的设置，又大大提高了柱周围的抗剪与抗冲切能力，如图2－14所示。

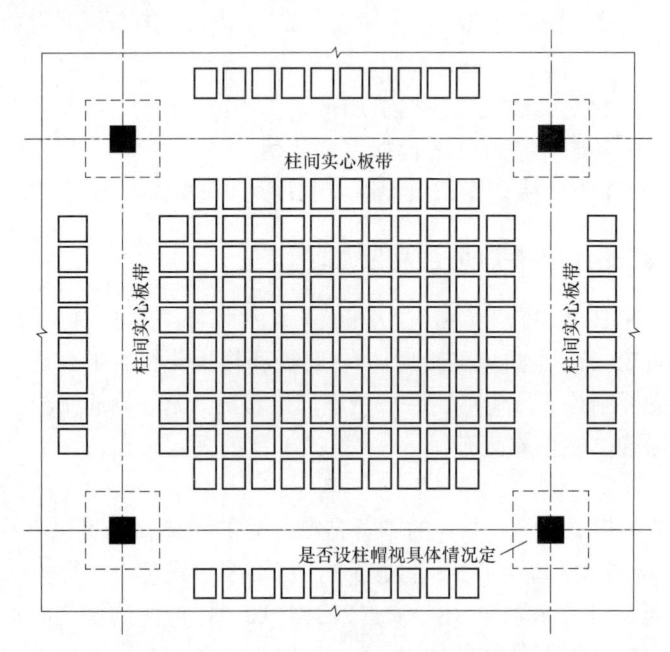


图2－14　无梁空心楼盖的柱上设置暗梁

（3）必要时可以采用“等带框架法补充计算”，具体可依据《混凝土升板结构技术标准》（GB/T 50130—2018）及《全国民用建筑工程设计技术措施　结构（防空地下室）》（2009年版）。

基于以上要素，即便面对同样的使用时超载现象，无梁空心楼盖比实心楼盖的抗坍塌能力要提高20%左右，因此，实心无梁楼盖坍塌的事故在全国各地发生多起，而空心无梁楼盖坍塌的案例却比较罕见。

# 第3章

# 《中国地震动参数区划图》与《建筑抗震设计规范》

## 3.1　第五代《中国地震动参数区划图》相关问题解析

### 3.1.1　近几年世界地震发生情况

2016年，全球范围内共发生7级以上地震16次，其中8级以上地震1次，即11月13日新西兰8.0级地震。

根据中国地震局统计，2016年，我国共发生5级以上地震33次，其中大陆地区18次，6级以上地震5次；台湾地区15次。地震活动水平与往年相比大体相当并稍弱。我国大陆地区地震共造成灾害事件15次，2人死亡，101人受伤，直接经济损失65.5亿元。

2017年，全球发生7级以上地震8次，最大地震为9月8日墨西哥近海沿岸8.2级地震。

2017年我们国家发生5级以上地震19次，其中大陆地区13次，台湾地区6次，最大地震为8月8日四川九寨沟7.0级地震。共造成大陆地区37人死亡，1人失踪，617人受伤，直接经济损失145.58亿。

2018年，全球共发生6级以上地震119次，其中6.0级到6.9级101次，7.0级到7.9级16次，8.0级以上2次，最大地震是8月19日在斐济群岛地区发生的8.1级地震。

我国2018年共发生3级以上地震542次（台湾地区4.0级以下地震未统计在内），其中3.0～3.9级363次，4.0～4.9级148次，5.0～5.9级26次，6.0～6.9级5次，7.0级以上0次，最大地震是2月6日在台湾花莲县附近海域发生的6.5级地震。

2018年，按照地震发震次数进行分省统计，最多的前五名依次为台湾、新疆、西藏、四川、云南。

近五年来全球6级及以上地震次数见图3-1。

20世纪以来，我国6级及以上地震发生次数近800次。地震发生地遍布除贵州、江浙两省和香港特别行政区以外所有的省、自治区、直辖市。

### 3.1.2　我国地震动参数区划图编制历史

随着我国经济社会不断发展，地震动参数区划图也经历了由1代到5代不断完善，抗震设防能力逐渐稳步提升，由最早的科研成果逐渐变为国家的强制性标准（见图3-2

和图 3－3）。

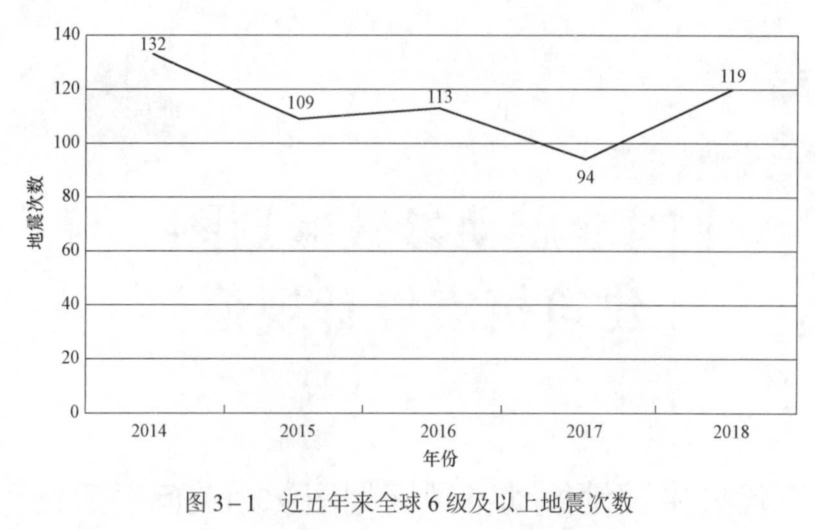


图 3－1　近五年来全球 6 级及以上地震次数

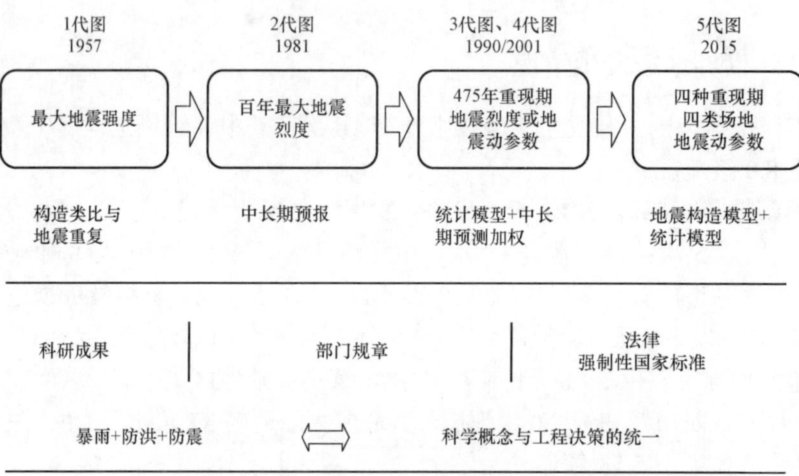


图 3－2 《中国地震动参数区划图》编制历史

图 3－3　已颁布的国家标准和宣贯教材

### 3.1.3 地震动参数区划图防控风险作用（见图 3－4）

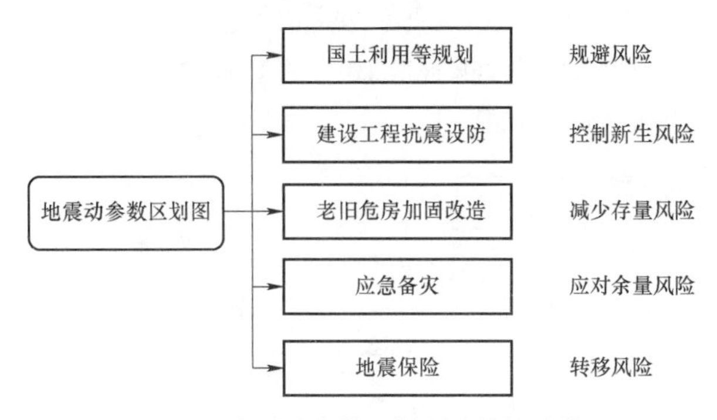


图 3－4 地震动参数区划图防控风险作用

### 3.1.4 新版地震动参数区划图实施的重大意义（见图 3－5）

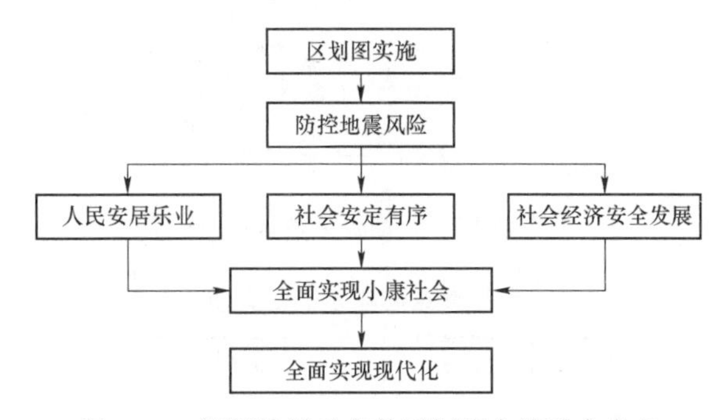


图 3－5 新版地震动参数区划图实施重大意义

### 3.1.5 第五代地震动参数区划图的几个亮点

（1）最大亮点是取消不设防区，最低抗震设防烈度为 6 度；提高部分地区地震加速度、部分地区调整特征周期等，如图 3－6 所示。

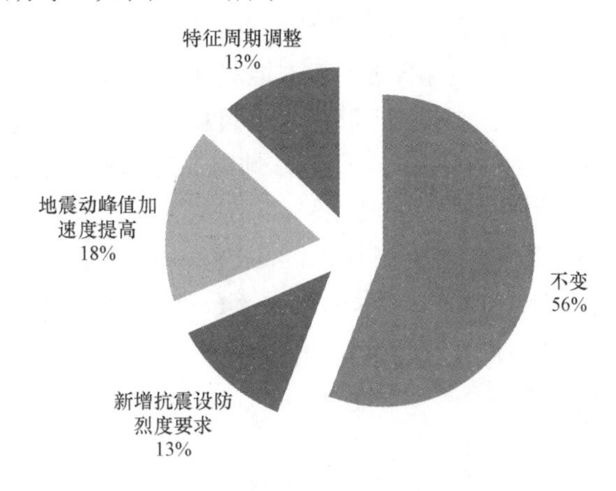


图 3－6 县级及以上城镇抗震设防变化统计

（2）新增加极罕遇地震动的要求（见图 3－7）。

1）常遇地震动：相应于 50 年超越概率 63%的地震动。

2）基本设防地震动：相应于 50 年超越概率 10%的地震动。

3）罕遇地震动：相应于 50 年超越概率 2%的地震动。

4）极罕遇地震动：相应于年超越概率 $10^{-4}$ 的地震动。

水平地震影响系数最大值见表 3－1。

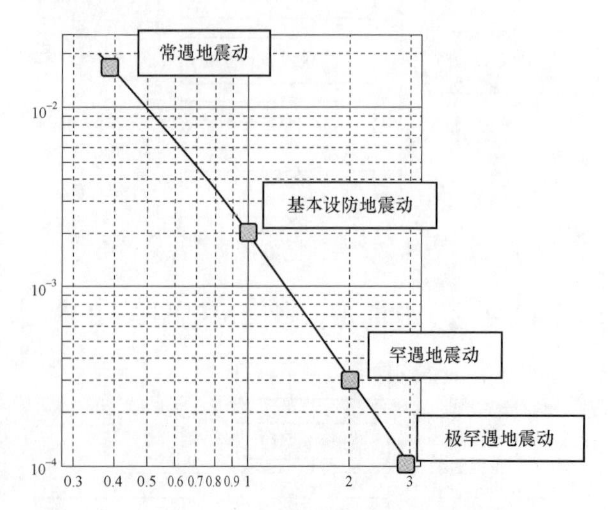


图 3－7　新增极罕遇地震动

**表 3－1**　　**水平地震影响系数最大值**

| 地震影响 | 6 度 | 7 度 | 8 度 | 9 度 |
|---|---|---|---|---|
| 多遇地震 | 0.04 | 0.08（0.12） | 0.16（0.24） | 0.32 |
| 设防地震 | 0.12 | 0.23（0.34） | 0.45（0.68） | 0.90 |
| 罕遇地震 | 0.28 | 0.50（0.72） | 0.90（1.20） | 1.40 |
| 极罕遇地震 | 0.36 | 0.70（1.00） | 1.35（2.00） | 2.70 |

（3）多遇地震动、罕遇地震动、极罕遇地震动峰值加速度。

1）多遇地震动峰值加速度宜按不低于基本地震加速度峰值加速度 1/3 倍确定。

2）罕遇地震动峰值加速度宜按不低于基本地震加速度峰值加速度 1.6～2.3 倍确定。

3）极罕遇地震动峰值加速度宜按不低于基本地震加速度峰值加速度 2.7～3.2 倍确定。

（4）动力放大系数最大值（$\beta_m$）的变化。第五代地震动参数区划图将动力放大系数最大值（$\beta_m$）调整为 2.5，而第四代区划图的动力放大系数最大值为 2.25。

（5）由全文强制调整为条文强制。本标准的 5.1、5.2、6.1、7.1、8.2、附录 A、附录 B、附录 C 为强制性，其余为推荐性。

### 3.1.6　北京地区主要变化

（1）首次出现 0.30*g* 区——（Ⅷ度半）平谷区马坊镇。

（2）全部区政府均位于 0.20*g* 区（Ⅷ度），新增密云、怀柔、昌平、门头沟。

（3）高烈度区面积增加近 20%，0.30*g* 约 0.06%，0.20*g* 约 59.34%，增加 19.63%。

（4）特征周期调整全部均位于 0.40s 或 0.45s 区。地震分组：第二、三组。

2001 版和 2015 版地震区划图对比如图 3－8 所示。

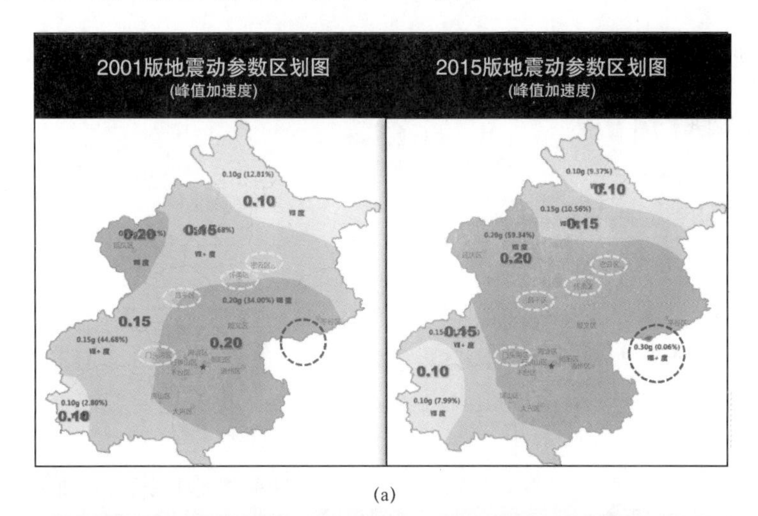


(a)

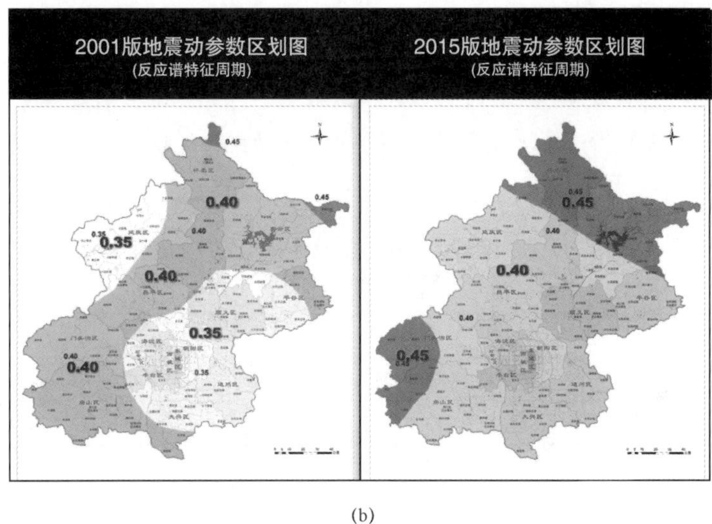


(b)

图 3－8　2001 版和 2015 版地震动参数区划图对比

（a）峰值加速度对比；（b）反应谱特征周期

### 3.1.7　不同场地类别特征周期选取

$\text{I}_0$、$\text{I}_1$、Ⅲ、Ⅳ类场地基本地震动加速度反应谱特征周期应根据Ⅱ类场地地震动加速度反应谱特征周期调整（见表 3－2）。

**表 3－2**　　场地基本地震动加速度反应谱特征周期调整表　　单位：s

| Ⅱ类场地基本地震动加速度反应谱特征周期分区值 | 场地类别 | | | | |
|---|---|---|---|---|---|
| | $\text{I}_0$ | $\text{I}_1$ | Ⅱ | Ⅲ | Ⅳ |
| 0.35 | 0.20 | 0.25 | 0.35 | 0.45 | 0.65 |
| 0.40 | 0.25 | 0.30 | 0.40 | 0.55 | 0.75 |
| 0.45 | 0.30 | 0.35 | 0.45 | 0.65 | 0.90 |

## 3.2 《建筑抗震设计规范》（GB 50011—2010，2016 年版）相关问题解析

### 3.2.1 本次修订的主要内容

本次规范修订主要内容包括两个方面：

（1）根据《中国地震动参数区划图》（GB 18306—2015）（以下简称《地震区划图》）和《中华人民共和国行政区划简册 2015》以及民政部发布的 2015 年行政区划变更公报，修订《建筑抗震设计规范》（GB 50011—2010）附录 A：我国主要城镇抗震设防烈度、设计基本地震加速度和设计地震分组。

（2）根据《建筑抗震设计规范》（GB 50011—2010）实施以来各反面反馈的意见和建议，对部分条款进行文字调整。

### 3.2.2 《抗规》与《地震区划图》动参数的对应关系

（1）抗震设防烈度与《抗规》中设计基本地震加速度和《区划图》中地震动峰值加速度的对应关系见表 3-3。

**表 3-3　抗震设防烈度与《抗规》中设计基本地震加速度和《区划图》中地震动峰值加速度的对应关系**

| 抗震设防烈度 | 6 | 7 | | 8 | | 9 |
|---|---|---|---|---|---|---|
| 《抗规》：设计基本地震加速度 | 0.05*g* | 0.10*g* | 0.15*g* | 0.20*g* | 0.30*g* | 0.40*g* |
| 《区划图》：地震动峰值加速度 | 0.05*g* | 0.10*g* | 0.15*g* | 0.20*g* | 0.30*g* | 0.40*g* |

注：*g* 为重力加速度。

（2）设计地震分组与《区划图》中地震动加速度反应谱特征周期的对应关系见表 3-4。

**表 3-4　设计地震分组与 GB 18306 地震动加速度反应谱特征周期的对应关系**

| 设计地震分组 | 第一组 | 第二组 | 第三组 |
|---|---|---|---|
| 《区划图》：地震加速度反应谱特征周期 | 0.35s | 0.40s | 0.45s |

（3）现行《抗规》采用的动力放大系数最大值仍为 2.25。

不过请注意，全文强制《建筑与市政工程抗震通用规范》即将出台，预计会有以下变化：

1）本次《规范》将动力放大系数最大值由 2.25 调整到 2.50。

2）罕遇地震概率水准由 2%～3%/50 年调整为 2%/50 年。

### 3.2.3 《抗规》附录 A 与《地震区划图》附录 C 查出的地震动参数不一致时，如何处理

（1）现行《抗规》附录 A 仅给出全国各县级及县级以上城镇的中心地区（如城关地

区）的抗震设防烈度、设计基本地震加速度和所属的设计地震分组。

（2）《地震区划图》附录 C 给出全国城镇Ⅱ类场地基本地震动峰值加速度和基本地震动加速度反应谱特征周期。

（3）大家在使用时经常会发现《抗规》附录 A 与《地震区划图》附录 C 不一致，以北京地区为例说明。

1）《抗规》规范附录 A 的规定见表 3－5。

**表 3－5　北京市县级及县级以上城镇的抗震及防烈度、设计基本地震加速度和设计地震分组**

| 烈度 | 加速度 | 分组 | 县级及县级以上城镇 |
| --- | --- | --- | --- |
| 8 度 | 0.20*g* | 第二组 | 东城区、西城区、朝阳区、丰台区、石景山区、海淀区、门头沟区、房山区、通州区、顺义区、昌平区、大兴区、怀柔区、平谷区、密云区、延庆区 |

2）《地震区划图》附录 C 的规定见表 3－6。

**表 3－6　北京市城镇Ⅱ类场地基本地震动峰值加速度值和基本地震动加速度反应谱特征周期值列表（部分）**

| 行政区划名称 | 峰值加速度 *g* | 反应谱特征周期/s | 行政区划名称 | 峰值加速度 *g* | 反应谱特征周期/s |
| --- | --- | --- | --- | --- | --- |
| 房山区（8 街道，20 乡镇，节选部分） | | | 兴谷街道 | 0.20 | 0.40 |
| 城关街道 | 0.20 | 0.40 | 马坊（地区）镇 | 0.30 | 0.40 |
| 新镇街道 | 0.20 | 0.40 | 金海湖（地区）镇 | 0.20 | 0.40 |
| 向阳街道 | 0.20 | 0.40 | 黄松峪乡 | 0.20 | 0.45 |
| 东风街道 | 0.20 | 0.40 | 熊儿寨乡 | 0.20 | 0.40 |
| 迎风街道 | 0.20 | 0.40 | 怀柔区（2 街道，14 乡镇） | | |
| 星城街道 | 0.20 | 0.40 | 泉河街道 | 0.20 | 0.40 |
| 拱辰街道 | 0.20 | 0.40 | 龙山街道 | 0.20 | 0.40 |
| 西潞街道 | 0.20 | 0.40 | 北房镇 | 0.20 | 0.40 |
| 阎村镇 | 0.20 | 0.40 | 杨宋镇 | 0.20 | 0.40 |
| 窦店镇 | 0.15 | 0.40 | 桥梓镇 | 0.20 | 0.40 |
| 石楼镇 | 0.15 | 0.40 | 怀北镇 | 0.20 | 0.40 |
| 长阳镇 | 0.20 | 0.40 | 汤河口镇 | 0.10 | 0.45 |
| 河北镇 | 0.15 | 0.40 | 渤海镇 | 0.20 | 0.40 |
| 长沟镇 | 0.15 | 0.40 | 九渡河镇 | 0.20 | 0.40 |
| 大石窝镇 | 0.15 | 0.40 | 琉璃庙镇 | 0.15 | 0.45 |
| 张坊镇 | 0.15 | 0.40 | 宝山镇 | 0.10 | 0.45 |
| 十渡镇 | 0.10 | 0.40 | 怀柔（地区）镇 | 0.20 | 0.40 |
| 青龙湖镇 | 0.20 | 0.40 | 雁栖（地区）镇 | 0.20 | 0.40 |
| 韩村河镇 | 0.15 | 0.40 | 庙城（地区）镇 | 0.20 | 0.40 |
| 良乡（地区）镇 | 0.20 | 0.40 | 长哨营满族乡 | 0.10 | 0.45 |
| 平谷区（2 街道，16 乡镇，节选部分） | | | 喇叭沟门满族乡 | 0.10 | 0.45 |
| 滨河街道 | 0.20 | 0.40 | | | |

由《抗规》附录 A 与《地震区划图》来看，北京地区差异还是巨大的，目前业界基本认可，各地均以《地震区划图》附录 C 查询结果为设计依据。所以作者建议今后大家设计可以不去查《抗规》附录 A，直接去查《地震区划图》附录 C。

### 3.2.4 工程场地地震动峰值加速度和特征周期如果按坐标查询《地震区划图》附录 A 与按《地震区划图》附录 C，发现结果不一致时应如何选取

某工程，地震动峰值加速度和特征周期如果按坐标查询（《地震区划图》附录 A），发现结果不同于《地震区划图》的表 C，需要执行坐标查询结果吗？

比如：郑山街道在附录 A 为 8 度（0.30$g$），但附录 C 表上是 8 度（0.20$g$），如图 3－9 所示。

《地震区划图》附录 A

| 临沭县（2 街道，7 镇） | | |
|---|---|---|
| 临沭街道 | 0.20 | 0.40 |
| 郑山街道 | 0.20 | 0.40 |
| 蛟龙镇 | 0.20 | 0.45 |
| 大兴镇 | 0.20 | 0.45 |

《地震区划图》附录 C

图 3-9 同一地区《地震区划图》附录 A 和 C 对照

作者认为，按附录 C 执行（已经到乡镇、街道了）够准确了。

但作者建议咨询《抗规》编制者，得到的答复是：按照“就高不就低”的原则选。

### 3.2.5 目前结构设计是否需要考虑场地类别对地震动参数进行调整

《地震区划图》附录 E 给出各类场地地震动峰值加速度调整，如下：

E.1 Ⅰ$_0$、Ⅰ$_1$、Ⅲ、Ⅳ类场地地震动峰值加速度 $\alpha_{max}$ 可根据Ⅱ类场地地震动峰值加速度 $\alpha_{max\,Ⅱ}$ 和场地地震动峰值加速度调整系数 $F_a$，按式（E.1）确定：

$$\alpha_{max}=F_a \cdot \alpha_{max\,Ⅱ} \tag{E.1}$$

E.2 场地地震动峰值加速度调整系数 $F_a$ 可按表 E.1（见表 3－7）所给值分段线性插值确定。

表 3-7　　场地地震动峰值加速度调整系数 $F_a$

| Ⅱ类场地地震动峰值加速度值 | 场地类别 | | | | |
|---|---|---|---|---|---|
| | $I_0$ | $I_1$ | Ⅱ | Ⅲ | Ⅳ |
| ≤0.05$g$ | 0.72 | 0.80 | 1.00 | 1.30 | 1.25 |
| 0.10$g$ | 0.74 | 0.82 | 1.00 | 1.25 | 1.20 |
| 0.15$g$ | 0.75 | 0.83 | 1.00 | 1.15 | 1.10 |
| 0.20$g$ | 0.76 | 0.85 | 1.00 | 1.00 | 1.00 |
| 0.30$g$ | 0.85 | 0.95 | 1.00 | 1.00 | 0.95 |
| ≥0.40$g$ | 0.90 | 1.00 | 1.00 | 1.00 | 0.90 |

作者的观点是：不需要。理由如下：

（1）附录C是资料性附录。在《地震区划图》前言中也明确：附录A、B、C是强制性的，其余为推荐性的。

（2）《规范》主编关于新《抗规》关于场地对加速度峰值调整的统一回复：

1）定性上是正确的，但调整系数大小存在很大争议。世界各国的调整系数均为特征周期调整系数的1/2～1/3，故Ⅲ、Ⅳ类场地最大不超过15%，欧规类比的Ⅲ类场地甚至比Ⅱ类小。

2）因争议大，放在资料性附录，作为背景资料，不视同规范要求。

3）抗规采用Ⅰ类减小、Ⅲ、Ⅳ类提高抗震措施的方法予以考虑。如果调整系数，无依据地重复提高，不是科学态度。

# 第4章

# 现行规范的一些疑虑及“错误”

目前现行的许多结构设计规范已经实施近10年之久，在应用过程中，想必大家和作者一样都会遇到很多疑难、疑惑及发现一些“错误”之处。

正确理解和应用规范条文是非常重要的，但这绝不是要求大家死扣规范条文，相对于创新而言，规范始终是滞后的，但突破规范要靠智慧、经验、理论、创新，更要靠清晰的思路与概念。如果错误地理解和应用了规范条文，轻则导致工程浪费，重则导致工程安全问题。

## 4.1 正确合理理解应用规范

### 4.1.1 设计师如何避免“过度教条”或“过度机械”使用规范

当前结构设计界存在着这样一种现象，就是不区分情况，机械教条地套用规范条文。这既不足以维护规范的权威，更不可能使设计师从条条框框的束缚下解脱出来，而是从一个极端走向另一个极端。

注意：1）规范只原则介绍结构设计的共性技术问题，而不是解决所有问题的百科全书。

2）只有理解规范的原则，并能根据具体条件分析应用，才能更有效地解决工程设计问题。

3）切忌死扣规范条文，专注于枝节问题，不结合具体工程实际问题分析而机械死板地执行。

4）规范不是手册、指南，也不能代替设计者的创造思维。设计人员必须克服对规范的盲目依赖，而应该通过对规范中设计原则的深入理解，进行独立的分析和思考，参考类似设计问题的解决方法，寻求合理的解决方法，并自负其责。那种以为依靠规范就可以不动脑筋“照猫画虎”地进行设计，并由规范承担责任的想法，是没有根据的，也是不现实的。

### 4.1.2 规范的作用到底是什么？对设计者的要求又是什么

规范只提供指导设计的基本原则及成熟做法，并不是解决所有工程问题的百科全书。

程序、手册、指南、标准图集等可以作为工具帮助设计，是规范的外延和具体化，但这些技术文件本身并不是规范。规范只能通过设计者自己的理解和思考具体应用，设计者要对自己的设计成果自负其责，而规范从来就不会对任何工程事故负责。

设计是一项复杂的脑力劳动而不是简单的机械操作，规范和计算机绝不能代替设计者创造性的思维。规范要求设计人员在对规范设计原则理解的基础之上能够灵活应用，而不是只能照猫画虎地照搬照抄，遇到稍复杂的工程问题就一筹莫展，设计者应真正“对工程负责”而不是机械地“对规范负责”，应能根据具体工程情况解决工程问题，并促进技术创新和进步。

总之，不迷信规范，不墨守成规。已建成的工程不等于都是成功的工程。没有做不出的结构，也没有最好的结构，只有更好的结构。

结构设计实际就是不断实践、不断总结、不断再创新的过程。

## 4.2 现行规范应用中发现的一些“错误”及理解偏差

### 4.2.1 2016版《抗规》主要修订条款解读

此次局部修订，共涉及一个附录和10条条文的修改，分别为附录A和第3.4.3、3.4.4、4.4.1、6.4.5、7.1.7、8.2.7、8.2.8、9.2.16、14.3.1、14.3.2条。

现对一些主要修订条款解读如下：

**1.《抗规》第3.4.3条的补充**

3.4.3 建筑形体及其构件布置的平面、竖向不规则性，应按下列要求划分：

1 混凝土房屋、钢结构房屋和钢–混凝土混合结构房屋存在表3.4.3–1（见表4–1）所列举的某项平面不规则类型或表3.4.3–2所列举的某项竖向不规则类型以及类似的不规则类型，应属于不规则的建筑。

表4–1 平面不规则的主要类型

| 不规则类型 | 定义和参考指标 |
|---|---|
| 扭转不规则 | 在具有偶然偏心的规定水平力作用下，楼层两端抗侧力构件弹性水平位移（或层间位移）的最大值与平均值的比值大于1.2 |
| 凹凸不规则 | 平面凹进的尺寸，大于相应投影方向总尺寸的30% |
| 楼板局部不连续 | 楼板的尺寸和平面刚度急剧变化，例如，有效楼板宽度小于该层楼板典型宽度的50%，或开洞面积大于该层楼面面积的30%，或较大的楼层错层 |

说明：（1）进一步明确扭转位移比的含义。本次局部修订，对扭转位移比的含义进行文字性修改，明确计算扭转位移比时只考虑楼层两端抗侧力构件，不承担抗侧作用的水平及竖向构件不用考虑。并强调在计算扭转位移比时，应考虑偶然偏心的作用。

（2）关于计算单向地震时应考虑偶然偏心的影响是考虑到结构地震动力及反应过程：

1）可能由于地面扭转运动；

2）结构实际刚度；

3）质量分布相对于计算假定值的偏差；

4）在弹塑性反应过程中各抗侧结构刚度退化程度不同等原因引起扭转反应增大。特别是目前对地面运动扭转分量的强震实测记录很少，地震作用计算中还不能考虑输入地面运动扭转分量。因此采用了附加偶然偏心计算这种实用方法。

（3）明确了无论高层、多层、单层建筑都应考虑偶然偏心影响。

**2.《抗规》第3.4.4条的补充**

3.4.4　建筑形体及其构件布置不规则时，应按下列要求进行地震作用计算和内力调整，并应对薄弱部位采取有效的抗震构造措施：

1　平面不规则而竖向规则的建筑，应采用空间结构计算模型，并应符合下列要求：

1）扭转不规则时，应计入扭转影响，且在具有偶然偏心的规定水平力作用下，楼层两端抗侧力构件弹性水平位移或层间位移的最大值与平均值的比值不宜大于1.5，当最大层间位移远小于规范限值时，可适当放宽；

2）凹凸不规则或楼板局部不连续时，应采用符合楼板平面内实际刚度变化的计算模型；高烈度或不规则程度较大时，宜计入楼板局部变形影响。

3）平面不对称且凹凸不规则或局部不连续，可根据实际情况分块计算扭转位移比，对扭转较大的部位应采用局部的内力增大系数。

2　平面规则而竖向不规则的建筑，应采用空间结构计算模型，刚度小的楼层的地震剪力应乘以不小于1.15的增大系数，其薄弱层应按本规范有关规定进行弹塑性变形分析，并应符合下列要求：

1）竖向抗侧力构件不连续时，该构件传递给水平转换构件的地震内力应根据烈度高低和水平转换构件的类型、受力情况、几何尺寸等，乘以1.25～2.0的增大系数；

2）侧向刚度不规则时，相邻层的侧向刚度比应依据其结构类型符合本规范相关章节的规定；

3）楼层承载力突变时，薄弱层抗侧力结构的受剪承载力不应小于相邻上一楼层的65%。

3　平面不规则且竖向不规则的建筑，应根据不规则类型的数量和程度，有针对性地采取不低于本条1、2款要求的各项抗震措施。特别不规则的建筑，应经专门研究，采取更有效的加强措施或对薄弱部位采用相应的抗震性能化设计方法。

说明：本次局部修订，主要进行文字性修改，以进一步明确扭转位移比的含义。

**3.《抗规》第4.4.1条的补充**

4.4.1　承受竖向荷载为主的低承台桩基，当地面下无液化土层，且桩承台周围无淤泥、淤泥质土和地基承载力特征值不大于100kPa的填土时，下列建筑可不进行桩基抗震承载力验算：

1　6度～8度时的下列建筑：

1）一般的单层厂房和单层空旷房屋；

2）不超过8层且高度在24m以下的一般民用框架房屋和框架－抗震墙房屋；

3）基础荷载与2）项相当的多层框架厂房和多层混凝土抗震墙房屋。

2　本规范第4.2.1条之1款规定的建筑及砌体房屋。

说明：调整桩基抗震承载力验算范围如下。

（1）明确6度抗震设防时，在特定情况下，也需要进行桩基抗震承载力验算，以前规范规定，在6度抗震设防时，无论何种情况，都不需要进行桩基抗震承载力验算。

（2）对于多层框架–抗震墙房，其基础荷载与一般民用框架结构相当时，也可不进行桩基的抗震承载力验算。

**4.《抗规》第6.4.5–2条的补充**

6.4.5–2 底层墙肢底截面的轴压比大于表6.4.5–1规定的一、二、三级抗震墙，以及部分框支抗震墙结构的抗震墙，应在底部加强部位及相邻的上一层设置约束边缘构件，在以上的其他部位可设置构造边缘构件。约束边缘构件沿墙肢的长度、配箍特征值、箍筋和纵向钢筋宜符合表6.4.5–3的要求（见表4–2）。

表4–2 抗震墙约束边缘构件的范围及配筋要求

| 项目 | 一级（9度） | | 一级（7、8度） | | 二、三级 | |
|---|---|---|---|---|---|---|
| | $\lambda \leqslant 0.2$ | $\lambda > 0.2$ | $\lambda \leqslant 0.3$ | $\lambda > 0.3$ | $\lambda \leqslant 0.4$ | $\lambda > 0.4$ |
| $l_c$（暗柱） | $0.20h_w$ | $0.25h_w$ | $0.15h_w$ | $0.20h_w$ | $0.15h_w$ | $0.20h_w$ |
| $l_c$（翼墙或端柱） | $0.15h_w$ | $0.20h_w$ | $0.10h_w$ | $0.15h_w$ | $0.10h_w$ | $0.15h_w$ |
| $\lambda_v$ | 0.12 | 0.20 | 0.12 | 0.20 | 0.12 | 0.20 |
| 纵向钢筋（取较大值） | $0.012A_c$，$8\phi16$ | | $0.012A_c$，$8\phi16$ | | $0.010A_c$，$6\phi16$（三级$6\phi14$） | |
| 箍筋或拉筋沿竖向间距 | 100mm | | 100mm | | 150mm | |

注：抗震墙的翼墙长度小于其3倍厚度或端柱截面边长小于2倍墙厚时，按无翼墙、无端柱查表；端柱有集中荷载时，配筋构造尚应满足与墙相同抗震等级框架柱的要求。

此次局部修订，补充约束边缘构件的端柱有集中荷载时的设计要求。作者理解这个所谓的端柱有集中力不包含连梁传来的集中荷载。

**5.《抗规》第9.2.16条的补充**

9.2.16 柱脚应能可靠传递柱身承载力，宜采用埋入式、插入式或外包式柱脚，6、7度时也可采用外露式柱脚。柱脚设计应符合下列要求：

1 实腹式钢柱采用埋入式、插入式柱脚的埋入深度，应由计算确定，且不得小于钢柱截面高度的2.5倍。

2 格构式柱采用插入式柱脚的埋入深度，应由计算确定，其最小插入深度不得小于单肢截面高度（或外径）的2.5倍，且不得小于柱总宽度的0.5倍。

3 采用外包式柱脚时，实腹H形截面柱的钢筋混凝土外包高度不宜小于2.5倍的钢结构截面高度，箱形截面柱或圆管截面柱的钢筋混凝土外包高度不宜小于3.0倍的钢结构截面高度或圆管截面直径。

4 当采用外露式柱脚时，柱脚极限承载力不宜小于柱截面塑性屈服承载力的1.2倍。柱脚锚栓不宜用以承受柱底水平剪力，柱底剪力应由钢底板与基础间的摩擦力或设置抗剪键及其他措施承担。柱脚锚栓应可靠锚固。

说明：明确了外露式柱脚承载力要求。

原《抗规》第9.2.16条规定，当采用外露式柱脚时，柱脚承载力不宜小于柱截面塑性屈服承载力的1.2倍。规范执行过程中很多人按照柱脚设计承载力不宜小于柱截面塑性屈服承载力的 1.2 倍控制，无端的加大柱脚锚栓和底板尺寸（而且有时也根本满足不了），根据抗震强连接的要求，这次规范修订明确为柱脚极限承载力不宜小于柱截面塑性屈服承载力的 1.2 倍。

**6.《抗规》第 14.3.1 条的补充**

14.3.1 钢筋混凝土地下建筑的抗震构造，应符合下列要求：

1 宜采用现浇结构。需要设置部分装配式构件时，应使其与周围构件有可靠的连接。

2 地下钢筋混凝土框架结构构件的最小尺寸应不低于同类地面结构构件的规定。

3 中柱的纵向钢筋最小总配筋率，应比本规范表 6.3.7－1（见表 4－3）的规定增加 0.2%。中柱与梁或顶板、中间楼板及底板连接处的箍筋应加密，其范围和构造与地面框架结构的柱相同。

**表 4－3　柱截面纵向钢筋的最小总配筋率（百分率）**

| 类别 | 抗震等级 | | | |
|---|---|---|---|---|
| | 一 | 二 | 三 | 四 |
| 中柱和边柱 | 0.9（1.0） | 0.7（0.8） | 0.6（0.7） | 0.5（0.6） |
| 角柱、框支柱 | 1.1 | 0.9 | 0.8 | 0.7 |

注：1. 表中括号内数值用于框架结构的柱。
2. 钢筋强度标准值小于 400MPa 时，表中数值应增加 0.1，钢筋强度标准值为 400MPa 时，表中数值应增加 0.05。
3. 混凝土强度等级高于 C60 时，上述数值应相应增加 0.1。

补充修订说明：明确了钢筋混凝土地下建筑结构中柱的纵向钢筋最小配筋率，应比地上框架柱最小配筋率加大 0.2%。

第 3 款要求，主要是考虑根据“强柱弱梁”的设计概念适当加强柱的措施。

**7.《抗规》第 14.3.2 条的补充**

1 宜采用梁板结构。当采用板柱-抗震墙结构时，无柱帽的平板应在柱上板带中设构造暗梁，其构造措施按本规范第 6.6.4 条第 1 款的规定采用。

2 对地下连续墙的复合墙体，顶板、底板及各层楼板的负弯矩钢筋至少应有 50%锚入地下连续墙，锚入长度按受力计算确定；正弯矩钢筋需锚入内衬，并均不小于规定的锚固长度。

3 楼板开孔时，孔洞宽度应不大于该层楼板宽度的 30%；洞口的布置宜使结构质量和刚度的分布仍较均匀、对称，避免局部突变。孔洞周围应设置满足构造要求的边梁或暗梁。

补充说明：明确暗梁的设置范围

原《抗规》第 14.3.2 条规定，当采用板柱－抗震墙结构时，应在柱上板带中设构造暗梁。所以，在 2010 版《抗规》执行过程中，对于采用板柱－抗震墙的地下建筑，很多图审机构都统一要求在顶板设置暗梁，甚至对于附建式地下建筑，也一并要求设置暗梁。此次规范修订明确，只有无柱帽的平板才需要设置构造暗梁。

### 4.2.2 2016 版《抗规》还未修订的几个问题

**1.《抗规》第 6.1.3 条**

6.1.3 钢筋混凝土房屋抗震等级的确定，尚应符合下列要求：

1　设置少量抗震墙的框架结构，在规定的水平力作用下，底层框架部分所承担的地震倾覆力矩大于结构总地震倾覆力矩的 50%时，其框架的抗震等级应按框架结构确定，抗震墙的抗震等级可与其框架的抗震等级相同。

注：底层指计算嵌固端所在的层。

2　裙房与主楼相连，除应按裙房本身确定抗震等级外，相关范围不应低于主楼的抗震等级；主楼结构在裙房顶板对应的相邻上下各一层应适当加强抗震构造措施。裙房与主楼分离时，应按裙房本身确定抗震等级。

3　当地下室顶板作为上部结构的嵌固部位时，地下一层的抗震等级应与上部结构相同，地下一层以下抗震构造措施的抗震等级可逐层降低一级，但不应低于四级。地下室中无上部结构的部分，抗震构造措施的抗震等级可根据具体情况采用三级或四级。

4　当甲乙类建筑按规定提高一度确定其抗震等级而房屋的高度超过本规范表 6.1.2 相应规定的上界时，应采取比一级更有效的抗震构造措施。

注：本章“一、二、三、四级”即“抗震等级为一、二、三、四级”的简称。

读者注意看 6.1.3－2 款：裙房与主楼相连，主楼结构在裙房顶板对应的相邻上下各一层应适当加强“抗震构造措施”。但大家注意本条在《抗规》条文说明里采用的图 4－1，写的依然是：裙房顶部上下各一层“应提高抗震措施”，这个说法是基于《抗规》2001 版的，当然也是不正确的了。

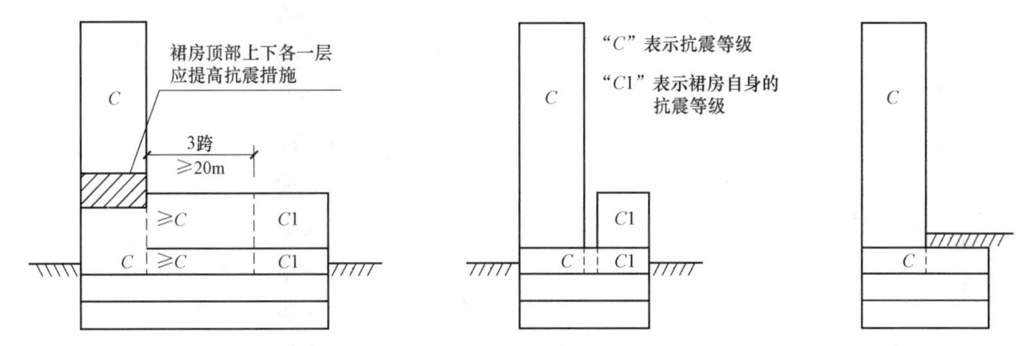


图 4－1　裙房和地下室的抗震等级

**2.《抗规》第 3.10.3－1 条**

3.10.3　建筑结构的抗震性能化设计应符合下列要求：

1　选定地震动水准。对设计使用年限 50 年的结构，可选用本规范的多遇地震、设防地震和罕遇地震的地震作用，其中，设防地震的加速度应按本规范表 3.2.2 的设计基本地震加速度采用，设防地震的地震影响系数最大值，6 度、7 度（0.10$g$）、7 度（0.15$g$）、8 度（0.20$g$）、8 度（0.30$g$）、9 度可分别采用 0.12、0.23、0.34、0.45、0.68 和 0.90。对设计使用年限超过 50 年的结构，宜考虑实际需要和可能，经专门研究后对地震作用作适当调整。对处于发震断裂两侧 10km 以内的结构，地震动参数应计入近场影响，5km 以内宜乘以增大系数 1.5，5km 以外宜乘以不小于 1.25 的增大系数。

读者需要特别注意这条。业界很多朋友都认为如果工程没有进行性能设计，就可以不执行这条，作者认为这样的理解是不妥当的，发育断裂带是客观存在，不是因为性能设计才存在的。请看理由：

（1）以下是《抗规》主编的回复："规范的本意为所有建筑均应考虑近场效应，性能设计本身就包括基本性能要求——三水准及更高的性能设计均应考虑近场效应。规范表述不太清楚，本部分要求应放在基本要求里边。本次适应性修编本已调整位置，审查会专家建议整体修编时再统一调整，故暂未列入。"

（2）正在编制的全文强制条文《建筑与市政工程抗震通用规范》（征求意见稿）也明确建筑均需要考虑，如 4.1.1－1 规定。

4.1.1 各类建筑与市政工程地震作用计算时，其设计地震动参数的选择与调整除应符合《工程结构通用规范》的规定外，尚应符合下列规定：

1 当工程结构处于发震断裂两侧 10km 以内时，应计入近场效应的影响对设计地震动参数进行放大调整，5km 以内放大系数不小于 1.5，5km～10km 时放大系数不小于 1.25。

2 当工程结构处于条状突出的山嘴、高耸孤立的山丘、非岩石和强风化延时的陡坡、河岸与边坡边缘等不利地段时，应考虑不利地段对水平设计地震参数的放大作用。放大系数应根据不利地段的具体情况来确定，其数值不得小于 1.1，但不必超过 1.6。

3 应考虑工程场地的地震效应，根据工程场地类别对设计地震动参数进行调整。

（3）《高钢规》（JGJ 99—2015）5.3.5 条。

5.3.5 建筑结构的地震影响系数应根据烈度、场地类别、设计地震分组和结构自振周期以及阻尼比确定。其水平地震影响系数最大值 $\alpha_{max}$ 应按表 5.3.5－1 采用；对处于发震断裂带两侧 10km 以内的建筑，尚应乘以近场效应系数。近场效应系数，5km 以内取 1.5，5km～10km 取 1.25。特征周期 $T_g$ 应根据场地类别和设计地震分组按表 5.3.5－2 采用，计算罕遇地震作用时，特征周期应增加 0.05s。周期大于 6.0s 的高层民用建筑钢结构所采用的地震影响系数应专门研究。

本条也是针对所有建筑提出的要求。

### 4.2.3 《高规》的一些印刷错误

提醒读者注意：大家每个人手上的规范，可能不是同一次印刷的，就很有可能某些条款说法就不完全一致。这是因为规范在应用过程中发现某些条款书写或"印刷"错误，规范在下次印刷过程中给修订了。以下举例说明。

**1.《高规》第 6.7.4－4 款**

第一次印刷时如下：

4 计算复合箍筋的体积配箍率时，可不扣除重叠部分的箍筋体积；计算复合螺旋箍筋的体积配箍率时，其非螺旋箍筋的体积应乘以换算系数 0.8。

但在 2011 年 8 月第 2 次印刷时改为：

4. 计算复合螺旋箍筋的体积配箍率时，其非螺旋箍筋的体积应乘以换算系数 0.8。

注意：取消了第一次印刷时"计算复合箍筋的体积配箍率时，可不扣除重叠部分的箍筋"这句话。

**2.《高规》第 12.2.1－4 条**

第一次印刷如下：

4 地下室与上部对应的剪力墙墙肢端部边缘构件的纵向钢筋截面面积不应小于地上

一层对应的剪力墙墙肢边缘构件的纵向钢筋截面面积。

但在后面印刷出版中：

4 地下室至少一层与上部对应的剪力墙墙肢端部边缘构件的纵向钢筋截面面积不应小于地上一层对应的剪力墙边缘构件的纵向钢筋截面面积。

增加了“至少一层”。

**3.《高规》第 9.2.2 条**

第一次印刷如下：

9.2.2 抗震设计时，核心筒墙体设计尚应符合下列规定：

1 底部加强部位主要墙体的水平和竖向分布钢筋的配筋率均不宜小于 0.30%；

2 底部加强部位约束边缘构件沿墙肢的长度宜取墙肢截面高度的 1/4，约束边缘构件范围内应主要采用箍筋；

3 底部加强部位以上宜按本规程 7.2.15 条的规定设置约束边缘构件。

第二次印刷调整为：

2 底部加强部位角部墙体约束边缘构件沿墙肢的长度宜取墙肢截面高度的 1/4，约束边缘构件内应主要采用箍筋；

3 底部加强部位以上角部墙体宜按本规程 7.2.15 条的规定设置约束边缘构件。

注意均明确是“角部墙体”。

### 4.2.4 《高钢规》(JGJ 99—2015) 5.4.2 公式印刷错误

《高层民用建筑钢结构技术规程》(JGJ 99—2015) 中

2 单向水平地震作用下，考虑扭转耦联的地震作用效应，应按下列公式确定：

$$S_{Ek}=\sqrt{\sum_{j=1}^{m}\sum_{k=1}^{m}\rho_{jk}S_jS_k} \tag{5.4.2-5}$$

$$\rho_{jk}=\frac{8\sqrt{\xi_j\xi_k}(\xi_j+\lambda_T\xi_k)\lambda_T^{1.5}}{(1-\lambda_T^2)^2+4\xi_j\xi_k(1+\lambda_T)^2\lambda_T+4(\xi_j^2+\xi_k^2)\lambda_T^2}$$

《抗规》第 5.2.3 条是这样：

$$S_{Ek}=\sqrt{\sum_{j=1}^{m}\sum_{k=1}^{m}\rho_{jk}S_jS_k} \tag{5.2.3-5}$$

$$\rho_{jk}=\frac{8\sqrt{\xi_j\xi_k}(\xi_j+\lambda_T\xi_k)\lambda_T^{1.5}}{(1-\lambda_T^2)^2+4\xi_j\xi_k(1+\lambda_T^2)\lambda_T+4(\xi_j^2+\xi_k^2)\lambda_T^2}$$

作者已与《高钢规》主编核对过，《抗规》公式正确，《高钢规》公式不正确。

### 4.2.5 《荷载规范》(GB 50009—2012) 印刷错误

《荷载规范》5.3.1 正文如下：

5.3 屋面活荷载

5.3.1 房屋建筑的屋面，其水平投影面上的屋面均布活荷载的标准值及其组合值系数、频遇值系数和准永久值系数的取值，不应小于表 5.3.1 的规定（见表 4-4）。

**表 4-4　屋面均布活荷载标准值及其组合值系数、频遇值系数和准永久值系数**

| 项次 | 类别 | 标准值/（kN/m²） | 组合值系数$\phi_c$ | 频遇值系数$\phi_f$ | 准永久值系数$\phi_q$ |
|---|---|---|---|---|---|
| 1 | 不上人的屋面 | 0.5 | 0.7 | 0.5 | 0.0 |
| 2 | 上人的屋面 | 2.0 | 0.7 | 0.5 | 0.4 |
| 3 | 屋顶花园 | 3.0 | 0.7 | 0.6 | 0.5 |
| 4 | 屋顶运动场地 | 3.0 | 0.7 | 0.6 | 0.4 |

注：1. 不上人的屋面，当施工或维修荷载较大时，应按实际情况采用；对不同类型的结构应按有关设计规范的规定采用，但不得低于 0.3kN/m²。
2. 当上人的屋面兼作其他用途时，应按相应楼面活荷载采用。
3. 对于因屋面排水不畅、堵塞等引起的积水荷载，应采取构造措施加以防止；必要时，应按积水的可能深度确定屋面活荷载。
4. 屋顶花园活荷载不应包括花圃土石等材料自量。

但规范条文说明最后一句：

本次修订增加了屋顶运动场地的活荷载标准值。随着城市建设的发展，人民的物质文化生活水平不断提高，受到土地资源的限制，出现了屋面作为运动场地的情况，故在本次修订中新增屋顶运动场活荷载的内容。参照体育馆的运动场，屋顶运动场地的活荷载值为 4.0kN/m²。

提醒读者：条文说明是不正确的，原因是送审稿时，是建议屋顶运动场取 4.0kN/m²，但定稿专家建议取 3.0kN/m²，结果规范只改了正文。

### 4.2.6 《地基处理规范》（JGJ 79—2012）印刷错误

7.9　多桩型复合地基

7.9.7　多桩型复合地基面积置换率，应根据基础面积与该面积范围内实际的布桩数量进行计算，当基础面积较大或条形基础较长时，可用单元面积置换率替代。

2　当按图 7.9.7（b）（见图 4-2）三角形布桩且 $s_1=s_2$ 时，$m_1=\dfrac{A_{p1}}{2s_1^2}$，$m_2=\dfrac{A_{p2}}{2s_1^2}$。

上面公式置换率多除以 2 了。作者依据如下：

根据《建筑地基处理技术规范》条文说明第 7.9.7 条，面积置换率的计算，当基础面积较大时，实际的布置桩距对理论计算采用的置换率的影响很小，因此当基础面积较大或条形基础较长时，可以单元面积置换率替代。

图中虚线所示菱形区域内含 2 根桩 1 和 2 根桩 2，桩 1 单桩面积为 $A_{p1}$，桩 2 单柱面积为 $A_{p2}$，菱形面积 $A=2s_1^2$，则桩 1 的置换率 $m_1=\dfrac{2A_{p1}}{2s_1^2}=\dfrac{A_{p1}}{s_1^2}$，桩 2 的置换率 $m_2=\dfrac{2A_{p2}}{2s_2^2}=\dfrac{A_{p2}}{s_2^2}$。

所以规范中公式的分母确实多了一个 2。

此问题的理解已经《建筑地基处理技术规范》主编的认可。

另外，腾延京主编的《建筑地基处理技术规范理解与应用（按 JGJ 79—2012)》也是没有除 2 的。

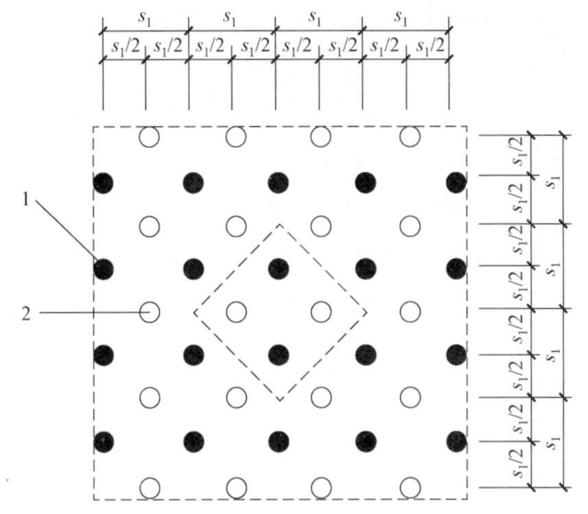


图 4－2　多桩型复合地基三角形布桩单元面积计算模型

1—桩 1；2—桩 2

## 4.3　如何正确理解规范用词的实质内涵

细心的设计师可能已经注意到新版规范用词做了适当补充，由原来的三个层次，调整为以下四个层次：

第一层次：表示很严格，非这样不可的：正面用词采用“必须”；反面用词采用“严禁”。这个层次的条文都是强制性条文，也是最严厉的要求。

第二层次：表示严格，在正常情况下均应这样做：正面用词采用“应”；反面用词采用“不应”或“不得”。这个层次的条文有的是强制性条文，有的是非强制性条文。

第三层次：表示允许稍有选择，在正常条件许可时首先这样做：正面用词采用“宜”；反面用词采用“不宜”。

第四层次：表示有所选择，在一定条件下可以这样做：采用“可”。这一条是新补充的说明。

## 4.4　规范正文与条文说明、各种手册、指南、构造措施图集、标准图集如何正确应用理解

由于原规范没有对条文的法律效力做出明确说明，很多设计人员理解为与规范正文具有同等的法律效力，同样各种手册、指南、标准图集也没用说明其法律效力，本次新版规范、手册、指南、标准图集均作了明确规定：

（1）新版规范均说明：条文说明不具备与规范正文同等的法律效力，仅供使用者作为理解和把握条文规定的参考。

（2）《全国民用建筑技术措施》（2009 年版）：供全国各设计单位参照使用，本措施应在满足现行国家及地方标准的前提下，根据工程具体情况参考使用。

（3）《全国民用建筑技术措施》（2003 年版）：本措施凡属规范、规程的细化、引申部分，是必须贯彻执行的；凡属以经验总结为依据的部分，是不得无故变更的，确有特殊情况时，允许采取更合理的措施；凡属建议的，可结合实际工程灵活掌握，使设计更为经济合理；凡属地方性的技术措施，则应结合有关省、市、自治区的技术法规予以实施。

（4）各种手册、指南、标准图集不是标准、规范，而是其内容的延伸和具体化，因而使用非常方便。但注意尽管它们是根据标准、规范而编制，但其本身并不是标准、规范，因此也只能由编制者解释，由使用者自负其责。

# 第5章

# 如何理解规范、标准、技术措施、图集及某些大型设计院的一些规定

作者经常会被问道：如果各规范、标准、技术措施、构造措施、地方规定、大型设计院技术措施等对一些问题说法不一致时，该如何把控？

作者认为：无论是规范、标准、技术措施还是构造措施、图集、地方规定，都需要依靠个人的理论认知、工程经验、思维判断来判断哪个更加有道理、更合理，作者认为有道理、合理的自然就采用，不合理的、没有道理的自然也就不采用。

以下举几个例子说明。

## 5.1 关于结构高宽比合理认定问题

《高规》第3.3.2条规定，钢筋混凝土结构的高宽比不宜超过表（见表5－1）的规定。

表5－1　钢筋混凝土高层建筑结构适用的最大高宽比

| 结构体系 | 非抗震设计 | 抗震设防烈度 | | |
|---|---|---|---|---|
| | | 6度、7度 | 8度 | 9度 |
| 框架 | 5 | 4 | 3 | — |
| 板柱－剪力墙 | 6 | 5 | 4 | — |
| 框架－剪力墙、剪力墙 | 7 | 6 | 5 | 4 |
| 框架－核心筒 | 8 | 7 | 6 | 4 |
| 筒中筒 | 8 | 8 | 7 | 5 |

复杂平面如何合理确定建筑宽度呢？

《高规》第3.3.2条条文说明：高层建筑的高宽比，是对结构刚度、整体稳定、承载能力和经济合理性的宏观控制；在结构设计满足本规程规定的承载力、稳定、抗倾覆、变形和舒适度等基本要求后，仅从结构安全角度讲高宽比限值不是必须满足的，主要影响结构设计的经济性。因此，本次修订不再区分A级高度和B级高度高层建筑的在复杂体型的高层建筑中，如何计算高宽比是比较难以确定的问题。一般情况下，可按所考虑方向的最小宽度计算高宽比，但对突出建筑物平面很小的局部结构（如楼梯间、电梯间等），一般不应包含在计算宽度内；对于不宜采用最小宽度计算高宽比的情况，应由设计人员根据实际情况确定合理的计算方法；对带有裙房的高层建筑，当裙房的面积和刚度相对于其上部塔楼的面积和刚度较大时，计算高宽比的房屋高度和宽度可按裙房以上塔楼结构考虑。

**【工程案例 5-1】**浙江湖州某工程，平面图如图 5-1 所示，当地审图人员认为该工程高宽比大于 10，建议调整平面布置。

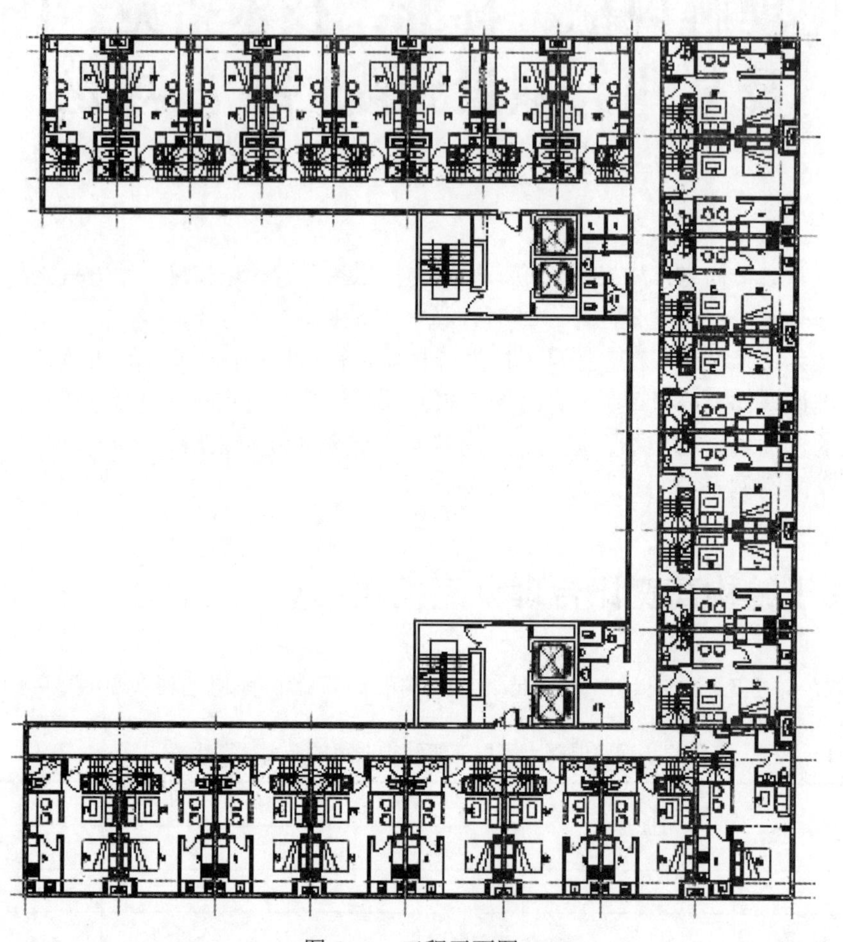

图 5-1　工程平面图

作者认为这样的平面按最小截面宽度计算建筑高宽比，显然不尽合理。建议参考《甘肃省钢筋混凝土高层建筑结构高宽比超限抗震措施暂行规定》附录 A　房屋高宽比计算方法：

1. 房屋高宽比为室外地面以上房屋高度 $H$ 与建筑平面宽度 $B$ 之比。当建筑平面为非矩形时，平面宽度可取等效宽度 $B_t$，$B_t=3.5r$，$r$ 为结构平面（不计外挑部分）最小回转半径，对突出建筑物平面很小的局部结构，一般不应计算在内。

对带有裙楼的高层建筑，当主裙楼相关范围内的面积和刚度超过其上部塔楼面积和刚度的 2.5 和 2.0 倍时，计算高宽比的房屋高度和宽度可按裙楼以上塔楼结构考虑。

2. 基底零应力区计算时，当基础底板平面为非矩形时，底板平面可取等效宽度 $B_0$，

$B_0=3.5r_0$，$r_0$为基础底板平面最小回转半径。

说明：（1）作者认为这个规定比较合理，当然作者也这么做的。

（2）实际上这个方法来自砌体结构墙带扶壁柱时计算高厚比的公式。

（3）提请设计、审图者注意：

1）高宽比不宜作为结构设计的一项限值指标。尚未见到国外抗震规范中对于房屋高宽比的限制。另外我国《抗震规范》中也没有对高宽比作出限值要求。

这绝非一个漏洞。当高宽比超过规程对高宽比的限制时，规程中的内容不一定完全适用，须由设计人员采取一定的加强措施以保证结构安全。所采取的措施，可以是对于侧向位移限制得较为严格等。高宽比超限并不属于超限建筑审查的范畴。

2）对图 5-2 所示不规则建筑计算高宽比时，作者建议均可参考上述规定。

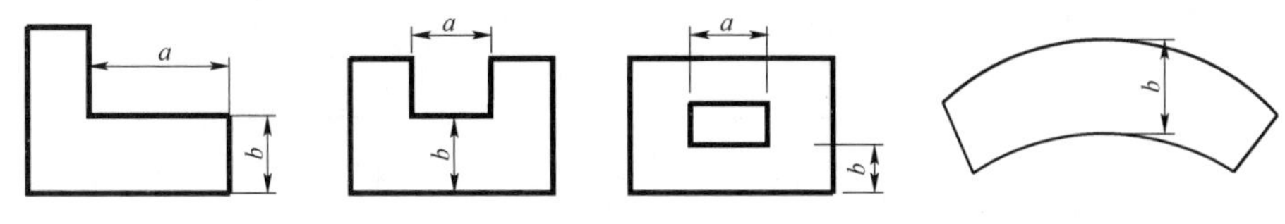


图 5-2　不规则建筑

## 5.2　关于《技术措施（混凝土结构）》2009 版第 2.6.5-1 条的正确理解问题

《技术措施》第 2.6.5-1 条最后一段话："不少审图单位要求设计单位提供双向板计算裂缝和挠度，实际上规范中并未提供计算方法，所以这种要求和计算是没有意义和依据的。"

请问：双向板挠度真的没有计算方法吗？

作者的答复是：当然有。读者可以参考各种静力计算手册，均给出了各种边界条件的双向板挠度计算公式。

## 5.3　关于地下结构外墙土压力计算问题的思考

问题由来：2018 年看到某院《结构设计统一技术措施》（2018）公开出版发行，书中有此描述：

2.7.3　地下室外墙的承载力计算时，地下一层可按静止土压力计算，地下一层（埋深不小于 2.5m）以下各层可按主动土压力计算；正常使用极限状态验算时，均可按主动土压力并宜按压弯构件计算。

**【说明】**

1. 地下室外墙取静止土压力主要考虑地震对地表一定深度范围内土压力的增大作用，这种增大作用随距地表深度的增加而减小，地下二层及其以下楼层可按主动土压力计算。

这样理解合适吗？作者不太认可这种说法。理由如下：

(1)《全国技措（地基与基础)》2009 版：5.8.11 计算地下室外墙时，土压力宜按静止土压力计算。

（2）我们再看看主动土压力、静止土压力和被动土压力的定义。三种情况下土压力如图 5－3 所示。

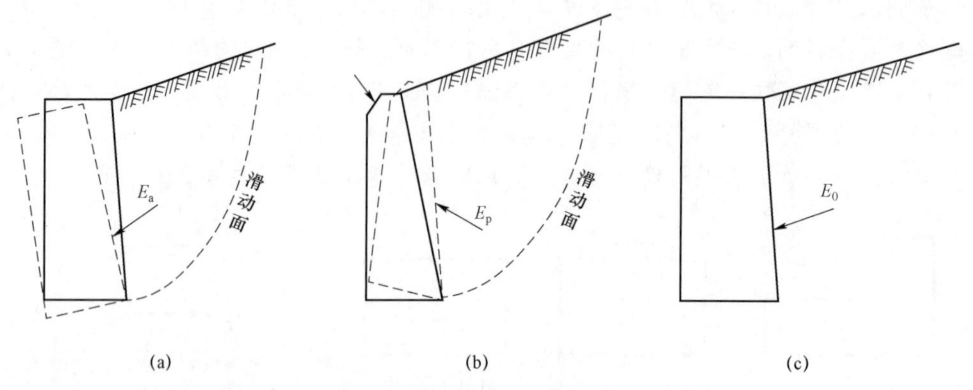


图 5－3　主动土压力、被动土压力和静止土压力示意图

（a）主动土压力；（b）被动土压力；（c）静止土压力

主动土压力系数（$k_0=0.333$）＜静止土压力系数（$k_0=0.5$）＜被动土压力系数（$k_0=3.0$）

1）对于挡土墙均按主动土压力计算；

2）对于拱形桥墩等按被动土压力计算；

3）对于地下有井盖的地下外墙按静止土压力计算。

（3）特别注意：即使是图 5－3（a）也不一定就是主动土压力。

挡土结构背面填土的土压力，是根据填土达到极限状态的条件下推导出来的，填土要达到极限状态，挡土结构必须达到下列位移量，主动土压力才能发挥，见表 5－2。

**表 5－2　　产生主动和被动土压力所需的墙顶位移**

| 土类 | 应力状态 | 位移形式 | 所需位移 |
|---|---|---|---|
| 砂土 | 主动 | 平移或绕基底转动 | $0.002h$ |
| | 被动 | 平移 | $0.05h$ |
| | 被动 | 绕基底转动 | $0.1h$ |
| 黏土 | 主动 | 平移或绕基底转动 | $0.004h$ |
| | 被动 | — | — |

注：$h$ 为挡土墙高度。

## 5.4 《抗规》关于无梁楼盖的规定有一条被多地误解

《抗规》（GB 50011—2010，2016 年版），有这么一条规定：

6.6.4　板柱－抗震墙结构的板柱节点构造应符合下列要求：

1　无柱帽平板应在柱上板带中设构造暗梁，暗梁宽度可取柱宽及柱两侧各不大于1.5倍板厚。暗梁支座上部钢筋面积应不小于柱上板带钢筋面积的50%，暗梁下部钢筋不宜少于上部钢筋的1/2；箍筋直径不应小于8mm，间距不宜大于3/4倍板厚，肢距不宜大于2倍板厚，在暗梁两端应加密。

2　无柱帽柱上板带的板底钢筋，宜在距柱面为2倍板厚以外连接，采用搭接时钢筋端部宜有垂直于板面的弯钩。

3　沿两个主轴方向通过柱截面的板底连续钢筋的总截面面积，应符合下式要求：

$$A_s \geqslant N_G / f_y \tag{6.6.4}$$

式中　$A_s$——板底连续钢筋总截面面积；

$N_G$——在本层楼板重力荷载代表值（8度时尚宜计入竖向地震）作用下的柱轴压力设计值；

$f_y$——楼板钢筋的抗拉强度设计值。

读者注意：《抗规》没有写明白第6.6.4－3条是否仅适用于无柱帽的无梁楼盖。

**【某省建设工程施工图审查结构专家技术问答】**（2016.6）有以下问题及答复：

37. 板柱－抗震墙结构，按《抗规》第6.6.4－3条，验算沿两个主轴方向通过柱截面的板底连续钢筋的总截面面积，公式 $A_s \geqslant N_G/f_y$。此条是否仅对无柱帽结构，有柱帽时是否有必要按此条验算？

解答：《抗规》第6.6.4－3条，沿两个主轴方向通过柱截面的板底连续钢筋的总截面面积，应符合下式要求：板底连续钢筋总截面面积 $A_s \geqslant N_G/f_y$，这是为了防止无梁楼盖在柱边冲切脱落的措施，有柱帽的无梁楼盖也需满足此要求，这关系到地下室无梁楼盖工程质量安全。

作者认为这个答复是不合适的，这个也仅仅是指无柱帽的无梁楼盖的要求。依据如下：

（1）某参考文献解释如下。

1　板柱结构中防止楼板连续倒塌验算

为防止在罕遇地震作用下，板柱结构节点发生冲切破坏后，本层楼板脱落从而造成下面几层楼板的连续倒塌，文[1]提出了利用通过柱子的板底钢筋承担楼板竖向荷载的方法，这一方法已被我国抗震规范采纳，见第6.6.4－3条。其原理为：板柱节点发生冲切破坏后，由于板顶钢筋上部混凝土的剥落，从而造成板顶钢筋与水平方向的夹角很小，因而忽略板顶钢筋的影响，楼板竖向荷载全部由通过柱子的板底钢筋来承担。假设板柱节点发生冲切破坏后通过柱子的板底钢筋与水平方向的夹角为 $\theta$。

对于中柱节点，有

$$2(A_{s1}+A_{s2})f_y \sin\theta \geqslant N_G \tag{1}$$

式中：$A_{s1}$、$A_{s2}$ 分别为沿 $l_1$、$l_2$ 方向通过柱截面的板底连续钢筋的总截面面积；$f_y$ 为板底钢筋的抗拉强度设计值；$N_G$ 为该层楼板重力荷载代表值作用下中柱轴压力设计值；$\theta$ 为板底钢筋与水平方向的夹角，近似取 $\theta=30°$，则式（1）即为《抗规》式（6.6.4）。

[1] HAWKINS N M, MITCHELL D. Progressive collapse of flat plate structures[J]. ACI Structural Journal, 1979, 76(7).

由上述原理可知，《抗规》第 6.6.4－3 条的规定只适用于无柱帽的情况。对于带柱帽的板柱结构，有两种冲切破坏模式：沿柱边缘的冲切破坏、沿柱帽边缘的冲切破坏。显然，对于防脱落来说，沿柱边缘的冲切破坏更为不利。由图（见图 5－4）可见，对于带柱帽的板柱结构，规范中的“柱截面”宽度可取为：（$b+2h$），即通过（$b+2h$）宽度范围内的板底连续钢筋都可以考虑。

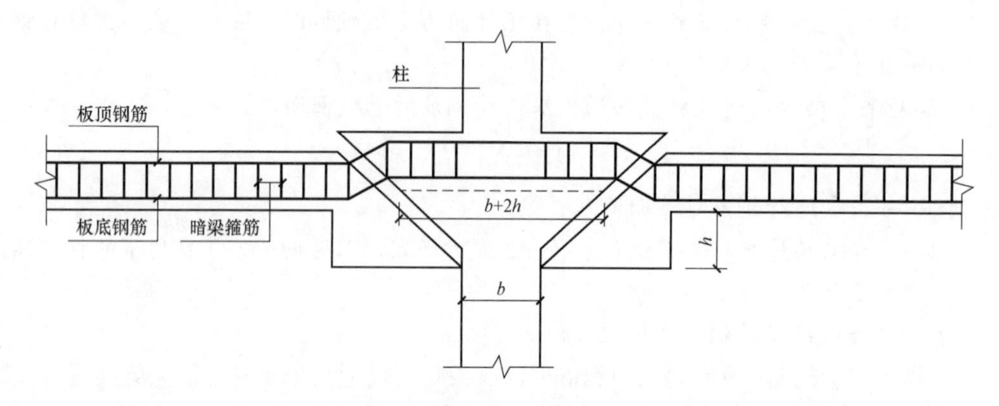


图 5－4　带柱帽板柱结构板柱节点冲切破坏示意（沿柱边缘冲切破坏）

另外，当板柱结构设置构造暗梁时，由于箍筋的存在，能有效防止板顶钢筋剥离，将冲切破坏面外的重力荷载通过箍筋传递给板顶钢筋，因此此时防脱落验算可考虑板顶钢筋，其有效面积应取冲切破坏面外暗梁箍筋总面积和“柱截面”宽度（$b+2h$）范围内板顶钢筋面积的较小值。

（2）再看看《抗规》编制者关于规范的问题解答（四）

6.6.4 条第 3 款规定板柱－抗震墙结构中沿两个主轴方向通过柱截面的板底连续钢筋的总截面面积，请问，规范作此规定的原因是什么？有柱帽的平板是否也应满足此要求？

为了防止强震作用下楼板在柱边开裂后楼板脱落，规范规定，穿过柱截面的板底两个方向钢筋的受拉承载力，应满足该层楼板重力荷载代表值作用下的柱轴压力设计值。

注意事项：

（1）规范的这一规定，仅针对无柱帽的平板结构，对有柱帽的平板不要求。

……

[摘自《工程抗震与加固改造》第 34 卷第 5 期《建筑抗震设计规范》（GB 50011—2010）问题解答（四），2012 年 10 月]

## 5.5　某市审图机构对设计单位提出共性问题的答复

**【2015 年度某超级大都市审图机构答复设计共性问题】**

设计单位问：

11.6　设防烈度为 8 度的某建筑，当抗震设防类别为丙类时其柱或剪力墙的抗震等级为二级；当为乙类时其柱或剪力墙的抗震等级为一级，此时在执行《抗规》第 6.2.2、6.2.4、6.2.5、6.3.9、6.4.2、6.4.5 等条的规定时，是应满足 8 度一级还是 9 度一级的要求？

审图机构答复：

除抗震等级按设防烈度（即8度）提高一度（即9度）的要求确定外，其余仍按设防烈度（即8度一级）的规定执行。

这样的答复作者认为不妥。

理由是：《抗规》第6.2.2、6.2.4、6.2.5条属于抗震措施要求；《抗规》第6.3.9、6.4.2、6.4.5条属于抗震构造措施要求。

《抗规》第3.3.2条（强条）只有场地Ⅰ类，对甲、乙类建筑才允许按本地区抗震设防烈度的要求采取抗震构造措施。

显然审图机构的答复不合适。

本章小结：作者相信这样的问题还会有很多，无论是规范、标准、图集，还是部分设计院统一技术规定等，建议读者结合自己专业知识、工程经验综合判断，合适的可以参考使用，有疑问的可以咨询相关人员后决定是否采用，自己认为不合适的不能盲目应用。

# 第6章

# 对一些规范比较含糊的条款的分析及解读

## 6.1 如何正确理解规范条文和条文说明，把握规范用词

规范的条文分为强制性和非强制性两类，建设主管部门对条文的执行有明确规定。条文说明只是为了理解和实施条文所作的解释性文字、数据、图表和公式等，有些内容甚至保留了上版规范的内容，目的是便于设计人员学习规范，了解规范的背景和历史沿革。因此，不能将条文说明等同于条文本身，也不能要求设计都按照条文说明执行。

关于规范用词“必须”“应”“宜”“可”等，是对执行规范严格程度不同而定。在设计和审图过程中，经常由于理解的差异，把握的“宽”“严”尺度不同，特别是对“应”和“宜”的把握尺度不同，产生了一些矛盾。

规范用词说明指出：“应”表示严格，在正常情况下均应这样做；“宜”表示允许稍有选择，在条件许可时首先这样做。很明显，二者程度上是有差别的。对“宜”执行的条文允许适度放宽，但不是无限放宽，而应视设防要求、结构和构件的重要性，有所区别。

## 6.2 如何正确理解《抗规》第3.3.3条（强条）

《抗规》第3.3.3条规定“建设场地为Ⅲ、Ⅳ类时，0.15$g$和0.30$g$的地区，宜分别按抗震设防烈度8度（0.20$g$）和9度（0.40$g$）时各抗震设防类别建筑的要求采取抗震结构措施”。是否意味着乙类建筑应提高两度采取抗震构造措施？

国家标准《建筑工程抗震设防分类标准》（GB 50223—2008）第3.0.3条2款规定，乙类建筑“应按高于本地区抗震设防烈度一度的要求加强其抗震措施”。《抗规》的本条规定区别对待甲、乙类和丙类建筑：对于丙类建筑，提高一度；对于甲、乙类提高二度，但是用的是“宜”字，即允许稍有选择。条件许可时可照此处理：条件不许可或较困难时，可以适当放松。甲类建筑的要求应高于乙类建筑，但均应高于丙类建筑的要求。

## 6.3 如何正确理解《抗规》第 3.4.1 条条文说明的表 1 中周期比大于 0.9

《抗规》第 3.4.1 条条文说明表 1 中周期比大于 0.9 即认为结构属于特别不规则。对于多层和不超《抗规》高度及规则性限值的高层建筑，周期比是否也要控制？表 1 是否仅适用于高层建筑？

第 3.4.1 条条文说明的表 1 实际上是《超限高层建筑工程抗震设防专项审查技术要点》给出的某些特别不规则的项目举例。很明显，是针对超规范限值的钢筋混凝土高层建筑的。对于多层建筑和规范限值内的高层建筑，表 1 是参考标准，没有必要作为必须满足的标准。但这不表明，建筑平面布置可以不考虑规则性。事实上，《抗规》表 3.4.3－1 给出了平面不规则的主要类型，应予遵守。

## 6.4 如何正确理解《抗规》第 3.4.4 条 1 款规则性判断问题

《抗规》第 3.4.4 条 1 款判断建筑平面不规则性时，规定位移比“不宜”大于 1.5 的限值，而《高层建筑混凝土结构技术规程》（以下简称《高规》）对扭转位移比和结构周期比有更多、更严格规定。对于多层框架结构，应如何执行？

《建筑抗震设计规范》适用于多、高层建筑。高度小于或等于 24m 的框架结构，可以按 1.5 限值判断其平面不规则性；高度大于 24m 的框架结构，则应执行《高规》的有关规定。

特别需要指出的是，新《抗规》和新《高规》关于扭转位移比的计算规定：计算模型采用刚性楼板假定；楼层位移不再采用各振型位移的 CQC 组合，而采用“规定水平力”作用下的位移。所谓“规定水平力”可采用振型组合后的楼层地震剪力换算，换算的原则是：每一楼面处的水平作用力取该楼面上、下两个楼层地震剪力差的绝对值。

## 6.5 如何正确理解《抗规》第 3.4.4 条 2 款不规则地震剪力放大问题

《抗规》第 3.4.4 条 2 款对于平面规则而竖向不规则的建筑，刚度小的楼层地震剪力应乘以增大系数 1.15。该系数与第 5.2.5 条规定的增大系数 1.15 是否要重复使用？

该增大系数均针对竖向不规则结构的薄弱层，不必重复使用。

## 6.6 如何正确理解《抗规》第 3.10.3 条（强条）

《抗规》编制对这个条款的解读如下：

3.10.3 条　建筑距发震断裂不到 10km，但场地的抗震设防烈度、覆盖层厚度等参数符合 4.1.7 条 1 款时，地震动参数需不需要乘以放大系数 1.5（1.25）？

本条适用于建筑结构的性能化设计，如 3.10.2 条所述，性能化设计通常用于有特殊需要的建筑结构（如超限高层建筑）、结构的关键部位、重要构件等。一般建筑的抗震设计，如果场地符合 4.1.7 条 1 款时，设计地震动参数不需要乘以放大系数。

特别注意：由《抗规》编制上面的解读来看，第 3.10.3 条仅用于性能设计的工程。

由于作者对此条有所质疑，于是咨询了《抗规》主编及查阅了部分资料，得到的答复是：

规范的本意为所有建筑均应考虑近场效应，性能设计本身就包括基本性能要求—三水准及更高的性能设计，均应考虑近场效应。规范表述不太清楚，本部分要求应放在基本要求里边。本次适应性修编本已调整位置，审查会专家建议整体修编时再统一调整，故暂未列入。

2019 年 3 月发布的《建筑与市政工程抗震通用规范》（征求意见稿）中，有如下规定：

4　地震作用和结构抗震验算

4.1　一般规定

4.1.1　各类建筑与市政工程地震作用计算时，其设计地震动参数的选择与调整除应符合《工程结构通用规范》的规定外，尚应符合下列规定：

1　当工程结构处于发震断裂两侧 10km 以内时，应计入近场效应的影响对设计地震动参数进行放大调整，5km 以内放大系数不小于 1.5，5～10km 时放大系数不小于 1.25。

2　当工程结构处于条状突出的山嘴、高耸孤立的山丘、非岩石和强风化延时的陡坡、河岸与边坡边缘等不利地段时，应考虑不利地段对水平设计地震参数的放大作用。放大系数应根据不利地段的具体情况准确定，其数值不得小于 1.1，但不必超过 1.6。

3　应考虑工程场地的地震效应，根据工程场地类别对设计地震动参数进行调整。

由以上两条来分析，《抗规》第 3.10.3 条对所有工程都应适应。

**【咨询问题 6-1】**项目位于云南，场地半挖半填，属于抗震不利地段，按《抗规》4.1.8 条需要对水平地震作用系数放大 1.1～1.6：但同时这个场地位于两条发震断裂带之间，距离 8～10km，按《抗规》3.10.3 条，地震动参数需要乘以 1.25～1.5。

问题：这两条是否需要同时考虑（系数连乘），还是说二者只需要考虑一条就可以了？

作者答复：个人认为两个不利条件均应考虑，但如果《抗规》第 3.3.3 条与第 4.1.8 条同时遇到，是否需要放大系数连乘，值得大家思考研究。

**【咨询问题 6-2】**某审图单位咨询：关于近场系数，对于不做性能化设计的结构，地震动参数是否需要乘以增大系数？

作者答复：按现行规范字面意思，可以不考虑，但理解规范实质内涵的话应该考虑。咨询《抗规》主编的结果是应考虑。

## 6.7　如何正确理解《抗规》第 4.1.8 条（强条）

某工程场地为三级阶梯状，地勘报告将其划分为“抗震一般地段”。请问，此时是否需要按《抗规》第 4.1.8 条规定计算水平地震影响系数的增大系数？

第 4.1.8 条主要是针对不利地段的。对于不利地段，除了要考虑地震作用下的土体稳定性外，尚应考虑局部地形的水平地震作用放大效应。水平地震作用的增大系数应根据不利地段的具体情况，在 1.1～1.6 范围内取值。

如果地勘报告将该场地划分为“抗震一般地段”，则无需按上述要求执行。

## 6.8 如何正确理解《抗规》第 6.1.1 条条文说明：框架－核心筒结构中“部分”一词

《抗规》第 6.1.1 条条文说明：框架－核心筒结构中，带有部分仅承受竖向荷载的无梁楼盖时，不作为表 6.1.1 的板柱－抗震墙结构对待。其中的“部分”一词如何界定与把握？此类结构如何设计？

所谓框架－核心筒结构，指的是由沿建筑周边设置的框架与在建筑中部设置的核心筒体组成的结构形式。框架－核心筒结构中，当部分楼层为无梁的平板楼盖时，确定其适用的最大高度时仍可按框架－核心筒结构查表。但实际实施时需注意把握两个问题：

（1）关于“部分楼层”的界定，按不超过总楼层数量的 30%控制。

（2）关于“部分楼层”的设计：平板楼盖按板柱－抗震墙结构的相关要求设计，同时加强构造措施。

## 6.9 如何正确理解《抗规》第 6.1.2 条表 6.1.2 中数据不连续的问题

《抗规》第 6.1.2 条表 6.1.2 中，框架－抗震墙结构、抗震墙结构、部分框支抗震墙结构的高度划分在 24m、25m 不连续，若建筑高度在 24m、25m 之间，抗震等级如何确定？

根据《工程建设标准编写规定》（住房和城乡建设部，建标〔2008〕182 号）的规定，“标准中标明量的数值，应反映出所需的精确度”，因此，规范（规程）中关于房屋高度界限的数值规定，均应按有效数字控制，规范中给定的高度数值均为某一有效区间的代表值，比如，24m 代表的有效区间为[23.5～24.4]m。正因如此，《建筑抗震设计规范》中的“25～60”与《混凝土结构设计规范》中的“＞24 且≤60”表述的内容是一致的。

实际工程操作时，房屋总高度按有效数字取整数控制，小数位四舍五入。因此对于框架－抗震墙结构，抗震墙结构等类型的房屋，高度在 24m 和 25m 之间时应采用四舍五入方法来确定其抗震等级。例如，抗震墙房屋，高度为 24.4m 取整时为 24m，抗震墙抗震等级为四级，如果其高度为 24.8m，取整时为 25m，落在 25～60m 区间，抗震墙的抗震等级为三级。

## 6.10 如何正确理解《抗规》第 6.3.1 条规定："框架梁的截面宽度不宜小于 200mm 对于剪力墙跨高比不小于 5 的连梁"

《抗规》第 6.3.1 条规定：框架梁的截面宽度不宜小于 200mm。对于抗震墙结构中的框架梁（或跨高比不小于 5 的连梁），是否必须满足此要求？

《抗规》对框架梁的截面宽度作出下限规定，目的是保证框架梁对框架节点的约束作用，防止因梁的截面过小，约束不足导致框架节点在强震作用下过早的破坏失效。

因此，对于抗震墙结构中少量的框架梁以及跨高比不小于 5 的连梁，不要求必须满足截面宽度不小于 200mm 的要求，在结构计算的各项控制指标满足的情况下，可采用与墙厚同宽。

## 6.11 如何正确理解《抗规》第 6.3.4 条："对框架结构梁纵向钢筋直径不应大于矩形截面柱在该方向尺寸的 1/20"

第 6.3.4 条规定：一、二、三级框架梁内贯通中柱的每根纵向钢筋直径，对框架结构不应大于矩形截面柱在该方向截面尺寸的 1/20。请问这里的"纵向钢筋"是否包括底筋？依据是什么？

考虑到强烈地震的往复作用，框架梁端部存在正弯矩（即梁底受拉）的可能，规范要求框架梁的顶面和底面至少应配置 2 根通长的钢筋。同时，考虑到弹塑性变形状态下，梁端钢筋屈服后，钢筋的屈服区段会向节点核心区渗透，使贯穿节点的梁钢筋黏结退化与滑移加剧，从而造成框架刚度的进一步退化，规范又对贯通钢筋的直径作出限制，对框架结构不应大于矩形截面柱在该方向截面尺寸的 1/20。

因此，上述"纵向钢筋"包括梁顶面的全部纵向受力钢筋和梁底面需要通长的纵向钢筋。

## 6.12 如何理解《抗规》与《高规》中提到的关于规定水平力问题

《抗规》第 3.4.4 条条文说明："规定水平力"一般采用振型组合后的楼层地震剪力换算的水平作用力，并考虑偶然偏心。《高规》第 3.4.5 条条文说明："规定水平力"一般采用振型组合后的楼层地震剪力换算的水平作用力，并考虑偶然偏心。水平力的换算原则：每一楼面处的水平作用力取该楼面上，下两个楼层的地震剪力差的绝对值。

说明：参考美国规范的规定，明确将扭转位移比不规则判断的计算方法改为"规定的水平力作用下并考虑偶然偏心"，以避免位移按振型分解反应谱组合的结果，有时刚性楼板边缘中部的位移大于角点位移的不合理现象。

**【2012 年一注考题】**

**题 9**：假设，用 CQC 法计算，作用在各楼层的最大水平地震作用标准值 $F_i$（kN）和水平地震作用的各楼层剪力标准值 $V_i$（kN）见表 6－1。试问，计算结构扭转位移比对其平面规则性进行判断时，采用的二层顶楼面的“给定水平力 $F_2'$（kN）”与下列何项数值最为接近？

**表 6－1　各楼层 $F_i$ 和 $V_i$ 值**

| 楼层 | 一 | 二 | 三 | 四 | 五 |
|---|---|---|---|---|---|
| $F_i$（kN） | 702 | 1140 | 1440 | 1824 | 2385 |
| $V_i$（kN） | 6552 | 6150 | 5370 | 4140 | 2385 |

（A）300　　（B）780　　（C）1140　　（D）1220

解答：根据《抗规》3.4.3 条的条文说明，在进行结构规则性判断时，计算扭转位移比所用的“给定水平力”采用振型组合后的楼层地震剪力换算的水平作用力，因此，作用在二层顶的“给定水平力 $F_2'$”为：$F_2' = 6150\text{kN} - 5370\text{kN} = 780\text{kN}$。

答案为 B。

作者提醒读者注意：对于本题，业界不少人受一些参考资料误导，认为答案应该是 C。

## 6.13 《抗规》《砼规》《高规》都有这个规定，但表述有差异

对于抗震等级为一、二、三级的框架和斜撑构件（含梯段），其纵向受力钢筋采用普通钢筋时，要求① 钢筋的抗拉强度实测值与屈服强度实测值的比值不应小于 1.25；② 且钢筋的屈服强度实测值与强度标准值的比值不应大于 1.3；③ 且钢筋在最大拉力下的总伸长率实测值不应小于 9%。

为何有这些要求，目的是什么？

（1）钢筋的抗拉强度实测值与屈服强度实测值的比值不应小于 1.25。这条目的是使结构某部位出现较大塑性变形或塑性铰后，钢筋在大变形条件下具有必要的强度潜力，保证构件的基本抗震承载力。

（2）钢筋的屈服强度实测值与屈服强度标准值的比值不应大于 1.3，这条主要是为了保证“强柱弱梁”“强剪弱弯”设计要求的效果不致因钢筋屈服强度离散性过大而受到干扰。

（3）且钢筋在最大拉力下的总伸长率实测值不应小于 9%，这条主要为了保证在抗震大变形条件下，钢筋具有足够的塑性变形能力。

注意：以上这些要求《抗规》《砼规》是强条，《高规》却不是强条，《广州高规》也不是强条。

**【2013 年一注考题】**

题 8：某框架－剪力墙结构，框架的抗震等级为三级，剪力墙的抗震等级为二级。试

问，该结构中下列何种部位的纵向受力普通钢筋必须采用符合抗震性能指标要求的钢筋？

① 框架梁；② 连梁；③ 楼梯的梯段；④ 剪力墙约束边缘构件。

（A）①+②　　（B）①+③　　（C）②+④　　（D）③+④

解答：《抗规》（GB 50011）3.9.2 条 2 款 2）条，三级框架和斜撑构件。

答案为 B。

提醒读者注意：由这个考题可以看出，尽管框架－剪力墙计算可以不考虑楼梯间参与整体计算，但抗震等级、材料性能要求应满足框架的一切要求。

## 6.14 关于钢筋材料代换《抗规》与《砼规》表述不一样

《抗规》第 3.9.4 条（强规）：在施工中，当需要以强度等级高的钢筋替代原设计中的从向受力钢筋时，应按照钢筋受拉承载力设计值相等的原则换算，并满足最小配筋率要求。

条文：满足钢筋间距等构造，并注意由于钢筋的强度和直径变化对裂缝、挠度的影响。

注：《砼规》第 4.2.8 条也有这个要求，但却是非强规要求。

**【2008 年一注考题】**

地震区框架柱的纵向钢筋原设计是 12（HRB335）25，由于现场只有 12（HRB400）25 的钢筋，试问用 HRB400 直接替代 HRB335 是否可行？

答案是不可以，理由是违反了抗震概念设计，对柱要求“强剪弱弯”。

## 6.15 水泥粉煤灰碎石桩（CFG）可只在基础范围内布置，请问这个要求对基础刚度是否有要求

《建筑地基处理技术规范》（JGJ 79—2012）第 7.7.2 条 5 款：水泥粉煤灰碎石桩（CFG）可只在基础范围内布置。

但请读者特别注意，规范第 7.7.2－5－37 条：筏板厚度与跨距之比小于 1/6 的平板式筏基，梁的高度跨比大于 1/6 且板的厚跨比（筏板厚度与梁的中心距之比）小于 1/6 的梁式筏基，应在柱（平板式筏基）和梁（梁板式筏基）边缘每边外扩 2.5 倍板厚的面积范围内布桩。

**【工程案例 6－1】** 作者 2014 年设计的北京某商改住宅楼，地上 20 层，地下 1 层；$H$=85.2m，8 度（0.20g），第一组，Ⅲ类场地，框架－核心筒，采用 CFG 地基处理。

方案一：梁最大 2000mm×1800mm，筏板厚度 1400mm（这个是为了满足《地基处理规范》7.7.2－5 要求）；

方案二：核心筒筏板厚度 1800mm；其余部分厚 1600mm。

两种方案的基础布置形式如图 6－1 所示，经济性比较见表 6－2。

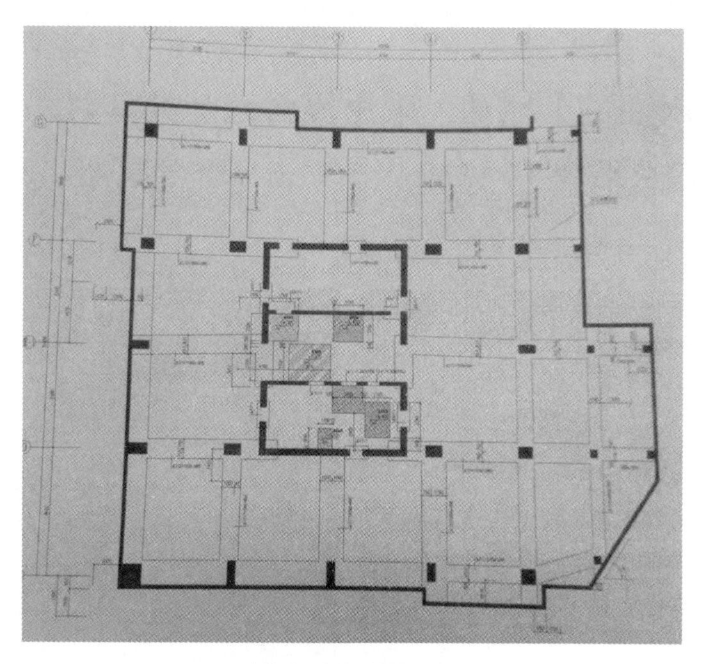

方案一　梁板式筏板基础

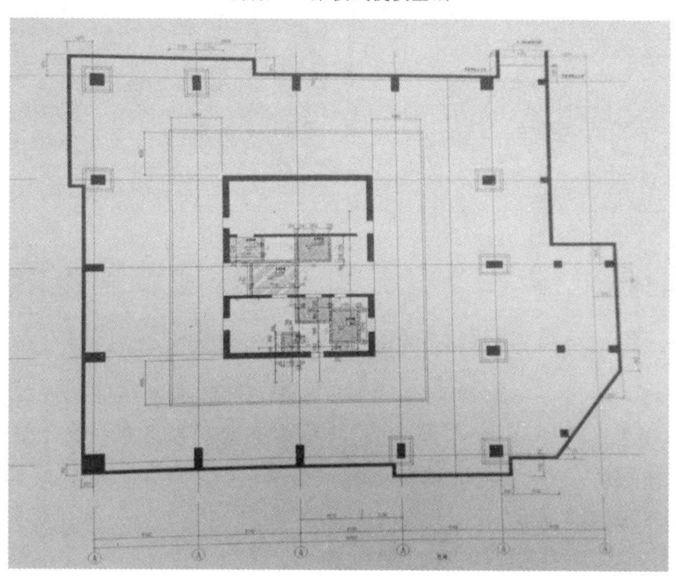

方案二　平板筏板布置图

图 6－1　两种方案的基础布置形式

**表 6－2　　方案一与方案二基础经济性比较**

| 项目 | 钢筋/（$kg/m^2$） | 混凝土/（$m^3/m^2$） | 模板/（$m^2/m^2$） | 基础开挖防水等 | 综合成本元/$m^2$ |
|---|---|---|---|---|---|
| 方案一 | 208 | 1.45 | 1.2 | ＋20cm | 1685 |
| 方案二 | 168 | 1.6 | 1.0 | 0 | 1512 |

注：钢筋按 4.5 元/kg，混凝土 550 元/$m^3$，层高每 40 元/10cm，模板 40 元/$m^2$，综合可节约 173 元/$m^2$×1300×5（5 栋）＝112 万。

## 6.16 对湿限性黄土地基，采用复合地基处理时，地基垫层材料如何选取

《地基处理规范》第 7.9.5 条：多桩型复合地基垫层设置，对刚性长、短复合地基宜选择砂石垫层，垫层厚度宜取对复合地基承载力贡献大的增强体直接的 1/2；对刚性桩与其他材料增强体桩组合的复合地基，垫层厚度宜取刚性桩直径的 1/2；对湿限性黄土地基，垫层材料应采用灰土，垫层厚度宜为 300mm。

注：在《规范理解与应用中》：对未要求完全消除湿陷性的黄土，宜采用灰土垫层，其厚度宜为 300mm。

**【咨询问题 6－3】**湿陷性黄土地区灰土挤密桩复合地基褥垫层材料要求用灰土，当复合地基承载力提高到 500kPa，有审图提出灰土垫层承载力不够，怎么解决啊？关键是灰土已经做完了，正式审图单位也审过，当地审图原本没资格审，却提出这个问题。如果就用灰土，是否可以？

作者的答复是：完全可以。理由如下：

《地基处理规范》5.2.5 条文说明：表 6

中、粗砂　　承载力特征值　　150～200kPa

灰土　　承载力特征值　　200～250kPa

由《地基处理规范》5.2.5 可以看出灰土的承载力还高于中、粗砂。

## 6.17 对于地基处理（CFG）如果处理检测单桩承载力不能满足设计要求，应如何处理

**【工程案例 6－2】**2013 年山东某工程，原设计桩基础为钻孔灌注桩（见图 6－2），设计单桩承载力特征值 700kN，结果工程桩抽检单桩承载力特征值只有 350kN；审图单位说设计单位拿来变更：取原天然地基承载力特征值 160kPa，想改为天然独立柱基础。这样做合适吗？

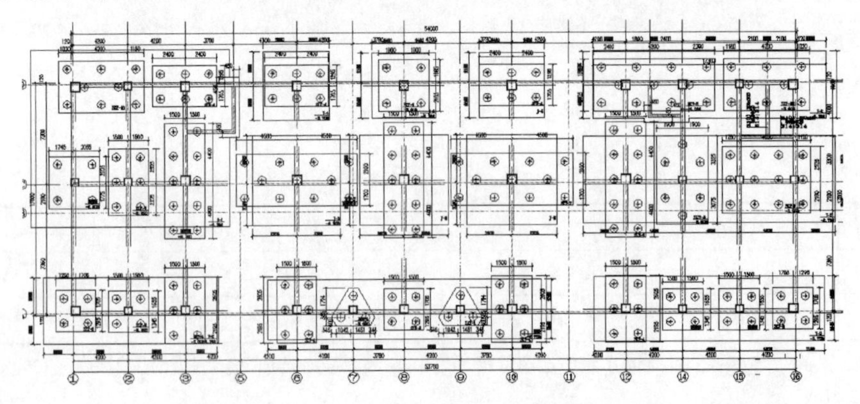

图 6－2　山东某工程原设计桩基础

作者认为不妥：土已经被扰动，不应再按天然地基考虑；最好的办法是按复合地基处理较为合适。据反馈后来调整为筏板基础+CFG复合地基。

这就是不在场外做试桩的代价!!!

由这个工程提醒读者，对于没有地方经验的CFG地基处理，建议业主先在场外进行试桩为妥。

## 6.18 关于两种或两种以上处理技术同时采用时地基状态的检验方法

采用两种或两种以上处理技术进行地基处理，满足地基处理要求的工程很多，包括：

（1）对于原地基存在液化、湿陷特性，通常需要先采取能够消除液化、湿陷的处理方法后再采取其他方法处理以便提高承载力及减少地基变形。

（2）下部采用地基处理，上部采用较厚砂或灰土垫层的地基处理方法；

此时地基处理后的检验应根据不同的处理目的分别检验评价：

（1）消除液化、湿陷处理后，应采取能判定消除液化、湿陷的方法，在检验合格后，对进行承载力及减小变形的地基处理效果进行整体效果的检验。

（2）对于下部采用复合地基，上部采用砂或灰土垫层处理地基的检验，下部复合地基采用复合地基检验方法，上部垫层应采用垫层的检验方法，应避免统一采用复合地基的建议方法。

## 6.19 关于复合地基单桩复合地基静荷载试验与单桩静载荷试验结果不一致的处理方法解析

这个问题在复合地基中经常出现。原则上，只要有一个方面不满足设计要求即存在安全隐患，原因是多种多样的。

（1）复合地基静载荷试验不满足设计要求时，可能存在的原因是地基土性和相关参数与设计相吻合度差、设计原理与设计参数不够合理、施工关键技术控制不好等，此时应全面检查设计、施工各个环节。

（2）当单桩静载荷试验不满足设计要求时，地基土特性和相关参数的符合程度及施工关键技术控制状况应是主因。

（3）复合地基单桩复合地基静载荷试验满足设计要求，而单桩静载荷试验不满足设计要求时，工程存在质量隐患。因为增强体是复合地基提高承载力减小变形的主要承载体。

（4）单桩静载荷试验满足设计要求，而单桩复合静载荷不满足设计要求时，应首先考虑地基土性和设计参数取值的合理性。如果采用了影响原状土性状的振动、挤密等施工方法，则应考虑延长休止时间，再进行检验。

请注意：一般情况，设计要求往往会高于建筑物正常使用要求，所以对于工程检验不满足原设计要求时，首先需要设计确认是否能满足建筑今后正常使用要求。如果满足当然也可以通过验收。

**【工程案例6－3】**2018 年作者参与处理过这样一个工程，原工程设计要求 CFG 桩的桩长为 18m，结果由于施工单位说自己把标高看错了，CFG 桩长仅施工了 15m。但工程桩试验单桩及复合地基均满足设计要求。

为此业主组织了专家论证会：论证会结论是如果检测单位的检测数据可靠，可以检测的结果作为设计依据。

## 6.20 《高规》第 4.3.3 条规定中偶然偏心距 0.05 能否有条件放松

《高规》第 4.3.3 条：单向地震作用计算时，应考虑质量偶然偏心的影响，每层质心沿垂直于地震作用方向的偏移值可按下式采用：

$$e_i = \pm 0.05L_i$$

注意：① 对于平面特别狭长的结构，可将《高规》第 4.3.3 条规定的偶然偏心距适当减小。（王亚勇、戴国莹在《建筑抗震设计规范疑难解答》中提出：当平面特别狭长时，可以适当放松扭转位移比要求）

②《技措》（混凝土结构）2009 版第 2.3.2 条：对于平面狭长的结构，可将《高规》第 4.3.3 条的偶然偏心距适当减小。

**【工程案例6－4】**2015 年作者主持的北京某工程，如图 6－3 所示。

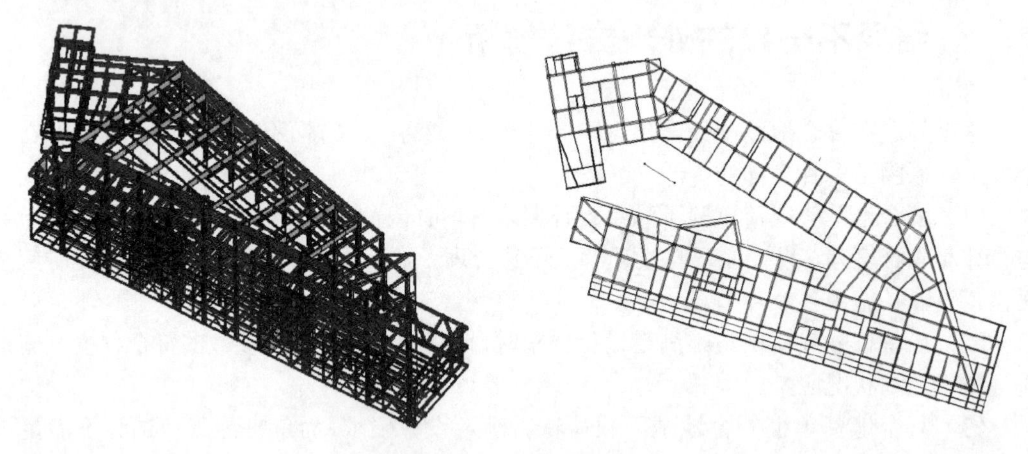

图 6－3　北京某工程示意图

由于建筑极为不规则，且长度较长，如果依然采用 0.05$L$ 显然不尽合理，为此我们请业主找专家（作者是专家成员之一）论证，论证结论是：可以按分块计算偶然偏心（5%），且总偶然偏心不小于 3%，计算位移比。

## 6.21 结构计算如何合理选择双向地震作用的问题

《抗规》第 5.1.1－3 条（强条）：质量和刚度分布明显不对称的结构，应计入双向水平地震作用下的扭转效应；其他情况，应允许采用调整地震作用效应方法计入扭转影响。

《高规》第 4.3.2－2 条（强条）：质量与刚度分布明显不对称的结构，应计入双向水平地震作用下的扭转效应；其他情况，应计算单向水平地震作用下的扭转影响。

由以上两本规范看：结构计算是否需要考虑双向水平地震作用工况，首先要确定结构是否属于“质量和刚度分布明显不对称的结构”问题。

需要说明的是，质量偶然偏心和双向地震作用都是客观存在的事实，是两个完全不同的概念。在地震作用计算时，无论考虑单向地震作用还是双向地震作用，都有结构质量偶然偏心的问题；反之，不论是否考虑质量偶然偏心的影响，地震作用的多维性本来都应考虑。显然，同时考虑二者的影响计算地震作用原则上是合理的。但是，鉴于目前考虑二者影响的计算方法并不能完全反映实际地震作用情况，而是近似的计算方法，因此，二者何时分别考虑以及是否同时考虑，取决于现行规范的要求。

“质量和刚度分布明显不对称的结构”即属于扭转特别不规则的结构。但是，对于质量和刚度分布明显不对称如何界定问题，仅《高规》在第 4.3.12 条条文说明中有提及。

2002 版《高规》第 3.3.13 条条文说明也有这个说法，目前很多地方也是这么把控的，但作者认为这个过于严厉了。理由如下：

（1）可以参考黄小坤（高规主编）论文《〈高层建筑混凝土结构技术规程〉（JGJ 3—2002）若干问题解说》（《土木工程学报》，2004 年 3 月）。

1）对于一般建筑结构，最大扭转位移比大于或等于 1.4 时。

2）对 B 级高度高层建筑、混合结构高层建筑及复杂高层建筑结构（包括带转换层的结构、带加强层的结构、错层结构、连体结构、多塔楼结构等），楼层扭转位移比不小于 1.3。

3）《技术措施》2009 年版建议：在不考虑偶然偏心影响时位移比大于或等于 1.3 时，应考虑双向地震作用计算。

（2）《抗规》编制者解读。

“质量和刚度分布明显不对称的结构”即属于扭转特别不规则的结构。但是，对于质量和刚度分布，规范未给予具体的量化，一般应根据工程具体情况和工程经验确定；当无可靠经验时，可依据单向偏心地震作用下楼层扭转位移比的数值确定：

1）对于一般建筑结构，最大扭转位移比等于 1.4～1.5。

2）对于高层建筑钢筋混凝土结构，应按《高规》有关规定执行。

## 6.22 建筑的场地类别是否会因建筑采用桩基、深基础或多层地下室而改变

在抗震设计中，场地指具有相似的地震反应谱特征的房屋群体所在地，而不是房屋基

础下的地基土。其范围相当于厂区、居民点和自然村，在平坦地区面积一般不小于 $1km^2$。场地类别的划分只与覆盖层厚度和等效剪切波速有关。一般情况下，覆盖层厚度等于地面至剪切波速大于 500m/s 且其下卧各岩土的剪切波速均不小于 500m/s 的土层顶面的距离；等效剪切波速等于土层计算深度除以剪切波传播的时间，而土层的计算深度则取地面以下 20m 和覆盖层厚度两者中较小值。

可见，新规范所定义的场地是相对地面而言的，与基础形式和地下室深度无关，场地类别并不因建筑物的基础形式和埋深、以及地下室的层数而改变。

**【咨询问题 6-4】**重庆某工程，地勘单位提供资料如下：

场地按设计整平高程 327.00m 整平后，第四系覆盖土层厚度 1.34（ZK51）～18.50m（ZK18）。该场地地下室与拟建建筑脱开及不脱开分别评价，见地震效应评价见表 6-3 和表 6-4。该拟建建筑为标准设防。

**表 6-3　　各建筑与地下车库不脱开的地震效应评价一览表**

| 拟建物名称 | 达到设计地坪标高时覆盖层厚度/m | 等效剪切波速/（m/s） | 场地土类型 | 场地类别 | 设计特征周期 | 建筑抗震地段类别 |
|---|---|---|---|---|---|---|
| 地下室及各幢商住楼与配套 | 18.50 | 123 | 软弱土 | Ⅲ | 0.45s | 一般地段 |

**表 6-4　　各建筑与地下车库脱开的地震效应评价一览表**

| 拟建物名称 | 达到设计地坪标高时覆盖层厚度/m | 等效剪切波速/（m/s） | 场地土类型 | 场地类别 | 设计特征周期 | 建筑抗震地段类别 |
|---|---|---|---|---|---|---|
| 1 号住宅楼及裙楼 | 5.03 | 123 | 软弱土 | Ⅱ | 0.35s | 一般地段 |
| 2 号住宅楼及裙楼 | 12 | 123 | 软弱土 | Ⅱ | 0.35s | 一般地段 |
| 1 号商业楼 | 4.20 | 123 | 软弱土 | Ⅱ | 0.35s | 一般地段 |
| 2 号商业楼 | 5.60 | 123 | 软弱土 | Ⅱ | 0.35s | 一般地段 |
| 3 号商业楼 | 4.24 | 123 | 软弱土 | Ⅱ | 0.35s | 一般地段 |
| 4 号商业楼 | 3.52 | 123 | 软弱土 | Ⅱ | 0.35s | 一般地段 |
| 5 号商业楼 | 1.91 | 123 | 软弱土 | $I_1$ | 0.25s | 有利地段 |
| 6 号商业楼 | 1.34 | 123 | 软弱土 | $I_1$ | 0.25s | 有利地段 |
| 红星家具楼 MALL | 7.7 | 123 | 软弱土 | Ⅱ | 0.35s | 一般地段 |
| 地下室 | 7.7 | 123 | 软弱土 | Ⅱ | 0.35s | 一般地段 |

这样的结论可信吗？

作者的答复：应该是不合适的，建议设计单位与地勘单位进一步落实。后来设计单位反馈信息是地勘单位提法有误。

## 6.23 关于场地特征周期及场地卓越周期问题

**1. 卓越周期与特征周期有何不同?**

卓越周期：地震波以多种频率成分在岩层中传播。地震波通过覆盖土层传向地表的过程中，若其中某一分量的频率正好与覆盖土层的某固有频率重合或相近，由于共振作用，地表输出中该分量的幅值将得到明显放大。该分量的周期就被称为地面运动的“卓越周期”。

卓越周期是指特定场地的地层而言的。

在卓越周期较短的浅薄坚硬土层上，刚性结构物（如基本周期为 0.4～0.5s 的五、六层房屋）的震害有所加重；在卓越周期较长的深厚软弱土层上，柔性结构物（如基本周期为 1.5～2.5s 的高层房屋）的地震反应特别强烈，往往导致严重的破坏。

特征周期是设计反应谱上的特征点周期。

对于某一个地震输入时程记录，不同自振频率（给定阻尼比）的体系产生不同的反应。将反应的最大值（包括加速度反应最大值、速度反应最大值和位移反应最大值）与体系自振周期值的对应关系在反应幅值—自振周期坐标平面内用曲线表示出来，即称为地震反应谱。场地特征周期是在抗震设计时用的地震影响系数曲线（见图 6-4）中，反映地震震级、震中距和场地类别等因素的下降段起始点对应的周期值。场地的特征周期与覆盖层厚度、剪切波速、场地地震分组等有关。

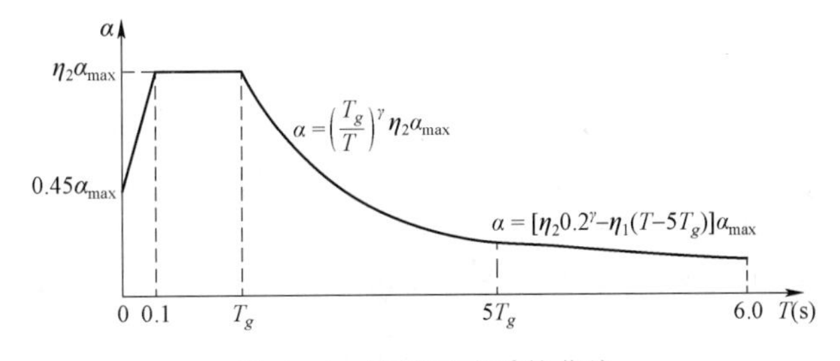


图 6-4 地震影响系数曲线

$\alpha$—地震影响系数；$\alpha_{max}$—地震影响系数最大值；$\eta_1$—直线下降段的下降斜率调整系数；$\gamma$—衰减指数；$T_g$—特征周期；$\eta_2$—阻尼调整系数；$T$—结构自振周期

震害经验表明：当结构自震周期与场地卓越周期 $T_s$ 接近，地震时可能发生共振，导致建筑的震害加重。研究表明，在大地震时，由于土壤发生大变形或液化，土的应力—应变关系为非线性，导致土层剪切波速 $V_s$，发生变化。因此，在同一地点，地震时场地的卓越周期 $T_s$ 将因震级大小、震源机制、震中距离的变化而变化。如果仅从数值上比较，场地脉动周期最短，卓越周期 $T_s$ 其次，特征周期 $T_g$ 最长。

**2. 为何《抗规》没有明确提出结构自振周期 $T_1$ 与场地卓越周期 $T_s$ 的关系?**

理论上通过改变建筑结构的刚柔来调整结构的自振周期，使其偏离场地的卓越周期 $T_s$，较理想的结构是自振周期比场地卓越周期更长，如果不可能，则应使其比场地卓越周期短得较多，这是因为在结构出现少量裂缝后，周期会加长，要考虑结构进入开裂和弹塑性状态时，结构自振周期加长后与场地卓越周期的关系，如图 6-5 所示。

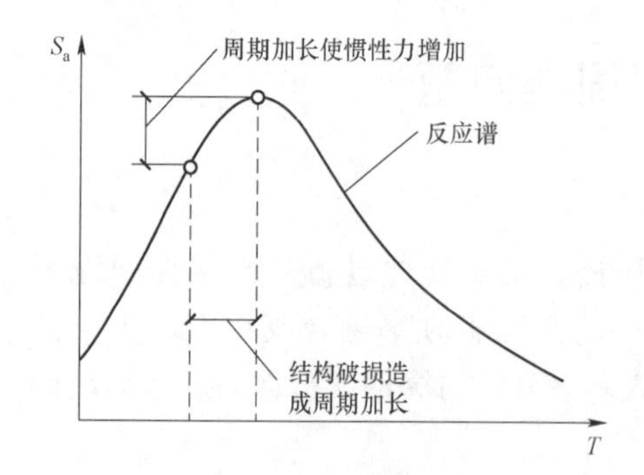


图 6–5　结构自振周期加长后与场地卓越周期的关系

正是由于多自由度结构具有多个自振周期，实际是很难完全避开场地卓越周期。所以《规范》对 $T_1$ 与 $T_s$ 之间不做具体要求，即没有要求结构自振周期避开场地卓越周期。

作者建议：由躲避共振概念来讲，最好是结构第一自振周期比场地卓越周期长 10%以上。

**【工程案例 6–5】**作者 2011 年主持设计的宁夏万豪大厦（50 层超高层建筑），本工程场地类别为Ⅱ类，抗震设防烈度 8 度（0.20$g$），地震分组为第二组，特征周期为 $T_g$=0.40s，场地实测的卓越周期见表 6–5。

**表 6–5**　　**场地实测的卓越周期**

| 点号 | 东西向 | | 南北向 | | 竖直向 | |
|---|---|---|---|---|---|---|
| | 频率/Hz | 时间/s | 频率/Hz | 时间/s | 频率/Hz | 时间/s |
| M1 | 2.70 | 0.37 | 2.65 | 0.38 | 2.77 | 0.36 |
| M2 | 3.15 | 0.33 | 3.12 | 0.33 | 3.08 | 0.33 |
| M3 | 2.64 | 0.38 | 2.58 | 0.39 | 2.60 | 0.39 |
| 建议值 | 2.83 | 0.36 | 2.78 | 0.37 | 2.81 | 0.36 |

**【工程案例 6–6】**太原某工程地勘提供数据如下：场地卓越周期东西方向为 0.358s，在南北方向为 0.356s，在竖直方向为 0.347s。场地类别Ⅲ类，8 度 0.20$g$，第一组；场地地震动反应谱特征周期值为 0.45s。

说明：由此可知，每个方向的卓越周期均小于场地特征周期 0.45s。

提醒各位：对于多层建筑，特别注意需要勘察单位提供场地卓越周期 $T_s$。

如果大家注意看每次地震倒塌工程照片，可以发现多层建筑往往倒塌比高层建筑更加严重（见图 6–6～图 6–8）。

图 6–6　2018 年 6 月 18 日　日本大阪 6.1 级地震（一）

图 6－6　2018 年 6 月 18 日　日本大阪 6.1 级地震（二）

图 6－7　2015 年 4 月 25 日　尼泊尔 8.1 级地震

图 6－8　2010 年 2 月 27 日　智利 8.8 级地震

作者提醒各位设计师，今后如若设计低多层建筑，应特别注意这个问题，必要时可以请地勘单位提供场地的卓越周期。

## 6.24　关于场地特征周期合理取值问题

（1）对于一般建筑，场地的特征周期往往都是需要设计人员依据场地分类、设计地震分组依据《抗规》表 5.1.4－2 来确定（即表 6－6）。

**表 6－6**　　特 征 周 期 值　　（s）

| 设计地震分组 | 场地类别 | | | | |
|---|---|---|---|---|---|
| | $Ⅰ_0$ | $Ⅰ_1$ | Ⅱ | Ⅲ | Ⅳ |
| 第一组 | 0.20 | 0.25 | 0.35 | 0.45 | 0.65 |
| 第二组 | 0.25 | 0.30 | 0.40 | 0.55 | 0.75 |
| 第三组 | 0.30 | 0.35 | 0.45 | 0.65 | 0.90 |

（2）《抗规》第 4.1.6 条（强条）要求：当有可靠的剪切波速及覆盖层厚度且其值处于表 4.1.6 所列场地类别的分界线附近时，应允许采用内插法确定地震作用计算所用

的特征周期。

2015 年《超限高层建筑工程抗震设防专项审查技术要点》（建质〔2015〕67 号）第十五条（四）：覆盖层厚度、波速的确定应可靠，当处于不同场地类别分界线附近时，应要求用内插法确定计算地震作用的特征周期。

图 6－9（a）是《抗规》编制给出的不同分组的场地类别分界的设计参数参考，图 6－9（b）是《抗规》4.1.6 条在条文说明里给出特征周期等值线图，但特别注意这个图直接插入仅适合地震分组为第一组。第二、第三组《规范》没有交代如何处理。

（3）2016 年应海南省要求，《抗规》编制给出地震分组一、二、三的 $T_g$ 等值线图（见图 6－10）。

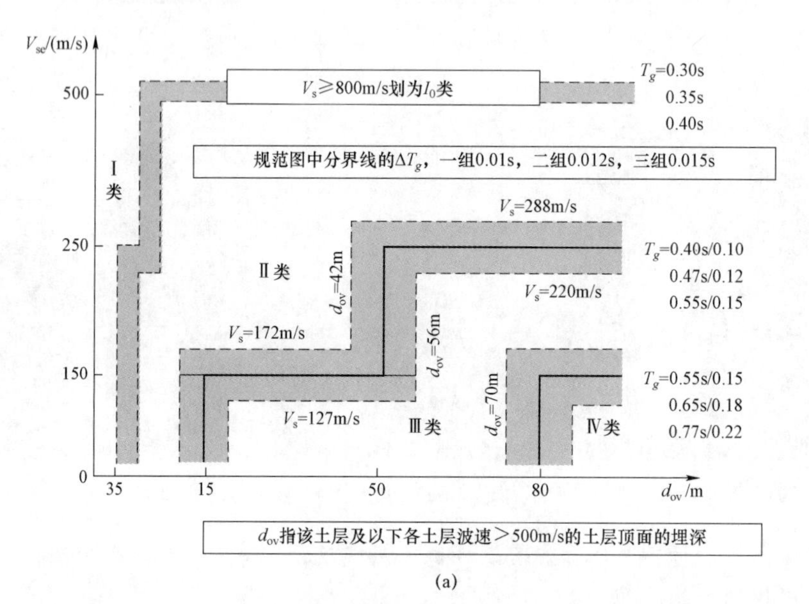

(a)

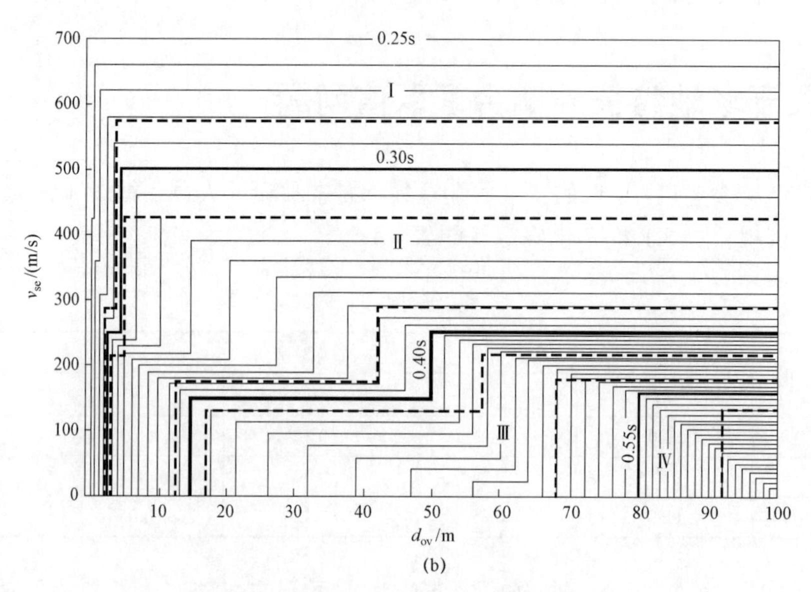

(b)

图 6－9　在 $d_0$～$v_{se}$ 平面上的 $T_g$ 等值线图

注意：$\Delta T_g$ 对地震分组一组取 0.01s、二组取 0.012s、三组取 0.012s。

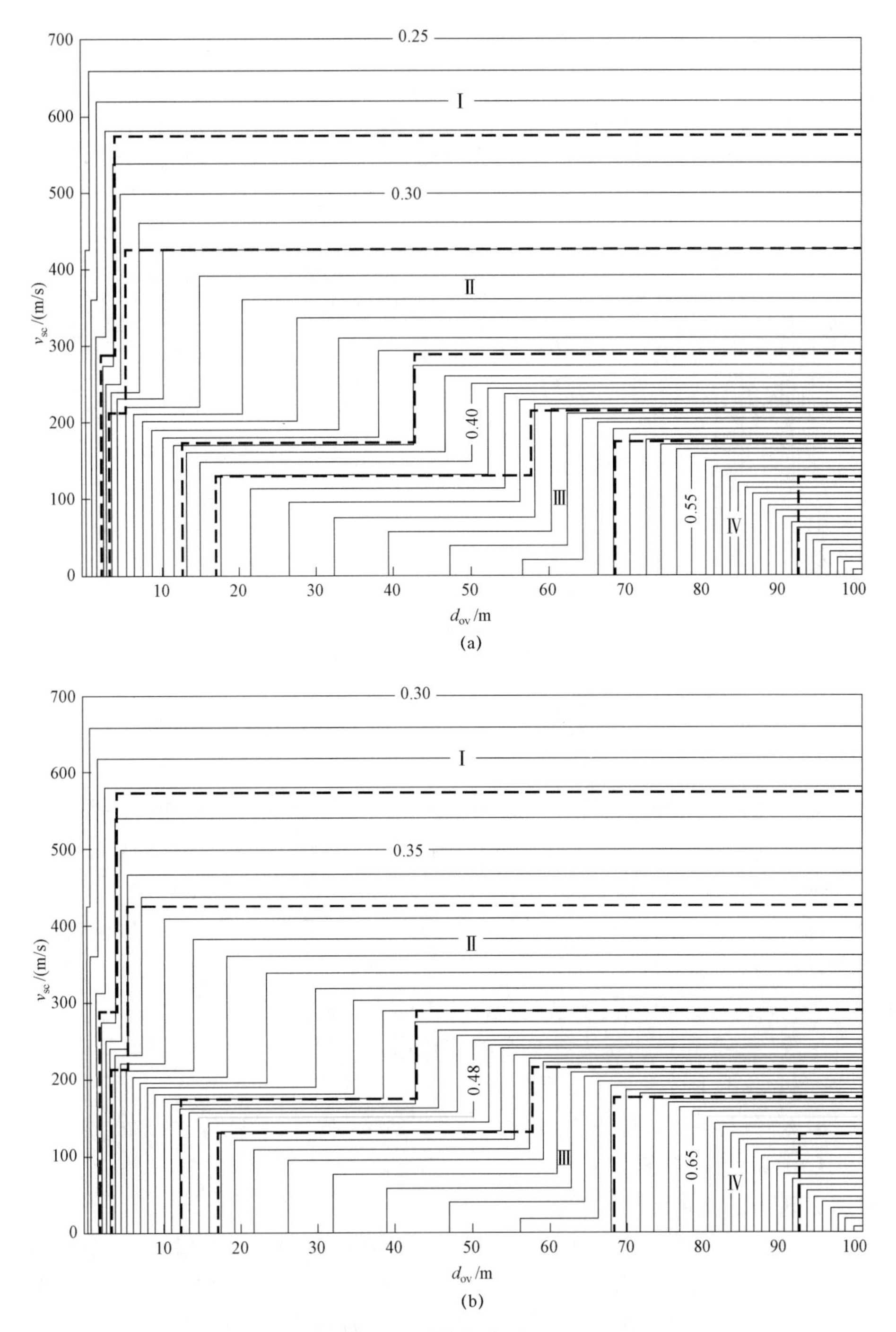


图 6-10　$T_g$ 等值线图（一）

（a）适用于地震分组为第一组；（b）适用于地震分组为第二组

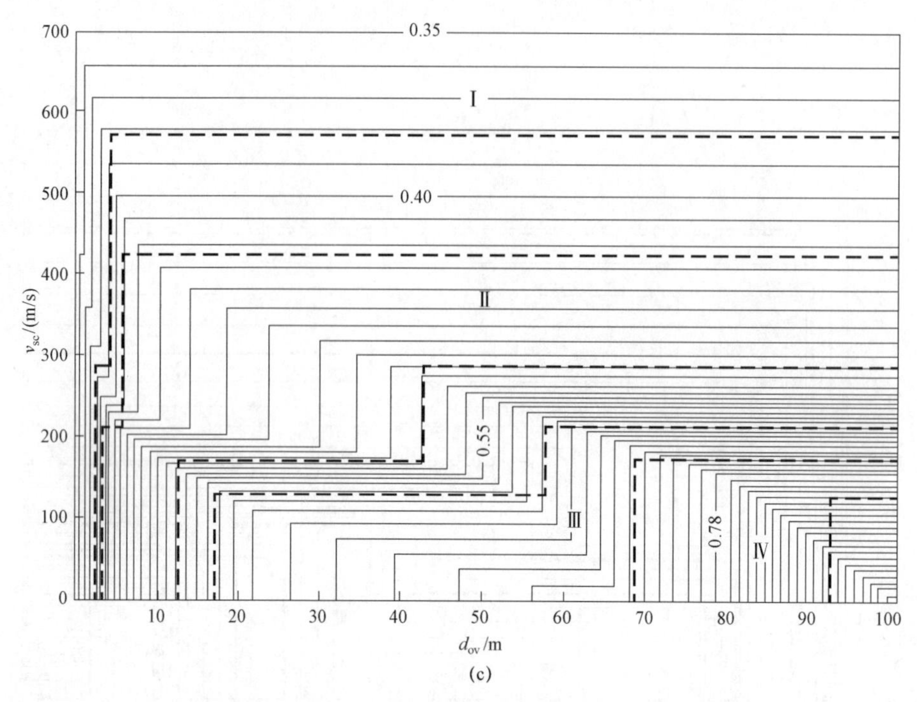

(c)

图 6-10　$T_g$ 等值线图（二）

（c）适用于地震分组为第三组

## 6.25　关于商业建筑抗震设防分类的合理界定问题

《建筑工程抗震设防分类标准》（GB 50223—2008）第 6.0.5 条规定：商业建筑中，人员密集的大型的多层商场抗震设防类别应划为重点设防类。当商场与其他建筑合建时应分别判断，并按区段确定其抗震设防类别。

说明：（1）“大型”是指一个区段人流 5000 人，换算为建筑面积 17 000m$^2$ 或营业面积 7000m$^2$ 以上的建筑。

（2）“多层建筑”是指不包含仓储式、单层的大型商场在内。

（3）“区段”是指可以由抗震缝分开的结构单元，也可以是同一结构单元平面内使用功能不同的部分或上下使用功能不同的部分。

注：要求一个抗震缝区段应有独立的疏散出入口（即商场最远一点到最近疏散口距离不大于 30m，且相邻 2 个疏散口距离不应小于 5m），各单元独立承担地震作用。

**《2016 江苏施工图审图疑问解答》**

21. 大型商业建筑通过抗震缝划分为几个结构单元后，能否按分缝后每个结构单元的面积来确定是否为“大型商业”？最典型的比如 A、B、C、D 四个单体通过连廊连成一个大型商业建筑，如果 A、B、C、D 各单体的建筑面积均达不到重点设防类的要求，但 A+B、B+C 或 C+D 等合并的建筑面积达到了重点设防类的要求，那么该建筑的抗震设防类别如何确定？

答：对于面积较大的商业建筑，若设置抗震缝分成若干个结构单元（A、B、C、D

四个单塔），塔与塔之间设置连廊，此种连廊建筑功能主要起交通联系的作用。如果每个结构单元（单塔）有单独的疏散出入口，各结构单元（单塔）独立承担地震作用，彼此之间没有相互作用，当每个结构单元（单塔）按面积划分属于标准设防类时，可按标准设防类进行抗震设防。

（4）同一建筑各区段的重要性有显著不同时，可按区段划分抗震设防类别。但注意下部区段的抗震设防类别不应低于上部。这里的“区段”是指：由抗震缝分开的结构单元、平面内使用功能不同的部分，或上下使用功能不同的部分。

（5）建筑各部分的重要性有显著不同时，可分别划分抗震设防类别。比如，对于商住楼和综合楼，在主楼与裙房相连时，有可能出现主楼为丙类设防而人流密集的多层裙房区段为乙类设防的房屋建筑，但应具备结构分段和独立疏散通道要求。

（6）在一个较大的建筑综合体中，若不同区段使用功能的重要性有显著差异，应区别对待，可只提高某些重要区段的抗震设防类别。比如，高层建筑中多层的商场裙房区段或者下部区段为重点设防类（即乙类），而上部的住宅可为标准设防类（即丙类）。

但此时注意：位于下部区段的，其抗震设防类别不应低于上部的区段。

**【咨询问题 6－5】**2012 年有个商业工程，设计咨询规范组，答复如下：

关于商场抗震设防类别问题的答复

抗规〔2012〕006 号

云南省住建厅抗震办公室：

由住建部质量安全监管司转来的电传收悉，现就划分大型商场抗震设防类别的问题说明如下：

一、按《建筑工程抗震设防分类标准》（GB 50223—2008）第 30.1 条和 6.0.5 条的规定，凡人流密集的大型的多层商场，抗震设防类别应划为重点设防类。……按区段确定其抗震设防类别。

区段指由防震缝分开的结构单元、平面内使用功能不同的部分、或上下使用功能不同的部分。

在《建筑抗震设计规范疑问解答》第 29 页中，进一步说明“对于面积较大的商业建筑，若设置防震缝分成若干个结构单元，有单独的疏散出入口，各单元独立承担地震作用，彼此之间没有相互作用，人流疏散也较容易。在这里，结合《建筑防火规范》的有关规定，在一个结构单元内，商场的任一位置至最近疏散出入口的最大距离不应大于 30m，且相邻的疏散出入口最近边缘之间的距离不应小于 5m。因此，当每个单元按面积划分属于丙类建筑时，可按丙类建筑进行抗震设防”。即意味着结构单元划分应与消防分区协调。

二、关于地下商场的抗震设防类别。现行国家标准《建筑工程抗震设防分类标准》（GB 50223—2008）的条文说明中明确，划为重点设防类的商场“一般须同时满足人员密集、建筑面积或营业面积达到大型、多层等条件；所有仓储式、单层的大商场不包括在内”。因此，当商场仅在地下一层，又具有与地上部分分开的符合消防疏散要求的出入口，按《建筑工程抗震设防分类标准》第 3.0.4 条的“类比”原则，可按“单层商场”对待。至于地下的多层商场，当其出入口与地上分开时，也可类比地上多层商场处理，即不与地上部分合并考虑。

国家标准《建筑抗震设计规范》管理组

2012.4.10

这个答复说明以下 2 个问题

（1）按《建筑工程抗震设防分类标准》（GB 50223—2008）第 3.0.1 条和 6.0.5 条的规定，凡人流密集的大型的多层商场，抗震设防类别应划为重点设防类。……按区段确定其抗震设防类别。

区段指由防震缝分开的结构单元、平面内使用功能不同的部分、或上下使用功能不同的部分。

在《建筑抗震设计规范疑问解答》第 29 页中，进一步说明“对于面积较大的商业建筑，若设置防震缝分成若干个结构单元，有单独的疏散出入口，各单元独立承担地震作用，彼此之间没有相互作用，人流疏散也较容易。在这里，结合《建筑防火规范》的有关规定，在一个结构单元内，商场的任一位置至最近疏散出入口的最大距离不应大于 30m，且相邻的疏散出入口最近边缘之间的距离不应小于 5m。因此，当每个单元按面积划分属于丙类建筑时，可按丙类建筑进行抗震设防”。即意味着结构单元划分应与消防分区协调。

（2）关于地下商场的抗震设防类别。现行国家标准《建筑工程抗震设防分类标准》（GB 50223—2008）的条文说明中明确，划为重点设防类的商场“一般须同时满足人员密集、建筑面积或营业面积达到大型、多层等条件；所有仓储式、单层的大商场不包括在内”。因此，当商场仅在地下一层，又具有与地上部分分开的符合消防疏散要求的出入口，按《建筑工程抗震设防分类标准》第 3.0.4 条的“类比”原则，可按“单层商场”对待。至于地下的多层商场，当其出入口与地上分开时，也可类比地上多层商场处理，即不与地上部分合并考虑。

（7）地下商场与地上商场如何界定面积？

《2015 年北京施工图审查解答》如下：

原则上按疏散出入口的“管辖”范围进行统计。地上和地下均有商场，且地下商场没有独立疏散口，当确定地上区段抗震设防类别时，应按地上商场和该部分地下商场面积之和统计面积。

（8）《设防分类标准》“多层”建筑的内涵解读。

该处的“多层建筑”指的是该商业建筑为多层建筑，包含仅其中一层为商业功能的多层建筑；而“单层”的大商场指该大商场也为单层建筑。

（9）《设防分类标准》未提及高层商业，如遇应如何对待？

**【工程案例 6-7】**2014 年作者单位设计的某高层商业楼（云商业），如图 6-11、图 6-12 所示，地上 18 层近 100m，两栋楼，在上部有一个连廊连接。标准层面积为 1100m$^2$，那么一栋总面积为 19 800m$^2$＞17 000m$^2$。作者单位认定设防类别应按乙类考虑。

但施工图设计单位（当地某设计院）认为《设防分类标准》指的是多层，这个属于高层，可以按标准设防类考虑。作者认为这是对规范实质内涵理解不够所致，建议施工图设计单位咨询当地相关部门。经过咨询结论是：应按乙类考虑。

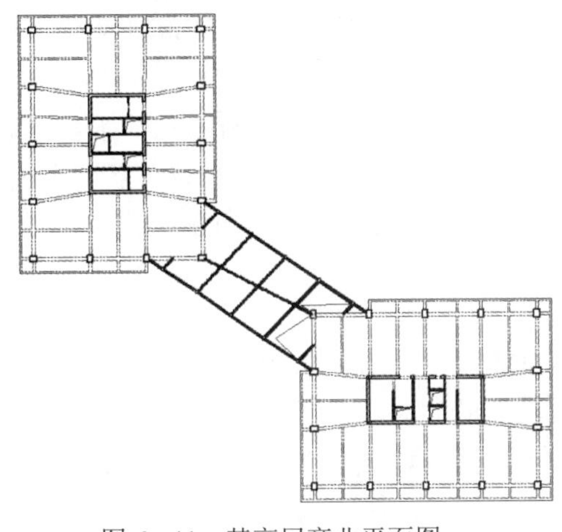

图 6－11　某高层商业平面图

图 6－12　高层商业效果图

**【工程案例 6－8】** 某 8 度区商业工程，如图 6－13 和图 6－14 所示，结构高度 25.5m，用抗震缝分成三部分，各部分有独立疏散通道，中间块营业面积大于 $7000m^2$，设计单位认为是高层建筑，就没有按重点设防类考虑。但施工图审查时，审查提出应按重点设防类考虑。是否合理？

作者回复：应该按重点设防考虑。

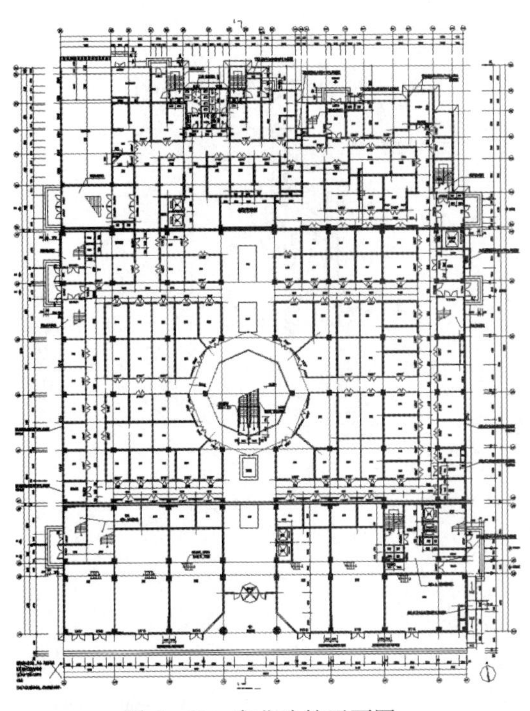

图 6－13　商业建筑平面图

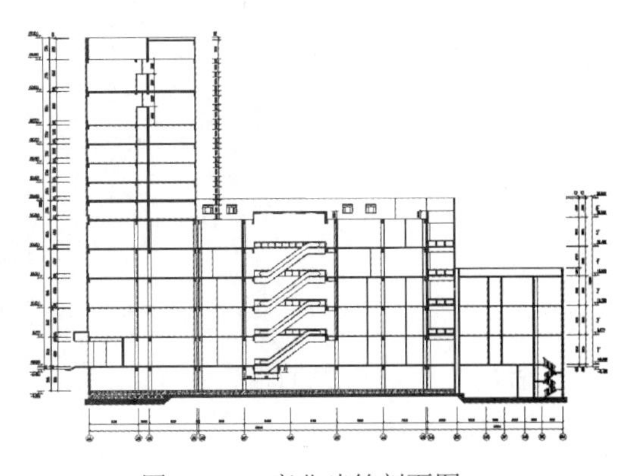

图 6－14　商业建筑剖面图

作者寄语：通过这两个案例，提醒各位读者，要注意理解规范条款的实质内涵，不应仅仅拘泥于表面文字描述上。

## 6.26 工程抗浮设防水位合理确定及应特别注意的一些问题

工程结构的抗浮水位是为工程抗浮设计提供依据的一个经济性指标：抗浮水位的确定在实际工程中是一个十分复杂的问题，既与场地工程地质、水文地质的背景条件有关，更取决于建筑整个使用期间地下水位的变化趋势。而后者又受人为作用和政府的水资源政策控制。因此抗浮设防水位实际是一个技术经济指标。

建议读者特别注意以下几点：

（1）对于场地水文地质复杂或抗浮设防水位取值高低对基础结构设计及建设投资有较大影响等情况，设计应提出进行专门水文地质勘察的建议。

（2）对于新回填场地，注意提醒地勘部门由于填平场地地下水位是否有变化。

（3）放坡式开挖的基坑，地下室外墙与边坡之间回填土不密实、透水（见图6－15）。此时，造成上浮的是地表水，水位标高在地面。

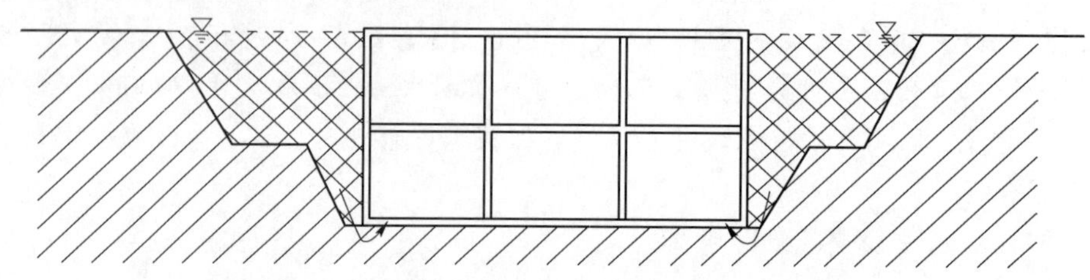

图6－15　回填土不密实，形成人工含水层上浮

（4）地下室外墙与竖向围护结构（排桩或帷幕）之间的空间（0.8～1.0m）回填不密实形成水柱造成上浮（见图6－16），此时，造成上浮的是地表水，水位标高在地面。

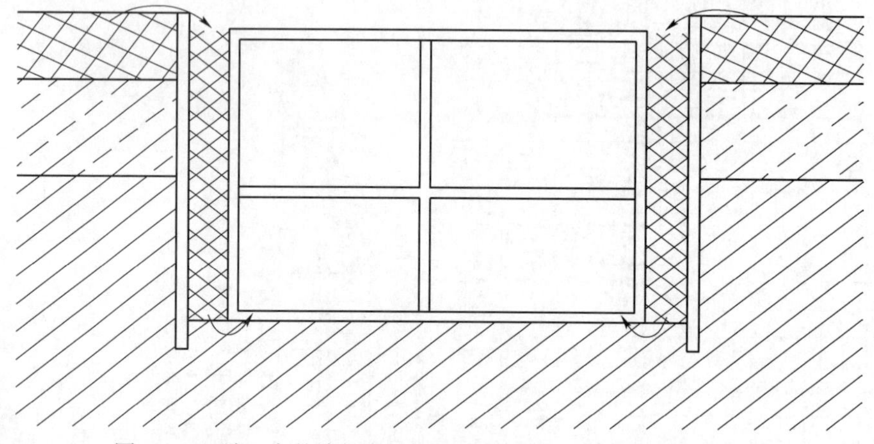

图6－16　地下室外墙与支护间回填不严密，形成水柱造成上浮

作者曾看到一份地勘报告：

6.2　肥槽回填

由于地下建筑物底板埋置于黏性土和岩层中，肥槽回填时，应采用弱透水性的黏性土分层夯实回填，防止降雨及其他水源渗入基底，产生超过抗浮设防水位的浮力。

……

作者认为这个地勘报告就很好，提醒设计人员应注意的问题。

【**工程案例6-9**】延吉一小区地下车库工程。

**1. 工程概况**

2018年8月21日16时20分，市长热线12345接到群众反映，某小区临近13号楼的地下车库个别剪力墙和柱子出现破损（见图6-17）。专家给出的结论是由于连续降雨地下水位上升造成的。

**2. 事故后照片**

图6-17　延吉某小区地下车库破损情况

**3. 专家分析意见**

8月22日，来自浙江省、吉林省及延边州权威专家集中对该小区地下车库局部受损情况进行现场勘察，形成以下统一论证意见：

（1）小区地下车库局部受损主要原因是近日延吉市连续降雨,加之小区两边地势较高且地基土处于透水性较强与透水性较差的土层交界处，透水性较差土层阻滞了地下水排泄，导致地下水在该处聚集产生高压水头所致。

（2）经对现场查验，要损构件仅限于毗邻高层的局部地下车库，未影响到周边高层建筑，且周边高层建筑采用桩筏基础，故对周边高层建筑不会产生安全影响。

目前，按照专家建议，相关部门已经开始采取有效措施，对受损部位进行安全有效支护，对受损严重部位加密泄水口，防止受损区域发生二次破坏：对局部受损地下车库及关联区域进行全面检测（包括底板、柱、墙、梁、顶板等），改善小区周边排水设施。

## 6.27　地坑肥槽填筑新技术“预拌流态固化土填筑技术”介绍及工程案例

今后遇到地坑肥槽采用素土等不易密实时，可以考虑采用预拌流态固化土回填。由于此项为新技术、新材料，作者先后参加过多次技术论证、方案评审、标准编制审查等工作，作者认为是目前工程肥槽填筑不错的技术，相关内容介绍如下：

**1. 2016 年北京城市副中心地下管廊研发应用**

（1）工程概况。北京城市副中心综合管廊基坑深 18m，回填基槽宽度分为 3.5m 和 1m 两种，基坑支护多采用桩支护方案（见图 6－18），基槽回填工作面狭小，质量要求高，存在异形断面结构，传统回填工艺难以达到质量要求，需要采用新材料、新工艺解决。

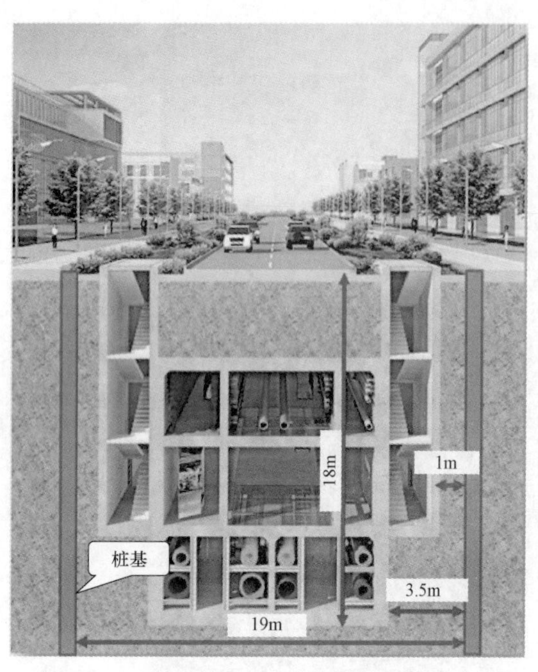

图 6－18　北京城市副中心综合管廊基坑示意图

（2）预拌流态固化土填筑技术标准。

2017 年 6 月 8 日北京新奥集团组织召开了《预拌流态固化土填筑技术标准》专家评审会。参会人员包括专家组、北京市住建委标准管理部门北京新奥集团、课题组单位。专家组一致同意标准通过审查，报政府主管部门备案。北京新奥集团组织随后批准发布了该标准。《预拌流态固化土填筑技术标准》的发布实施标志着预拌流态固化土回填基槽技术在北京城市副中心综合管廊工程中应用进入实施阶段。

回填 12 小时和 24 小时后状态分别如图 6－19 和图 6－20 所示。

图 6－19　回填 12 小时后状态

图 6－20　回填 24 小时后状态

（3）研发单位申请该成果参加北京市科研成果鉴定会。2018 年 3 月 15 日北京市住房和城乡建设委员会组织召开了《明挖法地下工程预拌流态固化土基槽回填关键技术》科技成果鉴定会。以王思敬院士为主任的鉴定专家组（作者是专家组成员之一）听取了课题组的汇报，查看了相关资料，鉴定委员会一致认为该成果在北京行政副中心综合管廊等工程中的成功应用，填补了国内外利用预拌流态固化土进行基槽回填施工的空白，应用前景广阔。

**2. 大型公共建筑地下肥槽应用**

**【工程案例 6－10】**中国第一历史档案馆迁建工程（北京），地下三层，原设计采用锚杆护坡桩，地下外墙到桩距离近 1m，再考虑锚杆冠梁，实际操作空间不到 0.6m（见图 6－21），原设计要求肥槽回填采用级配砂石或灰土回填，要求压实系数不小于 0.95。施工单位提出，由于操作空间狭小，无法满足设计要求，提出建议采用“预拌流态固化土”填筑。由于工程项目重要性所在，业主不放心，建议召开专家论证评审会。

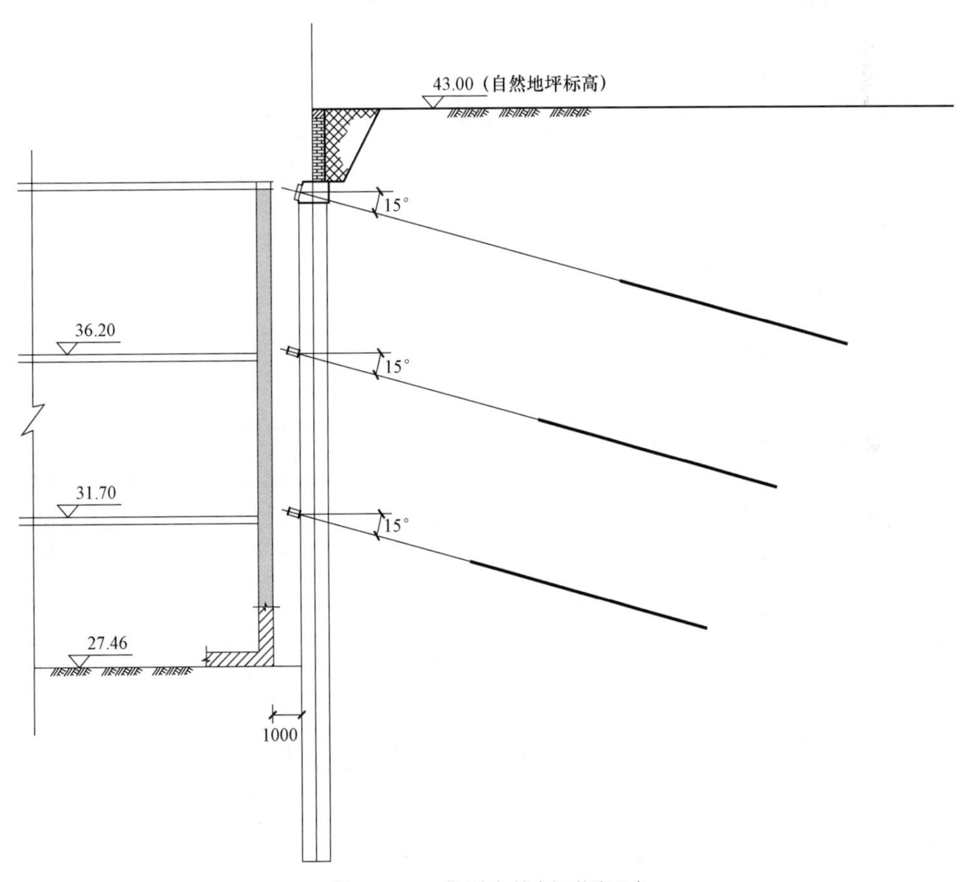


图 6－21　典型支护剖面图示意

2018 年 10 月 9 日业主组织相关专家（作者是专家组成员之一）对“中国第一历史档案馆肥槽回填采用预拌固化土”进行评审。专家意见是：完全可以采用。这项技术在北京城市副中心已经大量采用了，技术是可行的，建议施工单位做好施工组织设计。

## 6.28　抗浮验算是非强条，但审图给开了一个“强条”，合理吗

**【工程案例 6－11】** 某工程有抗浮问题，设计单位未在设计说明中说明抗浮水位，虽然设计也采取了抗浮措施，但没有给审图单位提供抗浮验算计算书。

审图单位给出如下意见：

（一）强制性条文

施工图中未注明抗浮设计水位，计算书未进行抗浮验算。

（二）一般性条文

无

设计单位质疑：根据《地规》第 5.4.3 条，抗浮验算是非强条，但审图提了个强条，合适吗？

作者的答复：审图单位的意见及问题，请看《地规》第 3.0.2－6 条（强条）。

3.0.2　根据建筑物地基基础设计等级及长期荷载作用下地基变形对上部结构的影响程度，地基基础设计应符合下列规定：

1　所有建筑物的地基计算均应满足承载力计算的有关规定；

2　设计等级为甲级、乙级的建筑物，均应按地基变形设计；

3　设计等级为丙级的建筑物有下列情况之一时应作变形验算：

1）地基承载力特征值小于 130kPa，且体型复杂的建筑；

2）在基础上及其附近有地面堆载或相邻基础荷载差异较大，可能引起地基产生过大的不均匀沉降时；

3）软弱地基上的建筑物存在偏心荷载时；

4）相邻建筑距离近，可能发生倾斜时；

5）地基内有厚度较大或厚薄不均的填土，其自重固结未完成时。

4　对经常受水平荷载作用的高层建筑、高耸结构和挡土墙等，以及建造在斜坡上或边坡附近的建筑物和构筑物，尚应验算其稳定性；

5　基坑工程应进行稳定性验算；

6　建筑地下室或地下构筑物存在上浮问题时，应进行抗浮验算。

作者补充说明：抗浮验算是强制要求，但具体如何验算及采用的措施属于非强条。

## 6.29　关于地下水腐蚀性等级及相关问题的解读

我们国家的地下结构越来越多，深度也越来越大，地下水的腐蚀性也越来越普及。为了保证结构的耐久性设计需求，设计人员就需要针对不同的腐蚀性等级采取不同的防护措施。具体措施详见《工业建筑防腐蚀设计标准》（GB/T 50046—2018，以下简称《防腐标准》）相关条款。

通常水和土对建筑材料的腐蚀性按《岩土工程勘察规范》划分为强腐蚀、中等腐蚀、

弱腐蚀、微腐蚀四个等级。

但需要注意，我们往往看到地质勘察单位是这样提供：地下水或土对混凝土及钢筋的有2种情况下的腐蚀性评价：

（1）地下结构长期浸水下，地下水对混凝土及钢筋的腐蚀性情况；

（2）地下结构在干湿交替状态对混凝土及钢筋的腐蚀性情况。

**1. 何为“干湿交替”状态？**

干湿交替是指水位变化和毛细水升降时建筑材料的干湿变化情况。干湿交替和气候区与腐蚀性的关系十分密切。相同浓度的盐类，在干旱区和润湿区，其腐蚀程度是不同的。前者可能是强腐蚀，而后者可能是弱腐蚀或无腐蚀。冻融交替也是影响腐蚀的重要因素。往往在干湿交替状态的腐蚀性要比地下结构长期浸水严重得多。

**2. 如何界定干湿交替？**

（1）《混凝土结构耐久性设计标准》（GB/T 50476—2019）中，干湿交替指混凝土表面经常交替接触到大气和水的环境条件，具体为：

1）与冷凝水、露水或蒸汽频繁接触的室内构件；

2）地下室顶板构件；

3）表面频繁淋雨或频繁与水接触的室外件；

4）处于水位变动区的构件。

（2）《砼规》（GB 50010—2010）中，干湿交替主要指室内潮湿、室外露天、地下水浸润、水位变动的环境，由于水和氧的反复作用，容易引起钢筋的锈蚀和混凝土材料劣化。

（3）《工业建筑防腐蚀设计标准》（GB/T 50046—2018）中，有如下亮点：

此标准的亮点之一：取消原标准的7条强制性条文；

此标准的亮点之二：明确适用于受腐蚀性介质作用的建筑物和构筑物防腐蚀设计；

此标准的亮点之三：在地面标高上下各1m的范围内，也容易出现干湿交替作用。

（4）对于地下水有腐蚀性的工程，结构设计说明应对施工单位提出以下施工要求：

1）施工中严禁用地下水直接搅拌混凝土。

2）施工中严禁用地下水直接养护混凝土。

3）《混凝土结构工程施工规范》GB 50666—2011）第7.2.10条（强条）：未经处理的海水严禁用于钢筋混凝土结构和预应力混凝土结构中混凝土的拌制和养护。

**【工程案例6－12】**2017年作者单位顾问咨询的海口某工程，由于施工单位在施工二次结构（圈梁及构造柱时，自己采用工程场地附近地坑里的海水搅拌混凝土，被当地质量监督部门发现，结构要求已经施工完的构造柱及圈梁全部重新施工。

4）地下水位较高或地下水具有酸性腐蚀介质时，不得用灰土回填承台和地下室侧墙周围，也不得用灰土做超挖部分的垫层回填处理。

5）当地下水或土对水泥类材料的腐蚀等级为强腐蚀、中等腐蚀时，不宜采用水泥粉煤灰碎石桩（CFG）、夯实水泥土桩、水泥土搅拌法等含有水泥的加固方法，但硫酸根离子介质腐蚀时，可以采用抗硫酸盐硅酸盐水泥。

## 6.30 《高规》第 10.6.3 条：上部塔楼的综合质心与底盘结构质心距离不宜大于底盘相应边长的 20%，那么上部质心如何计算，底盘质心是指哪一层质心

由于《高规》仅明确上部塔楼是综合质心，并没有说明大底盘是哪个质心，因此工程中应用出现了各种理解，有理解为塔楼顶层质心，也有理解嵌固端层质心，也有理解为裙房综合质心。到底采用哪个更合理呢？

经过多年工程应用，目前比较统一的看法为：以底盘顶为分界线，将结构分为上部塔楼和大底盘两部分，上部算上部综合质心，下部算下部综合质心，注意均为综合质心。

2015 年 6 月北京审图机构也统一答复设计单位：

7.4 《高规》第 10.6.3 条，上部塔楼的综合质心与底盘结构质心距离不宜大于底盘相应边长的 20%，上部综合质心如何计算，底盘结构质心是指哪一层质心？

以底盘顶面为分界线，将结构分为上部塔楼和大底盘两部分，上部算上部，下部算下部，均为综合质心。

另外现在程序也能够给出裙房综合质心，如图 6－22 所示。

WMASS.OUT - 记事本

文件(F) 编辑(E) 格式(O) 查看(V) 帮助(H)

| 层号 | 塔号 | 质心 X | 质心 Y (m) | 质心 Z (m) | 恒载质量 (t) | 活载质量 (t) | 附加质量 | 自定义工况荷载质量 | 质量比 |
|---|---|---|---|---|---|---|---|---|---|
| 5 | 1 | 8.779 | 5.035 | 16.800 | 84.1 | 9.0 | 0.0 | 0.0 | 1.00 |
| | 2 | 21.936 | 5.060 | 16.800 | 80.4 | 9.0 | 0.0 | 0.0 | 1.00 |
| 4 | 1 | 8.779 | 5.035 | 13.500 | 84.1 | 9.0 | 0.0 | 0.0 | 1.00 |
| | 2 | 21.936 | 5.060 | 13.500 | 80.4 | 9.0 | 0.0 | 0.0 | 1.00 |
| 3 | 1 | 8.779 | 5.035 | 10.200 | 84.1 | 9.0 | 0.0 | 0.0 | 0.32 |
| | 2 | 21.936 | 5.060 | 10.200 | 80.4 | 9.0 | 0.0 | 0.0 | 0.31 |
| 2 | 1 | 14.728 | 4.849 | 6.900 | 261.3 | 27.9 | 0.0 | 0.0 | 0.52 |
| 1 | 1 | 17.763 | 4.828 | 3.600 | 371.6 | 35.1 | 150.0 | 0.0 | 1.00 |

活载产生的总质量 (t): 116.992
恒载产生的总质量 (t): 1126.532
附加总质量 (t): 150.000
自定义工况荷载产生的总质量 (t): 0.000
结构的总质量 (t): 1393.524
恒载产生的总质量包括结构自重和外加恒载
结构的总质量包括恒载产生的质量、活载产生的质量、附加质量和自定义工况荷载产生的质量
活载产生的总质量、自定义工况荷载产生的总质量和结构的总质量是折减后的结果 (1t = 1000kg)

************************************************************
* 塔楼(裙房以上)、裙房(不含地下室)、整体结构(含地下室)的综合质心坐标信息 *
************************************************************

| | 质心 X (m) | 质心 Y (m) |
|---|---|---|
| 塔楼: | 15.235 | 5.047 |
| 裙房: | 14.728 | 4.849 |
| 整体: | 15.549 | 5.235 |

图 6－22　程序计算裙房综合质心

说明：作者 2012 年主持设计的“宁夏亘元万豪大厦”工程就遇到过类似问题，当时我们就是上下都取综合质心对比。详见作者 2015 年出版的《建筑结构设计规范疑难热点问题及对策》一书。

## 6.31 关于薄弱层楼层剪力增大系数取值各规范有何异同，设计如何执行

《抗规》第 3.4.4－2 条：平面规则而竖向不规则的建筑，应采用空间结构计算模型，刚度小的楼层地震剪力应乘以不小于 1.15 的增大系数。

《高规》第 3.5.8 条：侧向刚度变化、承载力变化、竖向抗侧力构件连续性不符合规程第 3.5.2、3.5.3、3.5.4 条要求的楼层，对应于地震作用标准值的剪力应乘以 1.25 的增大系数。

注：增大系数由 02 版《高规》的 1.15 调整到 1.25，目的是适当提高安全度要求。

《砼规》没有对这部分作出规定。

除增大系数不一样外，《抗规》对地震剪力采用什么值没有明确，而《高规》明确是地震作用标准值。

建议实际工程可这样考虑：高层建筑依据《高规》执行；多层建筑可依据《抗规》执行。

## 6.32 关于“软弱层”与“薄弱层”相关问题

**软弱层**：刚度变化不符合《高规》第 3.5.2 条：即（1）对框架结构，楼层与其相邻上层的侧向刚度比不宜小于 0.7；与相邻上部三层刚度平均值不宜小于 0.8；（2）对框－剪、板柱－剪力墙、剪力墙、框架－核心筒、筒中筒结构：本层与相邻上楼层的侧向刚度比不宜小于 0.9；当本层层高大于上层 1.5 倍时，该比值不宜小于 1.1；底部嵌固层，该比值不宜小于 1.5。不满足以上条件的楼层叫“软弱层”。

**薄弱层**：承载力变化不满足《高规》3.5.3 条：即 A 级高度的楼层抗侧力构件的层间受剪承载力不宜小于其相邻上一层受剪承载力的 80%，不应小于其相邻上一层的 65%；B 级高度的楼层抗侧力构件的层间受剪承载力不应小于其相邻上一层的 75%。不符合以上条件的楼层叫“薄弱层”。

注：楼层抗侧结构的层间受剪承载力是指在所考虑的水平地震作用方向上，该层全部柱、剪力墙、斜撑的受剪承载力之和。

为了方便起见，《高规》将软弱层、薄弱层及竖向构件不连续的楼层统称为结构的“薄弱层”。

《高规》第 3.5.7 条：不宜采用同一楼层和承载力变化同时不满足本规范第 3.5.2 条和 3.5.3 条规定的高层建筑结构。

《高规》第 3.5.8 条：侧向刚度变化、承载力变化、竖向构件连续性不符合第 3.5.2 条、第 3.5.3 条、第 3.5.4 条要求的楼层。其对应于地震作用标准值的剪力应乘以 1.25 的增大系数。

**【咨询问题 6－6】**2016 年 10 月北京某院咨询：如果软弱层、薄弱层不可避免出现在同一层，如何进行调整？有人认为就乘 1.25，也有人认为应 1.25×1.25。

作者的答复是：两种应该都不合适。

这个问题的确是规范不够清晰，建议可以参考广东2016年4月28日《超限审查若干问题讨论纪要六》进行。

“六、当结构沿竖向出现承载力突变（薄弱层）和刚度突变（软弱层），于同一层出现承载力突变（薄弱层）和刚度突变（软弱层）并且调整困难时，应要求校核其中震作用下的承载力和大震作用下的弹塑性位移角，并适当提高安全度，宜达到中震弹性。”

## 6.33 若遇到新版规范未涵盖的结构体系应如何对待

为了加强对建设工程勘察、设计活动的管理，保证建设工程勘察、设计质量，保护人民生命和财产安全，国务院于2000年9月25日发布了《建筑工程勘察设计管理条例》。其中第29条规定：建设工程勘察、设计文件中规定采用的新技术、新材料，可能影响建设工程质量和安全，又没有国家技术标准的，应当由国家认可的检测机构进行验证、论证，出具检测报告，并经国务院有关部门或者省、自治区、直辖市人民政府有关部门组织的建设工程技术专家委员会审定后，方可使用。因此，凡是现行规范没有包括的结构体系，均应照此规定执行。

比如有的工程在现有钢筋混凝土结构或砌体结构房屋上采用钢结构进行加层设计时，应区分为两种情况对待：

第一种情况：当加层的结构体系为钢结构时，因抗震规范未包括下部为混凝土或砌体结构，上部为钢结构的有关规定，由于两种结构的阻尼比不同，上下两部分刚度存在突变，属于超规范、规程设计，设计时应按国务院《建筑工程勘察设计管理条例》第29条的要求执行，即需要由省级以上有关部门组织的建设工程技术专家委员会进行审定。

第二种情况：当仅屋盖部分采用钢结构时，整个结构抗侧力体系的竖向构件仍为混凝土结构或砌体结构时，则不属于超规范、规程的设计，按照现行规范有关规定设计即可。但此时尚应注意因加层带来结构刚度突变等不利影响，必要时需要对原结构采取加固补强措施。比如《江苏省超限审查要点》规定：下部为砌体结构、上部为钢结构或下部为钢筋混凝土结构、上部为钢结构的多层房屋。应进行抗震超限论证。

基于以上理由，建议设计前需要提前与施工图审图单位进行沟通为上策。

2015年6月10日北京审图机构统一答复设计单位：

5　结构的规则性和超限问题

5.1　砌体结构或多、高层钢筋混凝土结构的上部设置1～2层钢结构，什么情况下需要进行专门研究和论证？如何进行？

当采用下部为砌体结构或钢筋混凝土结构，上部为钢结构的结构类型时，应符合下列要求：

1）上部钢结构的层数和高度，应计入房屋的层数和总高度中，其层数及总高度的限值宜按其底部的结构类型确定。

2）顶部有2层及以上钢结构时，设计单位应进行专门研究和论证，针对抗震设计存在的不利因素采取技术措施，建设单位应组织相关专家进行审查，以专家的审查意见作为施工图审查的依据之一。

2018年9月《施工图审查及全国质量检查常见问题分析（结构）》（以下简称《全国施工图审查质量检查总结》）也这样要求：

施工图审查问题及建议

四、结构的规则性和超限问题

1. 砌体结构或多、高层钢筋混凝土结构的上部设置1～2层钢结构，什么情况下需要进行专门研究和论证？

1）上部钢结构的层数和高度，应计入房屋的层数和总高度中，其层数及总高度的限值宜按其底部的结构类型确定。

2）顶部有2层及以上钢结构时，设计单位应进行专门研究和论证，针对抗震设计存在的不利因素采取技术措施，建设单位应组织相关专家进行审查，以专家的审查意见作为施工国审查的依据之一。

## 6.34 对于框架－剪力墙和框架－核心筒结构进行关于 $0.2V_0$ 的楼层剪力调整时，可否设置上限

2018年9月《全国施工图审查质量检查总结》要求：

《抗规》第6.2.13条对框架－剪力墙和框架－核心筒结构中框架承担剪力进行调整的要求，属于审查要点规定的审查内容，应按此规定审查，对框架柱的楼层剪力调整不允许设置上限。

也就是说，不允许设置上限，但也绝不是可以无限大。业界一般建议上限不宜超过4，过大时就说明结构布置不合理，应调整结构布置。

## 6.35 大跨度框架结构如何界定，如何确定其抗震等级及如何加强抗震设计的问题

所谓大跨度框架，按规范规定指的是跨度不小于18m的框架。与普通框架（跨度小于18m）相比，大跨度框架的特点是跨度大、荷载重、横梁刚度大（截面高度大），地震破坏时多以柱端出现塑性铰模式为主。因此，规范规定大跨度框架的抗震等级较普通框架稍高。

大家需要注意的是，此处的框架指的是结构构件，不是结构体系。当框架结构中存在跨度≥18m的框架（构件）时，就应注意采取加强措施。实际操作时，可结合具体工程情况，提高一级采取抗震措施或抗震构造措施。

北京2015年6月10日对施工图审查做出解释：

| | |
|---|---|
| 2.2 有跨度≥18m框架的多层框架结构，如何按《抗规》表6.1.2中“大跨度框架”确定抗震等级？ | 首先明确，规范中并没有“大跨度框架结构”这一结构类型，“大跨度框架”指的是构件而不是体系，当某框架梁的跨度达到18m或以上时，该梁及与其相连的下层柱所构成的框架称为“大跨度框架”（构件）。“大跨度框架”及其延伸至下一层的框架柱应按“大跨度框架”确定抗震等级 |
| 2.3 框架－剪力墙结构中的跨度≥18m的框架是否按《抗规》表6.1.2中“大跨度框架”确定抗震等级？ | 《抗规》表6.1.2，仅在框架结构中有“大跨度框架”，框架以外的结构类型中未对大跨度框架提出要求 |

比如框架结构顶层，由于建筑功能需求，采取单跨框架以获得较大的空间，这种情况经常遇到，首先说明“该结构不属于单跨框架结构”，但与单跨框架相关的柱（大跨柱相邻下一层）和屋面梁均需采取加强措施。同时，若顶层框架跨度大于18m，则相关框架尚应按《抗规》第6.1.2条的大跨度框架确定抗震等级（见图6－23）。

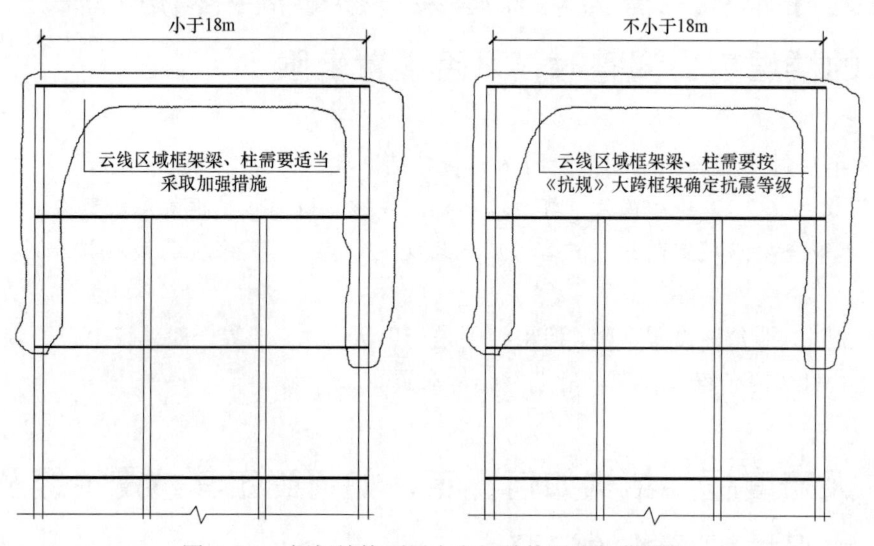


图6－23 框架结构顶层大空间结构需要加强部位

## 6.36 框架核心筒结构是否可以仅外框设置框架梁，内部不设置梁

**【工程案例6－13】**北京某超高层建筑，建筑高度151m，结构高度146m，地上42层，采用矩形钢管混凝土柱钢外框梁钢筋混凝土核心筒体系，平面如图6－24所示。

由于设计院不能确定此结构体系，是否依然属于框架－核心筒体系，建议业主召开专家论证会。专家意见如下：

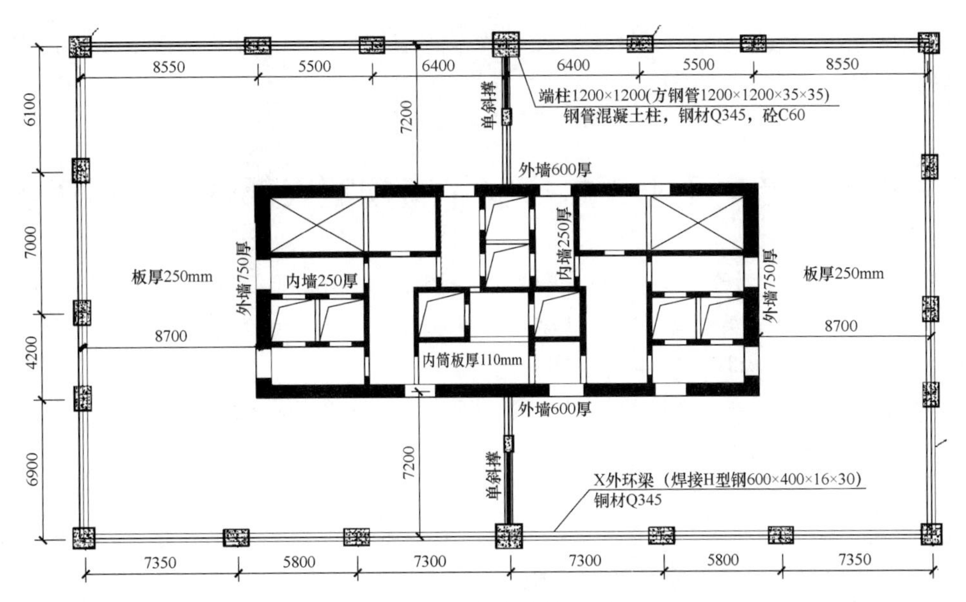


图 6-24　超高房建筑平面图

## 通州运河核心区 05 地块公寓楼抗震设计咨询意见

2016/10/19

该工程项目建筑高度 151m，结构高度 146m，42 层，标准层层高 3.3m，采用核心筒-矩形钢管混凝土柱-钢梁外框的结构体系，对其结构设计提出下列改进意见。

一、结构布置和控制参数

1. 为使结构体系属于《高层规程》JGJ 3—2010 规定的核心筒-外框混合结构的适用范围，各楼层不得全部采用无梁楼盖体系，除周边设梁外，至少在底部、设备层和顶层设置梁板体系，设柱上板带并满足上铁钢筋锚固要求。边梁需考虑抗扭，宜采用箱形梁。矩形钢管柱需设加劲隔板。

2. 核心筒偏窄，两个主轴方向周期相差较大，需调整墙体布置和连梁高度，使两个方向周期相差不大于 20%。建议加大纵墙厚度，角部在门洞边形成带型钢的端柱（边长截面不宜小于 1m×1.2m），利用分户墙的位置设置楼面大梁并加大支撑，提高横向刚度；减少内筒纵向内墙数量，降低内筒纵向连梁的高度。

3. 采取措施，控制外框承担的剪力不小于基底的 8%；内筒墙肢中震下名义拉应力大于抗拉强度标准值的范围不大于全高的 1/8。墙肢的约束边缘构件上延至轴压比 0.25 的高度处。

4. 设置伸臂加强层时，注意控制并减少刚度突变。

二、结构计算：

1. 结构的嵌固端是地震作用的输入端，需仔细复核，满足刚度比且临空区长度小于 1/4 总周长时，才可将地下室顶板作为嵌固端。否则分别按地下一、夹层嵌固包络设计，且地下二层抗震等级也要同地上。

2. 柱上板带可分别按刚接梁和铰接梁两种模型设计。

3. 多道防线调整，小震宜按规定的较大值确定。

4. 进行施工模拟计算，并注意出屋面构架细化设计。

5. 当基本周期的剪力超过基底总剪力 70%时，可采用推覆方法进行弹塑性计算。

三、性能目标：

可不验算性能目标。

此案例说明，框架–核心筒体系，规范要求外框必须有框架梁，并没有要求内部必须有框架梁。

## 6.37 现行规范对于框架核心筒没有规定底部框架承担倾覆力

**【咨询问题6–7】**对于框架–核心筒结构，规范没有核心筒底部承担倾覆力矩的规定，现在做一个150m的高层建筑，筒体非常小（见图6–25），底部倾覆力矩筒体与柱基本是各50%了，这样的结构按框架–核心筒合适吗？

作者的答复：1）依然可以按框架–核心筒结构。如果外框承担剪力过大，担心二道防线，可以再适当提高点。

注意：全文强条《建筑与市政工程抗震通用规范》（征求意见稿）。

2）框架–抗震墙结构、框架–核心筒结构中，底层框架部分按刚度分配的地震倾覆力矩不应超过结构总地震倾覆力矩的50%。

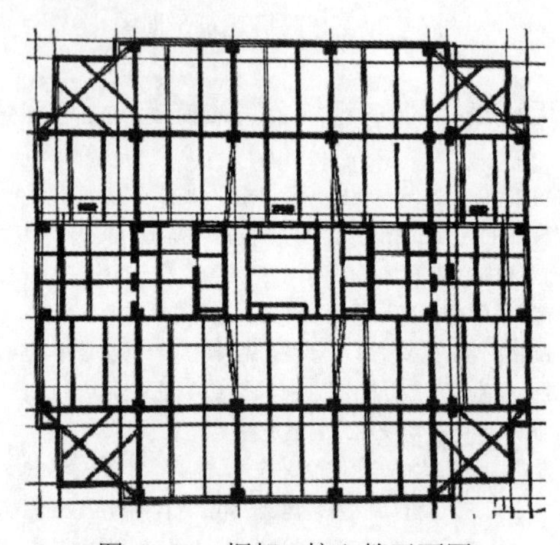

图6–25 框架–核心筒平面图

**【咨询问题6–8】**这个结构属于框架–核心筒结构还是框架–剪力墙结构（见图6–26）？

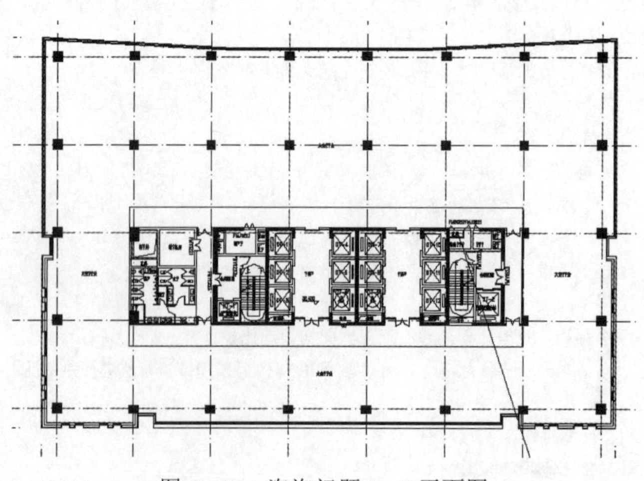

图6–26 咨询问题6–8平面图

作者答复：由这个平面看，应该依然属于框架－核心筒体系。只是需要注意核心筒偏置及长宽比比较大的问题，建议可以考虑设置双筒。

## 6.38　关于现浇钢筋混凝土梁按 T 形截面梁计算相关问题

**1. 先看《砼规》规定**

第 5.2.4 条：对现浇楼盖和装配整体式楼盖，宜考虑楼板作为翼缘对梁刚度和承载力的影响。梁受压区有效翼缘计算宽度 $b_f'$ 可按表 5.2.4 所列情况中的最小值取用；也可采用梁刚度增大系数法近似考虑，刚度增大系数应根据梁有效翼缘尺寸与梁截面尺寸的相对比例确定。

第 5.2.4 条条文说明：现浇楼盖和装配整体式楼盖的板作为梁的有效翼缘，与梁一起形成 T 形截面，提高了楼面梁的刚度，结构分析时应予以考虑。当采用梁刚度放大系数法时，应考虑各梁截面尺寸大小的差异，以及各楼层楼板厚度的差异。

**2. 目前程序处理**

整体计算时，梁刚度放大系数选取对整体结构的影响分析如图 6－27 所示。

方法一：梁刚度放大系数按 2010 规范取值；

方法二：选择 T 形截面梁计算（自动附加楼板翼缘）；

方法三：梁刚度放大法。

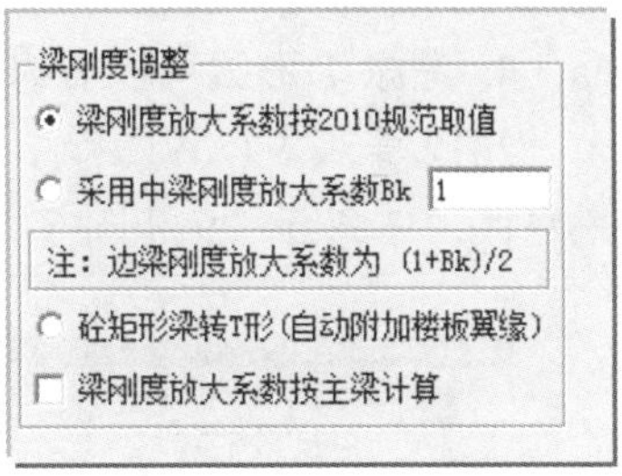

梁刚度调整
梁刚度放大系数按2010规范取值
采用中梁刚度放大系数Bk 1
注：边梁刚度放大系数为 (1+Bk)/2
砼矩形梁转T形(自动附加楼板翼缘)
梁刚度放大系数按主梁计算

图 6－27　梁刚度放大系数选取

**3. 用工程案例说明（2017 年）**

**【工程案例 6－14】**某工程为框架结构，抗震设防烈度 7 度 0.10g，第三组，场地分类Ⅱ，抗震等级三级。计算简图如图 6－28 所示。

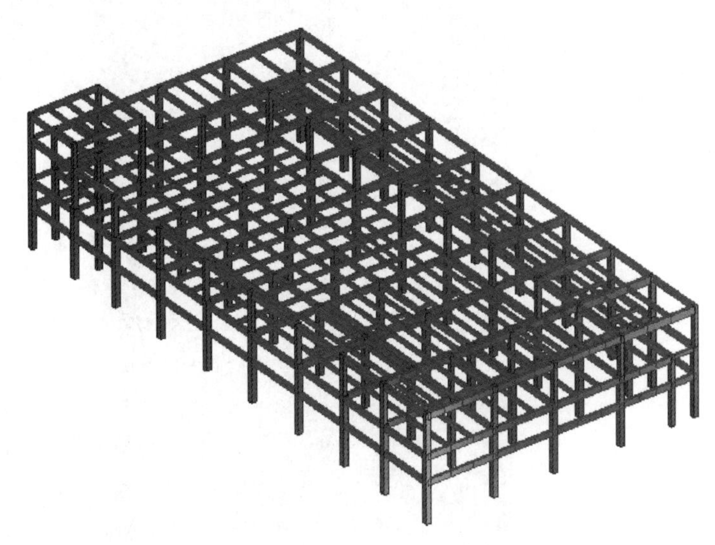

图 6－28　某框架结构计算简图

分别采用程序提供的两种方法计算其主要指标，见表 6－7。

表 6-7　　　　　　　　　　两种计算方法得出的结果

| 主要指标 | | 方法一<br>按《砼规》 | 方法二<br>按 T 形截面 |
|---|---|---|---|
| 前 3 周期 | $T_1$ | 1.050 4 | 1.049 6 |
| | $T_2$ | 0.962 1 | 0.960 5 |
| | $T_3$ | 0.888 4 | 0.887 7 |
| 地底剪力 | $v_x$ | 6033.06 | 6044.30 |
| | $v_y$ | 5512.27 | 5517.40 |
| 层间位移 | $\Delta x$ | 1/754 | 1/753 |
| | $\Delta y$ | 1/646 | 1/647 |

由以上主要指标对比可以看出，程序按 T 形截面考虑的指标与按《砼规》计算完全吻合，而且按 T 形截面计算的整体结构刚度、地底剪力均比按《砼规》方法计算稍大，说明结构整体更加安全。

**4. 考虑 T 形梁可以节约梁的正钢筋，所以目前大家都按 T 形截面设计，结果可靠吗？**

2012 年版 STAWE 程序增加了梁按 T 形截面计算功能，请看程序计算与作者手核结果对比（见图 6-29 和图 6-30）。

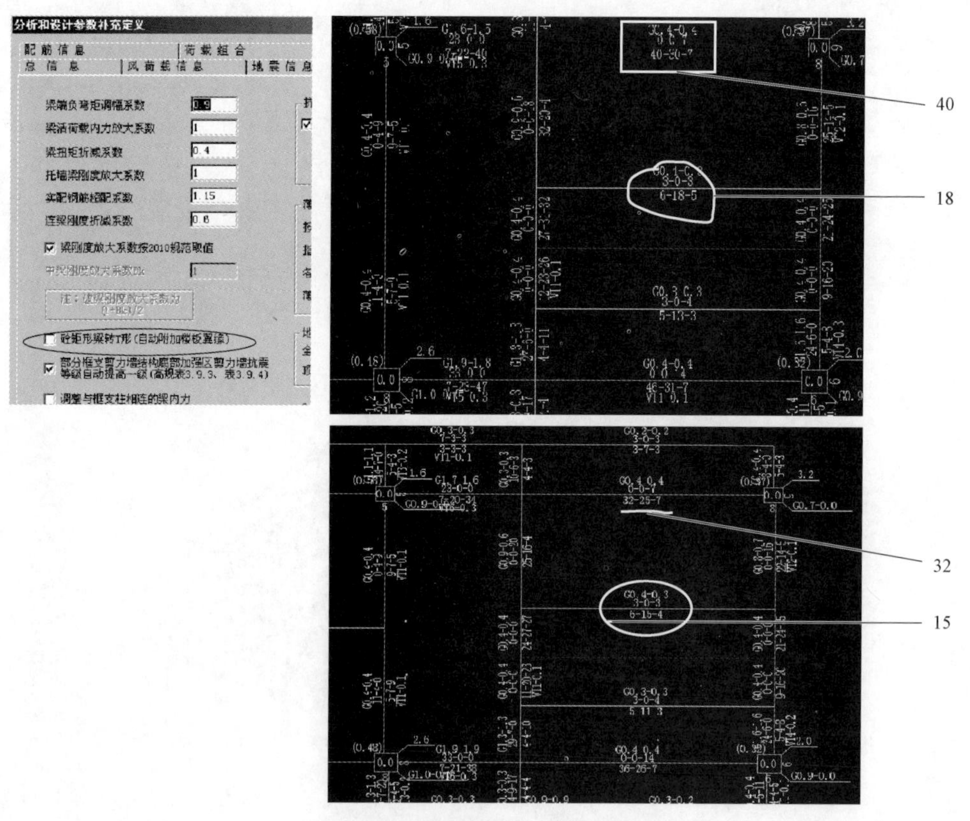


图 6-29　STAWE 程序计算结果

注意：T 形梁的跨中配筋仅为矩形梁的 80%左右，对支座负筋没有影响。

手算复核结果如图 6－30 所示。

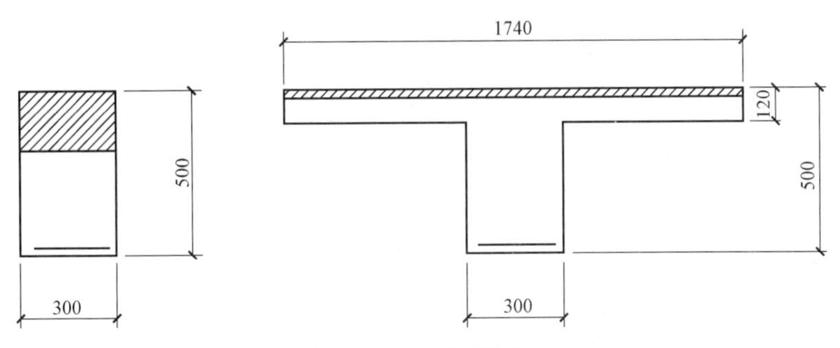


图 6－30　手算结果

设计条件：C30，HRB400，设计弯矩 $M=400\text{kN}\cdot\text{m}$；

矩形梁计算需要 $A_s=2946\text{mm}^2$；

T 形梁计算需要 $A_s=2238\text{mm}^2$；

两者相差 T 形/矩形＝76%。

请读者注意：转换梁不应按 T 形梁计算。

**5. 关于按 T 形截面计算，梁构造配筋问题**

《砼规》的确没有说明按 T 形截面计算，梁的构造配筋要求问题。但《砼规》6.4 对扭曲截面承载力计算及配筋构造要求有描述。业界很多朋友就认为，一般梁按 T 形截面计算，构造也应满足图 6.4.1（见图 6－31）的要求。作者认为这个要求是不合适的，理由如下：

6.4　扭曲截面承载力计算

6.4.1　在弯矩、剪力和扭矩共同作用下，$h_w/b$ 不大于 6 的矩形、T 形、I 形截面和 $h_w/t_w$ 不大于 6 的箱形截面构件（图 6.4.1），其截面应符合下列条件：

当 $h_w/b$（或 $h_w/t_w$）不大于 4 时

$$\frac{V}{bh_0}+\frac{T}{0.8W_t}\leqslant 0.25\beta_c f_c \qquad (6.4.1-1)$$

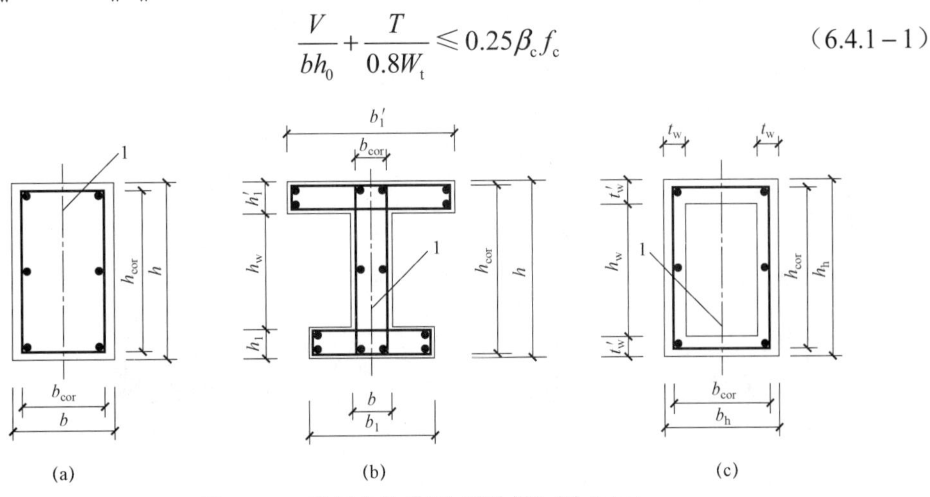


图 6－31　受扭构件截面（《砼规》图 6.4.1）

（a）矩形截面；（b）T 形、I 形截面；（c）箱形截面（$t_w\leqslant t_w'$）

1—弯矩、剪力作用平面

当 $h_w/b$（或 $h_w/t_w$）等于 6 时

$$\frac{V}{bh_0}+\frac{T}{0.8W_t}\leqslant 0.2\beta_c f_c \tag{6.4.1-2}$$

当 $h_w/b$（或 $h_w/t_w$）大于 4 但小于 6 时，按线性内插法

（1）以上是针对独立 T 形受扭梁的构造要求，并不适合整体现浇结构梁。

读者可参考《混凝土结构设计规范算例》(2003 年 10 月由中国建筑工业出版社出版) 这本资料。摘录部分主要内容如下：

按 T 形截面计算，根据《砼规》，取翼缘宽度为 $b_f'=\frac{l_0}{3}=\frac{7200}{3}=2400$（mm），配一层钢筋，$h_0=800-30-14=756$（mm）。

根据计算可按宽度为 2400mm 的矩形梁计算，$A_s=1595mm^2$（计算从略）。

梁下部钢筋选用 2⌀25+2⌀22（$1742mm^2$），全部锚入柱中，如图 6-32 所示。

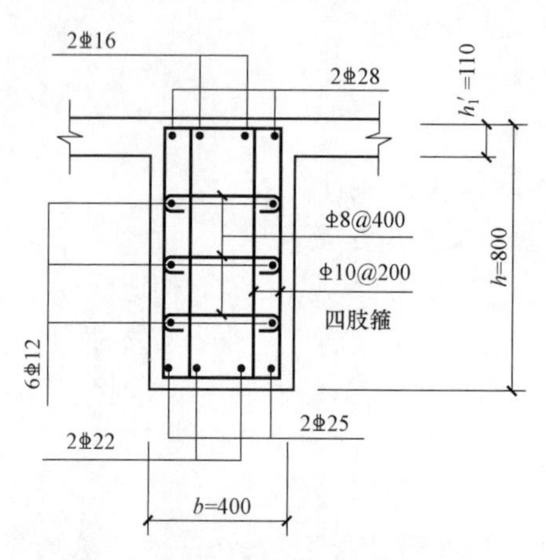


图 6-32　T 形截面梁配筋示意图

（2）为了进一步验证作者对此问题的理解，2019 年作者又咨询了《砼规》主编，具体内容如下：

作者：请教您个问题，混凝土规范中提到：现浇混凝土梁板，梁强度计算可以考虑 T 形截面计算，但有人认为这个时候翼缘中必须按扭曲截面在翼缘中配置箍筋。我个人认为如果不是独立 T 形截面，不需要按扭曲截面在翼缘中配置箍筋。

主编：您的意见是对的，对现浇梁板结构当考虑板作为翼缘的作用时，完全没有必要对板的翼缘再配置箍筋。但对计算受压钢筋时，也只能计算梁箍筋范围内的钢筋，板内配筋不能计入受压钢筋。

## 6.39　关于次梁搭接在边框架梁上时边梁受扭问题

（1）对于边框架梁，当平面外有次梁搭接时，工程界通常有两种处理手段：

1）次梁边支座按铰接处理，人为释放次梁对边框架梁的扭转作用。

2）次梁边支座按刚接考虑，框架梁按程序计算的扭矩配筋。

概念上说：以上2种人为假定“铰接”与“刚接”均与工程实际并不完全相符，作者认为均有安全隐患。

（2）建议读者参考由中国有色工程有限公司主编的《混凝土结构构造手册》（第五版）（2016年，中国建筑工业出版社）相关规定。

（3）作者建议如下

1）计算建议按铰接计算，这样确保梁的正钢筋不少。

2）考虑到主梁对次梁的约束作用，建议简支端负筋可按梁底筋的40%配置（这个也是广东院的要求）。

3）考虑到次梁对主梁的约束作用，考虑到实际扭矩的存在，主梁可按《砼规》对受扭构件最小配筋率配置抗扭纵筋及箍筋。

纵向扭筋：$\delta_{tl}=0.85f_t/f_y$

抗扭箍筋：$\delta_{sv}=0.28f_t/f_{yv}$

# 第7章

# 结构设计主要控制指标的合理选择问题

## 7.1 合理正确控制结构的变形验算相关问题

### 7.1.1 结构设计为何要控制结构的水平变形

规范给出限制高层建筑结构层间位移角的目的主要有以下两点：

（1）保证主体结构基本处于弹性受力状态，对混凝土结构来讲，要避免混凝土墙及柱出现裂缝；同时，将混凝土梁等楼面构件的裂缝数量、高度和宽度限制在规范允许的范围内。

（2）保证填充墙、隔墙和幕墙等非受力构件的完好，避免产生明显损坏。

### 7.1.2 日本对位移控制的解释

控制各层间变形角有两个目的：

（1）防止墙面和设备等遭到破坏。因此在进行这些施工或安装作业时，应该采用一些防止因地震产生严重变形的手段。

（2）防止发生由于垂直力导致的二次应力，以避免建筑物被严重损坏。如果能够真正做到这一点，就可以使其临界状态大为缓和。一般情况下，都将层间角的临界值定为1/200。

显然日本与我国对建筑位移控制的目的不完全一致，而且日本明显比我们国家要求的要松。

### 7.1.3 国标规范对结构的变形是如何规定的

（1）《抗规》第5.5.1条规定：在多遇地震作用下结构弹性层间位移角限值宜满足表7－1规定。

表7－1　结构弹性层间位移角限值

| 结构类型 | $\Delta u/h$ 限值 |
| --- | --- |
| 钢筋混凝土框架结构 | 1/550 |
| 钢筋混凝土框架－抗震墙、板柱－抗震墙、框架－核心筒 | 1/800 |
| 钢筋混凝土剪力墙、筒中筒 | 1/1000 |

续表

| 结构类型 | $\Delta u/h$ 限值 |
| --- | --- |
| 钢筋混凝土框支层 | 1/1000 |
| 多、高层钢结构 | 1/250 |

说明：

1）计算时，一般不扣除由于结构重力 $P-\Delta$ 效应所产生的水平相对位移；高度超过150m 或 $H/B>6$ 的高层建筑，可以扣除结构整体弯曲所产生的楼层水平绝对位移值，因为以弯曲变形为主的高层建筑结构，这部分位移在计算的层间位移中占有相当的比例，加以扣除比较合理。如未扣除，位移角限值可有所放宽。

2）计算最大弹性位移角限值时不计入偶然偏心距，且计算模型应采用刚性楼板假定。

3）验算最大弹性位移角限值时可不考虑双向水平地震作用下的扭转影响。

4）《抗规》第 6.2.13 条条文：计算位移时，连梁刚度可以不折减。

5）尽管《抗规》未提及风荷载作用，但作者认为依然需要控制风荷载作用下的层间位移角。

（2）《高规》第 3.7.3 条规定：结构在多遇地震或风荷载作用下，楼层层间最大位移与层高之比不宜超过表 7－2 规定限值。

**表 7－2　　结构弹性层间位移角限值**

| 结构体系 | $\Delta u/h$ 限值 |
| --- | --- |
| 框架结构 | 1/550 |
| 框架－剪力墙，框架－核心筒，板柱－剪力墙 | 1/800 |
| 剪力墙，筒中筒 | 1/1000 |
| 除框架结构外的转换层 | 1/1000 |

说明：

1）明确是在多遇地震下或风荷载作用下。

2）计算时，由于高度小于 150m 的高层建筑整体弯曲变形较小，但当高度大于 150m 时整体弯曲变形产生的变形增加较快，所以规定高度大于 250m 的高层建筑层间位移角均小于 1/500；高度为 150～250m 的可线性插入。不扣除其整体弯曲变形。

3）对于平面特别狭长的结构，可将《高规》规定的偶然偏心距适当减小。

**【工程案例 7－1】**某设计方案刚重比不满足要求，按照要求点了考虑 $P-\Delta$ 效应进行重新计算，结果位移角又不够了。请问计算位移角时，是否可以不勾选考虑 $P-\Delta$ 这个选项？

作者的答复是：可以，请仔细阅读《抗规》第 5.5.1 条条文：计算时，一般不扣除由于结构重力 $P-\Delta$ 效应所产生的水平相对位移；高度超过 150m 或 $H/B>6$ 的高层建筑，可以扣除结构整体弯曲所产生的楼层水平绝对位移值，因为以弯曲变形为主的高层建筑结构，这部分位移在计算的层间位移中占有相当的比例，加以扣除比较合理。如未扣除，位移角限值可有所放宽。

（3）特别提醒读者注意：

对于高层建筑及超高层建筑，《高规》第 4.2.5、4.2.6 条均为新增内容。

1）提醒设计人员应考虑结构横风向风振对高层建筑尤其是超高层建筑的影响。结构高宽比较大，结构顶点风速大于临界风速时可能引起较明显的结构横风向振动，甚至出现横风向振动大于顺风向作用效应的情况。

2）横风向效应与顺风向效应是同时发生的，因此必须考虑两者的效应组合。对于结构侧向位移控制仍可按同时考虑横风向与顺风向影响后的计算主轴方向位移确定，不必按矢量和方向控制结构的层间位移。

（4）2019 年 2 月在征求意见的全文强制标准《工程结构通用规范》明确：

4.6.2　当高层建筑和高耸结构符合下列情况之一时，应计算顺风向与横风向荷载同时作用的荷载效应：

1　结构外形高宽比大于 8；

2　结构高度大于 150m 且结构外形高宽比大于 6；

3　其他横风向效应显著的情况。

4.6.2　横风向风荷载往往是超高层建筑主体结构设计时的控制荷载。本条规定了必须同时考虑顺风向和横风向荷载的各种情况。前 2 款给出了明确的判断指标，但由于横风向荷载的复杂性，即使不满足这 2 种情况，横风向效应也可能非常显著，仍然需要设计人员在结构设计中考虑横风向荷载。

（5）《高规》第 4.2.6 条：考虑横风向风振或扭转风振影响时，结构顺风向及横风向的侧向位移应分别符合《高规》第 3.7.3 条的规定。

读者注意：以前程序没有考虑横向风的层间位移计算，但目前程序已经增加了计算横风向层间位移角功能。如某软件给出：

===工况 9===+Y 方向风荷载作用下横风向风振的楼层最大位移

| Floor | Tower | Jmax | Max－（X） | Ave－（X） | Ratio－（X） | h | |
|---|---|---|---|---|---|---|---|
| | JmaxD | Max－Dx | Ave－Dx | Ratio－Dx | Max－Dx/h | DxR/Dx | Ratio_AX |
| 72 | 1 | 72000023 | 604.39 | 436.09 | 1.39 | 19 530 | |
| | | 72000024 | 358.71 | 81.68 | 4.39 | 1/54 | 61.07% | 1.00 |
| 71 | 1 | 71000039 | 247.01 | 246.96 | 1.00 | 3600 | |
| | | 71000058 | 4.22 | 4.07 | 1.04 | 1/853 | 2.55% | 0.30 |
| 70 | 1 | 70000052 | 243.10 | 242.89 | 1.00 | 3400 | |
| | | 70000058 | 4.09 | 3.94 | 1.04 | 1/832 | 1.60% | 0.79 |
| 69 | 1 | 69000039 | 239.31 | 238.95 | 1.00 | 4700 | |
| | | 69000058 | 5.74 | 5.54 | 1.04 | 1/819 | 0.24% | 0.78 |
| 68 | 1 | 68000117 | 234.27 | 233.41 | 1.00 | 3900 | |
| | | 68000122 | 4.70 | 4.61 | 1.02 | 1/830 | 1.07% | 0.85 |

### 7.1.4　几个地方标准对层间位移的补充规定

（1）《上海抗规》对层间位移的补充规定见表 7－3。

表 7－3　　结构弹性层间位移角限

| 结构类型 | $\Delta u/h$ 限值 |
| --- | --- |
| 单层钢筋混凝土排架结构 | 1/300 |
| 钢筋混凝土框架结构 | 1/550 |
| 钢筋混凝土框架－剪力墙，框架－核心筒，板柱－剪力墙 | 1/800 |
| 以下结构嵌固端的上一层：钢筋混凝土框架－剪力墙，框架－核心筒，板柱－剪力墙 | 1/2000 |
| 钢筋混凝土剪力墙、筒中筒、钢筋混凝土框支层 | 1/1000 |
| 以下结构嵌固端的上一层：钢筋混凝土剪力墙、筒中筒、钢筋混凝土框支层 | 1/2500 |
| 多、高层钢结构 | 1/250 |

关于《上海抗规》层间位移规定补充说明：

1）与国标《抗规》相比，本规程增加了单层钢筋混凝土柱排架的弹性层间位移角限值。对于钢筋混凝土框排架结构，可根据其具体的组成采用相应的弹性层间位移限值。

2）对于由钢筋混凝土框架与排架侧向连接组成的侧向框排架结构，弹性层间位移角限值可取为与钢筋混凝土框架相同，即 1/550。

3）对于下部为钢筋混凝土框架，上部为排架的竖向框排架结构，下部的钢筋混凝土部分的弹性层间位移角限值可取为 1/550，上部的排架部分可取为与单层钢筋混凝土柱排架相同的 1/300。

4）在多遇地震时，若在计算地震作用时为了反映隔墙等非结构构件造成结构实际刚度增大而采用了周期折减系数，则在计算层间位移角时可以考虑周期折减系数的修正，且填充墙应采用合理的构造措施与主体结构可靠拉结，对于采用柔性连接的填充墙或轻质砌体填充墙，不能考虑此修正。

（2）《广东高规》对高层建筑层间位移角限值又进行适当放松，见表 7－4。

表 7－4　　楼层层间最大位移与层高之比值

| 结构体系 | $\Delta u/h$ 限值 | |
| --- | --- | --- |
| | 广东 | 国标 |
| 框架结构 | 1/500 | 1/550 |
| 框架－剪力墙，框架－核心筒，板柱－剪力墙 | 1/650 | 1/800 |
| 剪力墙，筒中筒 | 1/800 | 1/1000 |
| 除框架结构外的转换层 | 1/800 | 1/1000 |

补充说明：

《广东高规》认为目前国家《高规》对层间位移要求过于严格，理由如下：

1）概念偏于严格：规范把钢筋混凝土构件开裂时的层间位移角作为多遇地震作用下结构的弹性位移角限值，而混凝土开裂时钢筋的应力还很小，即使混凝土部分开裂，整体结构还处于弹性状态。

2）计算位移偏大：规范通过周期折减考虑了填充墙刚度对地震作用的影响，但未考虑填充墙刚度对位移的影响（有了填充墙的刚度后实际位移应比当前计算的小，拿偏大的计算位移作为设计控制使设计过于保守），实际工程中如果周期折减 0.8 计算，位移会偏大 1.1～1.3 倍左右。

3）无害位移占主要部分：实际工程中上部楼层层间位移角较大，常起控制作用，而这部分位移角由下部楼层的转角所引起的无害位移角占主要部分。

4）大震位移角可证明：从等位移原理出发，如果大震作用是小震的 6 倍左右，大震作用下框架结构、框–剪结构、剪力墙结构的层间弹塑性极限位移角分别为 1/50、1/100、1/120，则小震作用下框架结构、框–剪结构、剪力墙结构的层间位移角分别控制不大于 1/300、1/600、1/720，就可保证结构的安全。

基于以上理由，广东高规将水平力作用下最大层间位移角的控制比国标放松了 10%～20%。

5）《广东高规》还规定：对于具有较多斜看台、音乐厅、剧院、电影院以及大型火车站房、航站楼等大跨度空间结构的计算分析一般采用三维有限元法，并考虑扭转耦联震动的影响，一般可不控制结构的层间位移角、扭转位移比、楼板的开洞及凹凸等。此类结构的侧向刚度可控制竖向抗侧力构件的最大顶点位移与结构高度之比，竖向结构构件位移角等，其限值可按相关设计规范执行或参考本规程的结构层间位移角限值。

### 7.1.5　地方标准对层间位移放松符合国家编制标准的要求吗

业界很多专家认为《广东高规》放松层间位移角限值不合适，理由是比国标《抗规》与行标《高规》松。作者并不这么认为，大家一起看看国家编制标准的基本原则：

行业标准应服从国家标准；

地方标准应服从行业标准；

企业标准应服从行业标准；

技术标准应服从技术法规；

推荐标准应服从强制标准；

应用标准应服从基础标准。

当国家标准与行业标准对同一事物的规定不一致时，分以下几种情况分别处理：

（1）当国家标准规定的严格程度为“应”或“必须”时，考虑到国家标准是最低的要求，至少应按国家标准的要求执行。

（2）当国家标准规定的严格程度为“宜”或“可”时，允许按行业标准略低于国家标准的规定执行。

我们知道国标、行标层间位移规范用词均是“宜”，这样来看《广东高规》适当放松层间位移要求也是合适的。

### 7.1.6　回顾以前规范对层间位移角的限值情况

（1）《钢筋混凝土高层建筑结构设计与施工规定》（JZ 102—1979）对层间位移角的限值规定见表 7–5。

表 7－5 《钢筋混凝土高层建筑结构设计与施工规定》（JZ 102—1979）对层间位移角的限值规定

| 结构形式 | 层间相对位移与层高之比 | |
|---|---|---|
| | 风 | 地震 |
| 框架 | 1/400 | 1/250 |
| 框架－剪力墙 | 1/600 | 1/300～1/350 |
| 剪力墙 | 1/800 | 1/500 |

（2）《建筑抗震设计规范》（GB 50011—1989）的规定如下：

框架：1/450～1/550；

框－剪、框－筒：1/650～1/800。

（3）《钢筋混凝土高层建筑结构设计与施工规程》（JGJ 3—1991）的规定见表 7－6。

表 7－6 《钢筋混凝土高层建筑结构设计与施工规程》（JGJ 3—1991）对层间位移角的限制规定

| 结构形式 | | 层间相对位移与层高之比 | |
|---|---|---|---|
| | | 风作用 | 地震作用 |
| 框架 | 轻质隔墙<br>砌体填充墙 | 1/450<br>1/500 | 1/400<br>1/450 |
| 框架－剪力墙<br>框架－筒体 | 一般装修标准<br>较高装修标准 | 1/750<br>1/900 | 1/650<br>1/800 |
| 筒中筒 | 一般装修标准<br>较高装修标准 | 1/800<br>1/950 | 1/700<br>1/850 |
| 剪力墙 | 一般装修标准<br>较高装修标准 | 1/900<br>1/1100 | 1/800<br>1/1000 |

作者认为以前规范区分装修标准，区分地震作用和风作用取不同的限值，更加科学合理。但遗憾的是 2002 版较前几版标准高规有了较大变化，不再区分风和地震作用下的位移限值，也不区分不同装修下的限值，同时不再控制顶点位移角的限值。

但近几年看到一些协会标准又逐渐恢复到考虑地震与风作用的不同，对层间位移做出了不同的限值要求，有专家说这是进步，作者说是“不忘初心”更合适。

（4）《钢管结构技术规程》（CECS 280:2010）及《矩形钢管混凝土结构技术规程》（CECS 159:2004）的规定如下：

在风荷载作用下层间相对位移与层高之比不宜大于 1/400；

在多遇地震作用下层间相对位移与层高之比不宜大于 1/300。

作者一直在业界呼吁：应区分地震与风荷载作用下的层间位移角。

### 7.1.7 国外规范对建筑结构水平位移是如何规定的

国外相关规范对建筑结构水平位移的规定见表 7－7。

表 7－7 国外相关规范对建筑结构水平位移的规定

| 资料来源 | 专门的极限状态验算 | 多遇地震作用下的侧移验算 | 偶遇地震作用下侧移验算 | 罕遇地震作用下侧移验算 |
|---|---|---|---|---|
| 美国<br>UBC1997 | 无 | 无 | 1/50 | 无 |

续表

| 资料来源 | 专门的极限状态验算 | 多遇地震作用下的侧移验算 | 偶遇地震作用下侧移验算 | 罕遇地震作用下侧移验算 |
| --- | --- | --- | --- | --- |
| 美国<br>SEAOC1996 | 无 | 1/200 | 无 | 无 |
| 美国<br>FEMA450 | 无 | 无 | 1/100～1/50 | 无 |
| 欧洲 EC8 | 1995 年一遇<br>$h$/200 弹性计算位移 | 无 | 无 | 无 |
| 日本建筑中心<br>（建筑法令） | 无 | 1/200 | 无 | 无 |

显然这些国家的限值都要比我国现行标准要求的松一些。

作者也一直在业界呼吁，建议适当放松对层间位移角的限值，最好是给个区间值，可以给业主和设计更多的选择权。

## 7.2　合理控制结构扭转周期比相关问题

### 7.2.1　现行规范的规定

《高规》第 3.4.5 条：结构扭转为主的第一自振周期 $T_t$ 与平动为主的第一自振周期 $T_1$ 之比，A 级高度高层建筑不应大于 0.9，B 级高度的高层建筑、超过 A 级高度的混合结构及本规程第 10 章的复杂高层建筑不应大于 0.85。

### 7.2.2　控制扭转周期比的目的

限制结构的抗扭刚度不能太弱，关键是限制结构扭转为主的第一自振周期 $T_t$ 与平动为主的第一自振周期 $T_1$ 之比。当两者接近时，由于振动耦联的影响，结构的扭转效应明显增大。如果周期比 $T_t/T_1$ 小于 0.5，则相对扭转振动效应 $\theta_r/\mu$ 一般较小（$\theta$，$r$ 分别为扭转角和结构的回转半径，$\theta_r$ 表示由于扭转产生的离质心距离为回转半径处的位移，$\mu$ 为质心处位移），即使结构的刚度偏心很大，偏心距 $e$ 达到 $0.7r$，其相对扭转变形 $\theta_r/\mu$ 值亦仅为 0.2；而当周期比 $T_t/T_1$ 大于 0.85 以后，相对扭振效应 $\theta_r/\mu$ 值会急剧增加。即使刚度偏心很小，偏心距 $e$ 仅为 $0.1r$，当周期比 $T_t/T_1$ 等于 0.85 时，相对扭振效应 $\theta_r/\mu$ 值可达 0.25。当周期比 $T_t/T_1$ 接近 1 时，相对扭振效应 $\theta_r/\mu$ 值可达 0.50。由此可见，抗震设计中应采取必要措施减小周期比 $T_t/T_1$ 值，使结构具有必要的抗扭刚度。如果周期比 $T_t/T_1$ 不满足规范规定上限值时，应调整抗侧力结构布置，增大结构的抗扭刚度。

扭转耦联振动的主振型，可以通过计算振型方向因子来判断。在两个平动和一个扭转方向因子中，当扭转方向因子大于 0.5 时，则该振型可以认为是扭转为主的振型。高层结构沿两个正交方向各有一个平动为主的第一振型周期，本条规定的 $T_1$ 是指刚度较弱方向的平动为主的第一振型周期，对刚度较强方向的平动为主的第一振型周期与扭转为主第一振型周期 $T_t$ 的比值，本条未规定限值，主要是考虑对抗扭刚度的控制不致过于严格。有的工程如两方向的第一振型周期与 $T_t$ 的比值均满足规范限值要求，其抗扭刚度更为理想。计算周期比时，可直接计算结构的固有自振特征，不必附加偶然偏心。

### 7.2.3 多层建筑是否也需要控制扭转周期比

（1）《高规》对高层建筑提出扭转周期与平动周期比的限值要求，《规程》讲得很明确：仅指高层建筑，且仅是第一扭转与第一平动的比值。

（2）有些地方设计及审图人也要求：多层建筑也要控制扭转周期与平动周期比，同时也要控制第一扭转与第二平动周期的比值。作者认为这绝不是规范本意。作者认为这样实在过于严厉，实属对《高规》的误解。

（3）《广东高规》已经明确取消高层建筑周期比的要求。他们认为用扭转周期与平动周期比控制扭转不规则过于严格，原因有以下两条：

1）即使周期比大于 1，扭转振型引起的扭矩和转角远小于偶然偏向引起的扭矩和扭转角。

2）位移比等于最大位移/平均位移，当分母平均位移很小时，很小的位移差也会算出较大的位移比。此时结构的水平刚度很大，楼层扭转角不大，位移比确难以满足要求。

### 7.2.4 高层建筑是否需要控制第一扭转周期与第二平动周期比

《高规》对扭转为主的第一自振周期 $T_t$ 与平动为主的第二自振周期 $T_2$ 之比值没有进行限制，主要考虑到实际工程中，单纯的一阶扭转或平动振型的工程较少，多数工程的振型是扭转和平动相伴随的，即使是平动振型，往往在两个坐标轴方向都有分量。针对上述情况，限制 $T_t$ 与 $T_1$ 的比值是必要的，也是合理的，具有广泛适用性。如对 $T_t$ 与 $T_2$ 的比值也加以同样的限制，对一般工程是偏严的要求。

对特殊工程，如比较规则、扭转中心与质心相重合的结构，当两个主轴方向的侧向刚度相差过大时，可对 $T_t$ 与 $T_2$ 的比值加以限制，一般不宜大于 1.0。实际上，按照《抗规》（2010 版）第 3.5.3 条的规定，结构在两个主轴方向的侧向刚度不宜相差过大，以使结构在两个主轴方向上具有比较相近的抗震性能。

### 7.2.5 某些地方要求控制结构第一平动周期与第二平动周期的比值是否有必要

工程设计中经常遇到一些地方的超限高层建筑审查要点中不仅要求控制结构第一扭转周期与第一平动周期比满足规范要求，同时还要求结构在两个主轴方向的第一平动周期之比不宜小于 0.8 的情况。作者 2011 年主持设计的宁夏万豪大厦超限高层建筑，在超限审查时就被其中一位专家提出这个要求，为了满足这个要求，结构设计与建筑反复调整方案，建筑不得不牺牲建筑功能的合理性来满足结构的这个要求。作者认为这当然也不是规范的本意。《抗规》建议两个主轴方向的振动特性宜相近，就这个问题作者先后咨询过很多超限审查专家，绝大多数专家认为没有这个必要，过于苛刻。

当然作者发现一般超限高层（特别是高度超过 B 级高度的建筑），往往平面布置比较规则，两个方向的抗侧刚度比较接近，这样即使对于超高层建筑有这个要求，也能实现。但遗憾的是，一些地方审图不加分析扩展到对所有建筑的要求，特别是对于大板住宅，要满足这个要求，需要付出极大的代价。

### 7.2.6 对于复杂连体、多塔楼等结构周期比验算应注意哪些问题

（1）对于上部无刚性连接的大底盘多塔结构或单塔大底盘结构的周期比验算，需要注意以下问题：

1）若存在较明显的不对称，则通过整体模型计算难以正确验算结构周期比，此时宜将结构从底盘顶板处拆分成各个单塔楼及底盘，先逐个验算单塔楼的周期比；然后将单塔楼的质量附加到底盘顶板，单独计算底盘振动特性。宜保证以这种方式计算出的底盘第一振型，不为扭转。

2）如果结构基本对称，则通过整体模型计算，可以基本正确地验算结构周期比，但此时宜注意扭转周期与侧振周期的对应性（各塔对于各塔），否则容易发生判断错误。为清楚起见，此类结构仍宜按照1）所述的拆分方法验算周期比。

（2）多塔楼周期比验算是基于“拆分”意义的，目前而言，只有基于“拆分”的单塔楼周期比验算，才与扭转效应有明确的、已知的因果关系。

（3）《高规》第5.1.14条条文说明：本条为新增条文，对多塔结构提出了分塔模型计算要求。多塔楼结构振动形态复杂，整体模型计算有时不容易判断结果的合理性；辅以分塔模型计算分析，取二者的不利结果进行设计为妥当。

（4）《广东高规》第5.1.17条条文说明：分塔楼计算主要考察结构的扭转位移比等控制指标（暗含周期比，由于新版广东高规不再要求控制周期比），整体模型计算主要考察多塔楼对裙房的影响。

### 7.2.7 多层建筑是否可以允许出现第一周期为扭转周期

结构设计控制扭转周期的目的是减小结构扭转效应对结构的不利影响，概念上说所有结构扭转周期出现在第一周期都是不合适的。对于高层建筑由于规范要求控制第一扭转周期与第一平动周期比不大于0.9（0.85），所以高层建筑是不允许第一周期为扭转周期的，但是对于多层建筑，由于规范并不需要控制扭转周期比，所以按理说出现第一扭转周期也是允许的，但作者建议对于多层建筑，如果出现第一周期为扭转周期的情况，应区别对待。

**【工程案例7－2】**2011年作者主持设计浙江某禅堂工程，平面尺寸为24m×24m，高度为23.4m；由于业主坚持要采用混凝土结构，为了实现建筑造型，结构采用了框架＋核心筒体系，如图7－1所示。

图7－1 建筑外形及计算简图（一）

图 7-1　建筑外形及计算简图（二）

结构计算分析结果：第 1 周期扭转成分为 0.99。设计师经过多次调整，未能改变第一周期为扭转的事实。作者知道此情况后，首先请设计师查看各阵型周期下的地震剪力情况。

（ITEM016）结构周期及振型方向

| | 周期（s） | 方向角（°） | 类型 | 扭振成分 | X 侧振成分 | Y 侧振成分 |
|---|---|---|---|---|---|---|
| 1 | 0.851 518 | 90.7 | 0.99 | 0.00 | 0.01 | 0.01 |
| 2 | 0.777 983 | 90.9 | 0.01 | 0.00 | 0.99 | 0.99 |
| 3 | 0.762 177 | 0.9 | 0.00 | 1.00 | 0.00 | 1.00 |
| 4 | 0.355 361 | 3.1 | 0.99 | 0.00 | 0.01 | 0.01 |
| 5 | 0.301 112 | 90.1 | 0.02 | 0.01 | 0.97 | 0.98 |
| 6 | 0.291 407 | 89.9 | 0.02 | 0.01 | 0.97 | 0.98 |
| 7 | 0.285 007 | −0.3 | 0.00 | 0.97 | 0.03 | 1.00 |
| 8 | 0.278 689 | −0.2 | 0.00 | 1.00 | 0.00 | 1.00 |
| 9 | 0.269 073 | 89.9 | 0.99 | 0.00 | 0.00 | 0.01 |
| 10 | 0.264 722 | 88.9 | 0.98 | 0.00 | 0.02 | 0.02 |
| 11 | 0.262 050 | 90.2 | 0.04 | 0.00 | 0.96 | 0.96 |
| 12 | 0.260 695 | 0.2 | 0.85 | 0.05 | 0.10 | 0.15 |
| 13 | 0.258 170 | 87.7 | 0.98 | 0.01 | 0.02 | 0.02 |
| 14 | 0.255 310 | 89.9 | 0.45 | 0.53 | 0.02 | 0.55 |
| 15 | 0.252 381 | 89.9 | 0.55 | 0.08 | 0.37 | 0.45 |

（ITEM013）各振型的基底地震力（按抗规 5.2.5 调整前）

（X0，Y0，Z0）=0.000　0.000－21.190

*地震工况*　1　EX（0.0 度）

| 振型号 | Fx | Fy | Fz | Mx | My | Mz |
|---|---|---|---|---|---|---|
| 1 | 0.000 | 0.000 | 0.000 | 0.000 | 0.000 | 3.655 |
| 2 | 0.023 | －13.834 | 0.000 | 236.552 | 0.395 | －249.389 |
| 3 | 8338.031 | 13.942 | 0.000 | －237.693 | 142 646.352 | －133 160.931 |

*地震工况*　2　EY（90.0 度）

| 振型号 | Fx | Fy | Fz | Mx | My | Mz |
|---|---|---|---|---|---|---|
| 1 | 0.000 | 0.000 | 0.000 | 0.000 | 0.000 | －4.090 |
| 2 | 8264.221 | 13.834 | 0.000 | －235.992 | 141 314.377 | 148 983.499 |
| 3 | 0.023 | －13.942 | 0.000 | 238.510 | 0.397 | －222.650 |

经过查看各阵型基底地震剪力分析可以看出，扭转为主的第一周期对应的地震剪力为 0，这就说明这个扭转对于本工程来说，并不是结构的主振型周期。

分析原因是本结构屋面混凝土筒四周外挑（6m 左右），不仅使竖向质量分布不均匀，还使楼盖的转动惯量大，导致结构的扭转周期成为第一周期。

判断结构主振型应注意：

（1）对于刚度均匀的结构，在考虑扭转耦联计算时，一般来说前两个或几个阵型为其主振型。

（2）对于刚度不均匀的复杂结构，上述规律不一定存在，此时应注意查看 SATWE 文本文件“周期、振型、地震力”WZQ OUT。程序输出结果中给出了输出各振型的基底剪力值，据此信息可以判断出哪个振型是 $X$ 向或 $Y$ 向的主振型，同时可以了解每个阵型对基底剪力的贡献大小。

该工程当年施工图审查时，当地施工图审查单位说以前从来没有遇到过类似工程，建议业主委托北京某施工图审查单位进行审查。而当年北京的审查单位也没有遇到过类似问题，后来经作者与审查专家沟通交流，达成共识，认为尽管第一周期出现扭转，但考虑第一扭转周期不是结构主周期，所以认为设计可以。

**【工程案例 7-3】**2012 年作者主持设计北京某独栋办公建筑，地上三层，但由于建筑造型需要，由 2 层开始四周悬挑出 4m 左右，结构采用钢筋混凝土框架结构。计算分析结果依然是第一周期为扭转周期，经过对主振型分析判断，认为出现扭转为第一周期的原因依然是结构头重脚轻所致，并非结构主振型。此工程是当年北京又一个施工图审查单位审查，结果也一样，审查专家说以前未遇到过类似情况，经过作者与审图专家沟通交流，认为设计可行。

说明：通过以上两个工程案例分析，可以看出扭转周期出现在第一周期并不可怕，主要要看这个扭转周期是否为主周期，通过查看各周期下的地底剪力大小来判断。如果是结构主周期，还是应该进行方案调整。

## 7.3 关于高层建筑稳定性控制相关问题

### 7.3.1 为何要控制结构整体稳定

（1）高层建筑结构的稳定性验算主要是控制在风荷载或水平地震作用下，重力荷载产生的二阶效应不致过大，以免引起结构的整体失稳或倒塌。结构的刚度和重量之比（简称刚重比）是影响结构 $P—\varDelta$ 效应的主要参数。

（2）如控制结构刚重比，使 $P-\varDelta$ 效应增幅小于 10%～15%，则 $P-\varDelta$ 效应随结构刚重比降低而引起的增加比较缓慢；如果刚重比继续降低，则会使 $P-\varDelta$ 效应增幅加快，当 $P-\varDelta$ 效应增幅大于 20%后，结构刚重比稍有降低，会导致 $P-\varDelta$ 效应急剧增加，甚至引起结构失稳。因此，控制结构刚重比是结构稳定设计的关键。

（3）如果结构的刚重比满足《高规》给出的规定，则在考虑结构弹性刚度折减 50%的情况下，重力 $P-\varDelta$ 效应仍可控制在 20%之内，结构的稳定具有适宜的安全储备。如果结构的刚重比进一步减小，则重力 $P-\varDelta$ 效应将会呈非线性关系急剧增加，直至引起结构的整体失稳。所以在水平力作用下，高层建筑结构的稳定性应满足本条规定，不应再放松要求。

（4）规范对结构水平位移的限制要求，可在一定程度上控制结构刚度。但是，结构满足位移要求并不一定都能满足稳定设计要求，特别是当结构设计水平荷载较小时，结构刚度虽然较低，但结构的计算位移仍然能满足。请读者注意：稳定设计中对刚度的要求与水平荷载的大小并无直接关系。

### 7.3.2 如何正确控制结构整体稳定性验算

《高规》第 5.4.4 条对高层建筑提出了整体稳定性的强制性要求。

5.4.4 高层建筑结构的稳定应符合下列规定：

1 剪力墙结构、框架－剪力墙结构、筒体结构应符合下式要求：

$$EJ_{\mathrm{d}} \geqslant 1.4H^2\sum_{i=1}^{n}G_i \tag{7-1}$$

2 框架结构应符合下式要求：

$$D_i \geqslant 10\sum_{j=i}^{n}G_j / h_i \qquad (i=1, 2, \cdots, n) \tag{7-2}$$

但需注意：以前规范没有给出钢结构工程、混合结构的稳定性验算公式，工程界及程序均按照《高规》给出的这个公式控制，显然偏于严厉，当然也不合适。2015 年《高层民用建筑钢结构技术规程》修订时，才明确给出钢结构整体稳定验算公式，但目前仍然没有给出混合结构整体稳定验算公式。

《高层民用建筑钢结构技术规程》（JGJ 99—2015）规定如下：

6.1.7 高层民用建筑钢结构的整体稳定性应符合下列规定：

1 框架结构应满足下式要求：

$$D_i \geqslant 5\sum_{j=i}^{n} G_j / h_i (i = 1, 2, \cdots, n) \quad (7-3)$$

2　框架－支撑结构、框架－延性墙板结构、筒体结构和巨型框架结构应满足下式要求：

$$EJ_{\mathrm{d}} \geqslant 0.7H^2 \sum_{i=1}^{n} G_i \quad (7-4)$$

式中　$D_i$——第 $i$ 楼层的抗侧刚度（kN/mm），可取该层剪力与层间位移的比值；

$h_i$——第 $i$ 楼层层高（mm）；

$G_i$、$G_j$——分别为第 $i$、$j$ 楼层重力荷载设计值（kN），取 1.2 倍的永久荷载标准值与 1.4 倍的楼面可变荷载标准值的组合值；

$H$——房屋高度（mm）；

$EJ_{\mathrm{d}}$——结构一个主轴方向的弹性等效侧向刚度（kN·mm²），可按倒三角形分布荷载作用下结构顶点位移相等的原则，将结构的侧向刚度折算为竖向悬臂受弯构件的等效侧向刚度。

说明：

（1）本条用于控制重力 $P-\Delta$ 效应不超过 20%，使结构的稳定具有适宜的安全储备。在水平力作用下，高层民用建筑钢结构的稳定应满足本条的规定，不应放松要求。如不满足本条的规定，应调整并增大结构的侧向刚度。为了便于广大设计人员理解和应用，本条表达采用了行业标准《高层建筑混凝土结构技术规程》（JGJ 3—2010）第 5.5.4 条相同的形式。只是考虑到钢结构没有刚度退化问题，仅将系数做了调整。

（2）请读者注意《高钢规》这里不是强条，而是非强条，作者认为这是不妥当的。

### 7.3.3　合理应用需要注意以下几个问题

（1）如果刚重比不满足上述要求，就应增加结构侧向刚度；也可降低结构重量。

（2）刚重比计算可在不含地下结构的情况下进行。

（3）如果结构顶部存在附属结构，也应去掉，只保留附属结构自重到主体结构屋顶。

（4）特别注意有的程序仅计算地震下的稳定性，不计算风荷载工况的稳定。

（5）当结构的设计水平力较小，如果计算的楼层剪重比（楼层剪力与其上各层重力荷载代表值之和的比值）小于 0.02 时（6、7 度时），尽管结构的刚度能满足水平位移的限制要求，但很有可能不满足稳定性要求，需要特别注意查看此时结构的整体稳定验算是否满足规范要求。

（6）《抗规》没有对建筑整体稳定验算提出规定，有人认为多层建筑可以不考虑结构的整体稳定问题。这样的理解是不正确的，任何建筑都应满足整体稳定验算的要求。

（7）《高规》给出的结构整体稳定性计算方法一般适用于刚度和质量分布沿竖向均匀的结构。对于刚度和质量分布沿竖向不均匀的结构可采用有限元分析方法。

（8）刚重比验算建议仅取主楼计算，不含裙房取消范围。

如广东省院《技术措施》第 5.6.7 条规定：对于大地盘单塔结构，刚重比验算难以满足规范要求，原因是裙房重量太大，可按塔楼投影范围结构进行计算，判断刚重比是否满足规范要求。

【工程案例7-4】作者曾经审过的一篇论文，某7度区带有裙房的单塔结构，单塔结构采用框架-核心筒结构，结构整体计算分别取不同部分，计算结果见表7-8。

表7-8　刚重比验算结果

| 嵌固端所在位置 | 结构投影范围 | | |
|---|---|---|---|
| | 仅主楼 | 主楼+相关范围 | 主楼+全部裙房 |
| -4层 | 1.47 | 1.42 | 1.31 |
| -2层 | 1.56 | 1.45 | 1.37 |
| 0.00地下室顶板 | 1.81 | 1.71 | 1.56 |

由上面计算结果看，同样一个主楼，裙房越大结构整体稳定性越差，显然概念是不合适的。

说明：1）上述工程实际就是采用0.00嵌固，仅取主楼计算的整体稳定。

2）以前程序无法自动掐头去尾，只能依靠人工干预完成，现在SATWE 4.1版增加了自动掐头去尾功能（见图7-2）。

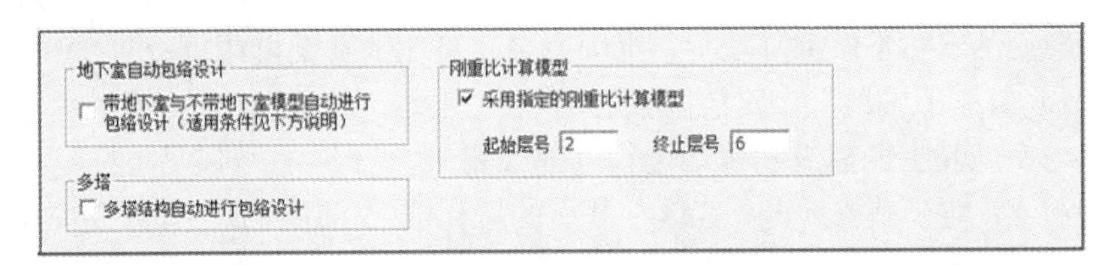


图7-2　用SATWE 4.1计算刚重比

（9）由《高规》给出的计算整体稳定计算公式及所谓的“刚重比”字面理解，似乎刚重比计算与水平荷载没有关系，其实不然。在计算结构的弹性等效侧向刚度$EJ_d$时，可以近似按倒三角形分布荷载作用下结构顶点位移相等的原则，将结构的侧向刚度折算为竖向悬臂受弯构件的等效刚度。

## 7.4　哪些建筑需要进行施工及使用阶段沉降观测

### 7.4.1　规范是如何规定的

首先明确，不是所有建筑都要设置沉降观测的，对于是否需要进行沉降观测，设计人员应详见《地规》（GB 50007—2011）第10.3.8条的规定。

《地规》第10.3.8条（强条）：下列建筑物应在施工期间及使用期间进行沉降变形观测。

（1）地基基础设计等级为甲级建筑物；

（2）软弱地基上的地基基础设计等级为乙级建筑物；

（3）处理地基上的建筑物；

（4）加层、扩建建筑物；

（5）受邻近深基坑开挖施工影响或受场地地下水等环境因素变化影响的建筑物；

（6）采用新型基础或新型结构的建筑物。

作者建议补充：建筑群留有沉降后浇带时。

### 7.4.2 如何合理理解规范的这些规定

（1）这里的软弱地基是指：当压缩层主要由淤泥、淤泥质土、冲填土、杂填土或高压缩性土层（即$\alpha_{1\sim2}\geqslant 0.5\text{MPa}^{-1}$）构成的地基。

（2）这里的处理地基是指除天然地基及桩基础之外的所有经过人工处理的。

（3）受邻近深基坑开挖施工影响（包含地下降水），这个时候主要是要对邻近周围的建筑进行观测。

（4）所谓新型基础或新型结构是指现行规范没有的基础及结构形式。

### 7.4.3 岩石地基基础是否依然需要沉降观测

工程界经常会遇到，对于地基基础设计等级为甲级的建筑物，如果地基持力层为基岩，是否仍然需要沉降观测？

曾经有个地方审图机构要求设计单位对建在基岩上的建筑进行沉降观测，理由是“规范没有说持力层为基岩”不做沉降观测。重庆市《建筑地基基础设计规范》（DBJ 50－047—2006）第 9.1.6 条：土质地基上对沉降敏感的建筑物及填土地基上的建筑物都应进行地基变形观测。岩石地基上的建筑物可不进行沉降观测。

作者的观点：对于基岩地基，应区分基岩的风化情况区别对待。如果是完整的未风化或微风化岩石，完全没有必要再进行沉降观测；但对于全风化或强风化的岩石地基需要结合上部建筑情况，可以要求进行沉降观测。

### 7.4.4 建筑沉降稳定的判断标准

《高层建筑筏形与箱形基础技术规范》（JGJ 6—2011）第 8.4.4 条：沉降观测应从完成基础底板施工时开始，在施工和使用期间连续进行长期观测，直至沉降稳定终止。

第 8.4.5 条：沉降稳定的控制标准宜按沉降期间最后 100d 的平均沉降速率不大于 0.01mm/d 采用。

《建筑变形测量规范》（JGJ 8—2016）规定：当最后 100d 沉降小于 0.01～0.04mm/d 时可以认为沉降已达稳定状态。

表 7－9 是 2016 年《江苏审图》的规定。

表 7－9　　2016 年《江苏审图》的规定

| | | | |
|---|---|---|---|
| 沉降速率（mm/d） | 验收标准（变形曲线逐步收敛） | 高层 0.06<br>多层及以下 0.10 | 0.08<br>0.12 |
| | 稳定标准 | 高层 0.01，多层及以下 0.04 | |

注：$f$ 为相邻柱基的中心距离，$H_g$ 为从室外地面算起的建筑物高度。

### 7.4.5 结构设计说明如何要求沉降观测

《地规》中沉降观测为强制性条文，本条所指的建筑物沉降观测是由施工完基础开始，整个施工期间和使用期间对建筑进行的沉降观测，并以实测资料作为建筑物地基基础工程质量的检查的依据之一。建筑施工期间的观测日期和次数，应结合施工进度确定。建筑物竣工后的第一年内，每隔 2～3 月观测一次，以后适当延长至 4～6 月，直至达到沉降变形稳定标准为止。

提醒读者注意：依据《建筑工程设计文件编制深度规定》（2016 版）规定，需要进行沉降观测时应注明观测点位置（宜附测点构造详图）。

## 7.5 关于建筑风洞试验相关问题

### 7.5.1 哪些工程需要做风洞试验

遇有以下情况时需要做风洞试验：

（1）当建筑群尤其是高层建筑群，房屋相互间距较近时，由于漩涡的相互干扰，房屋的某些部位的局部风压会显著增大。对于比较重要的高层建筑，建议在风洞试验中考虑周围建筑物的干扰影响。

（2）对于非圆形截面的柱体，同样也存在漩涡脱落等空气动力不稳定的问题，但其规律更为复杂，因此目前规范仍建议对重要的柔性结构，应在风洞试验的基础上进行设计。

（3）《高规》第 4.2.7 条：房屋高度大于 200m 或有下列情况之一时，宜进行风洞试验判断确定建筑物的风荷载。

1）平面形状或立面形状复杂；

2）立面开洞或连体建筑；

3）周围地形和环境较复杂。

（4）作者建议对于被大家认为是“奇奇怪怪”的建筑也应进行风洞试验。

（5）2019 年在征求意见的全文强条规范《工程结构通用规范》：

第 4.6.4 条：建筑结构的风荷载非常复杂，本条列举了应当进行风洞试验的三种情况。

1）体型复杂。这类建筑物或构筑物的表面风压很难根据规范的相关规定进行计算，一般应通过风洞试验确定其风荷载。

2）周边干扰效应明显。周边建筑对结构风荷载的影响较大，主要体现为在干扰建筑作用下，结构表面的风压分布和风压脉动特性存在较大变化，这给主体结构和围护结构的抗风设计带来不确定因素。

3）对风荷载敏感。通常是指自振周期较长，风振响应显著或者风荷载是控制荷载的这类建筑结构，如超高层建筑、高耸结构、柔性屋盖等。当这类结构的动力特性参数或结构复杂程度超过了荷载规范的适用范围时，就应当通过风洞试验确定其风荷载。

应注意的是，本条仅针对风荷载试验列举了常见的需要进行风洞试验的三种情况，并不意味着其他情况就完全不需要进行风洞试验。在条件允许的情况下，通过风洞试验确定建筑结构的风荷载是最准确的取值方法。

### 7.5.2 风洞试验的主要内容有哪些

图 7－3、图 7－4 分别为中国建筑科学研究院风洞试验模型及风的传递过程模拟图。该大型建筑风洞为直流下吹式边界层风洞。风洞为全钢结构，总长 96.5m。

工程风洞试验一般包含以下三个主要方面，这些方面可以依据工程情况灵活选择，并非每个工程都应全部进行。

（1）风洞风环境试验报告，这个报告主要是为今后做景观设计提供必要的一些风荷载参数。

（2）风洞动态测压试验报告，这个报告主要是为今后建筑外围幕墙设计提供一些风荷载设计参数。

（3）风振计算报告，这个报告主要是为主体结构设计提供必要的一些风荷载参数。

图 7－3　风洞试验模型外观图

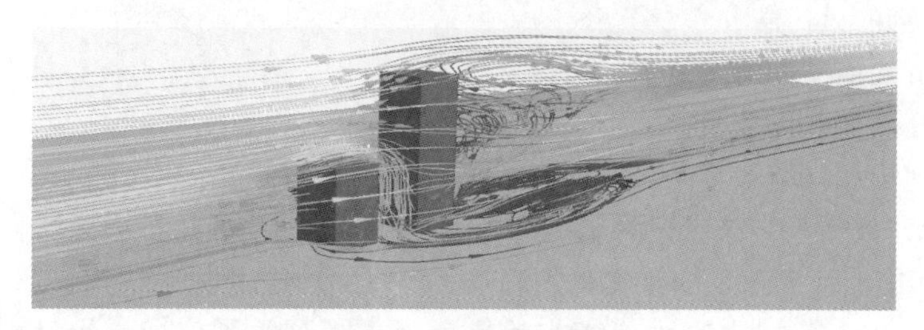

图 7－4　风的传递过程模拟

### 7.5.3 作者主持的几个工程案例简介

**【工程案例 7－5】** 2011 年作者主持完成的银川万豪大厦，高 226m。风洞试验内容包括风洞风环境试验报告、风洞动态测压试验报告和风振计算报告。风洞试验模型如图 7－5 所示。

目前工程已经竣工多年，投入正常使用阶段。

**【工程案例 7－6】** 2012 年作者主持的青岛胶南世茂国际中心大厦，高度 246m，为高位连体复杂结构。风洞试验内容包括风洞风环境试验报告、风洞动态测压试验报告和风振计算报告。风洞试验模型如图 7－6 所示。

图 7－5　银川万豪大厦风洞试验模型　　图 7－6　青岛胶南世贸国际中心大厦风洞试验模型

【工程案例 7－7】2014 年作者主持完成的北京某 5A 写字楼，建筑平面为三角形平面。高度为 120m。

风洞试验内容包括风洞风环境试验报告和风洞动态测压试验报告，考虑本工程高度不算太高，就没有进行风振计算报告试验。风洞试验模型如图 7－7 所示。目前项目已经投入使用。

说明：以上三个工程风洞试验详细内容作者已经在 2015 年出版发行的《建筑结构设计规范疑难热点问题及对策》中进行过论述，在此不再赘述。

图 7－7　北京某 5A 写字楼风洞试验模型

## 7.6　规范对混凝土结构裂缝计算荷载取值、裂缝宽度合理控制问题

### 7.6.1　混凝土结构计算裂缝时，荷载取值及受力特征系数有何变化

《砼规》第 7.1.2 条：在矩形、T 形、L 形截面的钢筋混凝土受拉、受弯和偏心受压构件及预应力混凝土受和受弯构件中，按荷载标准组合或准永久组合并考虑长期作用影响的最大裂缝宽度可按下列公式计算：

$$\omega_{\max} = \alpha_{cr} \varphi \frac{\sigma_s}{E_s} \left( 1.9c_s + 0.08 \frac{d_{eq}}{\rho_{te}} \right) \tag{7-5}$$

### 7.6.2　合理应用应注意的几个问题

（1）本次规范对于钢筋混凝土构件，将原来的标准组合改为准永久组合下计算纵向受拉钢筋的应力；预应力构件仍然采用标准组合计算预应力混凝土构件纵向受拉钢筋的等效应力。

（2）对钢筋混凝土受弯、偏心受压构件，构件受力特征系数由原 2.1 调整为 1.9；对预应力混凝土构件由原 1.7 调整为 1.5。

经（1）和（2）的调整同样的情况下裂缝宽度大幅度减小，一般会比原规范计算少 11%～40%之多。

**【算例 7－1】** 某工程钢筋混凝土梁跨度为 6m，静载为 13.75kN/m（包含梁自重），活荷载为 6kN/m（准永久系数 0.4），截面尺寸为 250mm×500mm，混凝土强度 C30，钢筋 4⌀25（HRB400）。新旧规范计算挠度见表 7－10。

表 7－10　　　　新 旧 规 范 裂 缝 对 比

| 规范 | 最大裂缝宽度/mm |
|---|---|
| 2002 版规范（原） | 0.084 |
| 2010 版规范（新） | 0.055 |

裂缝宽度减小 35%。

（3）对 $e_0/h_0$≤0.55 的偏心受压构件，可不验算裂缝宽度。这是通过试验表明，当 $e_0/h_0$≤0.55 时，裂缝宽度均小 0.2mm，均能符合要求，故不必要再验算。

（4）当由于耐久性要求保护层厚度较大时，虽然裂缝宽度计算值也较大，但较大的保护层厚度对防止钢筋锈蚀是有利的。因此对混凝土保护层厚度较大的构件，当在外观的要求允许时，可以适当放松裂缝宽度要求。建议如下：

1）保护层中加防裂钢丝网时，裂缝计算宽度可以折减 0.7；

2）也可取正常的混凝土保护层厚度计算裂缝。例如天津、上海、广东地区规定："灌注桩裂缝计算时保护层厚取 30mm 即可。"《混凝土结构耐久性设计标准》（GB/T 50476—2019）第 3.5.4 条规定：在荷载作用下配筋混凝土构件的表面裂缝最大宽度计算值不应超过表 3.5.4 中的限值。对裂缝宽度无特殊外观要求的，当保护层设计厚度超过 30mm 时，可将厚度取为 30mm 计算裂缝的最大宽度。

（5）《北京地规》第 8.1.15 条规定：基础结构构件（包括筏形基础的梁、板构件、箱基础的底板、条形基础的梁等）可不验算其裂缝宽度。

（6）《技术措施（地基与基础）》2009 版：厚度≥1m 的厚板基础，无需验算裂缝宽度。

通过对大量的筏基构件内的钢筋进行应力实测，发现钢筋的应力一般均在 20～50MPa，远小于计算所得的钢筋应力，此结果表明我们的计算方法与基础的实际工作状态出入较大。在这种情况下再要求计算控制裂缝是不必要的。

（7）《北京地规》第 8.1.13 条规定：当地下外墙如果有建筑外防水时，外墙的裂缝宽度可以取 0.40mm。《技术措施（地基与基础）》2009 版也有同样规定。

### 7.6.3 混凝土结构裂缝宽度计算公式的适用范围

（1）《砼规》裂缝宽度计算的适用范围。

我国《砼规》裂缝计算公式，仅适用于受拉、受弯、偏心受压构件及预应力混凝土轴心受拉、受弯构件。这个公式实际是由单向受弯构件的试验研究得出的，对于双向受弯构件，如双向板是不适应的。因此某些施工图审查单位要求设计者计算双向板裂缝宽度，是没有必要的。目前世界各国对双向板裂缝计算还没有确切的方法。

大家知道目前我国土木工程对混凝土构件的受力裂缝宽度计算公式有三本规范：住建部、交通运输部和水利部的规范，三本规范计算结果相差很大。交通、水利类工程所处环境要比建筑物严酷得多，但是住建部《砼规》计算结果却最大。

（2）《技术措施（混凝土结构）》2009 版明确了《砼规》裂缝计算公式适应范围：

1）只适用单向简支受弯构件，不适用双向受弯构件，如双向板、双向密肋板。目前规范中有关裂缝控制的验算方法，是沿用早期采用低强度钢筋以简支梁构件形式试验研究的结果，与实际工程中的承载力和裂缝状态相差甚大。由于工程中梁、板的支座约束、楼板的拱效应和双向作用等的影响，实际裂缝状态比计算结果要小得多。采用高强材料后，受力钢筋的应力大幅度提高，裂缝状态将取代承载力成为控制设计的主要因素，从而制约了高强材料的应用。

2）对于连续梁计算裂缝宽度也偏大。主要是因为连续梁受荷后，端部外推受阻会产生拱的效应，降低钢筋应力。

认为框架梁支座的裂缝可以不考虑，从梁内力的角度考虑，因为一般计算梁端弯矩可以取到柱边，弯矩可折减 15%甚至更多，而且梁端的配筋率比较大，受拉钢筋的有效利用应力水平也高，比如可达 0.7 以上，另外支座负钢筋还没有考虑板中钢筋的贡献，因此在忽略其他因素的条件下，一般强度计算的配筋是可以满足裂缝计算要求的。另一方面从“强柱弱梁”的角度看，支座钢筋因为错误的裂缝计算假定而导致的用量增加，将加剧“强梁弱柱”破坏的可能性。

3）地下室外墙（挡土墙）是压弯构件，不宜采用此公式计算。

不少审图单位要求设计单位提供双向板的裂缝计算宽度和挠度，实际上规范并未提供计算方法，所以这种要求和计算是没有意义和依据的。

### 7.6.4 《砼规》与《水工规范》《桥梁规范》受弯构件裂缝计算对比

**【算例 7－2】**有一矩形截面混凝土梁截面尺寸为 $b \times h = 200\text{mm} \times 500\text{mm}$，混凝土强度 C30，钢筋采用 HRB500，梁底配筋为 2Φ20＋2Φ16；纵向钢筋保护层 25mm，承受荷载效应的准永久组合弯矩 $M_q = 100\text{km} \cdot \text{m}$，试计算最大裂缝宽度。

按照《砼规》《水工规范》《桥梁规范》分别计算，结果如下：

《砼规》计算结果为 0.225mm；

《水工规范》计算结果为 0.170mm；

《桥梁规范》计算结果为 0.180mm。

事实证明按照《砼规》计算结果最大。

### 7.6.5 国外对混凝土结构裂缝的一些规定

（1）美国规范 ACI318—1999 已经取消了以前室内、室外要区别对待裂缝宽度允许值的要求，认为在一般大气环境下，裂缝宽度控制并无特别意义。

（2）欧盟规范 EN1992－1.1 认为“只要裂缝不削弱结构的功能，可以不对其进行任何控制”“对于干燥或永久潮湿环境，裂缝控制仅保证可接受的外观，若无外观要求，0.40mm的限制可以放宽”。

（3）《建筑结构》2007年第1期刊登的清华大学的研究论文，还将我国《砼规》的裂缝计算结果与美国AC1318－05，英国BS110－2（1985）及欧洲EN19921－1（2004）加以对比，结果表明发现我国《砼规》给出的裂缝计算值明显高于其他规范（包括我国的交通部规范）。当保护层厚度为25～60mm时，住建部规范计算值比欧洲与美国规范大一倍以上，比交通部规范计算大25%～100%。

## 7.7 抗震设计时，抗震墙如何合理考虑连梁刚度折减问题

### 7.7.1 抗震设计时，剪力墙连梁为什么要考虑折减，新规范如何规定

建筑结构构件均采用弹性刚度参与结构整体计算分析，但抗震设计的框架－剪力墙结构、剪力墙结构中的连梁刚度相对墙体较小，而承受的弯矩和剪力很大，往往使配筋设计困难。因此，可以考虑在不影响承受竖向荷载能力的前提下，允许其适当开裂（目的降低刚度）而把内力转移到墙体上。

（1）《抗规》第6.2.13－2条：抗震墙地震内力计算时，连梁刚度可折减，折减系数不宜小于0.5。条文说明：计算位移时连梁刚度可以不折减；

（2）《高规》第5.2.1条：高层建筑结构地震作用效应计算时，可对剪力墙连梁刚度予以折减，折减系数不宜小于0.5。

条文解释：通常情况下，设防烈度低可以少折减一些（如6、7度时可以取0.7），设防烈度高时可以多折一些（如8、9度可以取0.5）；地震作用下计算位移时，连梁刚度可以不折减。

（3）《广东高规》第5.2.1条：高层建筑结构计算时，框架－剪力墙，剪力墙结构中的连梁刚度可以予以折减，抗风设计控制时，折减系数不小于0.8；抗震设计控制时，折减系数不宜小于0.5；作设防烈度（中震）构件承载力校核时不宜小于0.3。

### 7.7.2 如何理解新版规范规定：计算位移时，剪力墙连梁刚度可不折减

《抗规》第6.2.13条第2款条文说明：“计算地震内力时，抗震墙连梁刚度可折减；计算位移时，连梁刚度可不折减。”实际工程中，如何理解与把握这一规定？

根据抗震概念设计要求，建筑结构必须具有足够的抗侧刚度和强度。计算构件地震内力的目的是截面抗震验算，属于构件强度要求；计算位移是为了控制结构整体刚度，属于刚度要求。一个良好的结构设计，应使结构构件的承载力（强度）与结构的整体刚度相匹配，以减轻局部构件的破坏程度，但构件强度与结构整体刚度也并不完全是一一对应的关系。

具体到抗震墙来说，墙肢是主要构件，连梁为次要构件，从抗震概念角度，希望连梁先于墙肢进入屈服状态，因此，在进行内力计算时，连梁刚度应适当折减。而位移计算控制的是结构整体弹性刚度，按《抗规》第5.5.1条规定，混凝土构件可采用弹性刚度，即

刚度不折减。

因此，从严格意义上讲，属于对结构刚度进行控制的相关规定，比如弹性变形验算、平面扭转规则性判断、竖向刚度规则性判断等，均可采用连梁刚度不折减的计算结果执行；属于构件承载力（强度）要求的相关规定，比如内力计算、楼层承载力突变评价等，可采用连梁刚度折减的计算结果执行。

### 7.7.3 抗震设计时，如遇剪力墙连梁剪压比超限，一般应如何处理

剪力墙连梁对剪切变形十分敏感，其平均剪应力大小对连梁破坏性能影响较大，尤其在小跨高比条件下，如果平均剪应力过大，会使连梁在早期出现斜裂缝，在箍筋充分发挥作用之前，连梁就会发生剪切破坏。特别是抗震设计时，在很多情况下设计计算会出现连梁剪压比不满足规范规定，也即连梁抗剪超筋的情况，此时即使配置很多抗剪钢筋，也不能满足连梁抗剪承载力要求，过早产生剪切破坏。这是小跨高比连梁抗震设计时的一个比较难解决的问题。根据规范的有关规定，提出一些处理方法，供设计参考。

《〈建筑抗震设计规范〉（GB 50011—2010）问题解答》如是说：

“关于连梁剪压比超限的设计对策；当连梁刚度折减后，仍存在剪压比超限时，应根据超限的数量和程度采取如下措施：

① 多数（30%以上）连梁剪压比超限，且超限程度较大，说明连梁刚度相对偏大，应调整结构布局，增加墙肢的相对刚度，比如减小连梁截面高度、变单连梁为双连梁或多连梁、增加墙肢数量等。

② 仅部分（30%以内）连梁剪压比超限，且超限程度不大，可采用双连梁或多连梁作局部调整，也可按剪压比限值对应的剪力和弯矩进行连梁设计，但抗震墙的墙肢及其他连梁的内力应相应调整。”

（1）减小连梁截面高度 $h$ 或采取其他减小连梁刚度的措施（见图 7－8），如《抗规》提出的设水平缝形成双连梁、多连梁等。这种做法的目的是通过减小连梁的截面高度，进而降低连梁抗弯刚度，减小连梁弯矩、减小连梁剪力设计值。

图 7－8　减小连梁截面高度 $h$

注意：目前 PKPM 4.1 这样处理（见图 7－9）。

① 左图设缝位置只能按框架梁建模设缝；

② 右图在楼层处设缝，可按开洞输入设处缝，也可按框架梁输入设缝。

（2）对剪力墙连梁的弯矩进行塑性调幅。连梁塑性调幅有两种方法：一是按照《高规》

第 5.2.1 条的方法，在内力计算前就对连梁刚度进行折减；二是在内力计算之后，将连梁弯矩和剪力组合值乘以折减系数。两种方法的效果都是减小连梁内力和配筋。

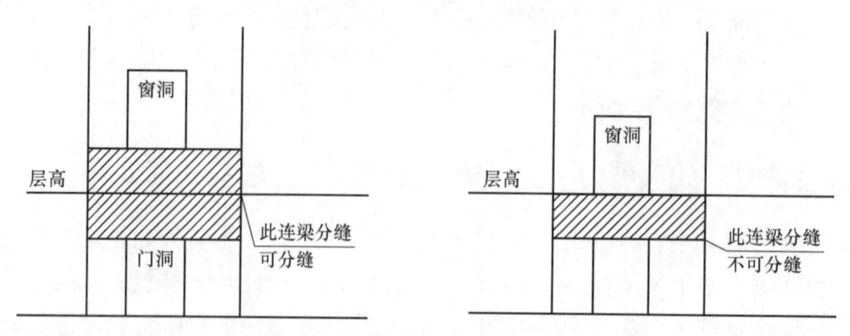


图 7－9 PKPM 4.1 处理方式

无论用什么方法，连梁调幅后的弯矩、剪力设计值不应低于使用状况下的值，也不宜低于比设防烈度低一度的地震作用组合所得的弯矩、剪力设计值，其目的是避免在正常使用条件下或较小的地震作用下在连梁上出现裂缝。因此建议一般情况下，可掌握调幅后的弯矩不小于调幅前按刚度不折减计算的弯矩（完全弹性）的 0.8 倍（6～7 度）和 0.5 倍（8～9 度），并不小于风荷载作用下的连梁弯矩。这种做法实际上就是不减小连梁的截面高度而减小连梁剪力设计值。

用弯矩调幅后对应的剪力设计值进行剪压比限值验算。但如果塑性调幅后仍不能满足剪压比限值的要求，例如由于结构体系的原因，有些连梁不能通过在连梁上开洞、弯矩进行塑性调幅等方式满足其抗剪要求，而必须采用跨高比很小的强连梁，以便和墙肢构成框筒或联肢墙。如在筒中筒结构中，必须采用跨高比很小的裙梁和剪力墙肢构成抗侧力刚度很大的外框筒；框架－核心筒结构的核心筒为了满足结构的抗侧移要求或结构耗能能力及延性性能，也需要采用跨高比很小的强连梁，此时，不能采用减小连梁截面高度、弯矩进行塑性调幅等做法。即应注意上述第一、二种方法的适用范围。

（3）仅个别（5%以内）连梁剪压比超限，且超限程度不大，可采用将这些连梁两端定于为铰接进行整体计算。

《高规》第 7.2.26 条条文说明：当第（1）（2）的措施不能解决问题时，允许采用方法（3）处理，即假定连梁在大震下剪切破坏，不再能约束墙肢，因此可考虑连梁不参与工作，而按独立墙肢进行第二次结构内力分析。它相当于剪力墙第二道防线，这种情况往往使墙肢的内力及配筋加大，可保证墙肢安全。第二道防线的计算没有了连梁的约束，位移会加大，但是大震作用下就不必按小震作用要求限制其位移。

《广东高规》第 7.2.22－3 条：当连梁破坏对承受竖向荷载无明显影响时，可按独立墙肢的计算简图进行第二次多遇地震作用下的内力分析，墙肢截面按两次计算的较大值计算配筋。第二次计算时不考虑其对位移的影响。

（4）对于一、二级抗震等级的连梁，当跨高比不大于 2.0、截面宽度不小于 250mm 时，增设交叉斜筋配筋抗剪（见图 7－10）或同时配置普通垂直箍筋，两者共同抗剪。

国内外进行的连梁抗震受剪性能试验表明：采用不同的配筋方式，连梁达到所需延性时能承受的最大剪压比是不同的。通过改变小跨高比连梁的配筋方式，可以在不降低或有限降低连梁相对作用剪力（即不折减或有限折减连梁刚度）的条件下提高连梁的延性，使该类连梁发生剪切破坏时，其延性能力能够达到地震作用时剪力墙对连梁的延性需求，对提高其抗震性能有较好的作用。

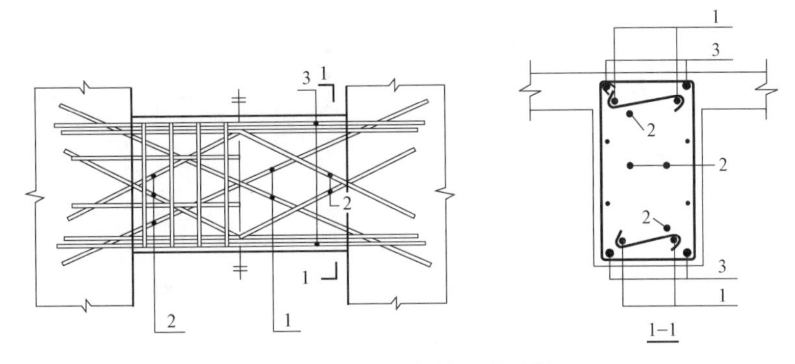


图 7－10　交叉斜筋配筋连梁

1—对角斜筋；2—折线筋；3—纵向钢筋

如交叉斜筋配筋连梁的斜截面受剪承载力应符合下列要求

$$V_{wb} \leqslant \frac{1}{\gamma_{RE}}[0.4f_t bh_0 + (2.0\sin\alpha + 0.6\eta)f_{yd}A_{sd}] \tag{7-6}$$

$$\eta = (f_{sv}A_{sv}h_0)/(sf_{yd}A_{yd}) \tag{7-7}$$

式中　$\eta$——箍筋与对角斜筋的配筋强度比，当小于 0.6 时取 0.6，当大于 1.2 时取 1.2；

$\alpha$——对角斜筋与梁纵轴的夹角；

$f_{yd}$——对角斜筋的抗拉强度设计值；

$A_{sd}$——单向对角斜筋的截面面积；

$A_{sv}$——同一截面内箍筋各肢的全部截面面积。

$A_{sd}$ 是指图 7－10 中的 1～3 号钢筋。

1）单向斜筋如何理解？这里单向斜筋是指图中 1 号筋总面积的一半面积。

2）2 号筋如何计算？2 号折线筋为构造钢筋，单组折筋的截面面积取为单向对角斜筋面积的一半，且直径不宜小于 12mm。

3）如何配置？为连梁计算需要的纵向钢筋，且上、下单侧纵向钢筋的最小配筋率不应小于 0.15%。

（5）钢板混凝土连梁：见《高层建筑钢－混凝土混合结构设计规程》（CECS 230：2008）。

具体做法参考图 7－11。

《高层建筑钢－混凝土混合结构设计规程》（CECS 230：2008）第 6.5.5 条规定：钢板混凝土连梁的截面限制条件，应符合下列规定：

无地震作用组合时

$$V_b \leqslant 0.30\beta_c f_c bh_{b0} \tag{7-8}$$

有地震作用组合时

$$V_b \leqslant \frac{1}{\gamma_{RE}}(0.2\beta_c f_c bh_{b0}) \tag{7-9}$$

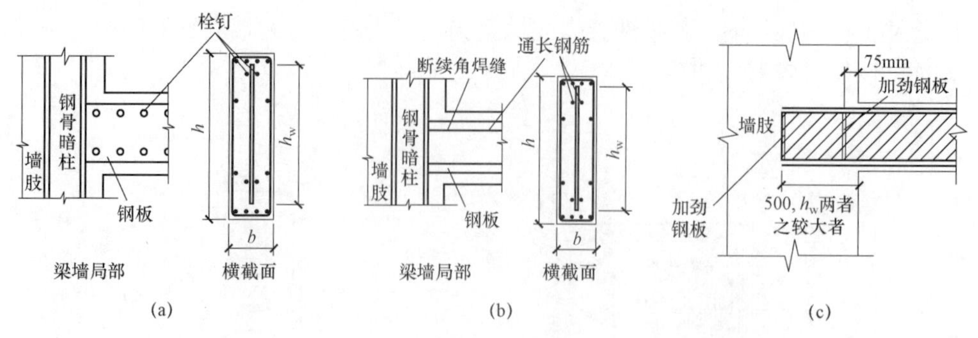


图 7－11　钢板混凝土连梁具体做法

（a）焊栓钉；（b）焊接带肋钢筋；（c）钢板在墙肢内的锚固

相对于普通连梁，其剪压比限值也有所提高，其中在有地震组合时，很多专家建议上式中 0.2 的系数可提高到 0.25。

某工程采用的钢板混凝土连梁如图 7－12 所示。相对于交叉斜筋施工简单。

图 7－12　钢板混凝土连梁工程应用

（6）采用钢板连梁——耗能型连梁。耗能型钢连梁，可用于混凝土联肢剪力墙中替代传统混凝土连梁，可大幅度提高连梁的刚度、承载力、延性与耗能能力，可根据需要设计成弯曲耗能型、剪切耗能型和弯剪耗能型，具有屈服时机可控、震后可更换等优点（见图 7－13 和图 7－14）。

但这种连梁连接构造复杂，不利于暗埋管线，也不方便装修封堵，对于厚度较薄的剪力墙要慎重采用。

图 7－13　耗能型钢连梁工程应用

图 7－14　某科技馆耗能连梁

特别提醒注意：当剪压比超限连梁较多时，也可参考 SATWE 程序如下建议处理。

“墙梁跨中节点作为刚性楼板从节点”选择问题：当剪压比超限连梁较多时，可不勾选该参数；当结构整体刚度偏小时，可勾选该参数（见图 7－15）。目前没有勾选或者不勾选的强制要求，可由设计人自行掌握。

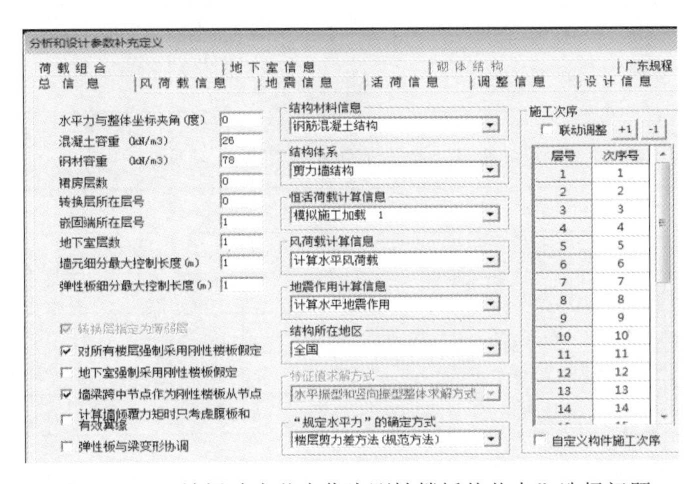


图 7－15　“墙梁跨中节点作为刚性楼板从节点”选择问题

《广东高规》第 5.1.4 条：连梁可用杆单元或壳单元模拟，当连梁的跨高比小于 2 时，宜用壳单元模拟（见图 7－16）。

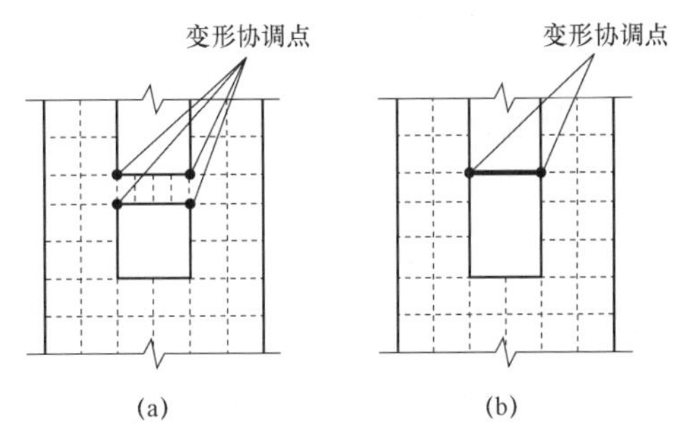


图 7－16　墙连梁两种建模方式的单元模型及变形协调点示意图

（a）墙开洞方式输入；（b）按梁方式输入

## 7.8 关于消防车荷载问题

### 7.8.1 消防车荷载如何考虑覆土厚度影响问题

本次《荷载规范》增加了“消防车荷载考虑覆土厚度的折减系数”，见《荷载规范》附录B。第B.0.1条：当考虑覆土对楼面消防车活荷载的影响时，可对楼面消防车活荷载标准值进行折减，折减系数可按表B.0.1（见表7－11）、表B.0.2（见表7－12）采用。

表7－11　　单向板楼盖楼面消防车活荷载折减系数

| 折算覆土厚度 $\hat{s}$/m | 楼板跨度/m | | |
|---|---|---|---|
| | 2 | 3 | 4 |
| 0 | 1.00 | 1.00 | 1.00 |
| 0.5 | 0.94 | 0.94 | 0.94 |
| 1.0 | 0.88 | 0.88 | 0.88 |
| 1.5 | 0.82 | 0.80 | 0.81 |
| 2.0 | 0.70 | 0.70 | 0.81 |
| 2.5 | 0.56 | 0.60 | 0.62 |
| 3.0 | 0.46 | 0.51 | 0.54 |

表7－12　　双向板楼盖楼面消防车活荷载折减系数

| 折算覆土厚度 $\hat{s}$（m） | 楼板跨度（m） | | | |
|---|---|---|---|---|
| | 3×3 | 4×4 | 5×5 | 6×6 |
| 0 | 1.00 | 1.00 | 1.00 | 1.00 |
| 0.5 | 0.95 | 0.96 | 0.99 | 1.00 |
| 1.0 | 0.88 | 0.93 | 0.98 | 1.00 |
| 1.5 | 0.79 | 0.83 | 0.93 | 1.00 |
| 2.0 | 0.67 | 0.72 | 0.81 | 0.92 |
| 2.5 | 0.57 | 0.62 | 0.70 | 0.81 |
| 3.0 | 0.48 | 0.54 | 0.61 | 0.71 |

有部分读者不理解上表中当覆土厚度为1.5m时，为何不同板跨度折减系数出现非规律性？这是由于两辆消防车轮压不利布置组合的结果，如图7－17所示。

### 7.8.2 遇到特殊情况如何合理选择消防车荷载

遇有以下特殊情况：

（1）如果双向板不是正方形板（3m×3m～6m×6m），而是长方形双向板[3m×(4～9m)]，这个时候规范建议可偏于安全按短跨确定其消防车荷载。比如3m×6m板，则依然取＝35kN/m$^2$，显然不尽合理！

目前工程界也有：

1）取长、短跨的平均值。

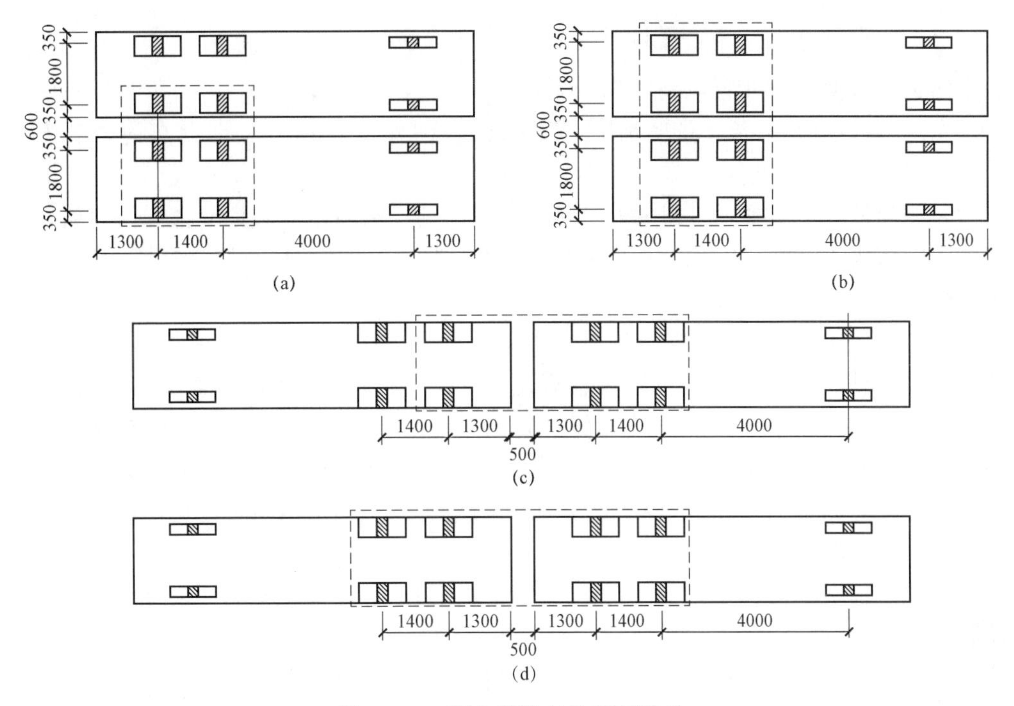


图 7－17　两台消防车的平面排列

（a）两台消防车并排 6 个轮在板内；（b）两台消防车并排 8 个轮在板内；
（c）两台消防车单排 6 个轮在板内；（d）两台消防车单排 8 个轮在板内

如 3m×6m 板，则取值＝（35＋20）$kN/m^2/2 = 27.5kN/m^2$

2）也有按面积折算取值。

如 3m×6m 板：则取值$=[35-\{(18-9)/(36-9)\times(35-20)]kN/m^2=30kN/m^2$

3）如 2016 年《江苏审图》建议如下：

《建筑结构荷载规范》（GB 50009—2012，以下简称 GB 50009）表 5.1.1 注 4：“第 8 项消防车活荷载，当双向板楼盖板跨介于 3m×3m～6m×6m 之间时应按线性插值确定”。经试算按跨度插值其结果比按面积插值略小，相差不超过 5%（见表 7－13）。两种方法都可以，如果板块非正方形可按面积插值折减。

**表 7－13　　非正方形面积对比**

| 跨度 | 按跨度折减 | 按面积折减 | 折减后比值 |
|---|---|---|---|
| 4m×4m | 30 | 31.11 | 0.964:1 |
| 4.5m×4.5m | 27.5 | 28.75 | 0.957:1 |
| 5m×5m | 25 | 26.11 | 0.957:1 |

（2）如果单向板跨度小于 2m 或双向板跨小于 3m×3m 时，消防车荷载标准值如何取值？

此时应不小于 $35.0kN/m^2$。建议设计人员依据荷载等效的原则对其进行等效，不宜直接采用 $35.0kN/m^2$。

当跨度接近 3m×3m 时（比如 2.8m×2.8m），也可近似地按 3m×3m～6m×6m 的线

性关系适当线性外插入。

当然也可改变结构布置以适应规范规定。

注意：《荷载规范》条文说明指出，当单向板跨度在2～4m时，消防车荷载可按跨度在（35～25kN/m$^2$）之间插入。

（3）双向板或无梁楼盖（柱距小于6m×6m）时，消防车荷载标准值如何取值？

此时应该大于20.0kN/m$^2$；建议设计人员依据荷载等效的原则对其进行等效，不应直接采用20.0kN/m$^2$。

可以近似按线性直线插入确定，当然最好是改变结构布置以适应规范要求。

（4）《荷载规范》给出的消防车库荷载是基于：全车总重300kN，前轴重力60kN，后轴2×120kN，共有2个前轮，4个后轮，轮压作用尺寸0.2m×0.6m。选择的楼板跨度为2～4m的单向板和3～6m的双向板。计算中综合考虑消费车台数、楼板跨度、板长宽比以及覆土厚度等因素的影响，按照荷载最不利的布置原则确定消防车位置，采用有限元软件进行分析统计的结果。

（5）如果消费车荷载及其他条件不满足上述条件，就不能直接引用《荷载规范》给出的荷载值，需要依据消防车荷载及相关参数利用有限元进行具体分析确定。

（6）《技术措施》2003版有汽车荷载550kN的轮距轮压资料；

2　前轴重力30kN，4中轴2×120kN、4后轴2×140kN

工程界有人取：55/30＝1.83倍（按总重量比），当然是不合适的取法。

作者认为应取140/120＝1.17倍（按后轴轮压比）

广东省标准《建筑结构荷载规范》（DBJ 15—101—2014）（以下简称《广东荷载规范》）明确按轮压折算。

（7）提醒设计注意：

1）如果在计算消防均布等效荷载时，顶板覆土厚度小于0.5m，建议按《荷载规范》附录C“楼板等效均布活荷载的确定方法”计算等效活荷载及局部荷载冲对板的冲切验算。

2）消防车荷载下不计算结构的裂缝及挠度、不需要验算地基承载力；设计基础时也可不考虑消防车荷载作用。

3）对于覆土厚度小于0.7m的消防车荷载，还需要考虑动荷载的影响，按表7-14乘以动力放大系数。

**表7-14　动力放大系数**

| 覆土厚度/m | ≤0.25 | 0.30 | 0.40 | 0.50 | 0.60 | ≥0.70 |
|---|---|---|---|---|---|---|
| 动力系数 | 1.30 | 1.25 | 1.20 | 1.15 | 1.05 | 1.00 |

注：《荷载规范》第5.6.2条规定搬运和装卸重物以及车辆启动和刹车的动力系数用1.1～1.3，其动力荷载只传至楼板和梁。

（8）特别注意：消防车荷载理论上应属偶然荷载，但考虑其偶然出现，但荷载还不够大，所以规范没有将其归在偶然荷载中。也就是说不与其他偶然荷载组合。

根据《荷载规范》第5.1.3条计算建筑的重力荷载代表值时，是否考虑按等效均布计算的楼面消防车荷载？如需考虑，组合值系数取多少合适？

根据概率原理，当建筑工程发生火灾、消防车进行消防作业的同时，本地区发生 50 年一遇地震（多遇地震）的可能性是很小的。因此，对于建筑抗震设计来说，消防车荷载属于另一种偶然荷载，计算建筑的重力荷载代表值时，可不予考虑。实际工程设计时，等效均布的楼面消防车荷载可按楼面活荷载对待，参与结构设计计算，但不参与地震作用效应组合。

（9）对于计算梁、柱、墙、基础时都需要考虑消防车荷载的折减问题。

这点实际是考虑活荷载同时出现的概率问题，作用在楼面上的活荷载，不可能以标准值的大小同时布满在所有的楼面上，即活荷载的折减系数与楼面构件“从属的面积”密切相关，一般来讲楼面构件从属面越大，活荷载折减系数应越大。

这里的“从属面积”是这样规定的：对单向板的梁，其从属面积为梁两侧各延伸二分之一梁间距范围的面积；对于双向板的梁，其从属面积由板面的剪力零线围成；对于支撑梁的柱、墙，其从属面积为所支撑梁的从属面积之和；对于多层房屋，墙、柱的从属面积为其上所有柱、墙从属面积之和。

《荷载规范》第 5.1.2 条第 1 款 3）规定如下：

对于单向板楼盖次梁和槽形板的纵肋应取 0.8，对于单向板楼盖的主梁应取 0.6，（强条），对双向板楼盖的梁（注意没有区分主次梁）应取 0.8。（强条）。

设计墙、柱时可按实际情况考虑；这是由于消防车荷载大，但出现的概率又很小，作用时间又短。在设计墙、柱时允许设计人员进行较大的折减，具体折减系数由设计人员依据工程情况根据经验确定。

建议可以按柱（墙）的跨度采用消防车荷载，然后再乘以 0.8 的折扣系数。

基于以上规范规定折减系数的选取比较含糊，目前工程界主要有以下两种选择，见工程案例 7－8。

**【工程案例 7－8】**某工程柱距为 9m×9m，井字梁分割的板是 3m×3m 双向板布置，如图 7－18 所示。

计算板、梁、柱时消防车荷载及折减系数取值如下：

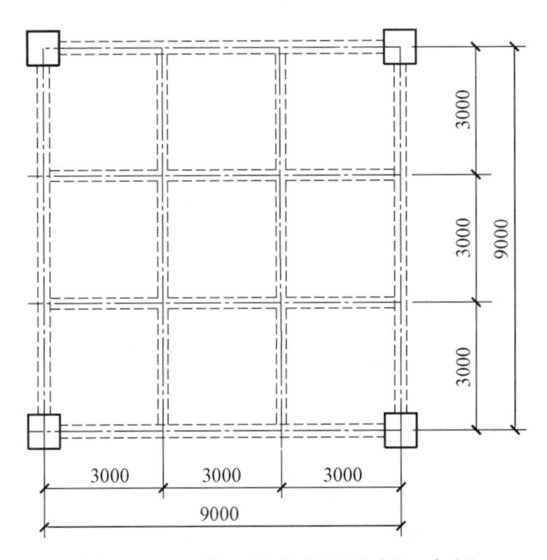


图 7－18　某工程井字梁分割双向板

第一种选取方法：

（1）计算板时应取 35kN/m$^2$；

（2）计算梁时（主梁及次梁）取值 35×0.8=28kN/m$^2$；

（3）计算墙、柱时取值 20×0.8=16kN/m$^2$。

注：考虑柱形成的板区格 9m×9m 已经不小于规范规定 6m×6m，消防车荷载可取 20kN/m$^2$。

第二种选取方法：

（1）计算板时应取 35kN/m$^2$；

（2）计算梁时（井字次梁）取值 35×0.8=28kN/m$^2$；

（3）计算梁时（框架主梁）取值 20×0.8=16kN/m$^2$；

（4）计算墙、柱时取值，折减系数取 0。

注：考虑主梁形成的板区格 9m×9m，已经不小于规范规定 6m×6m，消防车荷载可取 20kN/m$^2$。

作者认为第一种符合规范本意，但第二种更合理。

**【2016 湖北施工图审查结构专业疑难问题及答复】**《建筑结构荷载规范》（GB 50009—2012）表 5.1.1 第 8 项消防车荷载取值。

设计问题：当板跨≥6m 时，消防车荷载取 20kN/m$^2$；当板跨≥3m 时，消防车荷载取 35kN/m$^2$。对板设计时消防车荷载如此取值是合理的；但对框架梁设计，荷载与次梁的布置即板跨没有关系，例如 8m×8m 柱网的框架梁，无论设置一道次梁、两道次梁、无次梁三种情况，对框架主梁受力应该没有变化。但按《荷载规范》无次梁的框架消防车荷载取 20kN/m$^2$，有次梁的，却要取 35kN/m$^2$。因此对框架受力，应以柱网尺寸确定消防车荷载，而不以板跨确定荷载。是否合适？

审图答复：消防车荷载为等效均布荷载，按一辆汽车总重为 300kN，一个后轮最大轮压 6.0kN 作用在 0.6m×0.2m 的局部面积上，按四边简支双向板的绝对最大弯矩等值来确定。该等效均布荷载用来计算板的承载力，计算双向板次梁时可乘以 0.8。

计算框架主梁时，如柱距不小于 6m，则可取 20kN/m$^2$×0.8。

### 7.8.3 关于消防车荷载分项系数的取值问题

（1）关于荷载分项系数取值的补充，见《广东荷载规范》（2014 年版）：

3.2.4 基本组合的荷载分项系数，应按下列规定采用：

1 永久荷载的分项系数应符合下列规定：

1）当永久荷载效应对结构不利时，对由可变荷载效应控制的组合应取 1.2，对由永久荷载效应控制的组合应取 1.35；

2）当永久荷载效应对结构有利时，不应大于 1.0。

2 可变荷载的分项系数应符合下列规定：

1）对标准值大于 4kN/m$^2$ 的工业房屋楼面结构的活荷载，应取 1.3；

2）其他情况，应取 1.4。

3 对结构的倾覆、滑移或漂浮验算，荷载的分项系数应满足有关的建筑结构设计规范的规定。

3.2.5 地下水压力、消防车荷载及施工堆载的分项系数可按下列规定采用：

1　地下水压力分项系数按如下规定取值：

1）按历史最高水位计算承载力时，水压力分项系数取 1.0，无承压水情况下最高水位一般取到地面；

2）其他情况，取 1.2。

2　消防车荷载取 1.0。

3　施工堆载取 1.0。

消防车荷载在消防车库及其车道区域的活荷载分项系数取 1.4，组合值系数 0.7，频遇值系数 0.7，准永久值系数 0.6；在其余有可能行走消防车区域的活荷载分项系数取 1.0，组合值系数、频遇值系数及准永久值系数按表 5.1.1 采用。

（2）中国建筑设计院有限公司 2018《技术措施》也明确，消防车荷载分项系数为 1.0。

（3）作者认为由消防车荷载属性“另一种偶然荷载”可知，分项系数应取为 1.0。

## 7.9　关于山坡建筑结构基本风压取值问题

**【工程案例 7－9】** 浙江温州某工程，地处如图 7－19 所示位置，问此建筑物风荷载如何？设计院有 2 种观点：

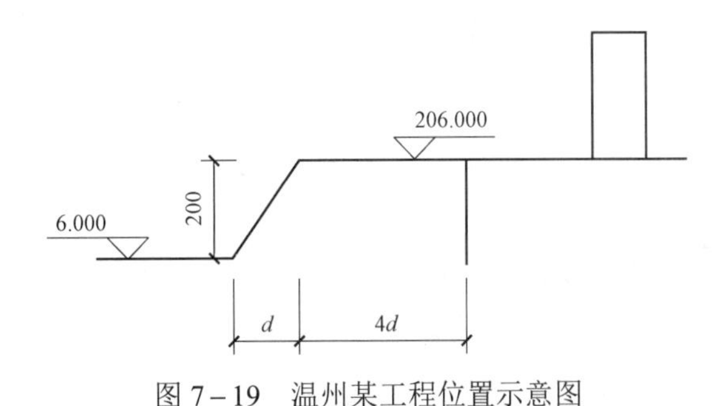


图 7－19　温州某工程位置示意图

观点一：认为高度修正应以 6.00 标高为起算点，即本工程高度修正应为 200＋建筑高度 $H$；

观点二：认为高度修正应以 206.00 为起算点，即本工程高度修正应为建筑高度 $H$。

我们先看看《荷载规范》是如何规定的：

《荷载规范》（GB 50009—2012）规定温州地区海拔 6.0m，50 年一遇基本风压为 0.60kN/m$^2$，见表 7－15。

**表 7－15　　全国各城市的雪压、风压和基本气温（节选）**

| 省市名 | 城市名 | 海拔高度/m | 风压/（kN/m$^2$） | | | 雪压/（kN/m$^2$） | | | 基本气温/℃ | | 雪荷载准永久值系数分区 |
|---|---|---|---|---|---|---|---|---|---|---|---|
| | | | $R=10$ | $R=50$ | $R=100$ | $R=10$ | $R=50$ | $R=100$ | 最低 | 最高 | |
| 浙江 | 舟山市 | 35.7 | 0.50 | 0.85 | 1.00 | 0.30 | 0.50 | 0.60 | －2 | 35 | Ⅲ |
| | 金华市 | 62.6 | 0.25 | 0.35 | 0.40 | 0.35 | 0.55 | 0.65 | －3 | 39 | Ⅲ |

续表

| 省市名 | 城市名 | 海拔高度/m | 风压/（kN/m²） | | | 雪压/（kN/m²） | | | 基本气温/℃ | | 雪荷载准永久值系数分区 |
|---|---|---|---|---|---|---|---|---|---|---|---|
| | | | $R=10$ | $R=50$ | $R=100$ | $R=10$ | $R=50$ | $R=100$ | 最低 | 最高 | |
| 浙江 | 嵊县 | 104.3 | 0.25 | 0.40 | 0.50 | 0.35 | 0.55 | 0.65 | −3 | 39 | Ⅲ |
| | 宁波市 | 4.2 | 0.30 | 0.50 | 0.60 | 0.20 | 0.30 | 0.35 | −3 | 37 | Ⅲ |
| | 象山县石浦 | 128.4 | 0.75 | 1.20 | 1.45 | 0.20 | 0.30 | 0.35 | −2 | 35 | Ⅲ |
| | 衡州市 | 66.9 | 0.25 | 0.35 | 0.40 | 0.30 | 0.50 | 0.60 | −3 | 38 | Ⅲ |
| | 丽水市 | 60.8 | 0.20 | 0.30 | 0.35 | 0.30 | 0.45 | 0.50 | −3 | 39 | Ⅲ |
| | 龙泉 | 198.4 | 0.20 | 0.30 | 0.35 | 0.35 | 0.55 | 0.65 | −2 | 38 | Ⅲ |
| | 临海市括苍山 | 1383.1 | 0.60 | 0.90 | 1.05 | 0.45 | 0.65 | 0.75 | −8 | 29 | Ⅲ |
| | 温州市 | 6.0 | 0.35 | 0.60 | 0.70 | 0.25 | 0.35 | 0.40 | 0 | 36 | Ⅲ |
| | 椒江市洪家 | 1.3 | 0.35 | 0.55 | 0.65 | 0.20 | 0.30 | 0.35 | −2 | 36 | Ⅲ |
| | 椒江市下大陈 | 86.2 | 0.95 | 1.45 | 1.75 | 0.25 | 0.35 | 0.40 | −1 | 33 | Ⅲ |
| | 玉环县坎门 | 95.9 | 0.70 | 1.20 | 1.45 | 0.20 | 0.35 | 0.40 | 0 | 34 | Ⅲ |
| | 瑞安市北麂 | 42.3 | 1.00 | 1.80 | 2.20 | — | — | — | 2 | 33 | — |

作者经过分析认为：观点一不合适，观点二合理，应该按《荷载规范》8.2.2 修正即可。

作者又建议设计单位咨询规范主编。规范主编也认为对于这样的情况，直接按温州 0.60kN/m²，再结合《荷载规范》第 8.2.2 条进行调整即可。

## 7.10 计算大型雨篷等轻型屋面结构构件时，除按《荷载规范》规定需要考虑风吸力之外，是否还需要考虑风压力的作用

通常情况下，作用于建筑物表面的风荷载分布并不均匀，在角隅、檐口、边棱处和在附属结构的部位（如阳台、雨篷等外挑构件），局部风压会超过一般部位的风压。所以规范对这些部位的体型系数进行了调整放大，但遗憾的是规范仅给出这些部位的风吸力（向上作用），并未给出这些附属在主体建筑外（如阳台、雨篷等外挑构件）的压力（向下作用）。实际上有时这种向下作用的力还是不可忽视的，这已经通过很多工程风洞试验得到验证。设计人可以看图 7－20 高层建筑周边流场分析图。比如作者主持设计的宁夏万豪大厦工程（见图 7－21），表 7－16 为试验得出的裙房屋面及雨篷正负风压体型系数。

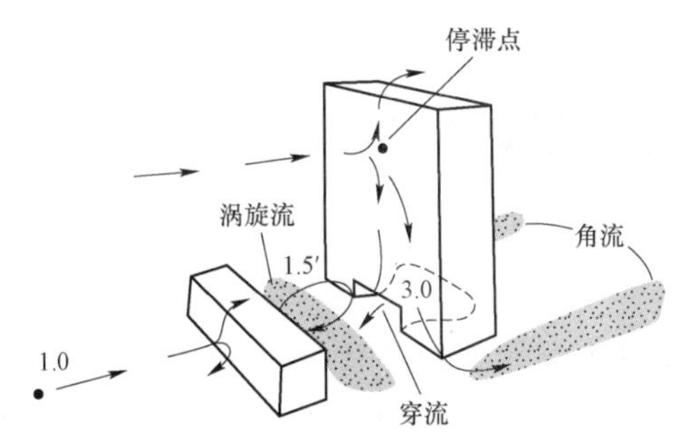


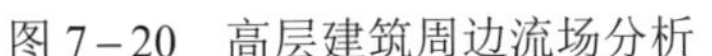
图 7－20　高层建筑周边流场分析

图 7－21　宁夏万豪大厦工程风洞试验模型

**表 7－16　　裙房顶面及雨篷下表面正负风压体型系数**

| 作用部位 | 正风压（压力） | 负风压（吸力） |
| --- | --- | --- |
| 裙房顶部 | 1.23 | －2.92 |
| 雨篷下表面 | 0.86 | －1.95 |

由表 7－16 可以看出：对于大底盘建筑，在裙房屋面设计时，还需要考虑正风压的影响，对于雨篷构件就更加应该重视这个问题。再比如作者 2016 年任咨询顾问的风洞实验模型及正负风压体型系数如图 7－22 和表 7－17 所示。

图 7－22　风洞实验模型及周边建筑分布情况

**表 7－17　　一、二层雨篷正负风压系数**

| 作用部位 | 正风压（压力） | 负风压（吸力） |
| --- | --- | --- |
| 一层雨篷 | 0.73 | －1.27 |
| 二层雨篷 | 0.66 | －1.18 |

然而《荷载规范》第 8.3.3－2 条：檐口、雨篷、遮阳板、边棱处的装饰条等突出构件，取体系系数 $\mu_s = -2.0$（注意是向上的吸力），仅给出了这些构件的吸力，没有给出风的压力作用。

作者建议读者可以参考《钢雨篷》（07SG528－1）图集。这个图集中给出了在计算雨篷时风荷载体型系数：负风压体型系数－2.0，正风压体型系数 1.0。

广东《高层建筑混凝土结构技术规程》（DBJ/T 15—92—2021）也明确：计算局部向下的风荷载时，体型系数不宜小于 1.0。

说明作者多年前发现的问题，陆续被业界引起重视。多年的业界呼吁还是有成果的。

## 7.11 《地规》对独立柱基础设计有哪些调整补充

### 7.11.1 《地规》规定做了哪些调整

（1）《地规》第 8.2.1－3 条：扩展基础受力钢筋最小配筋率不应小于 0.15%，底板受力钢筋最小直径不应小于 10mm，间距不应大于 200mm，也不应小于 100mm。

说明：《地规》增加了最小配筋率 0.15%的要求，且将原规范中“不宜”均改为“不应”，可见现行规范比原规范的要求更加严了。

（2）为了避免由于基础板较厚而使其按照最小配筋率计算的基础用钢量过大，新版《地规》第 8.2.11 条规定了对于阶梯形和锥形基础，可将其截面折算成矩形，其折算截面的宽度 $b_0$ 及有效高度 $h_0$ 按《地规》附录 U 确定。

说明：这一条同时也解决了原规范对在计算最小配筋率时，取哪个截面进行计算的困惑。

### 7.11.2 关于锥形基础与阶梯基础经济性对比分析

**【工程案例 7－10】** 关于锥形基础与阶梯基础的对比分析

以 2800mm×2800mm×600mm 基础为例（见图 7－23）。

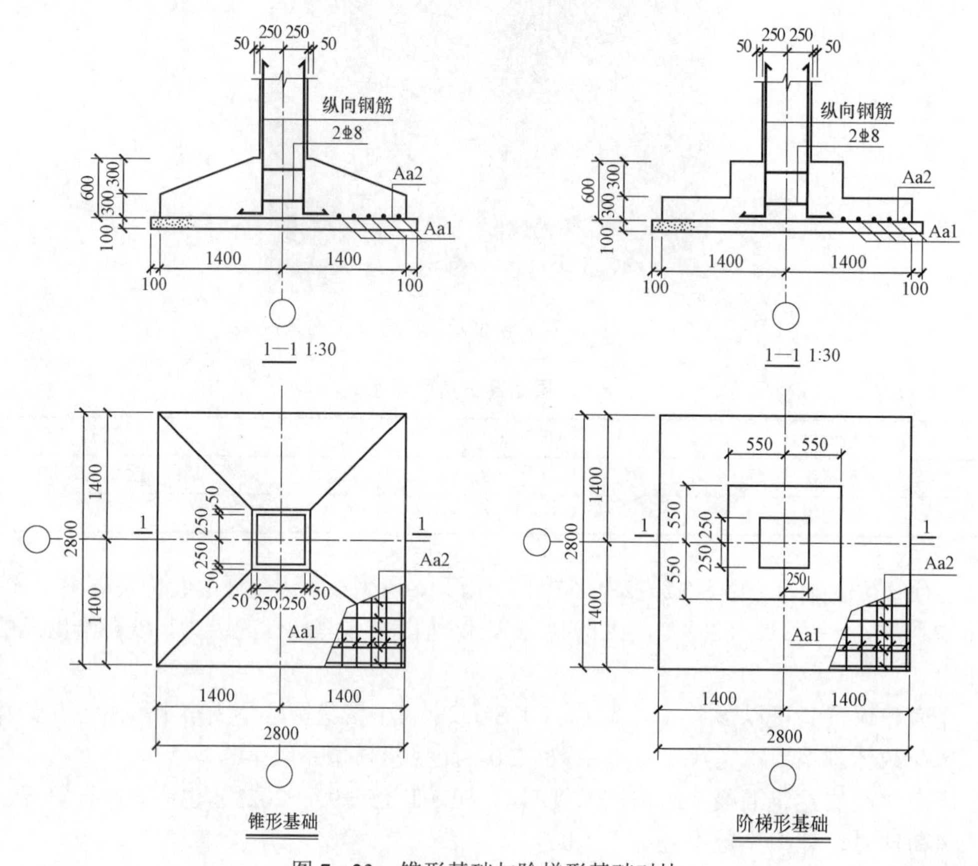


图 7－23 锥形基础与阶梯形基础对比

图中，实际截面宽度为2800mm。

锥形基础：等效截面宽 $b_{x,y}=2250$mm。

阶梯形基础：等效截面宽 $b_{x,y}=1950$mm。

由以上计算折算宽度可以看出：阶梯式独立基础的材料耗量要比锥形基础小。

### 7.11.3 关于柱下独立基础底板配筋计算应注意的问题

独立柱基础在轴心荷载或单向偏心荷载作用下底板受弯可按《地规》公式（8.2.11－1，2）简化方法计算。

但设计者请注意：使用上述公式是有前提条件的，对于矩形基础，当台阶的宽高比小于或等于2.5和偏心距小于或等于1/6基础宽度时，任意截面的弯矩才可按规范给出的公式计算。

为什么要有这样的使用条件限制呢？解释如下：

本条款中的公式（8.2.11－1）和公式（8.2.11－2）是以基础台阶宽高比小于或等于2.5，以及基础底面与地基土之间不出现零应力区（$e\leqslant b/6$）为条件推导出来的弯矩简化计算公式，适用于除岩石以外的地基。其中，基础台阶宽高比小于或等于2.5是基于试验结果，旨在保证基底反力呈直线分布。中国建筑科学研究院地基所黄熙龄、郭天强对不同宽高比的板进行了试验，试验板的面积为 1.0m×1.0m。试验结果表明：在轴向荷载作用下，当 $h/l\leqslant0.125$ 时，基底反力呈现中部大、端部小［见图 7－24（a）、（b）］，地基承载力没有充分发挥，基础板就出现井字形受弯破坏裂缝；当 $h/l\leqslant0.16$ 时，地基反力呈直线分布，加载超过地基承载力特征值后，基础板发生冲切破坏［见图 7－24（c）］；当 $h/l=0.20$ 时，基础边缘反力逐渐增大，中部反力逐渐减小，在加荷接近冲切承载力时，底部反力向中部集中，最终基础板出现冲切破坏［见图 7－24（d）］。基于试验结果，对基础台阶宽高比提出限制条件。

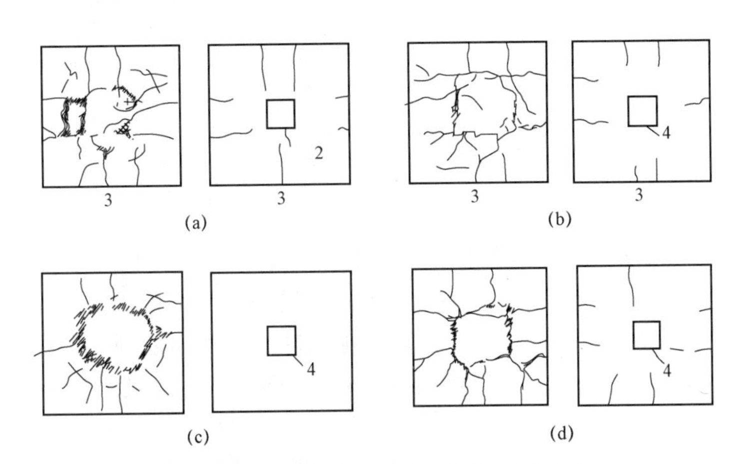


图 7－24 不同宽高比的基础板下反力分布

1—开裂；2—柱边整齐裂缝；3—板底面；4—裂缝

$h$—板厚；$L$—板宽

### 7.11.4 针对《地规》对独立基础抗剪切规定的讨论

**1. 受剪承载力计算**

现行《地规》第 8.2.9 条：当基础底面短边尺寸小于或等于柱宽加两倍基础有效高度时，应按下列公式验算柱与基础交接处截面受剪承载力：

$$V_s \leqslant 0.7\beta_{hs} f_t A_0 \tag{7-10}$$

$$\beta_{hs} = (800/h_0)^{1/4} \tag{7-11}$$

式中 $V_s$——相应于作用的基本组合时，柱与基础交接处的剪力设计值（kN），图（即图 7-25）中的阴影面积乘以基底平均净反力；

$\beta_{hs}$——受剪切承载力截面高度影响系数，当 $h_0$＜800mm 时，取 $h_0$=800mm；当 $h_0$＞2000mm 时，取 $h_0$=2000mm；

$A_0$——验算截面处基础的有效截面面积（$m^2$），当验算截面为阶梯形或锥形时，可将其截面折算成矩形截面，截面的折算宽度和截面的有效高度按本规范附录 U 计算。

实际上就是对于没有完整冲切面的基础就要进行抗剪验算，这条也是新版规范增加的内容，参见图 7-25。

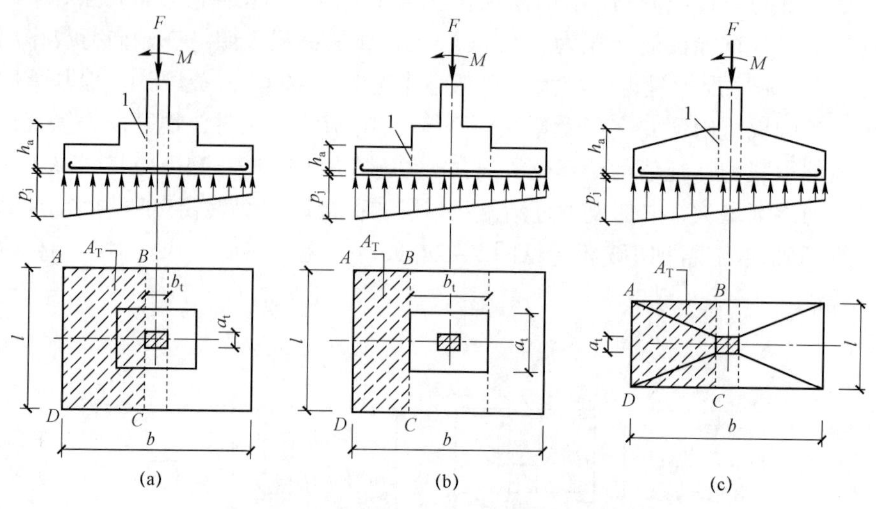


图 7-25 独立基础抗冲切及剪切验算示意图

（a）柱与基础交接处；（b）基础变阶处；（c）锥形基础

条文说明：第 8.2.8、8.2.9 条为保证柱下独立基础双向受力状态，基础底面两个方向的边长一般都保持在相同或相近的范围内，试验结果和大量工程实践表明，当冲切破坏锥体落在基础底面以内时，此类基础的截面高度由受冲切承载力控制。本规范编制时所作的计算分析和比较也表明，符合本规范要求的双向受力独立基础，其剪切所需的截面有效面积一般都能满足要求，无需进行受剪承载力验算。考虑到实际工作中柱下独立基础底面两个方向的边长比值有可能大于 2，此时基础的受力状态接近于单向受力，柱与基础交接处不存在受冲切的问题，仅需对基础进行斜截面受剪承载力验算。因此，本次规范修订时，补充了基础底面短边尺寸小于柱宽加两倍基础有效高度时，验算柱与基础交接处基础受剪承载力的条款……

由上面规范正文与条文解释显然不一致，依据规范编制规定，应以正文为准，条文解释仅仅对正文的解读。

**2. 独基抗剪验算相关问题**

这里需要关注的关于独基抗剪计算的前提条件，从规范的条文可以看出，只要独基的短边尺寸小于柱宽加两倍基础有效高度，就应该进行柱与基础交界面的剪切验算，并没有提及独基长边的尺寸要求。那么，如果独基的长边尺寸也小于柱宽两倍基础有效高度的时候，即当冲切锥体落在基础底面以外的时候，是否需要进行独基的抗剪验算？

如图 7－26 三种独基的尺寸，（a）为冲切破坏锥体（图中虚线部分）落在基础底面以内，按规范要求只需验算独基的冲切；（b）为独基短边尺寸小于柱宽加两倍有效高度，而独基长边尺寸大于柱宽加两倍基础有效高度，按规范条文理解，尺寸应该同时验算独基的冲切和抗剪是否满足要求；至于图（c），长边和短边均小于柱宽加两倍基础有效高度，即此时冲切破锥体落在基础底面以外。

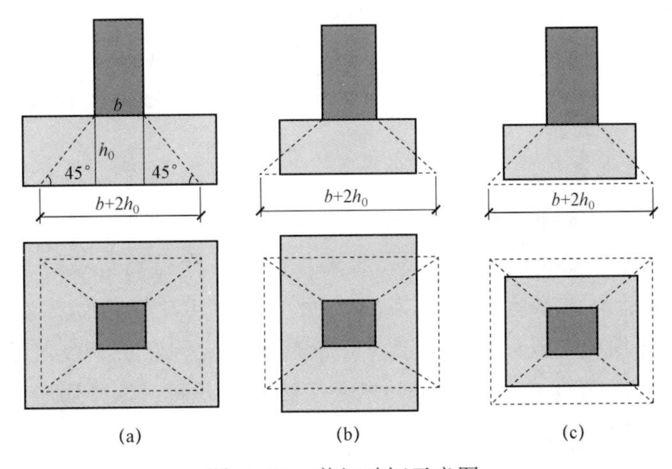


图 7－26 剪切破坏示意图

参看《地规》条文说明 8.2.8 和 8.2.9 相关内容：

为保证柱下独立基础双向受力状态，基础底面两个方向的边长一般都保持在相同或相近的范围内，试验结果和大量工程实践表明，当冲切破坏锥体落在基础底面以内时，此类基础的截面高度由受冲切承载力控制。本规范编制时所作的计算分析和比较也表明，符合本规范要求的双向受力独立基础，其剪切所需的截面有效面积一般都能满足要求，无需进行受剪承载力验算。考虑到实际工作中柱下独立基础底面两个方向的边长比值有可能大于 2，此时基础的受力状态接近于单向受力，柱与基础交接处不存在受冲切的问题，仅需对基础进行斜截面受剪承载力验算。因此，本次规范修订时，补充了基础底面短边尺寸小于柱宽加两倍基础有效高度时，验算柱与基础交接处基础受剪承载力的条款。

从规范条文说明的意思可以梳理出以下信息：① 通常独基设计时应该尽量保证长宽尺寸相等或者接近，这类基础当冲切破坏锥体落在基础底面以内时，即图 7－26（a）中第一种独基类型，只需进行冲切验算。② 如果因为工程实际等原因导致独基长宽尺寸比值大于 2 的情况，此时独基接近于单向受力，仅需验算剪切，如图 7－26（b）所示。

**【工程案例 7－11】**作者任咨询顾问的某 300m 超高层建筑，地基持力层为不可压缩的

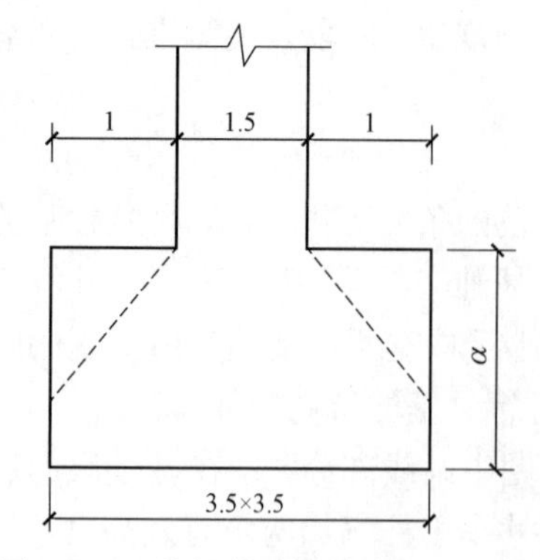


图 7－27　某超高层建筑柱基础示意图

岩石层，原设计采用某软件计算得出柱基础需要3.5m×3.5m×2m（高），如图 7－27 所示。

首先说明，此独立基础无冲切问题。但按《地规》第 8.2.9 条：3.5＜1.5＋2×2＝5.5，需要进行抗剪验算。需要吗？

如果我们将这个基础高改为 0.95，则 3.5＞1.5＋2×0.95＝3.4，这样的结论读者认为合适吗？

同样条件下，基础越高反而要进行抗剪切验算。这自然不尽合理。如果依据条文解释只有当独立基础长宽之比大于 2 时才需要进行抗剪切验算，这个就合理了。

作者个人观点：如果地基无压缩或差异变形，基础就无冲切及剪切问题，但有局部承压问题。这个观点也得到地基界很多专家的认可。

我们再一起看看《建筑地基基础设计规范理解与应用》（第 2 版）：

11. 增加当扩展基础底面短边尺寸小于或等于柱宽加2倍基础有效高度的斜截面受剪承载力计算要求；

二、扩展基础的计算

1. 柱下独立基础的受冲切和受剪切承载力验算

为保证柱下独立基础双向受力状态，基础底面两个方向的边长一般都保持在相同或相近的范围内，试验结果和大量工程实践表明，当冲切破坏锥体落在基础底面以内时（见图 7－28），此类基础的截面高度由受冲切承载力控制。2011 年版规范修订时所作的计算分析和比较也表明，符合本规范要求的双向受力独立基础，其剪切所需的截面有效面积一般都能满足要求，无需进行受剪承载力验算。

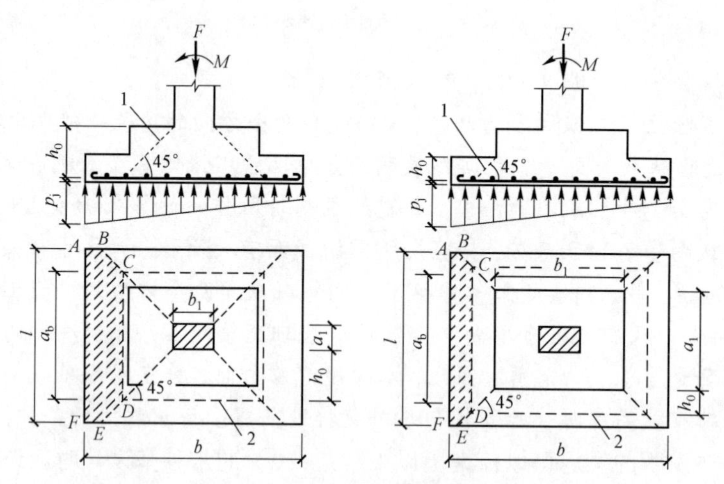


图 7－28　冲切破坏锥体落在基础底面以内

考虑到实际工作中柱下独立基础底面两个方向的边长比值有可能大于 2，此时基础的受力状态接近于单向受力，柱与基础交接处不存在受冲切的问题，仅需对基础进行斜截面受剪承载力验算。因此，本次规范修订时，补充了基础底面宽度小于柱宽加两倍基础有效高度时（见图 7－29），验算柱与基础交接处基础受剪承载力的条款，验算截面取柱边缘。当受剪验算截面为阶梯形及锥形时，可将其截面折算成矩形截面，截面的折算宽度和截面的有效高度按附录 U 计算。

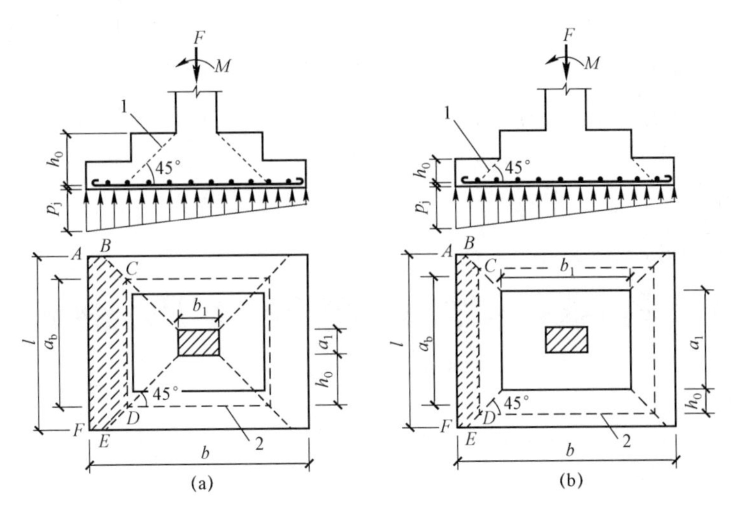


图 7－29　计算阶形基础的受冲切承载力截面位置

（a）柱与基础交接处；（b）基础变阶处

1—冲切破坏锥体最不利一侧的斜截面；2—冲切破坏锥体的底面线

提醒读者注意：今后如果遇到岩石地基独立基础抗剪切验算异常问题，各位可以参考重庆或贵州的地基基础设计规范。这两个地标，针对岩石地基抗剪切进行了研究分析，并给出了修正系数。

（1）重庆市《建筑地基基础设计规范》（DBJ 50—047—2016，以下简称《重庆地基规范》）。

8.2.9　当基础置于完整、较完整、较破碎的岩石地基上时，柱边或墙边缘以及变阶处基础受剪承载力验算按下式计算：

$$V \leqslant 0.7 \times \frac{(8-2\lambda)}{3} \beta_{hs} f_t b h_0 \qquad (7-12)$$

式中　$V$——相当于作用的基本组合时的地基土单位面积净反力产生的截面剪力设计值，其值等于设计截面外侧基底面积上净反力的总和；

$\beta_{hs}$——截面高度影响系数，基础高度 $h$ 小于 800mm 时取 1.0，$h$ 大于 2000mm 时取 0.9，其间按线性内插法取用；

$f_t$——混凝土轴心抗拉强度设计值；

$b$——基础受剪截面的计算宽度，当验算截面为阶形或锥形时，可将其截面折算成矩形截面，截面的折算宽度按现行国家标准《建筑地基基础设计规范》附录 U 规定取值；

$h_0$——基础受剪截面的有效高度，当验算截面为阶形或锥；

$\lambda$——基础对应的台阶宽度 $a$ 与台阶高度 $h_0$ 之比，当 $\lambda>2.5$ 时取 $\lambda=2.5$；当 $\lambda<1.0$ 时取 $\lambda=1.0$。

该公式考虑了基础宽高比的影响，在进行剪切计算的时候，相比于国家地基规范的计算公式，其计算结果如果是剪切控制，$\lambda$ 取 1 则比国家规范公式算出的高度要小，$\lambda$ 取 2.5 则算出的高度与国家规范计算结果相当。考虑到大部分基础宽高比介于 1～2.5 之间，按《重庆地基规范》的计算结果基础高度通常要小于国家规范计算的结果。

程序实现。JCCAD 进行独基抗剪切验算的计算公式默认按国家规范《建筑地基基础设计规范》（GB 50007—2011）公式（8.2.9－1）执行。但考虑到对于岩石地基上独立基础，按该计算公式计算出的独基高度可能偏于保守，所以，在“柱下独基参数”里，允许修改 8.2.9－1 中的系数“0.7”。如用户可以参照《重庆地基规范》中的剪切计算公式，考虑宽高比的影响折算出相应系数，填入图 7－30 所示的参数对话框中，程序会按照用户输入的系数进行剪切验算。

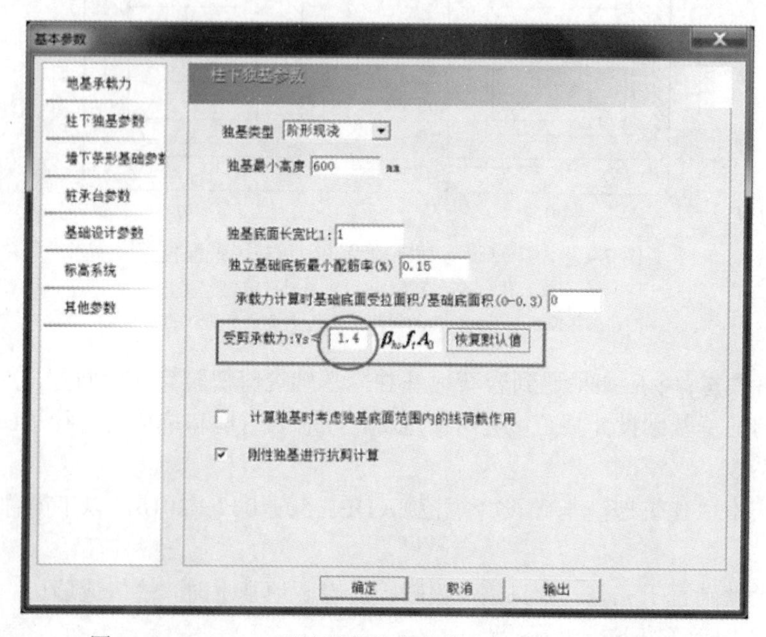


图 7－30　JCCAD 刚性独基抗剪验算选择项及计算书输出

（2）《贵州建筑地基基础设计规范》（DBJ 52/45—2018）。

8.2.2　扩展基础的计算应符合现行《建筑地基基础设计规范》（GB 50007）和《混凝土结构设计规范》（GB 50010）的有关要求。当基础置于岩石地基上时，应验算柱边或墙边缘以及变阶处基础受剪承载力：

1　岩体基本质量等级为Ⅰ、Ⅱ级时，受剪承载力可按式（8.2.2－1）［即式（7－13）］计算：

$$V_{\mathrm{s}} \leqslant 1.4\frac{4-\lambda}{3} f_{\mathrm{t}} b h_0 \tag{7-13}$$

2　岩体基本质量等级为Ⅲ级时，受剪承载力可按式（8.2.2－2）［即式（7－14）］计算：

$$V_{\mathrm{s}} \leqslant 1.4\frac{4-\lambda}{3} \beta_{\mathrm{hs}} f_{\mathrm{t}} b h_0 \tag{7-14}$$

3　岩体基本质量等级为Ⅳ级时，受剪承载力可按式（8.2.2－3）［即式（7－15）］计算：

$$V_s \leqslant (1+0.16\lambda)\frac{4-\lambda}{3}\beta_{hs}f_t b h_0 \qquad (7-15)$$

式中　$V_s$——相应于荷载作用基本组合时的地基土单位面积净反力产生的截面剪力设计值（kN）：其值等于计算截面外侧基底面积上净反力的总和；

$\lambda$——基础台阶宽度 $a$ 与台阶的高度 $h$ 之比，$\lambda$ 应≤2.5；当 $\lambda<1.0$ 时取 $\lambda=1.0$；

$\beta_{hs}$——截面高度影响系数，$\beta_{hs}=(800/h_0)^{1/4}$，高度 $h_0<800$mm 时取 $h_0=800$，$h_0>2000$mm 时取 $h_0=2000$；

$f_t$——混凝土轴心抗拉强度设计值（kPa）；

$b$——基础受剪截面的计算宽度（m），按现行《建筑地基基础设计规范》GB 50007的有关规定取值。

## 7.12　结构设计处理主楼与裙房之间沉降差异的常见方法有哪些

这是结构设计经常遇到的问题。简单地说，降低主楼与裙房之间沉降差异的主要原则就是尽量减少主楼的沉降量，而相应增加裙房的沉降量。围绕着这一原则，我们可以采取以下措施：

（1）主体结构中尽量使用轻质材料，比如轻骨料混凝土、钢结构等。

（2）主体结构基础尽可能地坐落在低压缩性地基土层上，而裙房尽可能地坐落在高压缩性地基土层上。如果预估的沉降量不能够满足要求，则或者可以将裙房下的地基土进行疏松处理，或者在主体结构下做 CFG 桩等复合地基。

（3）主楼采用筏板基础，以取得补偿，可大大减少沉降；而裙房采用弹性地基梁基础，以增加沉降。

（4）如果上述三种方法仍无法降低沉降差异，设计人员还可以将裙房下弹性地基梁基础改为独立基础，以进一步增加裙房的沉降量。

（5）若主体结构层数较多，或建筑物所在地区土质比较差，也可以在主体结构下采用桩基，裙房根据具体情况可采用独立基础、弹性地基梁或者筏板基础等。

（6）若主楼与裙房下都有地下室，则可以采用二者之间均设置筏板基础的设计方法。

（7）禁止采用增大裙楼地基刚度的方案，比如裙楼采用桩基或复合地基，主楼采用天然地基。

（8）施工时尽量先施工主楼，后施工裙房。《地规》第 7.1.4 条规定：荷载差异大的建筑，宜先建重、高部分，后建轻、低部分。

（9）主裙楼基底标高可以不一致，主体结构沉降大，基底标高可以高一点，裙楼部分沉降小，基底标高可以低一点。当产生沉降后二者之间差异很小时再整体现浇。

（10）无论采用上述何种思路，均需要考虑在主裙合适部位预留沉降后浇带。

**【工程案例 7－12】**作者 2011 年主持设计的宁夏第一超限高层建筑——万豪大厦

基础就采用“主楼采用桩基础，裙楼采用天然地基独立柱基＋抗水板”方案。其平面示意图如图 7－31 所示。

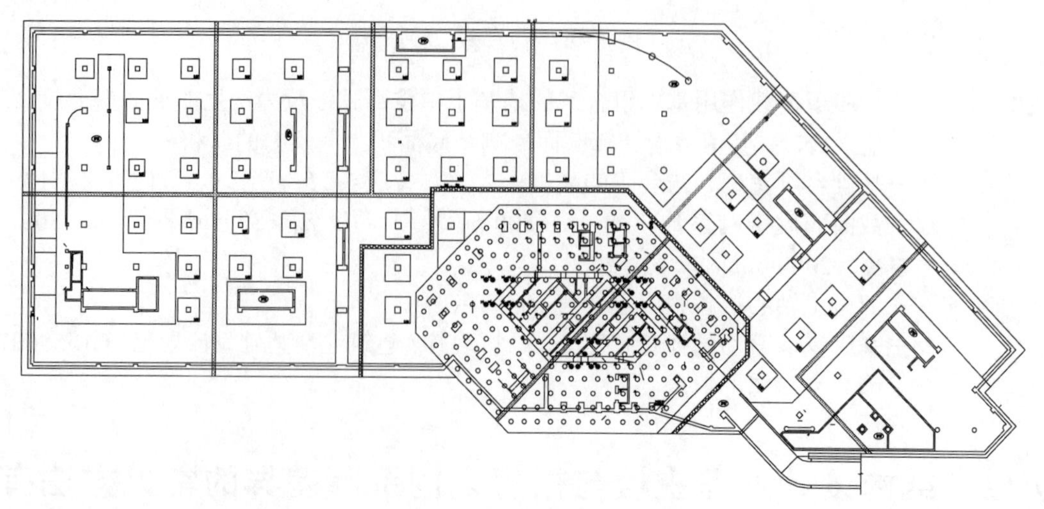

图 7－31　万豪大厦平面示意图

这个方案在初期遭到当地有关专家们及业主严厉质疑，他们认为裙房也应做桩基础，同时桩也可兼抗浮桩使用，当地一般建筑也没有敢这么做，没有工程经验。后经过我司仔细解释我们的设计思想，再加上经过反复分析计算，使得这个方案得到实现。

经过分析计算本工程主楼的平均最大沉降为 35mm（主楼核心位置），主楼外框架柱附近仅 25mm）；裙楼柱基础的最大沉降为 20mm，如果裙楼采用桩筏或筏板基础均不会出现沉降，这样主裙之间的沉降差会更大，对结构协调不均匀沉降并没有好处。

经施工阶段沉降观测最后基本稳定的沉降主楼为 25mm，裙楼独立柱基础仅 5mm。

本工程采取以下技术措施减小主裙楼间的差异沉降：

1）裙房的柱基础尽可能地减少基底面积，采用独立柱基＋防水板方案，在防水板下铺设一定厚度的易压缩材料，本工程采用 150mm 厚的聚苯板（密度要求大于 $20kg/m^3$）。

2）适当加密核心筒区域桩的间距或适当加大桩长，相对加大核心筒外的桩间距或适当减小这部分桩长。

3）计算控制主楼与裙房之间沉降差不超过 0.1%。

4）尽量提高裙房柱基础的承载力。

5）在主楼与裙房之间留设沉降后浇带，待主楼沉降基本稳定后再浇灌。

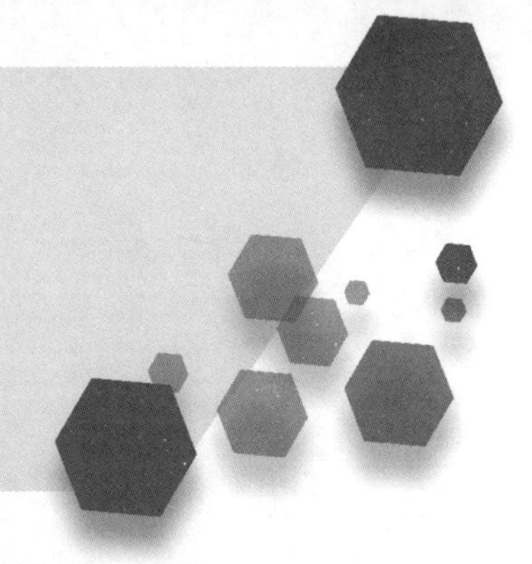

# 第8章

# 建筑结构规则性合理界定及设计加强措施

## 8.1 建筑结构规则性相关问题

### 8.1.1 建筑规则性概述及规范界定问题

宏观震害经验告诉我们，在同一次地震中，体型复杂的房屋比体型规则的房屋倒塌率和破坏程度均要大。建筑方案的规则性对建筑结构的抗震安全性来说十分重要。这里的“规则”包含了对建筑的平、立面外形尺寸，抗侧力构件布置、质量分布，乃至承载力分布等诸多因素的综合要求。

图8－1 迪拜塔

平面有较长悬挑外伸时，外伸段容易产生局部振动而引起凹角处应力集中和破坏；角部重叠和细腰的平面，在中央部位形成狭窄部分，在地震中容易产生震害，尤其在凹角部位，由于应力集中容易使楼板拉裂，甚至拉坏。

结构刚度沿竖向突变，外形外挑或内收等，都会产生某些楼层的变形过分集中，出现严重震害甚至倒塌。所以设计中应力求使结构刚度自下而上逐渐均匀减小，体形均匀变化。比如目前世界第一高的迪拜塔（哈利法塔）总高 828m，160 层就是很好的代表（见图8－1）。

1995 年日本阪神地震中，大阪与神户市不少建筑产生中部楼层严重破坏的现象，其震后调研发现一个主要原因就是结构的侧向刚度在中部楼层突然减小，有些是由于建筑使用功能需要在中部取消部分剪力墙引起。柔弱底层建筑物的严重破坏在国内外的大地震中更是普遍存在，如图8－2 所示。

图 8－2　阪神地震破坏建筑

一般来说竖向不规则比平面不规则破坏更加严重。“规则”的具体界限随结构类型的不同而异，需要建筑师和结构工程师在方案阶段互相配合，才能设计出抗震性能良好的建筑。建筑平、立面规则性的合理与否，不仅仅影响结构的安全性，更重要的是影响结构经济合理性问题。但如何合理界定平、立面的规则性问题又是一个十分复杂的问题，有些很难给出具体数值量化。为此《规范》给出一些定性、定量的要求。

《抗规》第 3.4.1 条（强条）：建筑设计应根据抗震概念设计的要求明确建筑形体的规则性；不规则的建筑应按规定采取加强措施；特别不规则的建筑应进行专门研究和论证，采取特别的加强措施；不应采用严重不规则的建筑。

注：形体指建筑平面形状和立面、竖向剖面的变化。

《高规》第 3.4.1 条：在高层建筑的一个独立结构单元内，结构平面形状宜简单、规则，质量和承载力分布均匀。不应采用严重不规则的平面布置。

## 8.1.2　建筑结构产生扭转效应的原因

（1）结构本身不规则。结构本身的不规则包括三个方面：

1）楼层质心的偏移。这是由于质量分布的随机性造成的，主要表现在结构自重和荷载的实际分布变化，质量中心与结构的几何中心不重合，存在一定程度的偏离。

2）刚度中心的偏移。由于施工工艺和条件的限制、构件尺寸控制的误差、结构材料性质的变异性、构件受荷历程的不同、构件实际的边界条件与设想的差别等因素，使刚度存在不确定性，造成的刚度中心偏移。

3）结构刚度退化的不均匀。当结构进入弹塑性阶段时，本来是规则对称的结构，也会出现随变形形态而变化的扭转效应。例如结构某一角柱进入弹塑性状态，它的刚度较弹性阶段时小，而其他的角柱可能仍处于弹性阶段，这时，刚度分布在结构平面内发生了变化，导致刚度不对称，使结构产生扭转反应。

（2）扭转不规则的判定。建筑结构的平面不规则性大致可以分为三种：一是平面形状不规则，也称为凹凸不规则；二是楼板局部不连续，连接较弱；三是抗侧力体系布置引起的扭转不规则。

国内外的建筑规范都是从不规则结构的震害实际调研入手，考虑地震作用的不确定性和地震效应计算的不完整性，对结构的不规则性给出了判别的准则。在这三种不规则性中，平面形状不规则和楼板局部不连续的判别比较直观。而扭转不规则，是结构平面不规则最重要的控制指标，一般不容易直观判断，需要进行分析计算来判别。

（3）判定指标。由不规则结构的地震反应特征入手，通过分析质量和刚度平面分布，确定结构反应，计算扭转变形与侧向变形的相对大小，通过扭转位移比值来判别结构的不规则性。如果结构扭转变形太大，会造成边缘构件变形过大，进而过早地进入破坏状态，造成局部倒塌继而可能引起整体结构倒塌，这样的破坏机制难以实现整体结构的延性，对结构抗震十分不利。因此，控制扭转位移比值是需要我们高度重视的工作之一。

## 8.2 合理界定建筑结构平面规则性应注意的问题

### 8.2.1 《抗规》是如何判定平面规则性的

《抗规》第 3.4.3 条：建筑形体及其构件布置的平面、竖向不规则性，应按下列要求划分：

混凝土房屋、钢结构房屋和钢 – 混凝土混合结构房屋存在表 3.4.3 – 1（见表 8 – 1）所列举的某项平面不规则类型及类似的不规则类型，应属于不规则的建筑。

**表 8 – 1　建筑不规则类型及其定义和参考指标**

| 不规则类型 | 定义和参考指标 |
| --- | --- |
| 扭转不规则 | 在具有偶然偏心的规定水平力作用下，楼层两端抗侧力构件弹性水平位移（或层间位移）的最大值与平均值的比值大于 1.2 |
| 凹凸不规则 | 平面凹进的尺寸，大于相应投影方向总尺寸的 30% |
| 楼板局部不连续 | 楼板的尺寸和平面刚度急剧变化，例如，有效楼板宽度小于该层楼板典型宽度的 50%，或开洞面积大于该层楼面面积的 30%，或较大的楼层错层 |

注意：依据《抗规》解读：扭转不规则的位移比也可采取有效数字不大于 1.24。

[补充说明]：

（1）《抗规》2016 版明确对扭转不规则的判定，要求在“考虑偶然偏心”规定的水平力作用下的计算值。

（2）《抗规》凹凸不规则限值不区分设防烈度，这点与《高规》不同。

（3）楼板局部不连续中“或较大的楼层错层”没有具体量化。

《抗规》给出的典型的平面不规则图形和楼板局部不连续示意图如图 8 – 3 和图 8 – 4 所示。

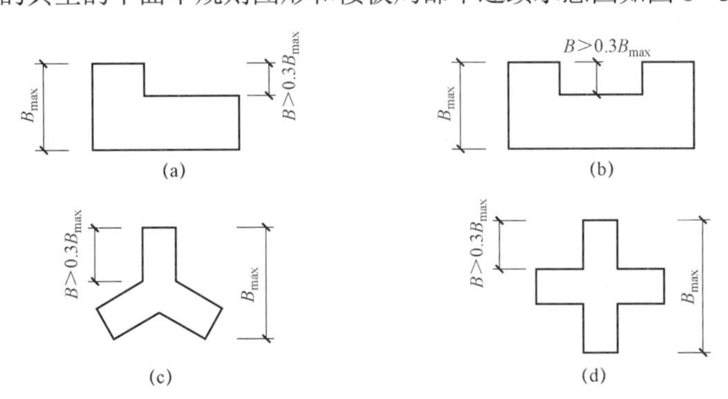


图 8 – 3　《抗规》给出典型的平面不规则图形

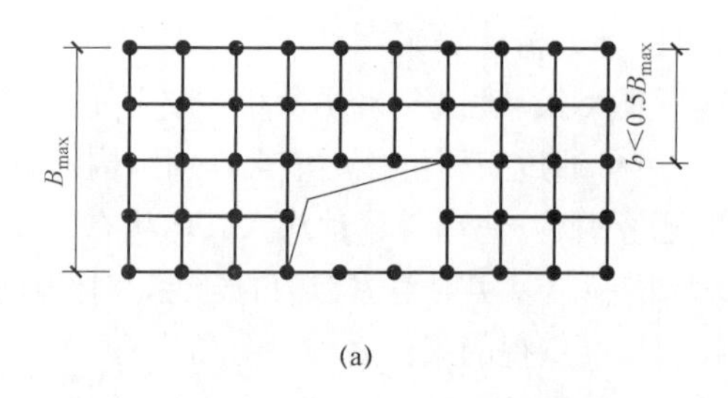


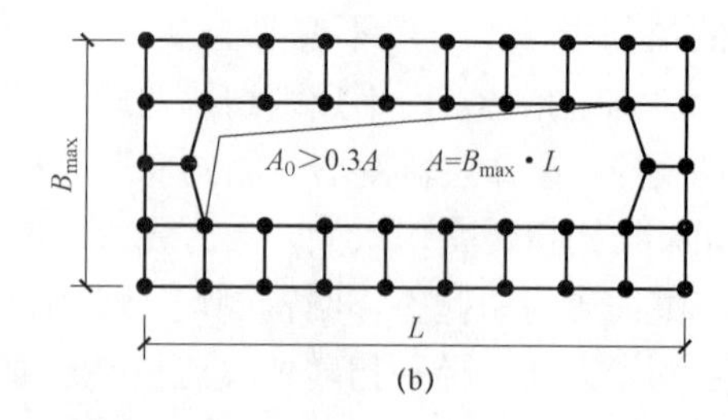


图 8-4 《抗规》给出的楼板局部不连续示意

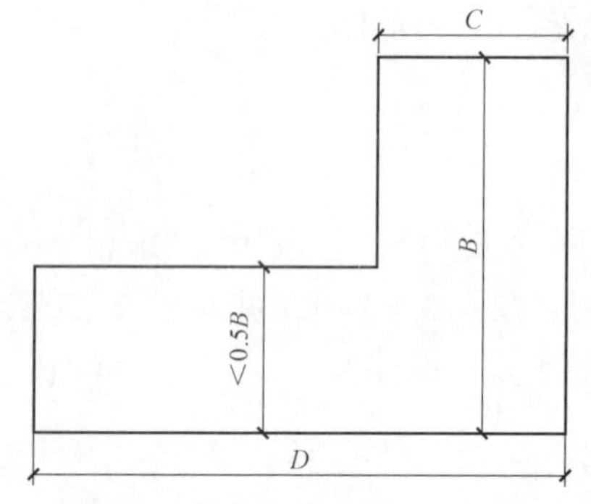


图 8-5 某多层建筑平面布置

请读者注意：图 8-4（a）经常有读者咨询是按凹凸判断还是按开洞判断，甚至有审图专家咨询这个图是否应该既按开洞又按凹凸来同时判定？

作者的看法是：首先只能按一项判定，如果凹口处连接薄弱，就按凹凸来判定；如果凹口连接强，能够协调两侧变形，就可以按开洞来判定。

作者在《超限审查要点》（建质〔2015〕67 号）文上找到与作者理解一致的依据：深凹进平面在凹口设置连梁或拉板，其两侧的变形不同时仍视为凹凸不规则，不按楼板不连续中的开洞对待。

**【工程案例 8-1】**某单位设计的多层建筑，平面布置如图 8-5 所示。在施工图审查时，审查单位认为这个平面有两项不规则：一是凹凸不规则，二是楼板不连续。

设计师咨询作者。作者建议审图人看《抗规》图 3.2.1-1 给出典型的平面不规则图形，这样的平面不存在楼板不连续问题，后来经过与审图沟通，达成共识，仅一项凹凸不规则。

**【工程案例 8-2】**这样的住宅平面（见图 8-6）目前在各地均有出现，对于这样的建筑平面，如何合理界定平面规则性？

作者的观点是：首先需要看这个连廊的宽度是否大于 2m。

（1）如果连廊宽度小于 2m，则这个平面就可能存在肉眼可见的一项不规则，即凹凸不规则（注意此时凹凸应由洞口最下端计算）：平面凹进的尺寸，大于相应投影方向总尺寸的 30%算一项不规则。

（2）如果连廊宽度不小于 2m，则这个平面就可能存在肉眼可见的三项不规则：

1）凹凸不规则（注意此时凹凸应由连廊最上端计算）：平面凹进的尺寸，大于相应投影方向总尺寸的 30%算一项。

2）开洞形成的不规则（洞口面积大于总面积 30%为一项不规则）。

3）有效楼板宽度小于该层楼板典型宽度的 50%算一项不规则。

当然以上两种情况下，还有两项肉眼无法判断的平面不规则，就是扭转位移比及扭转周期与平动周期比问题。这两项必须通过计算方可判断。

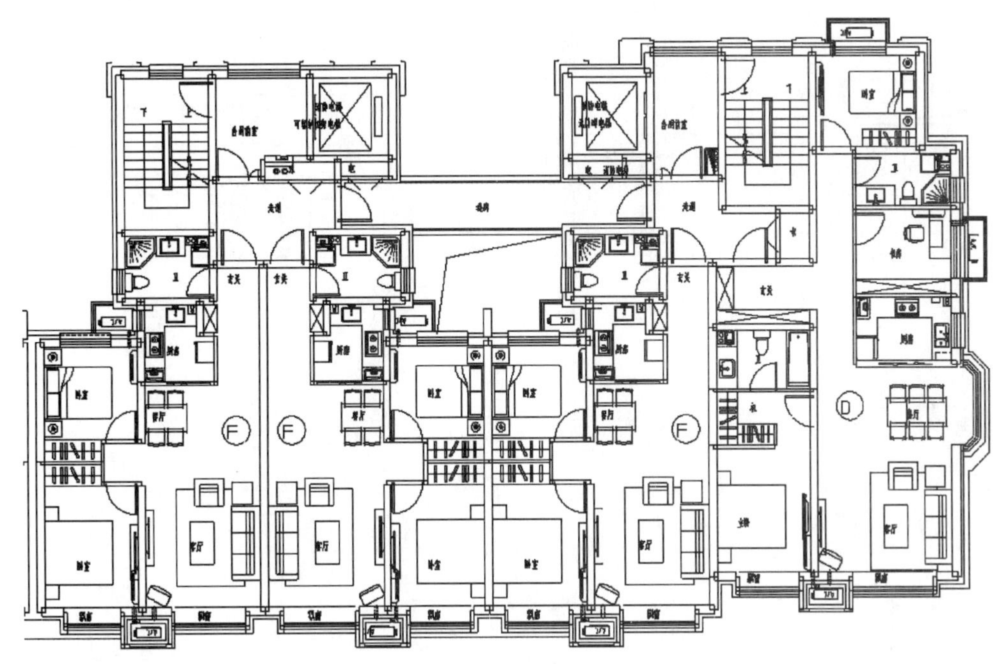

图 8－6　某住宅平面图

以上平面相对来说很难与规范一一对应，这样势必会遇到不同的人有不同的理解之情况，建议各位读者如果实际工程遇到类似情况，可以提前与审图单位沟通（当然如果到时审图还存在）。下面就举例说明：

**【工程案例 8－3】**2019 年作者单位承担的某万达住宅工程，规则性判定就是一个非常复杂的问题，为此在方案阶段，作者单位就与业主紧密配合，提前与审图沟通。

## 主体结构超限判定咨询

本工程位于某市谯区汤王大道与曙光路交会处西南部，人民路北部，建筑抗震设防类别为丙类，抗震设防烈度为 7 度（0.10g），设计地震分组为第二组，建筑场地类别为Ⅲ类。

由于本项目主体结构单体平面相对复杂，对于单体的不规则性超限判定易引发歧义，为避免后期造成方案性重大修改，我司特以 1 号楼右侧单体及 2 号楼左侧单体为例，根据 2015 年 5 月 21 日住房城乡建设部印发的《超限高层建筑工程抗震设防专项审查技术要点》（建质〔2015〕67 号文），对结构单元超限进行判定，并提交甲方，希望甲方协调咨询外审单位并提出把关意见，以便我司在后续设计中予以落实。

1　1 号楼右侧

1 号楼地上 33 层，地下一层，室内外高差 0.15m，首层层高 4.5m，3 层及以上 2.9m，地面以上总高度为 99.05m（由室外地面到大屋顶），结构高度未超限（见图 8－7）。

1 号楼总长度超过 60m，按照之前与外审单位沟通的结果（主体建筑长度未超过 60m 时可不设缝），故 1 号楼中间设温度缝同时满足抗震缝要求。

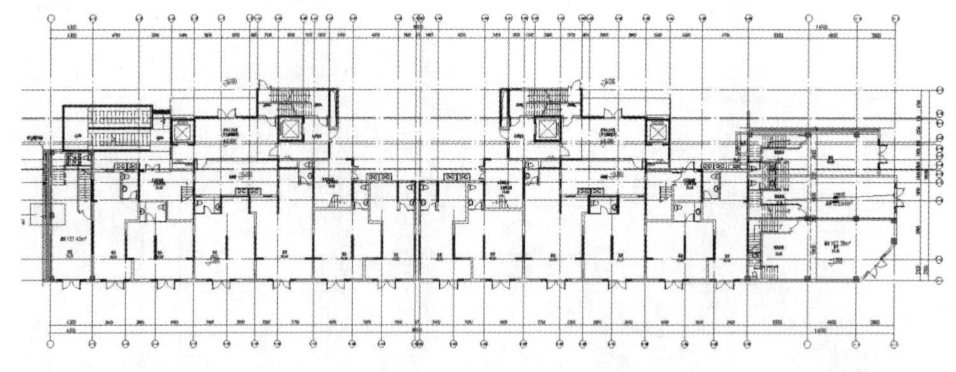

首层建筑平面

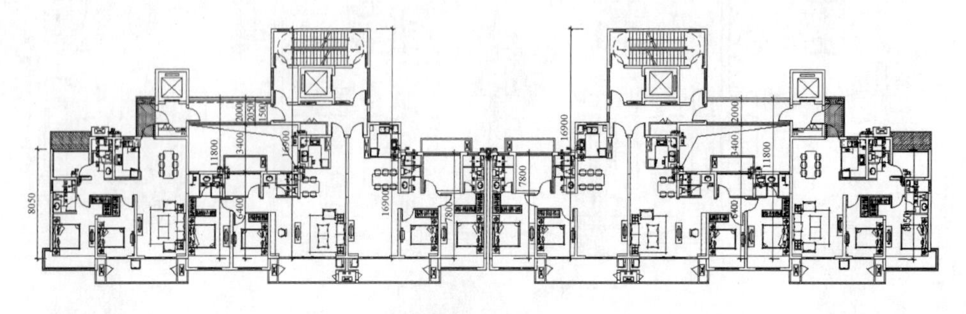

标准层平面

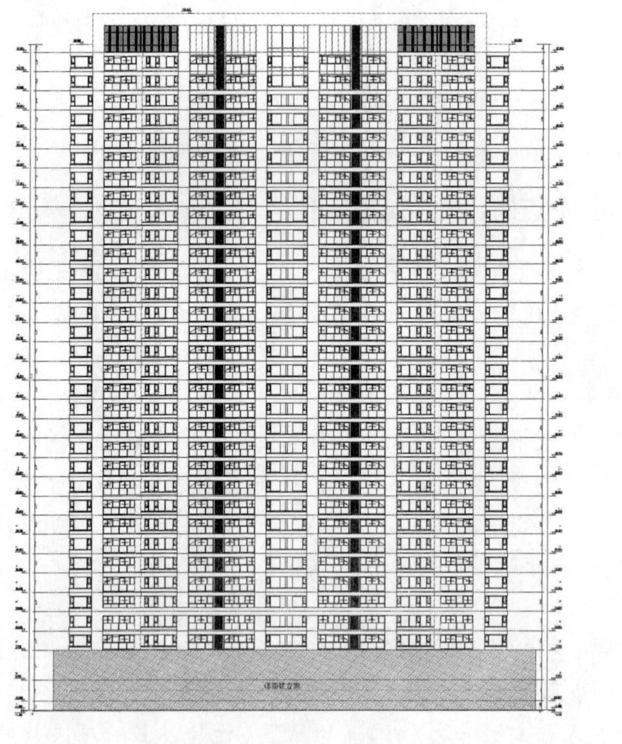

立面图

剖面图

图 8－7　1 号楼平面图、立面图及剖面图

以下以1号右半段为例对1号楼进行判定，建筑平面放大图如下（见图8-8）：

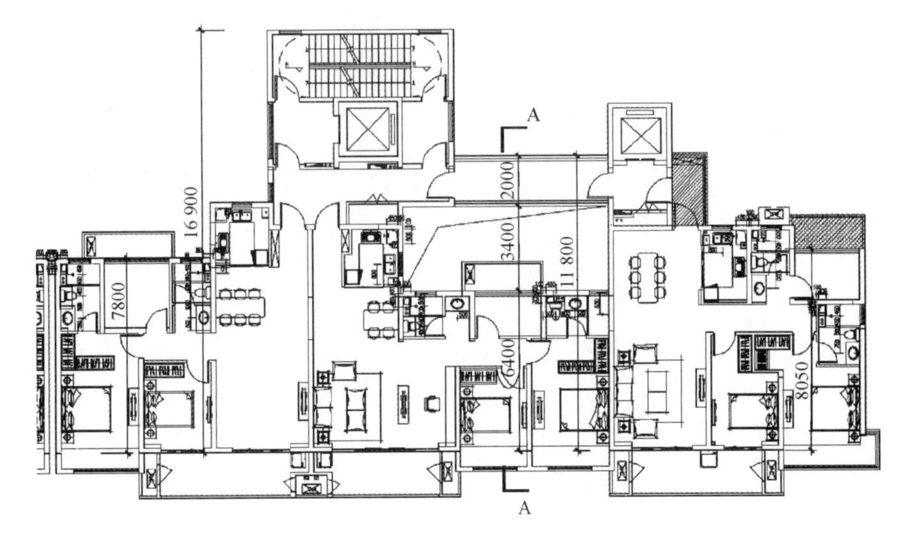

图8-8　1号楼右半段平面图

1.1　凹凸不规则的判定

根据上述图面，结构板最小宽度7800mm，结构板最大宽度（含楼梯间）16 900mm，凹凸比例超过30%，故属于凹凸超限。

1.2　楼板不连续的判定

由图8-8 *A*-*A*剖面位置，目前楼板开洞3.4m，相应位置楼板典型宽度11.8m，开洞面积不足30%，有效楼板宽度6.4m大于50%典型楼板宽度，故不属于楼板不连续不规则。

首层顶板门头处局部分析如图8-9所示。

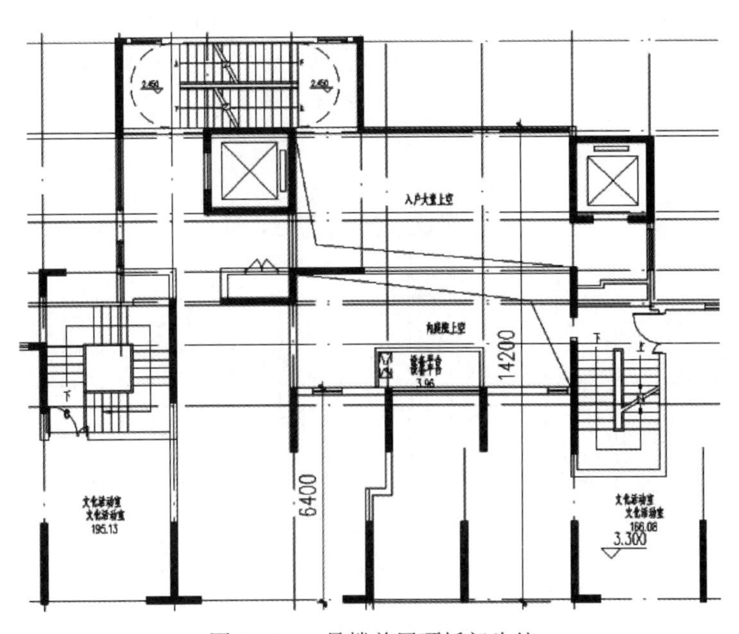

图8-9　1号楼首层顶板门头处

首层顶板门头处由于建筑需要局部跃层，故首层顶形成开洞，由图 8-9 现有效楼板宽度不满足由门头边到南墙楼板总宽度的 50%，但我们认为本层顶板仅为首层顶板一层，对全楼来说不具有典型性。因此此处依据标准层判断为满足典型楼板宽度的 50%要求，故不属于楼板不连续不规则。

1.3　扭转不规则的判定

根据结构整体计算，现位移比大于 1.2，但小于 1.4，故属于扭转不规则。

1.4　裙房与塔楼重心偏置

本项目首二层为商业功能，两侧各带一部分商业，根据 1 号楼右半段分段平面，经结构整体计算，现三层结构平面重心与首层、二层结构平面 $X$ 向重心偏心率小于相应方向长度尺寸的 20%，$Y$ 向重心偏心率小于相应方向长度尺寸的 20%，故不属于塔楼偏置。

1.5　是否属于多塔判定

经计算本项目嵌固端为基础顶，地面以下地下室不设结构缝，地面以上由相对标高 0.00 开始设缝形成各自独立结构单元，地面以上各结构单元内不再另外增加其他结构缝或分塔，故本项目不属于大底盘多塔结构。

1.6　其他

根据整体计算，除上述外不存在《超限高层建筑工程抗震设防专项审查技术要点》附件 1 中其他超限项。

1.7　小结

依据上述分析本结构单元存在扭转不规则和凹凸不规则两项超限，不属于超限高层建筑结构。

2　2 号楼左侧

2 号楼地上 33 层，地下一层，室内外高差 0.15m，首层层高 4.5m，3 层及以上 2.9m，地面以上总高度为 99.05m（由室外地面到大屋顶），结构高度未超限（见图 8-10）。

2 号楼总长度超过 72.7m，按照之前与外审单位沟通的结果（主体建筑长度未超过 60m 时可不设缝），故 2 号楼中间设温度缝同时满足抗震缝要求。

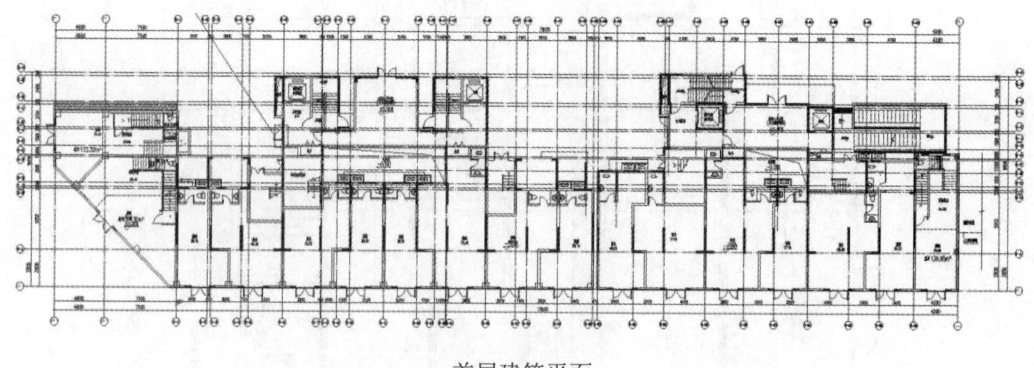

首层建筑平面

图 8-10　2 号楼平面图、立面图、剖面图（一）

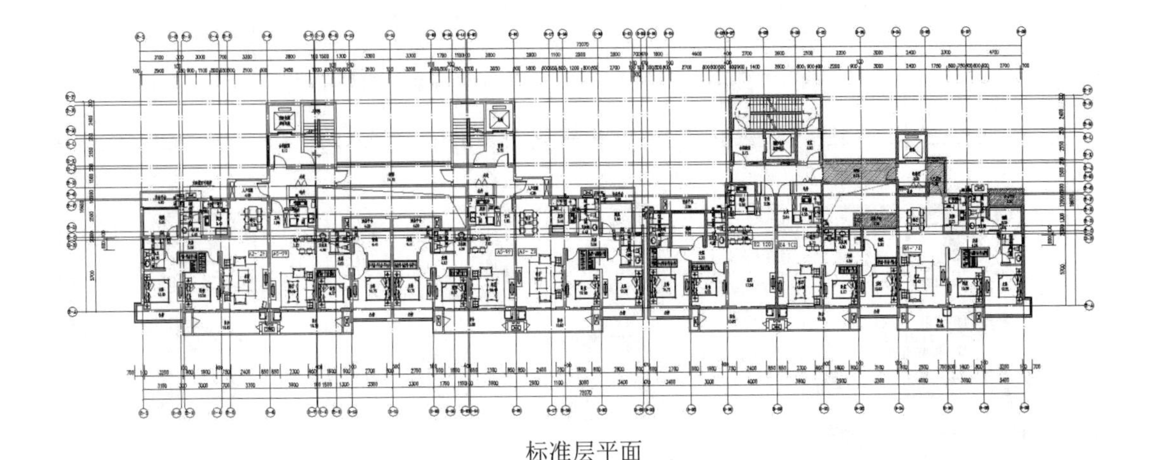
标准层平面

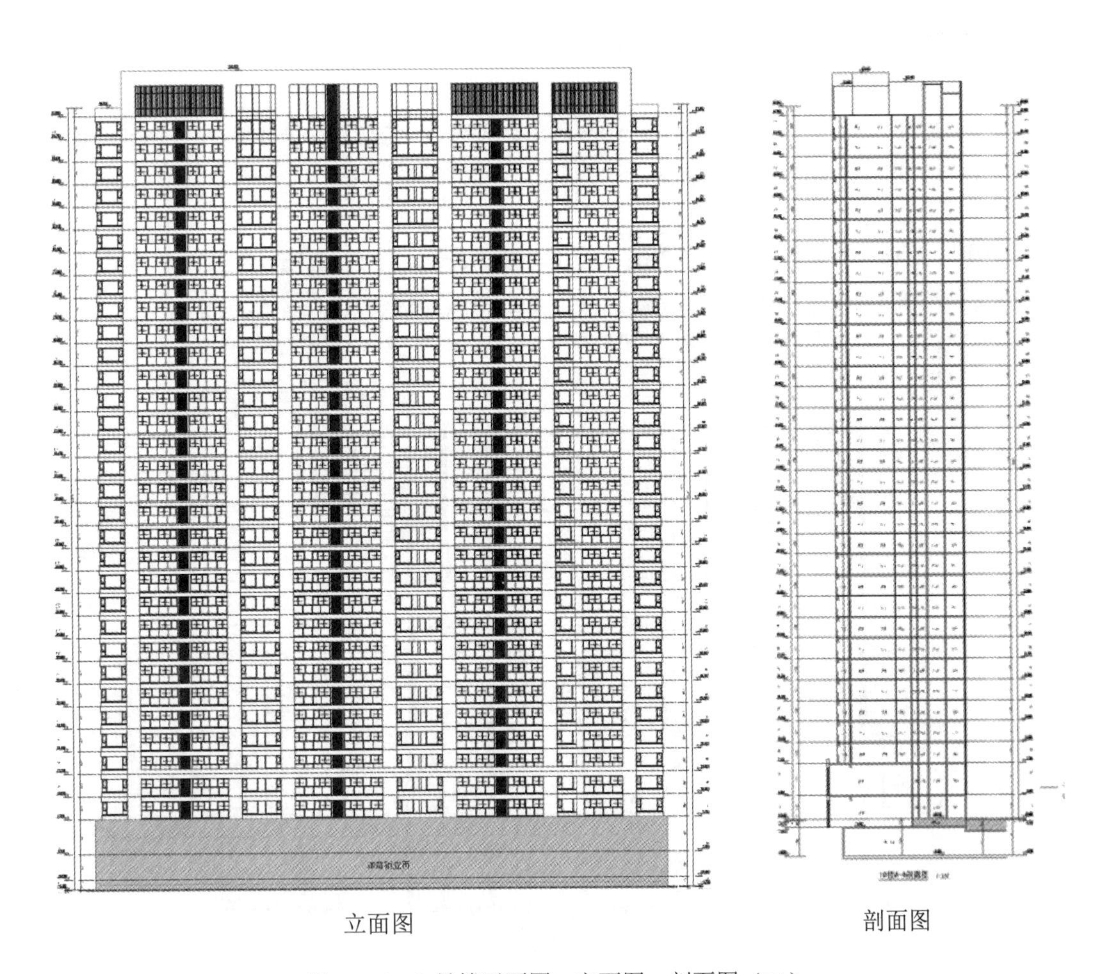
立面图　　　　　　　　　　　　　　　　　　剖面图

图 8-10　2 号楼平面图、立面图、剖面图（二）

以下以2号左半段为例对2号楼进行判定，建筑放大图如图8－11所示。

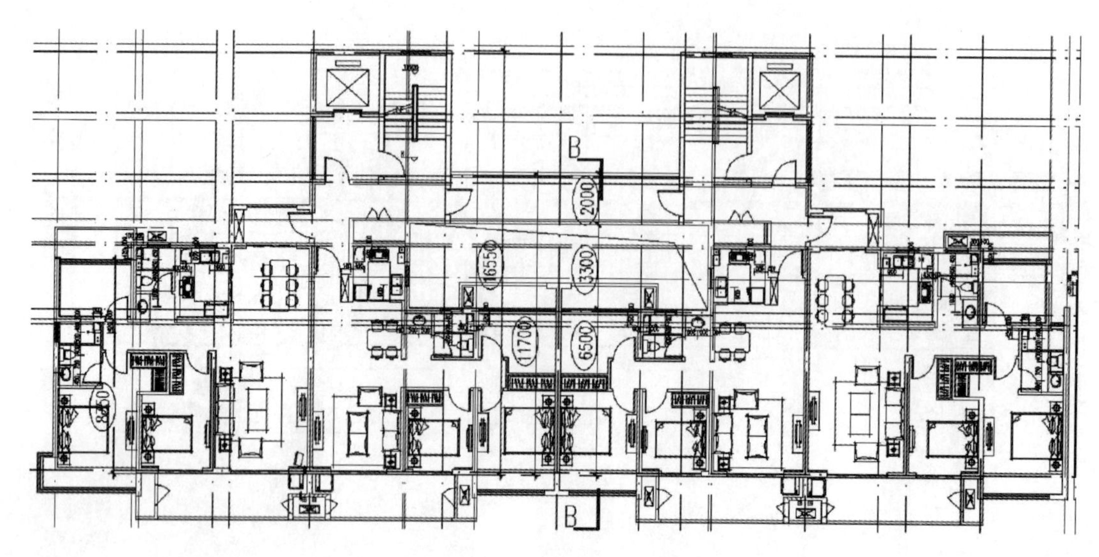


图8－11　2号楼左半段平面图

2.1　凹凸不规则

根据上述图面结构板最小宽度 8350mm，结构板最大宽度（含楼梯间）16 550mm，凹凸比例超过30%，故属于凹凸超限。

2.2　楼板不连续

由 $B-B$ 剖面，目前楼板开洞3.3m，相应位置楼板典型宽度11.7m，开洞面积不足30%，有效楼板宽度6.5m大于50%典型楼板宽度，故不属于楼板不连续不规则。

首层顶板门头处局部分析如图8－12所示。

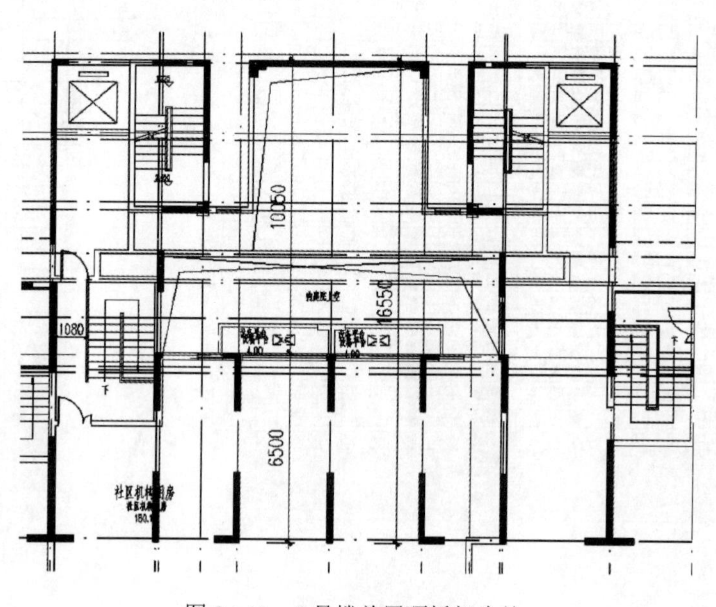


图8－12　2号楼首层顶板门头处

首层顶板门头处由于建筑需要局部跃层，故首层顶形成开洞，由上图现有效楼板宽度不满足由门头边到南墙楼板总宽度的 50%，但我们认为本层顶板仅为首层顶板一层，对全楼来说不具有典型性，因此此处依据标准层判断为满足典型楼板宽度的 50%要求。故不属于楼板不连续不规则。

门头存在个别穿层柱，存在局部不规则，可不与其他项合并计入，同时改门头柱仅用于门头，对结构整体受力影响较小。设计中将对穿层柱采取加强措施。

2.3　扭转不规则

根据结构整体计算，现位移比大于 1.2，但小于 1.4，故属于扭转不规则。

2.4　裙房与塔楼重心偏置

本项目首二层为商业功能，两侧各带一部分商业。根据 1 号楼右半段分段平面，经结构整体计算，现三层结构平面重心与首、二层结构平面 $X$ 向重心偏心率小于相应方向长度尺寸的 20%，$Y$ 向重心偏心率小于相应方向长度尺寸的 20%。故不属于塔楼偏置。

2.5　多塔

经计算本项目嵌固端为基础顶，地面以下地下室不设结构缝，地面以上由相对标高 0.00 开始设缝形成各自独立结构单元，地面以上各结构单元内不再另外增加其他结构缝或分塔，故本项目不属于大底盘多塔结构。

2.6　其他

根据整体计算，除上述外不存在《超限高层建筑工程抗震设防专项审查技术要点》附件 1 中其他超限项。

2.7　小结

依据上述分析本结构单元存在扭转不规则和凹凸不规则两项超限，不属于超限高层建筑结构。

上述 1 号、2 号楼超限判定原则建议甲方及时协调与外审单位审图结构工程师沟通，以免后期造成方案性翻车。我司依据以上分析结果判断，本工程 1 号、2 号楼存在不规则项，但尚未达不到超限程度。我司在设计中会针对存在的不规则项采取必要的加强措施，以使结构安全可靠，经济合理。

北京某建筑设计有限责任公司

2019 年 3 月 11 日

经过作者单位积极主动提前与审图专家沟通交流，审图专家认为本工程作者单位判断基本合理，均不属于规则性超限高层建筑，但建议对连接薄弱部位需要采用构造加强措施。

### 8.2.2 《高规》是如何界定平面规则性的

《高规》第 3.4.3 条：抗震设计的混凝土高层建筑，其平面布置宜符合下列要求：

（1）平面宜简单、规则、对称，减少偏心。

（2）平面长度不宜过长（见图 8－13），$L/B$ 宜符合表 8－2 的要求。

（3）建筑平面不宜采用角部重叠或细腰形平面布置。

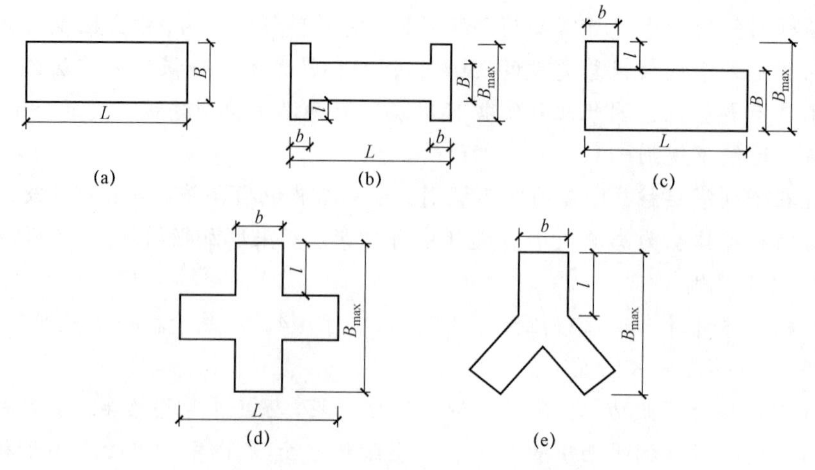


图 8－13 《高规》给出的平面布置不规则示意

**表 8－2　　　　平面尺寸对突出部位尺寸的比值限值**

| 设防烈度 | $L/B$ | $l/B$ max | $l/b$ |
|---|---|---|---|
| 6、7 度 | ≤6.0 | ≤0.35 | ≤2.0 |
| 8、9 度 | ≤5.0 | ≤0.30 | ≤1.5 |

《高规》第 3.4.5 条：结构平面布置应减少扭转的影响。在考虑偶然偏心影响的规定水平地震力作用下，楼层竖向构件最大的水平位移和层间位移，A 级高度高层建筑不宜大于该楼层平均值的 1.2 倍，不应大于该楼层平均值的 1.5 倍；B 级高度高层建筑、超过 A 级高度的混合结构及《高规》第 10 章所指的复杂高层建筑不宜大于该楼层平均值的 1.2 倍，不应大于该楼层平均值的 1.4 倍。结构扭转周期为主的第一自振周期 $T_t$ 与平动为主的第一自振周期 $T_1$ 之比，A 级高度高层建筑不应大于 0.9，B 级高度高层建筑、超过 A 级高度的混合结构及《高规》第 10 章所指的复杂高层建筑不应大于 0.85。

请注意：当楼层的最大层间位移角不大于本规程规定的位移角限值的 40%时，该楼层竖向构件的最大位移和层间位移与该楼层平均值的比值可适当放松，但不应大于 1.6。

例如，剪力墙结构最大层间位移角为 1/1000，当计算最大层间位移角为 1/2500 时，楼层竖向构件的最大水平位移和层间位移与该楼层平均值的比值可适当放松，最大可放松至 1.6。

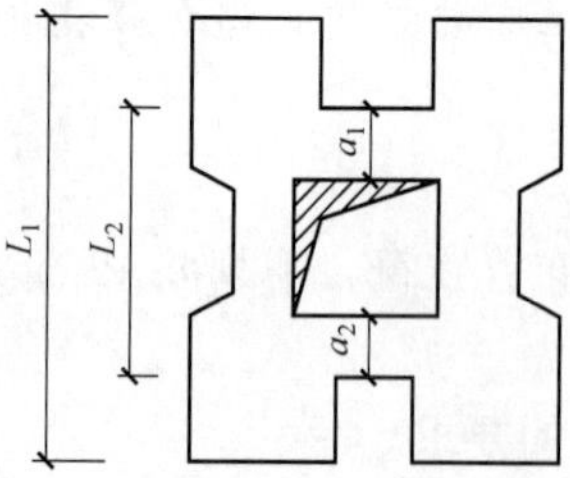

图 8－14　楼板净宽度要求示意

《高规》第 3.4.6 条规定：当楼板平面比较狭长、有较大的凹入和开洞而使楼板有削弱时，应在设计中考虑楼板削弱产生的不利影响。有效楼板宽度不宜小于该层楼面宽度的 50%；楼板开洞总面积不宜超过楼面面积的 30%；在扣除凹入或开洞后，楼板在任一方向的最小净宽度不宜小于 5m，且开洞后每一边的楼板净宽度不应小于 2m，如图 8－14 所示。

$L_2$不宜小于$0.5L_1$，$a_1$与$a_2$之和不宜小于$0.5L_2$，且不宜小于5m；$a_1$和$a_2$均不应小于2m。开洞面积不宜大于楼面面积的30%。

### 8.2.3 补充几个地方标准对不规则性的界定

**1. 北京市《建筑设计技术细则　结构专业》**

北京市《建筑设计技术细则　结构专业》（以下简称《北京细则》）对平面不规则性的认定标准图如图8－15及表8－3所示。

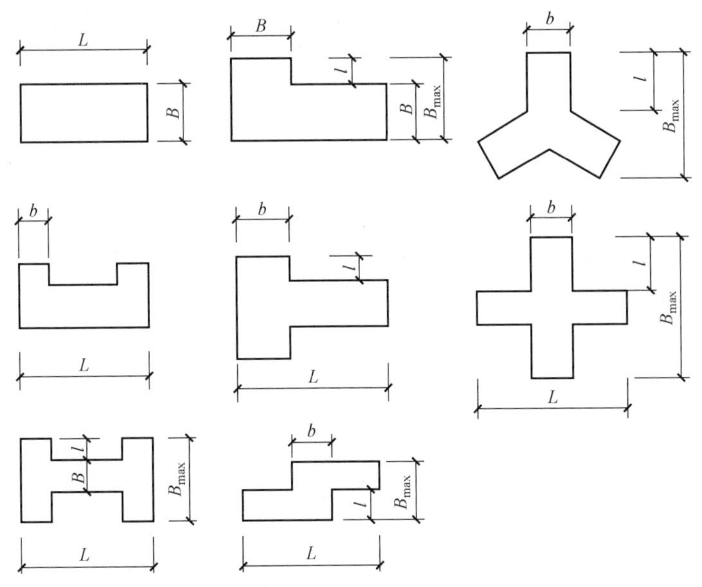


图8－15　《北京细则》给出的平面不规则示意图

表8－3　　平面尺寸及突出部位尺寸的比值限值

| 设防烈度 | $L/B$ | $l/B_{max}$ | $l/b$ |
|---|---|---|---|
| 6、7度 | ≤6.0 | ≤0.35 | ≤2.0 |
| 8、9度 | ≤5.0 | ≤0.30 | ≤1.5 |

**2. 上海《建筑抗震设计规程》**

上海《建筑抗震设计规程》（DGJ 08—9—2013）（以下简称《上海抗规》）给出的平面不规则类型如图8－16所示。

《上海抗规》给出扭转位移比放松条件：

对于带有较大裙房的高层建筑（裙房与主楼结构相连），当裙房高度不大于建筑总高度的20%、裙房楼层的最大层间位移角不大于《上海抗规》第5.5.1条规定的限值的40%时，判别扭转不规则的位移比限值可以适当放松到1.3。

**3. 广东《高层建筑混凝土结构技术规程》**

广东《高层建筑混凝土结构技术规程》（DBJ 15—92—2013，以下简称《广东高规》）第3.4.3条：抗震设计的高层建筑平面布置宜符合下列要求：

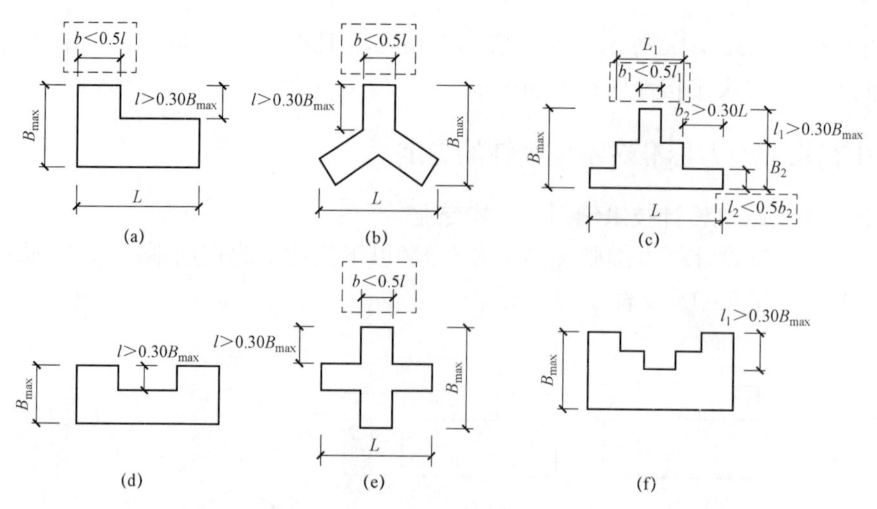


图 8－16 《上海抗规》给出的建筑结构平面的凹角或凸角不规则示例

1）平面长度不宜过长，突出部分长度不宜过大（见图 8－17）；平面尺寸 $L$、$l$、$B$、$B_{max}$、$b$ 等值宜满足表 8－4 的要求。

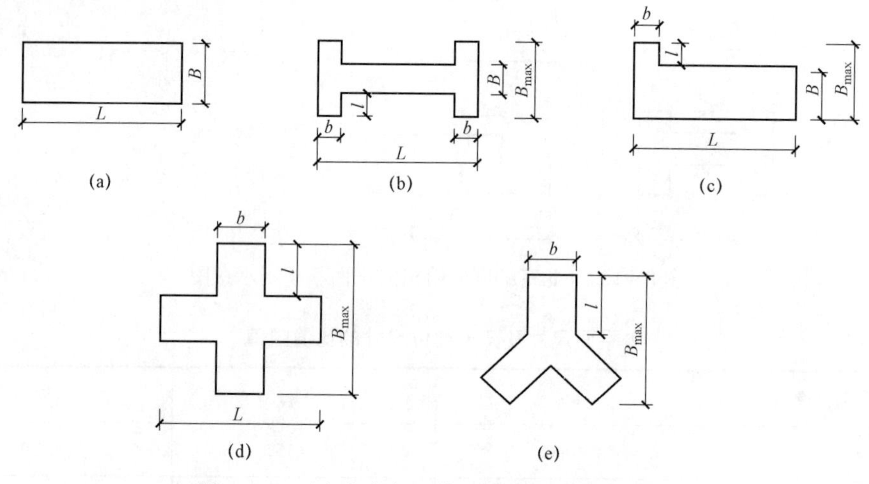


图 8－17 《广东高规》给出的平面不规则示意

**表 8－4　　平面尺寸及突出部位尺寸的比值限值**

| 设防烈度 | $L/B$ | $l/B_{max}$ | $l/b$ |
|---|---|---|---|
| 6、7 度 | ≤6.0 | ≤0.35 | ≤2.0 |
| 8 度 | ≤5.0 | ≤0.30 | ≤1.5 |

注：由于广东没有 9 度区，所以表中没有涉及 9 度问题，其他规定同国家《高规》。

2）对细腰或角部重叠给出具体量化规定：不宜采用角部重叠或细腰形等对楼盖整体刚度削弱较大的平面（见图 8－18）。细腰形平面的 $b/B$ 不宜小于 0.4；角部重叠部分尺寸与相应边长较小值的比值 $b/B_{min}$ 不宜小于 1/3。

3）当楼层位移角较小时，扭转位移比限值可适当放松的条件。参见《广东高规》第 3.4.4 条：抗震设计的建筑结构平面布置应避免或减少结构整体扭转效应。A 级高度高层建筑的扭转位移比不宜大于 1.2，不应大于 1.5；B 级高度高层建筑、混合结构高层建筑及本规程第 11 章所指的复杂高层建筑不宜大于 1.2，不应大于 1.4。当楼层的层间位移角较小时，扭转位移比限值可适当放松。

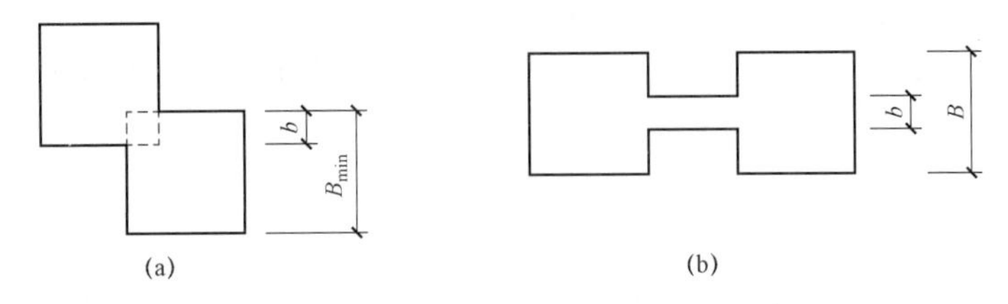


图 8－18　角部重叠和细腰形平面示意

当楼层的大层间位移角不大于本规程第 3.7.3 条规定的限值的 0.5 倍时，该楼层扭转位移比限值可适当放松，但 A 级高度建筑不大于 1.8，B 级高度不大于 1.6。计算楼层的最大层间位移角时不考虑偶然偏心的影响。

**注意：**这点比国标《高规》又进一步有条件的放松。

**4.《四川省抗震设防超限高层建筑工程界定标准》**

《四川省抗震设防超限高层建筑工程界定标准》（DB51/T 5058—2014，以下简称《四川标准》）规定如下：

（1）平面不规则示意如图 8－19 所示（仅列出与国标不一致的平面）。

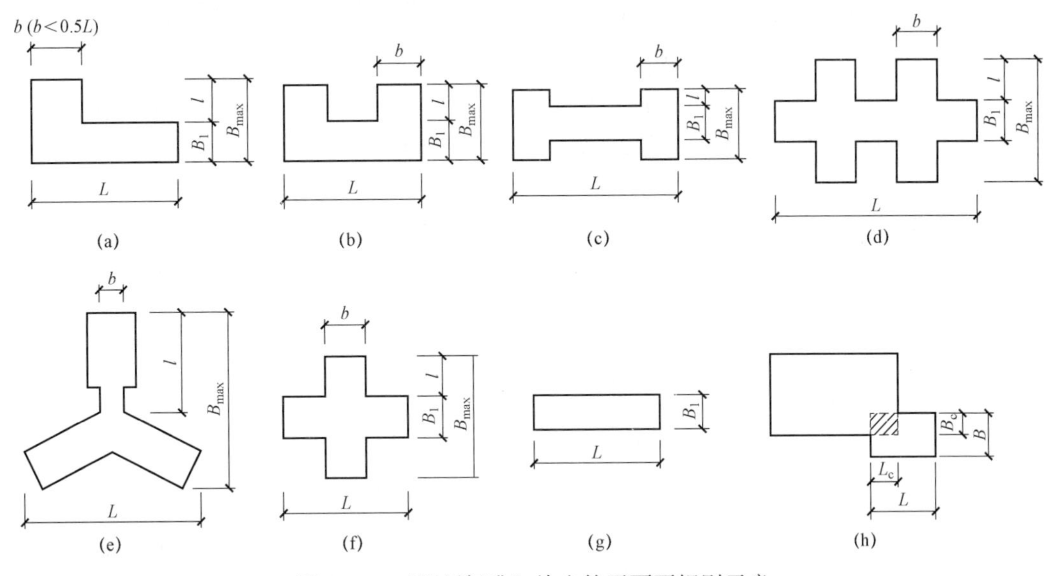


图 8－19　《四川标准》给出的平面不规则示意

特别注意：《四川标准》只有图 8－21（a）中 $b<0.5L$ 时，才进行凹凸不规则判断。这点同《上海抗规》规定，但国家《抗规》及《高规》没有这点规定。

说明如下：

① 平面凹进或凸出一侧的尺寸 $l$ 大于相应投影方向总尺寸 $B_{max}$ 的 35%（6、7 度）或 30%（8、9 度）时，如图 8－21（a）～（f）所示。

② 细腰平面的凹进或凸出一侧的尺寸 $L$ 虽不大于相应投影方向总尺寸 $B_{max}$ 的 35%

（6、7 度）或 30%（8、9 度）时，但细腰部分的宽度 $B_1$ 小于 $B_{max}$ 的 40%（6、7 度）或 50%（8、9 度）时，如图 8－21（c）、（d）所示。

③ 平面突出部分的长度 $l$ 与连接宽度 $b$ 之比超过 2.0（6、7 度）或 1.5（8、9 度）时，如图 8－21（a）～（f）所示。

④ 矩形平面的长度 $L$ 与宽度 $B$ 之比大于 6.0（6、7 度）或 5.0（8、9 度）时，如图 8－21（g）所示。

⑤ 角部重叠形平面的重叠部分长度 $L_c$ 和 $B_c$ 均小于较小平面相应边长 $L$ 和 $B$ 的 50%，如图 8－19（h）所示。

（2）对于角部重叠特殊情况的界定：角部重叠形平面如图 8－20 所示，重叠部分平面长边的长度为 $L_c$，短边的长度为 $B_c$。当 $L_c$ 或 $B_c$ 不小于较小平面中相应方向边长的 50% 时，不作为角部重叠形平面，如图 8－21 所示。

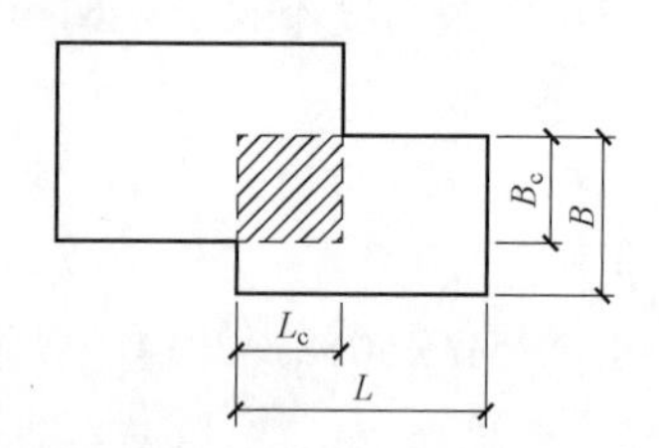


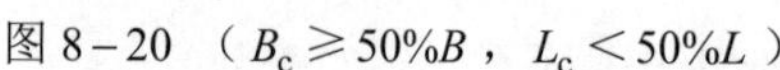
图 8－20 （$B_c \geq 50\%B$，$L_c < 50\%L$）

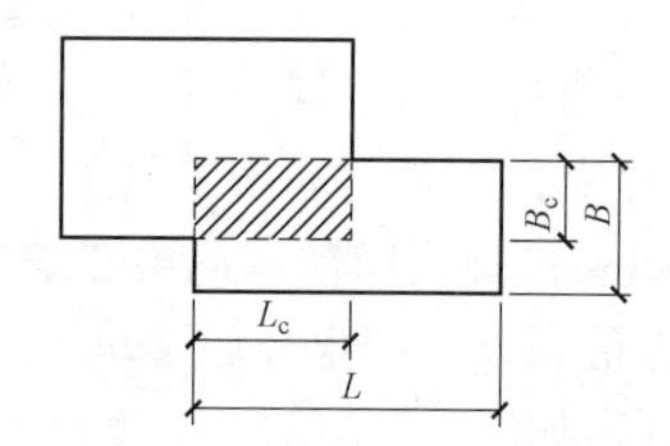


图 8－21 （$L_c \geq 50\%L$，$B_c < 50\%B$）

当平面由两个以上矩形或基本为矩形的平面组成，其中有类似角部重叠的情况，亦不作为角部重叠平面，如图 8－22 所示，而按其他不规则情况考虑。

（3）当结构平面为 Y 形、十字形等多肢形状，其某一肢与其他部分的连接部位的宽度有颈缩时，不作为细腰平面，按局部突出的平面考虑，如图 8－23 所示。

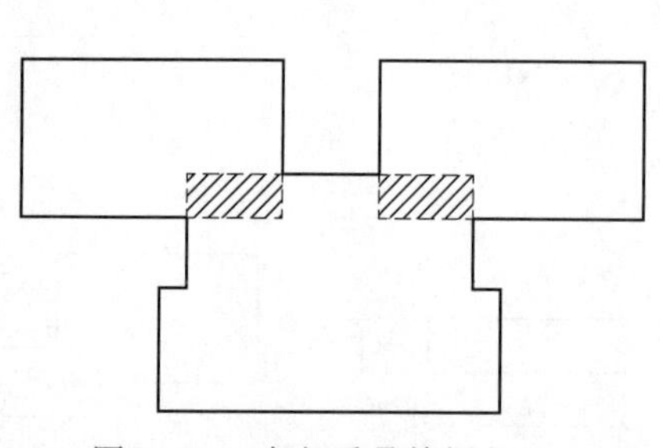

图 8－22 角部重叠特例之二

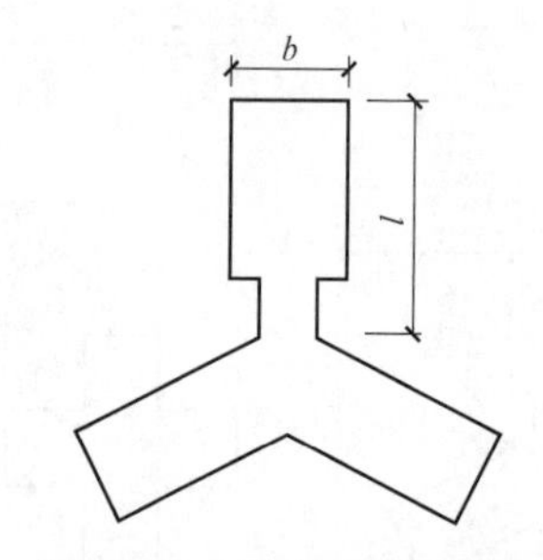


图 8－23 平面多肢形状示意

（4）楼板局部不连续的界定。结构中有下列一种以上情况时，为楼板局部不连续；

① 有效楼板宽度小于该层楼板典型宽度的 50%；

② 在任一方向的有效楼板宽度小于 5m；

③ 楼板开洞面积大于该楼层面积的 30%；

④ 有少量错层楼层（指全楼不超过 30%的错层楼层）。

**5.《天津市超限高层建筑工程设计要点》**

《天津市超限高层建筑工程设计要点》（2016 修订版）对平面规则性的界定如下：

（1）平面凹凸不规则界定如图 8－24 所示。

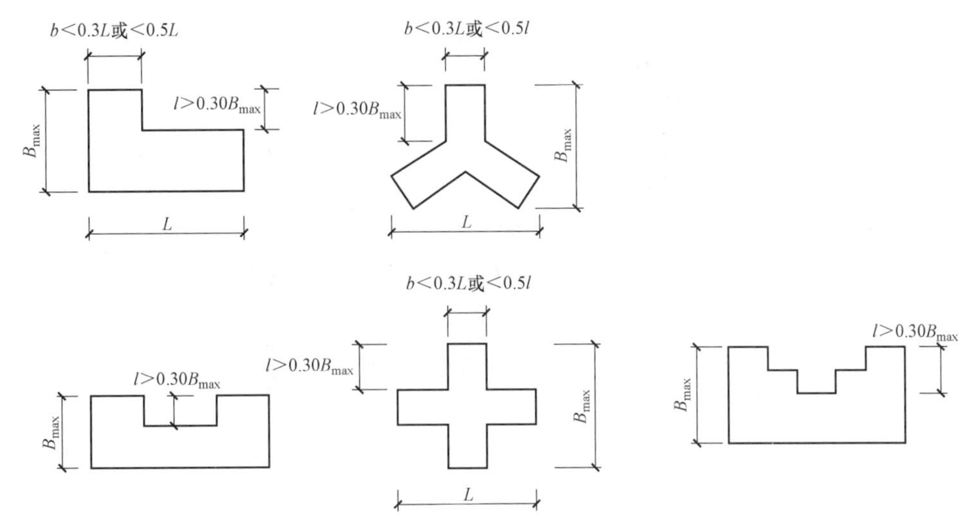


图 8－24　天津市关于平面凹凸不规则的示意

（2）细腰或重叠部分的界定如图 8－25 所示。

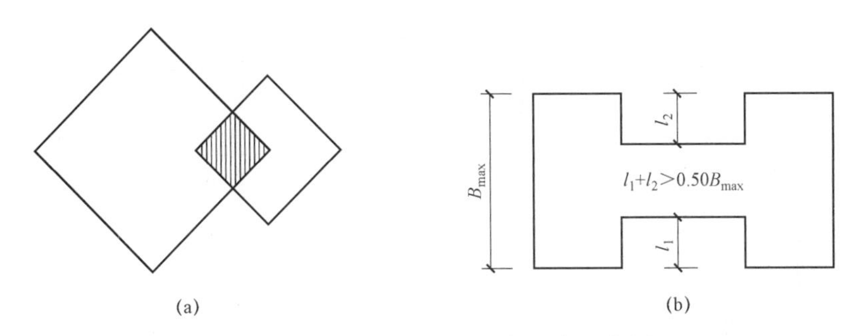


图 8－25　细腰或重叠部分的界定示意图

（a）平面角部重叠示意；（b）平面细腰形示意

界定标准：角部重叠的结构平面，其中角部重叠面积较小一侧的 25%；细腰形平面中部两侧收进超过平面宽度 50%。

**【咨询问题 8-1】** 高层住宅平面为工字形（见图 8－26），平面存在凹凸不规则，另外中部细腰楼板宽度 $B$ 还小于楼板宽度 $B_2$（最大边）的 50%，按《超限高层建筑工程抗震设防专项审查技术要点》（建质〔2015〕67 号）规定，技术人员判定此平面同时存在凹凸不规则和楼板不连续两个不规则项，而专家认为只需按凹凸不规则一项判定。请问哪个判断正确？

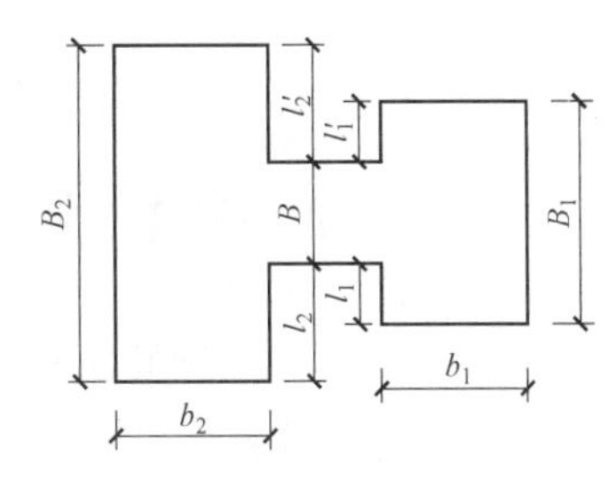


图 8－26　工字形高层住宅平面示意图

作者答复：按超限凹凸不规则和细腰只算一项，不能算楼板不连续项。

**6.《江苏省房屋建筑工程抗震设防审查细则》**

如果凹口宽度大于平面长度的 $l>L_{max}/3$，可以不算凹凸不规则，如图 8－27 所示平面。

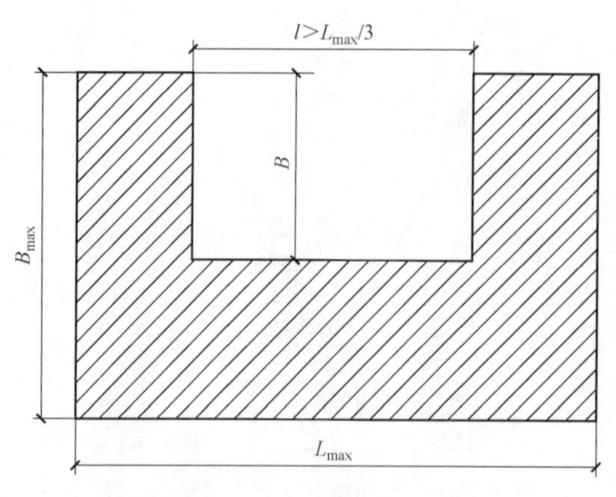


图 8－27　凹凸规则建筑平面

注意，江苏这个规定是参考《抗规》编制者解读规范给出的这个案例。

**【工程案例 8－4】**台湾嘉义县某小学，平面布置呈 U 形 2 层，建筑图如图 8－28 所示，外走廊加外柱、筏板基础，经历 1998 年瑞里地震（PGA=0.67$g$）、1998 年集集地震（PGA=0.63$g$）、1999 年嘉义地震（PGA=0.60$g$），均保持完好。

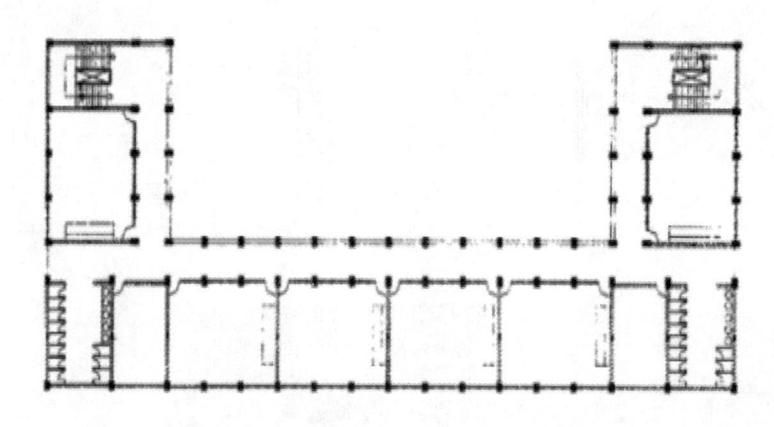

图 8－28　U 形平面的学校建筑抗震性能良好

作者观点：仅仅通过一个工程案例就做出这样一个规定，并不一定合适，地震远比我们看到的要复杂得多。

**7. 对《规范》开洞问题延伸解读**

《高规》第 3.4.6 条："当楼板平面比较狭长、有较大的凹入和开洞时，应在设计中考虑其对结构产生的不利影响。有效楼板宽度不宜小于该层楼面宽度的 50%；楼板开洞总面积不宜超过楼面面积的 30%；在扣除凹入或开洞后，楼板在任一方向的最小净宽度不宜小于 5m，且开洞后每一边的楼板净宽度不应小于 2m。"

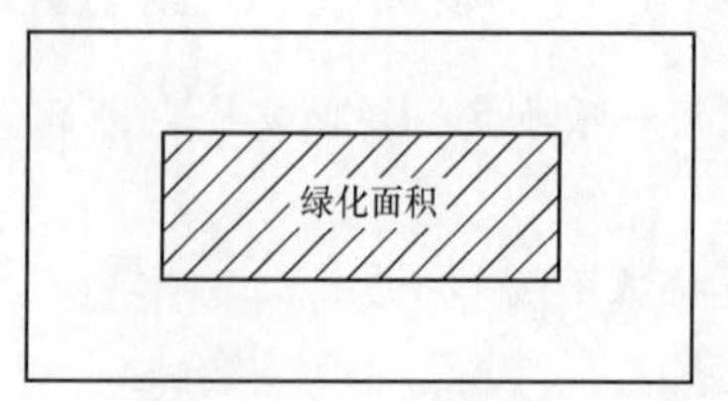


图 8－29　口字形建筑物

这条要求常因不同的理解和解释而困惑设计和审图等人员。有些施工图审查单位，甚至对图 8－29 中口字形建筑物中间的绿化面积也视作"楼板开洞"，认为面积不能超过 30%。

作者观点：对于回字型建筑，可以不按开洞判定，理由是：

(1) 国外一些规范对这个问题有明确规定。如美国和新西兰规范都没有楼板开洞面积百分比的限值，且两本规范都规定：应该对楼板传递水平力进行分析计算；当存在大开洞时，应注意楼板在其平面内刚度无穷大的假设可能不成立。新西兰规范提出一个判断方法：当横隔板（楼板）的最大横向变形大于各楼板的平均变形的 2 倍时，即应考虑其柔性。

在建筑工程中，横隔板属于结构构件，如楼板或屋顶板，它起着下列部分或全部功能：

① 提供建筑物某些构件的支点，如墙、隔断与幕墙，传递水平力，但不属于竖向抗震体系的一部分。

② 传递横向力至竖向抗震体系。

③ 将不同的抗震体系中的各组成部分连成一体，并提供适当的强度、刚度，以使整个建筑能整体变形与转动。

(2) 我国《高规》第 3.4.6 条条文说明明确写明是楼板，当然就是指建筑物的室内的板，而不是指建筑物以外的部分。因此，图 8－29 中所示的绿化面积并不是建筑物的一部分，理应不能算作“楼板开洞”。

因此作者理解《高规》第 3.4.6 条的用意是：对于需要传递水平力的楼板（包括屋顶板），不宜在不恰当的部位开过大的洞。因此，不宜仅局限开洞率的多少，而应根据开洞的部位是否阻碍了水平力的传递、开洞尺寸是否影响了水平力的传递等方面，去衡量该洞口是否可以设置。再举个工程例子说明。

**【工程案例 8－5】**图 8－30 为早期常见的高层塔式住宅平面示意。为了满足建筑的使用要求，建筑的四面都有较大凹凸。设计时往往在楼层四面的突出部位之间设置拉梁（或拉板），以增加其整体性，但是有的设计人或审图人却把拉梁（或拉板）与外墙之间的空间（图 8－30 中斜线填充部位）作为楼板开洞面积，作者认为这样理解也是不合适的。《高规》中的用词很明确，是“楼板开洞”，现在如果把建筑室外部分由拉梁（或拉板）与外墙围成的空间也作为“楼板开洞”，这显然是任意扩大规范条文的限制范围，是不合适的。

作者认为规范制定这条的目的是：如果楼板开洞面积过大，将会影响水平力的传递。如图 8－31 为某工程的部分平面示意图，当结构受到地震作用时，水平力将通过楼板传递到两侧的竖向构件。如果在图中楼板开洞 2 时，基本不影响水平力的传递，因此洞口大小可以基本不受限制，只要不影响竖向荷载的安全即可。但假如在楼板位置 1 开洞时，将影响水平力传递至剪力墙，因此洞口不宜太大，且需要对其进行局部加强处理。

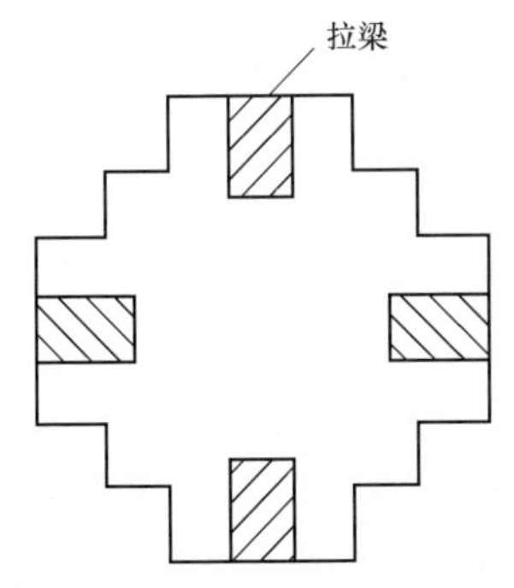

图 8－30　某高层住宅平面示意

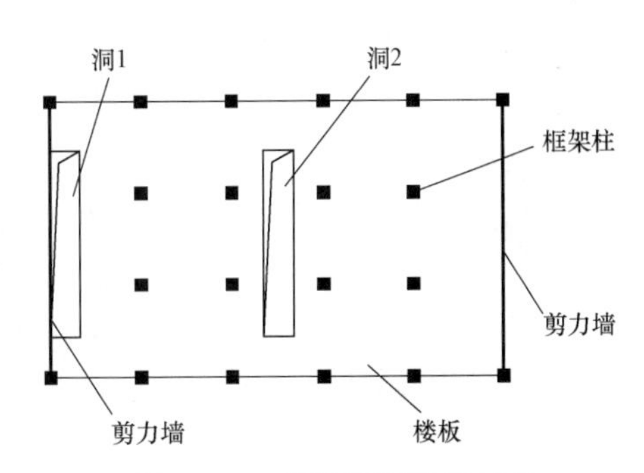

图 8－31　楼板开洞位置示意

因此，作者认为楼板是否可以开大洞，应视具体情况而定，不能一概而论。开大洞是否对传递水平力有影响，要结合工程情况，看开洞的位置是否合适，而不应不加区分情况的按是否超过30%这个限值来简单判定。

（3）工程中也经常遇到设计师或有的审图人员将电梯井筒内的楼板开洞，认为是不利因素，将其开洞面积也计入。事实上，电梯井洞四周的混凝土墙，是能传递水平力的，所以电梯楼板洞口算不利因素可以。但楼梯间周围如果有封闭的混凝土墙，就不应将其开洞计入楼板开洞面积，当然如果楼梯间四周没有封闭的剪力墙，当然应该考虑其开洞。

## 8.3 竖向不规则如何合理界定

竖向不规则一般主要涵盖以下几个方面：上下建筑平面布置相同而层高差异悬殊；上下楼层的剪力墙或砌体填充墙数量突变；上下楼层的层间位移角突变；上下楼层的几何尺寸和相关联的抗侧力构件数量突变；立面收尽或伸出等。这些最终反映到规范中就是结构抗侧刚度沿竖向变化问题。具体到《规范》规定如下：

**1.《高规》条款**

（1）《高规》第3.5.2条：抗震设计时，高层建筑相邻楼层的侧向刚度变化应符合下列要求：

1）对框架结构，楼层与上部相邻楼层的侧向刚度比$\gamma_1$不宜小于0.7，与上部相邻三层侧向刚度比的平均值不宜小于0.8。

2）对框架－剪力墙和板柱－剪力墙结构、剪力墙结构、框架－核心筒结构、筒中筒结构，楼层与上部相邻楼层侧向刚度比$\gamma_2$不宜小于0.9，当本层层高大于相邻上部楼层层高1.5倍时，不宜小于1.1，对底部嵌固楼层不宜小于1.5。

说明：此处的“嵌固层”实际是指被嵌固层与其上一层的比值，比如某工程的嵌固端在地下室顶0.00平面，则这时要求控制地上一与地上二的比值不小于1.5；对于嵌固端在基础顶时，是指基础上这层与其上一层的比值。

《广东高规》第3.5.2条：抗震设计时，当地下室顶板作为计算嵌固端时，首层侧向刚度不宜小于相邻上一层的1.5倍（广东规范这么说就很容易理解）。

注：此处侧向刚度是指楼层剪力与层间位移角之比。

（2）《高规》第3.5.5条：抗震设计时，当结构上部楼层收进部位到地面的高度$H_1$与房屋高度$H$之比大于0.2时，上部楼层收进后的水平尺寸$B_1$不宜小于下部楼层水平尺寸$B$的0.75倍（见图8－32）。当上部结构楼层相对于下部楼层外挑时，下部楼层的水平尺寸$B$不宜小于上部楼层水平尺寸$B_1$的0.9倍，且水平外挑尺寸$a$不宜大于4m（见图8－33）。

［补充说明］：

1）本条所说的悬挑结构，一般是指悬挑结构中有竖向结构构件的情况［见图8－33（a）］，对于悬挑结构中没有竖向结构构件的情况［见图8－33（b）］，可不受这条限制。

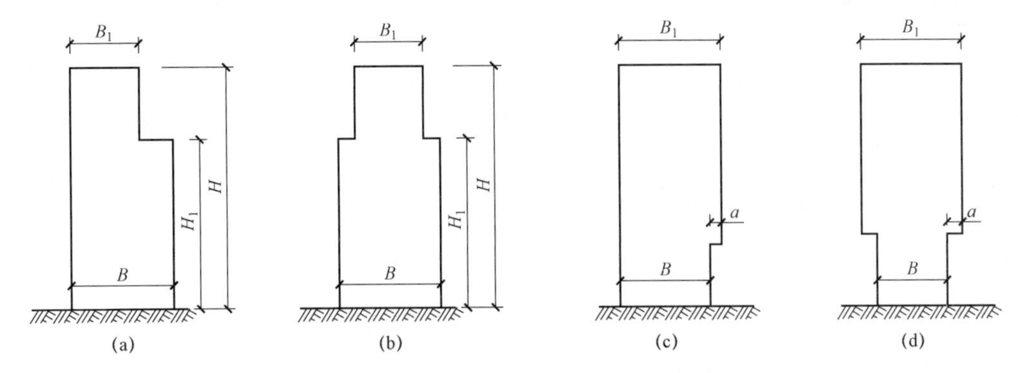


图 8－32　竖向结构吸进及外挑示意图

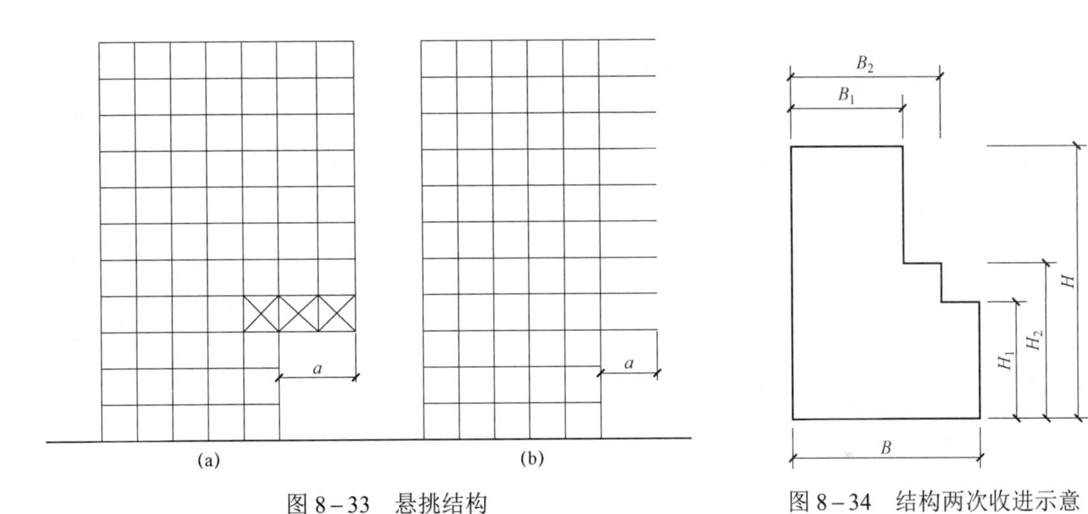


图 8－33　悬挑结构

（a）有竖向构件的悬挑；（b）无竖向构件的悬挑

图 8－34　结构两次收进示意

2）2016 年《江苏审图》对台阶式的解答。

“第 3.5.5 条规定，抗震设计时，当结构上部楼层收进部位到室外地面的高度 $H_1$ 与房屋高度 $H$ 之比大于 0.2 时，上部楼层收进后的水平尺寸 $B_1$＜0.75 下部楼层水平尺寸 $B$ 时为竖向体型收进复杂高层建筑。若分两次收进，如图 8－34 所示，且 $H_1/H$、$H_2/H$ 均＞0.2；$B_2/B$＞0.75；$B_1/B_2$＞0.75。如果 $B_1/B$＜0.75，可否不算竖向体型收进的复杂高层建筑？

逐步收进的建筑每次收进的尺寸较小时，应视为对抗震、抗风有利的结构。本例不宜界定为竖向体型收进的复杂高层建筑。”

（3）《高规》第 3.5.6 条：楼层质量沿高度宜均匀分布，楼层质量不宜大于相邻下部楼层质量的 1.5 倍。

说明：本条为新增条文，规定了质量沿竖向不规则的限制条件，与美国规范规定一致，不希望出现头重脚轻的抗震破坏。

**2.《抗规》条款**

（1）《抗规》第 3.4.3－1 条：竖向不规则要求见表 8－5。

表 8-5　　　　　　　　　　竖向不规则的主要类型

| 不规则类型 | 定义和参考指标 | 备　注 |
| --- | --- | --- |
| 侧向刚度不规则 | 该层的侧向刚度小于相邻上一层的 70%，或小于其上相邻三层侧向刚度平均值的 80%，除顶层或出屋面小建筑外，局部收进的水平向尺寸大于相邻下一层的 25% | 与《高规》3.5.2 有差异 |
| 竖向抗侧力构件不连续 | 竖向抗侧力构件（柱、抗震墙、抗震支撑）的内力由水平转换构件（梁、桁架等）向下传递 | 与《高规》3.5.4 有差异 |
| 楼层承载力突变 | 抗侧力结构的层间受剪力小于相邻上一层的 80% | 与《高规》3.5.3 有差异 |

补充坡屋面竖向刚度的处理方法，详见 2016《江苏审图》。

“16. 坡屋面按照实际高度建模后，由于屋面层高较小，会出现下上层刚度比不满足规范要求，这类情况如何控制？

答：目前主流程序对于坡层顶建模主要通过提高上节点高的方式来实现。斜板自动指定为弹性膜或者用户可在特殊构件补充定义中指定弹性板 6，其兼具板的特性（承担竖向荷载）和剪力墙的特性（承担水平力），与普通楼板受力形态有很大区别。故相对于下部几层，其刚度较大，此处刚度变化不计入不规则项。”

（2）对于高层建筑带大底盘裙房时，计算裙房与上部塔楼的层刚度比时，可取主楼周边外延 3 跨且不大于 20m 相关范围的竖向构件，如图 8-35 所示。地上结构（主楼加裙房）与地下部分也可参照此法处理，但此时相关范围可取地上结构周边外延不大于 20m，而不能取相关范围外所有的竖向构件，特别是相关范围之外的地下室外墙参与计算来判定，如图 8-36 所示。

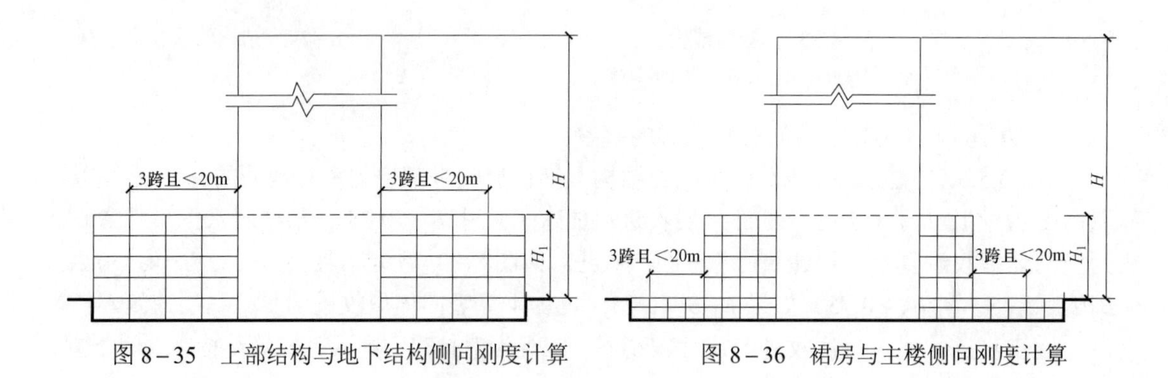


图 8-35　上部结构与地下结构侧向刚度计算　　　　图 8-36　裙房与主楼侧向刚度计算

# 8.4　结构设计应区别对待不规则建筑，结合工程规则程度采取相应加强措施

## 8.4.1　对不规则结构进行抗震设计需要注意哪些概念问题

建筑形体规则性的判别，《抗规》给出了与抗震设防烈度无关的判断标准。但是，不

规则建筑结构的抗震设计却与烈度相关，烈度越高，地震作用和抗震措施要求越高。在判别建筑规则性时应遵循区别对待的原则。新《抗规》表 3.4.3－1，2 主要从概念上提供了平面和竖向不规则的参考界限，并非严格的数值界限。设计时应根据实际情况，区别对待。例如：

（1）关于平面不规则问题。

1）判别扭转不规则时应按刚性楼盖假定建模计算分析。所谓刚性楼盖，是指楼盖两端的位移不超过平均位移的 2 倍。而楼盖两端的位移应该是边、角处抗侧力构件的位移，而不是悬挑楼板的位移。

2）计算扭转位移比时，楼层的位移不能用各振型位移的 CQC 组合得到，而应该采用各振型力的 CQC 组合得到楼层剪力、经换算后得到的水平力作用下产生的位移（考虑偶然偏心）。当计算的楼层位移（角）小于规范规定限值的 40% 时，对扭转位移比的控制可以适当放松。

3）偶然偏心的取值，除采用垂直于所考虑方向最大尺寸的 5% 外，也可根据建筑平面不规则形状和楼盖重力荷载不均匀分布情况取值。

4）也可根据楼层质心和刚心的距离（偏心率）来判别扭转不规则。

（2）关于平面凹口问题。当建筑平面有凹口，应视凹口尺寸大小区别对待。当凹口很深，即使在凹口处设置楼面连梁，而该连梁又不足以使凹口两侧的楼板协同位移而满足刚性楼板假定时，应仍属凹凸不规则，不能按楼板开洞对待。此时深凹口两侧墙体很容易产生拉弯破坏。相反地，当凹口宽度大于深度时，建筑变为 U 形平面，抗震性能并不差，此时，不能判定为凹凸不规则。但此时需要注意，不宜在转角处挑空、楼板开大洞或设楼梯间，应加强转角处的柱、梁、墙。

（3）关于楼板开大洞问题。楼、电梯间和设备管井当四周有剪力墙时，由于墙体存在，具有较强的空间约束作用，一般不计入楼板开洞面积。

（4）关于竖向不规则问题。除了新《抗规》表 3.4.3－2 所定义的软弱层（侧向刚度不规则）、转换层（竖向构件不连续）和薄弱层（楼层承载力突变）之外，还可根据结构层间位移角的变化来判断。楼层刚度等于楼层剪力和层间位移角之比。高层建筑带底盘裙房，计算裙房与上部塔楼的楼层刚度比时，可取主楼周边外延 3 跨且不大于 20m 相关范围内的竖向构件。地上结构（主楼加裙房）与地下室部分也可照此处理，相关范围取地上结构周边外延不大于 20m，而不能取相关范围外所有竖向构件，特别是相关范围之外的地下室外墙参与计算。

（5）少数楼层不规则的处理问题。当少数楼层由于开洞、凹凸、偏心、错层、挑高等造成不规则时，应视其所占楼层比例和不规则性程度综合判定整体结构的规则性，而不能简单得出结论。但无论如何，对这些楼层构件均应加强其抗震措施。

（6）体型复杂、平立面不规则的建筑结构，应根据不规则程度、地基基础条件和技术经济等因素的比较分析，确定合理设置防震缝将其划分为相对规则的结构单元。

### 8.4.2　对于不规则的建筑结构，结构抗震设计应进行哪些计算及内力调整

不规则的建筑结构应按下列要求进行水平地震作用计算和内力调整，并应对薄弱部位采取有效的抗震构造措施：

（1）平面不规则而竖向规则的建筑结构，应采用空间结构计算模型，并应符合下列要求：

1）扭转不规则时，应计入扭转影响，且楼层竖向构件最大的弹性水平位移和层间位移分别不宜大于楼层两端弹性水平位移和层间位移平均值的 1.5 倍，当最大层间位移远小于规范限值时，可适当放宽。

2）凹凸不规则或楼板局部不连续时，应采用符合楼板平面内实际刚度变化的计算模型；高烈度或不规则程度较大时，宜计入楼板局部变形的影响；一般情况需要控制薄弱部位楼板在大震作用下的楼板截面抗剪验算。具体可参考按《抗规》附录 E 计算方法。

**【工程案例 8-6】**2013 年，作者作为咨询顾问对某万达广场超限工程进行咨询工作。

工程概况：商业综合体项目主要由两部分构成，分别是 1 号建筑（购物中心、公寓），2 号建筑（甲级写字楼、商铺）。1 号建筑（购物中心、公寓）是由地下两层，地上 3 层局部 5 层的商业建筑（购物中心），以及在 ±0.000 以上与商业断开的 A、B、C 三座公寓式塔楼组成，三座塔楼形成 3 个独立的主体结构，每个塔楼地上均为地上 27 层。2 号建筑（甲级写字楼、商铺）为地下一层，地上 25 层的甲级写字楼。

购物中心地下两层，层高分别为：地下一层 5.7m，地下二层 5.1m。地上总高为 26.1m，一层为 5.7m，二、三、四层均为 5.1m，其中四、五层相对大屋面在立面内收，仅局部有此屋面，主要为影厅功能。建筑效果图如图 8-37 所示，结构平面布置图如图 8-38 所示。

本工程主要是裙房部分（购物中心），属三项不规则超限高层建筑，所以进行了省级高层建筑抗震超限审查工作。

图 8-37　建筑效果图

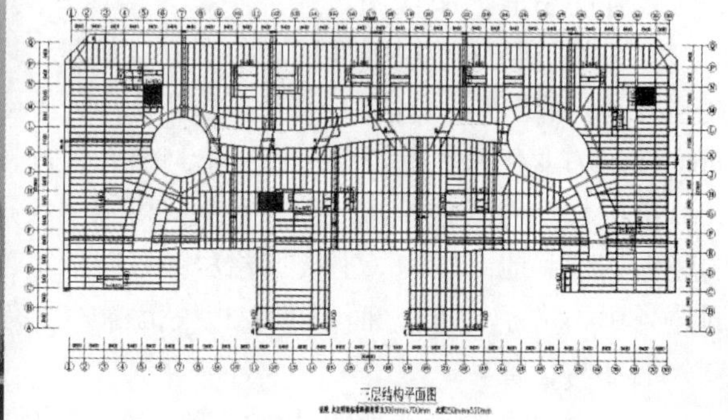

图 8-38　结构平面布置图

超限审查要求：中庭楼板连接薄弱部位需进行大震截面验算。

设计计算分析结论：在水平大震作用下，楼板峰值剪应力基本小于 2.01MPa（楼板混凝土为 C30），局部区域由于应力集中等因素略超限值，楼板单位宽度内平均剪应力均小于限值，满足《抗规》附录 E.1.2 条要求，楼板在大震作用下满足水平力传递要求。

3）平面不对称且凹凸不规则或局部不连续，可根据实际情况分块计算扭转位移比，扭转较大的部位应考虑局部的内力增大系数。

（2）平面规则而竖向不规则的建筑结构，应采用空间结构计算模型，刚度小的楼层的地震剪力应乘以不小于 1.25 的增大系数，其薄弱层应按规范有关规定进行弹塑性变形分析，并应符合下列要求：

1）竖向抗侧力构件不连续时，该构件传递给水平转换构件的地震内力应根据烈度高低和水平转换构件的类型、受力情况、几何尺寸等，乘以 1.25～2.0 的增大系数［美国 IBC 规定取 2.5 倍（分项系数为 1.0）］。

2）相邻层的侧向刚度比，应依据其结构类型分别不超过规范有关章节的规定；注：多层建筑以《抗规》要求，高层建筑以《高规》要求控制。

3）楼层承载力突变时，薄弱层抗侧力结构的受剪承载力不应小于相邻上一楼层的 65%。

（3）对于平面不规则且竖向也不规则的建筑结构，应根据不规则类型的数量和程度，有针对性地采取不低于本条 1、2 款要求的各项抗震措施。

（4）对于界定为特别不规则的建筑，应经专门研究，采取更有效的加强措施或对薄弱部位采用相应的抗震性能设计方法。

（5）不规则且具有明显薄弱部位可能导致地震时严重破坏的建筑结构，应按本规范有关规定进行罕遇地震作用下的弹塑性变形分析。此时，可根据结构特点采用静力弹塑性分析或弹塑性时程分析方法。

（6）多项和某项不规则划为特别不规则建筑结构的界定及相应的加强措施，可参考建设部《超限高层建筑工程抗震设防专项审查技术要点》（建质〔2010〕109 号）。

### 8.4.3 对平面规则性超限的建筑有哪些抗震计算特殊要求

（1）由于平面规则性超限对楼板（横向隔板）的整体性有较大的影响，一般情况下楼板在自身平面内刚度无限大的假定可能已经不再适用。因此，在结构计算模型中就应考虑楼板平面内的弹性变形（通常情况可采用弹性板元）。

（2）在考虑楼板弹性变形影响时，通常可以采用以下两种处理方法：

1）采用分块刚性模型加弹性楼板连续的计算模型，即将凹口周围各一开间或局部突出部分的跟部开间的楼板考虑为弹性楼板，而其余部分楼板考虑为刚性楼板假定（见图 8－39）。采用这样的处理可以求得凹口周围或局部突出部位根部的楼板内力，还可以减少部分计算工作量。

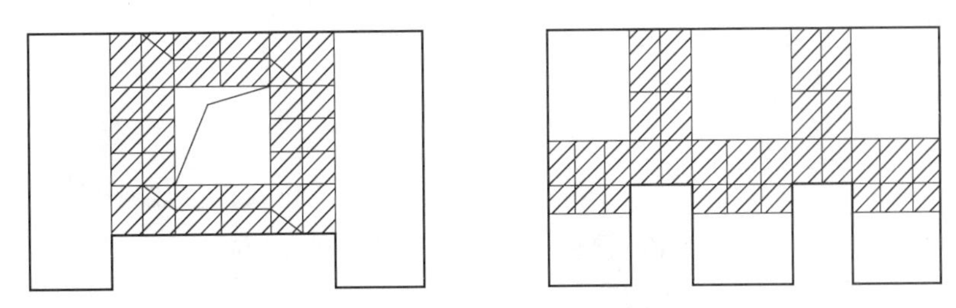

图 8－39　分块刚性模型加弹性楼板连续的计算模型（斜线部分为弹性模型）

2）对于点式建筑或平面尺寸较小的建筑，也可以将整个楼面都定义为弹性楼板。这样处理，建模和计算过程比较简单、直观、计算结果也较精确，但计算工作量较大。

（3）计算结果中应能反映出楼板在凹口部位，突出部位的根本以及楼板较弱部位的内力情况，以作为楼板截面设计的参考。计算结果反映出凹口内侧墙体上连梁有无超筋现象，以作为是否需要在凹口端部设置拉梁或拉板时参考。

（4）应加强楼板的整体性，保证地震力的有效传递，避免楼板削弱部位在大震下的受件破坏，应根据楼板的开洞和受力状况及所设计的弹性的性能目标进行楼板的受剪承载力验算。

【知识点拓展】

1）以下是一些需要定义弹性楼板的工程平面，可以分块定义也可以全楼定义，见图 8－40 中圆圈标注。

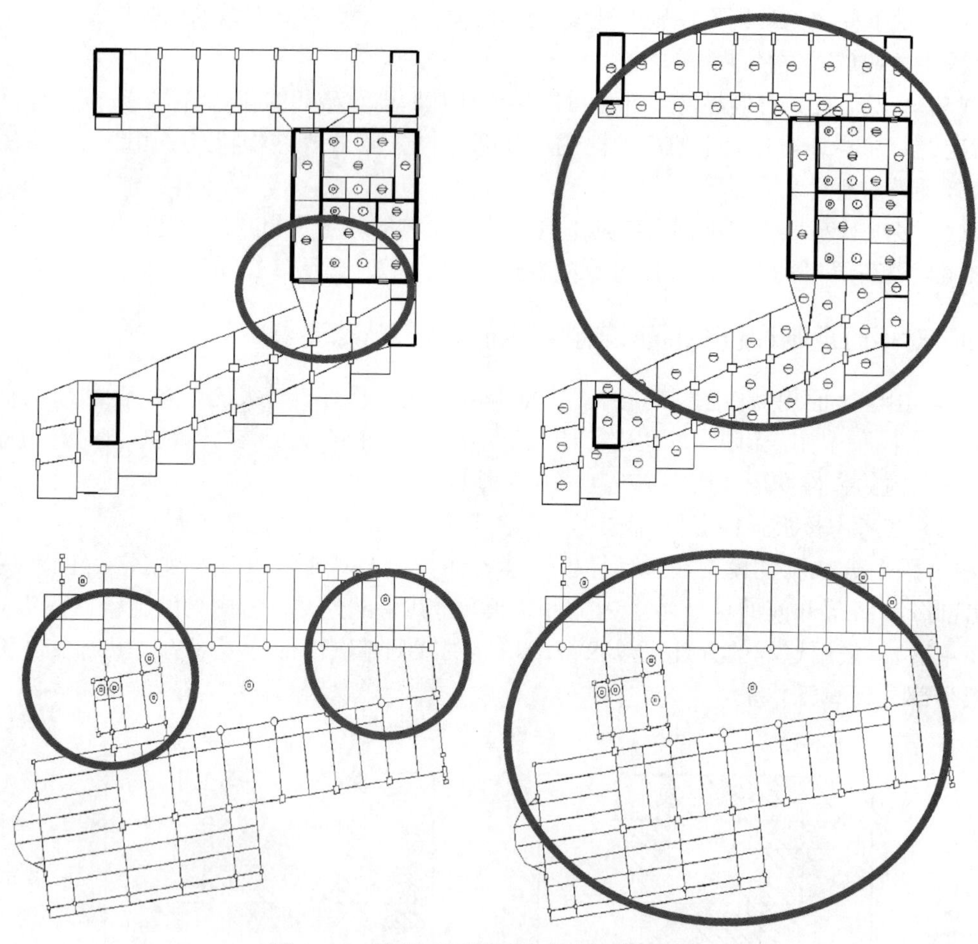

图 8－40　典型平面需要定义弹性楼板部位

2）类似图 8－41 的建筑平面布置，可以仅采用局部定义弹性楼板进行计算。

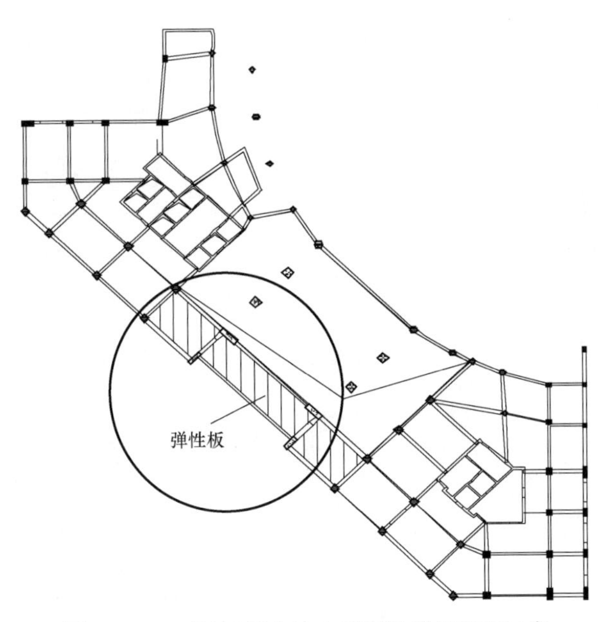

图 8－41　可以局部分块定于弹性楼板平面示意

3）类似图 8－42 的建筑平面布置，应采用全楼定于弹性楼板计算。

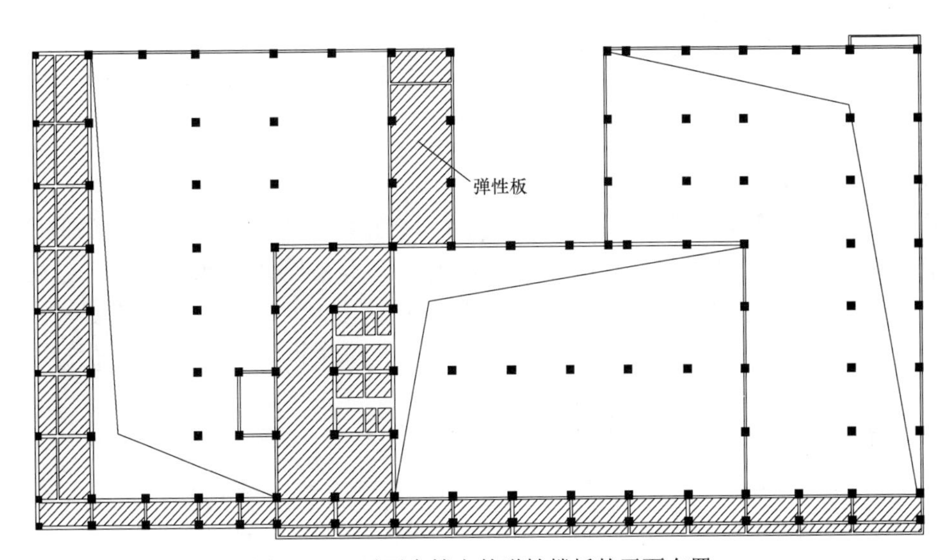

图 8－42　需要全楼定的弹性楼板的平面布置

4）特别注意对于平面狭长宽的结构，如图 8－43 所示的变形情况分析，也需要全楼定义弹性楼板计算。

（5）注意不要在刚性楼板以内定义局部弹性楼板，如图 8－44 所示，按左侧局部定义毫无意义，应按右侧图全楼定义。

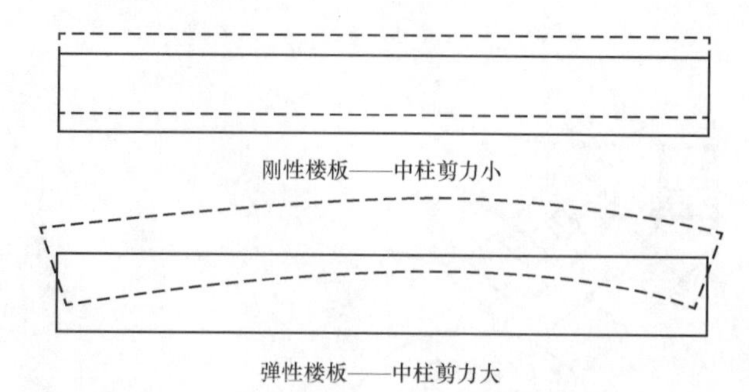


图 8－43　平面狭长的结构需要定义弹性楼板

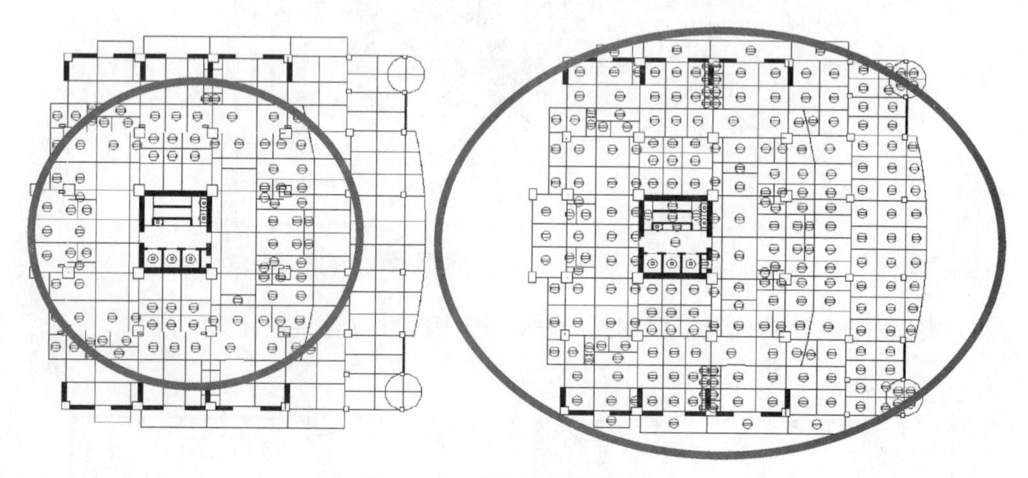

图 8－44　弹性楼板定义示意

**【知识点拓展】**

1）必须要注意的是，实际工程中无论采用哪一种弹性楼板模型，在定义弹性板时应注意定义成弹性板带［见图 8－45（b）的阴影部分］，将各刚性板彻底分开，这样才能保证所定义的弹性楼板模型真正发挥作用。而如果按图 8－45（a）的方法定义，尽管图中阴影部分定义了弹性楼板，但由于四周边外侧仍为刚性楼板，故此时的定义将是无效的定义。

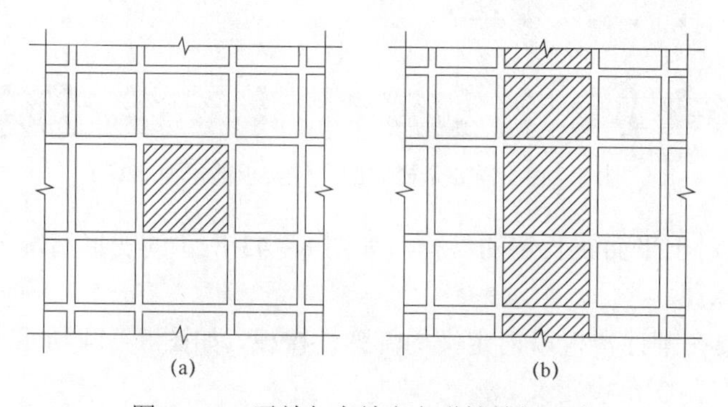


图 8－45　无效与有效定义弹性楼板示意

2）弹性楼板依据实际工程不同需要按以下三中假定合理选择：

① 弹性楼板 6：假定楼板平面内和平面外的刚度均为有限值。一般仅用于板柱结构

及板柱剪力墙结构。

② 弹性楼板 3：假定楼板平面内刚度无限大，平面外的刚度均为有限值。主要应用在厚板转换结构。

③ 弹性模：假定楼板平面内刚度无限大，平面外的刚度为零；主要用在空旷的工业厂房和体育馆建筑、楼板开大洞、楼板平面狭长或有较大凹入以及平面弱连接结构。

3）定义弹性楼板的目的是需要计算出这些薄弱部位的楼板拉应力，计算可参考《高规》第 10.2.24 条，对楼板进行受剪截面和承载力的验算。

## 8.4.4 对立面不规则超限建筑有哪些抗震计算特殊要求

（1）对于立面收进幅度过大引起超限时，当楼板无开大洞且平面比较规则时，在计算分析模型中可以采用刚性楼板，通常情况下可以采用振型分解反应谱法进行计算。结构分析的重点应是检查结构的层间位移有无突变，结构刚度沿高度的分布有无突变，结构的扭转效应是否能控制在合理范围内。

（2）对于连体建筑，由于连体部分的结构受力更为复杂、连体以下结构在同一平面上完全脱开，因此，在结构分析中应采用局部弹性楼板，多个质量块弹性连续的计算模型，即连体部分的全部应采用弹性楼板模型，连接体以下的各个塔楼板可以依据情况采取刚性楼板模型（规则平面）或局部采用弹性楼板（局部平面不规则）。结构分析的重点除了与上述 1 款相同外，还应特别注意分析连体部分楼板及梁的应力及变形，在多遇地震（小震）作用计算时应控制连体部分的梁、板上的拉应力不超过混凝土轴心抗拉强度标准值。还应检查连体部分以下各层塔楼的局部变形及对结构抗震性能的影响。如图 8－46 所示就是作者公司先后完成的超限连体建筑设计。

(a)

(b)

图 8－46　作者单位完成的超限连体建筑设计

（a）2004 年完成的北京 UHN 国际村；（b）2012 年完成的青岛胶南世茂中心

【知识点拓展】其他一些典型连体结构图 8－47 所示。

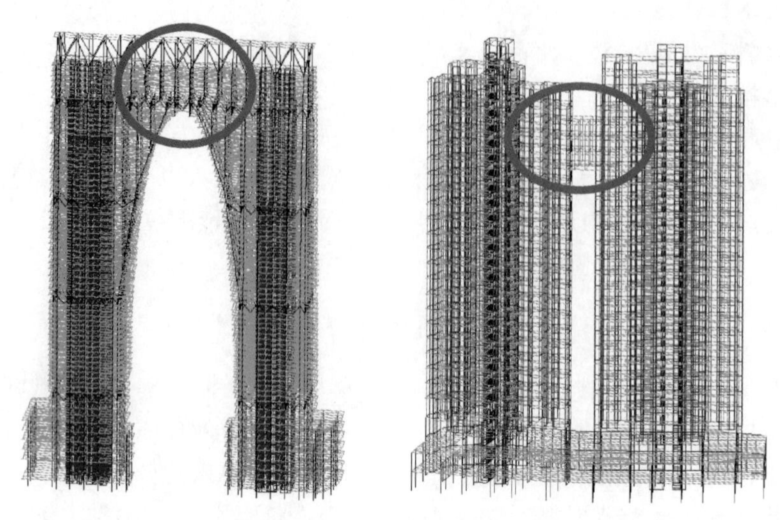

图 8-47　连体结构立面

（3）对于立面开大洞的建筑的计算模型和计算要求与连体建筑类似，洞口以上部分宜全部采用弹性楼板模型，应重点关注洞口角部构件的内力，避免在多遇（小震）地震时出现裂缝。对于开大洞口而在洞口以上的转换构件还应关注其在竖向荷载下的变形，并分析这种变形对洞口上部构件影响，采取必要的加强措施，如图 8-48 所示。

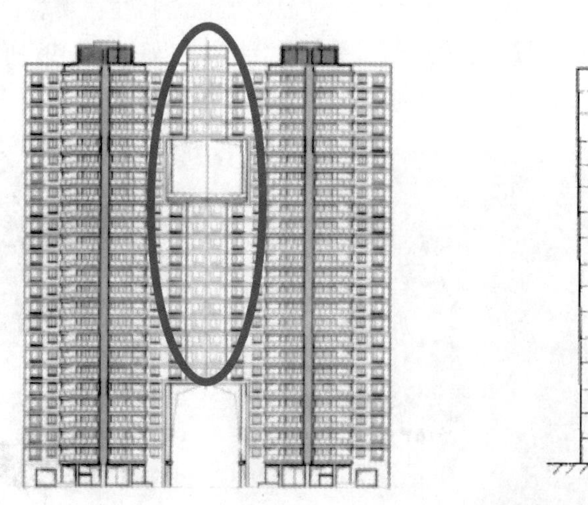

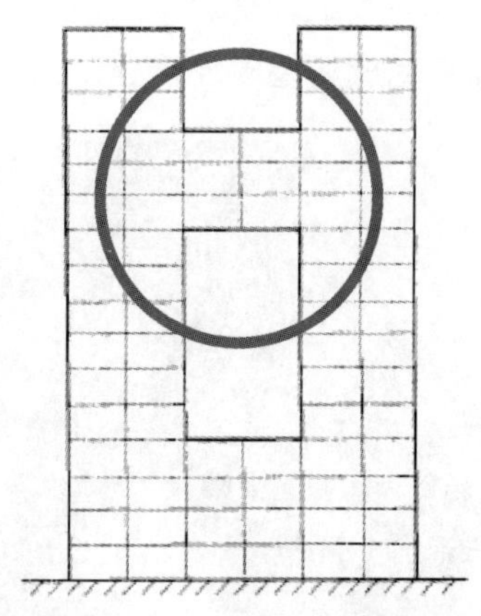

图 8-48　立面开大洞口建筑示意

（4）多塔楼建筑计算分析的重点是大底盘的整体性以及大底盘协调上部多塔楼的变形能力。通常情况下大底盘的屋面板在计算模型中也应按弹性楼板处理（一般情况下宜按壳元），每个塔楼的楼层可以考虑为一个刚性楼板（规则平面），整体计算时振型数不应少于 18 个，且不应少于塔数的 9 倍。当只有一层大底盘、大底盘的等效剪切刚度大于上部塔楼综合等效剪切刚度的 2 倍以上且大底盘屋面板的厚度不小于 200mm 时，大底盘的屋面板可以取为刚性楼板简化计算。

当大底盘楼板削弱较多（如逐层开大洞形成空旷中庭等），以致不能协调多塔共同工作时，在罕遇（大震）地震作用下可以按单塔楼的数量进行平均分配或根据建筑布置取各塔相关范围进行分割，大底盘的层数要计算到整个中去，计算示意图如图 8－49 所示。

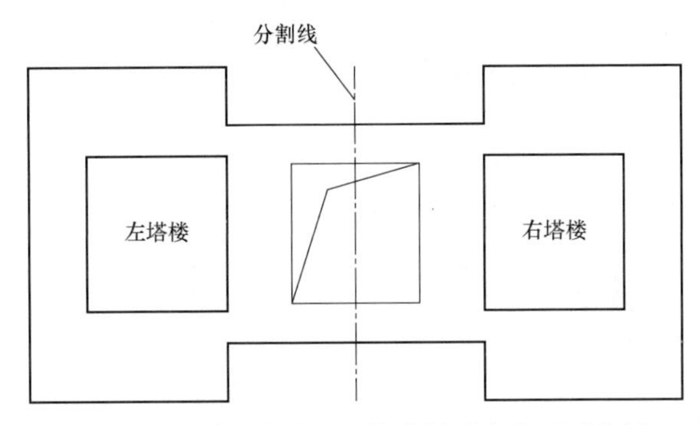


图 8－49 多塔楼建筑计算分析时底盘平面分割

（5）对于带转换层的结构，计算模型中应考虑转换层以下的各层楼板的弹性变形问题，转换层应按弹性楼板考虑，其他楼层宜按弹性楼板考虑计算。结构分析的重点除与立面收进建筑的要点相同之外，还应重点关注框支柱所承受的地震剪力的大小、框支柱的轴压比以及转换构件的应力和变形问题。当转换梁上部墙体开设边门洞时，应进行重力荷载作用下不考虑墙体共同工作的复核。

（6）结构软弱层地震剪力和不落地构件传给水平构件的地震内力调整系数取值，应依据超限的具体情况取大于规范对一般建筑的规定值；楼层刚度比值的控制值需要满足规范规定。框支剪力墙受力分析需要关注部位如图 8－50 所示。

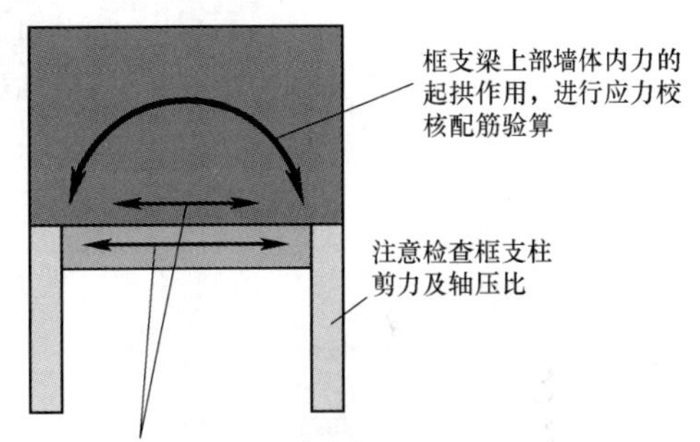


图 8－50 框支剪力墙受力分析需要关注部位

（7）对于错层结构，在整体分析计算时，应将每一层楼板作为一个计算单元，按楼板的结构布置分别采用刚性楼板或弹性楼板模型进行计算分析。同时还应重点对错层处墙、柱进行局部应力分析，并作为校核配筋设计的依据。

［**工程案例 8－7**］作者 2004 年主持设计的北京某三错层高层超限建筑，就是按这个原则进行的设计分析。图 8－51 为建筑部分图。

（8）竖向不规则结构的地震剪力及构件的抗震内力应做如下调整：

1）刚度突变的薄弱层，地震剪力应至少乘以 1.25 的增大系数。

2）转换构件传递给水平转换构件的地震内力应乘以 1.9（特一级）、1.6（一级）、1.30（二级）的增大系数。

3）一、二级转换柱由地震作用产生的轴力应分别乘以增大系数 1.5、1.2，但计算柱轴压比时可不考虑该增大系数。

4）当每层框支柱的数目不多于 10 根且当底部框支层位于 1～2 层时，每根柱所受的剪力应至少取结构基底剪力的 2%；当底部框支层位于 3 层及 3 层以上时，每根柱所受的剪力应至少取结构基底剪力的 3%。

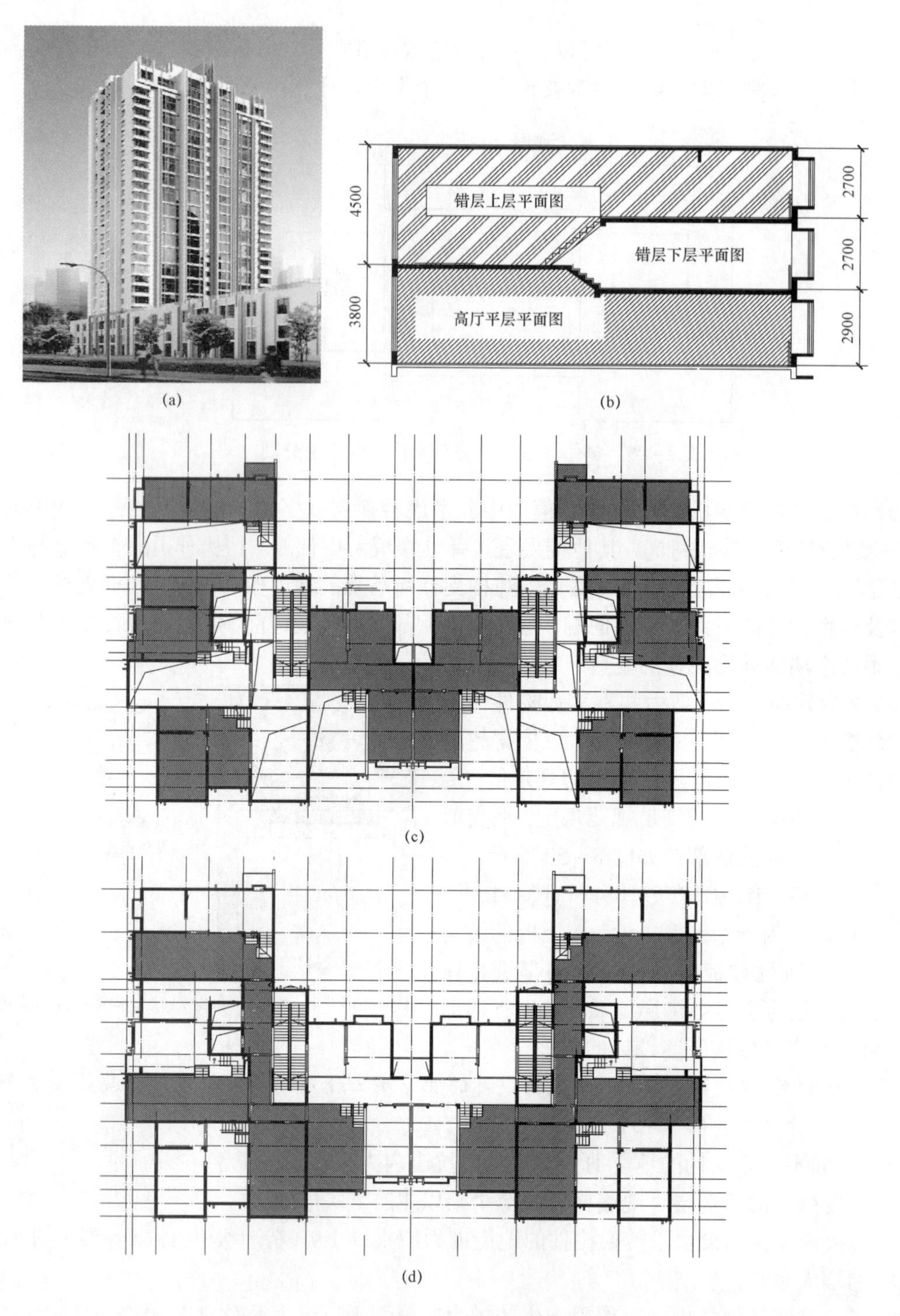


图 8-51　三错层建筑部分图

（a）三错层效果图；（b）三错层局部放大图；（c）错层上平面布置图；（d）错层下平面布置图

注：本工程的详细设计说明可见作者撰写出版的《建筑结构设计常遇问题及对策》及《建筑结构施工图设计与审图常遇问题及对策》。

5）当每层框支柱的数目多于 10 根且当底部框支层位于 1～2 层时，每层框支柱承受剪力之和应取不小于结构基底剪力的 20%；当框支层位于 3 层及 3 层以上时，每层框支柱承受剪力之和应取不小于结构基底剪力的 30%。框支柱剪力调整后，应相应调整框支柱的弯矩，但框支梁的剪力、弯矩可不调整。

6）部分框支剪力墙结构中，特一、一、二、三级落地剪力墙底部加强部位的弯矩设计值按有地震作用组合的弯矩值分别乘以增大系数 1.8、1.5、1.3、1.1；底部加强部位的剪力设计值一级、二级、三级分别乘以 1.6、1.4、1.2 的系数。

7）超限高层中对于跨度大于 24m 的楼盖结构、跨度大于 12m 的转换结构和连体结构、悬挑长度大于 5m 的悬挑结构，竖向地震作用效应应采用时程分析法或振型分解反应谱计算。跨度大于 24m 的连体结构计算竖向地震作用时，应参照竖向时程分析结果确定。时程分析计算时输入的地震加速度最大值可按规定的水平输入最大值的 66%采用，反应谱分析时结构竖向地震影响系数可取水平地震影响系数的 65%，但注意地震分组均可以取第一组。

### 8.4.5 不规则建筑结构应采取哪些抗震措施与抗震构造措施

#### 1. 对于平面不规则的建筑

对于平面不规则建筑，首先考虑是否可以通过楼面调整消除凹凸不规则或楼板不连续，通常优先采用尽量合并的处理方式。

增设楼板如图 8－52 所示，并采取以下构造措施加强。

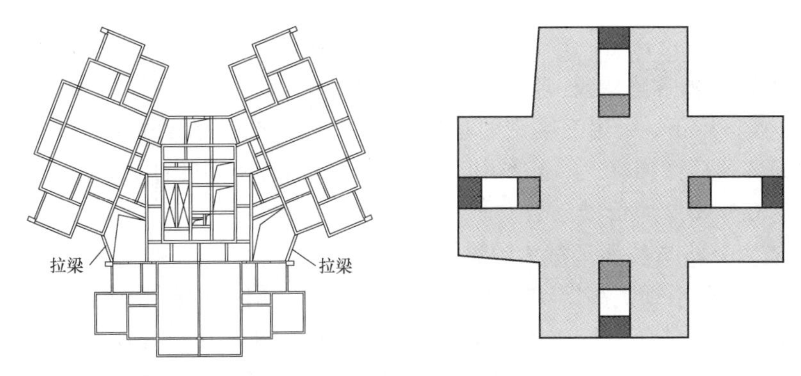


图 8－52 凹凸不规则合并示意

（1）对凹口深度超过的建筑，通常应取以下抗震构造措施：

① 屋面层的凹口位置应设置拉梁或拉板，并采取双层双向配筋；

② 对于建筑高度大于 100m 的建筑，或凹口深度大于相应投影方向总尺寸的（6、7 度 40%；8、9 度 35%）时，还宜每层设置拉梁或拉板；

③ 当凹口深度大于相应投影放心总尺寸的（6、7 度 40%；8、9 度 35%）时，且建筑高度不大于 60m 时，屋面板厚度和配筋要求应满足上述① 的要求，其他楼层宜沿高度均匀设置拉梁或拉板；

④ 当凹口部位楼板有效宽度大于 6m，且凹口深度小于投影方向总尺寸的（6、7 度 40%；8、9 度 35%）时，如果抗震设计有关指标能满足规范要求，则除顶层外，其他楼层在凹口处可不加拉梁或拉板。

（2）对于平面中楼板间连接较弱的情况，连接部分的楼板也宜适当加厚 20mm 以上，并采取双层双向配筋，总配筋率宜大于 1.0%。

（3）对于平面中楼板开大洞的情况，应重点加强洞口周边楼板的厚度和配筋，开洞尺寸接近最大开洞限值时，应在洞口周边设置梁或暗梁，暗梁宽度不宜小于板厚2倍，暗梁总配筋率不宜小于1%暗梁宽度与高度乘积。

（4）拉梁、拉板构造要求。

① 设置拉梁或拉板，且宜竖向均匀布置，拉板厚宜取250～300mm，按暗梁的配筋方式配筋；拉梁拉板内纵向筋的配筋率不宜小于1.0%；纵向钢筋不得搭接，并锚入支座内不小于Lae；

② 设置阳台板或不上人的外挑板，板厚不宜小于180mm，双层双向配筋，每层配筋率不宜少于0.25%；并按受拉钢筋锚固在支座中。

（5）特别提醒注意：即使设置了拉梁（板）但该拉梁不足以使两侧板的位移符合刚度无限大的假定，也只能作为局部弹性楼板计算，则仍然属于凹凸不规则，该连梁只能作为凹凸不规则的加强措施，不能作为楼板开洞处理。

**2. 结构计算模型的建议**

在进行风和小、中震作用下有限元弹性分析时，结构各类构件采取如下单元计算模型。

（1）剪力墙：按壳元处理。

（2）梁、柱：按杆元处理。

（3）剪力墙连梁：按杆元处理，当梁高跨比较大时，可沿梁高划分单元，按平面有限元模型处理。

（4）楼板：按壳元处理，大震工况下可按膜元处理。

**3. 结构整体计算方法建议**

在风、小震作用下，采用三维空间有限元弹性分析方法。允许按楼板为平面内刚性假定计算结构的各项总体指标。中震作用下，可采用与小震相同的计算方法，连梁刚度乘以依据设防烈度0.5～0.7的折减系数。

**4. 楼板应力分析与截面承载力验算**

（1）对平面凹凸不规则高层结构的楼板应按平面内弹性进行有限元计算。建模时宜尽量采用四边形单元，在受力复杂及关键部位，单元网格宜取0.5～1.0m。

（2）计算单肢与中心区连接处楼板截面的配筋时，抗弯配筋应按楼板在竖向荷载和水平荷载作用下的截面弯矩组合计算；截面抗拉配筋按水平荷载作用下的轴力组合计算；截面抗剪承载力按截面剪力与板截面配筋遵照相应规范规定验算。

（3）在水平荷载作用下，计算楼板的主拉应力时应以楼板的中面应力为准。

楼板的“中面应力”为楼板上、下表面的正应力平均值，并形成截面轴力，示意图如图8－53所示。

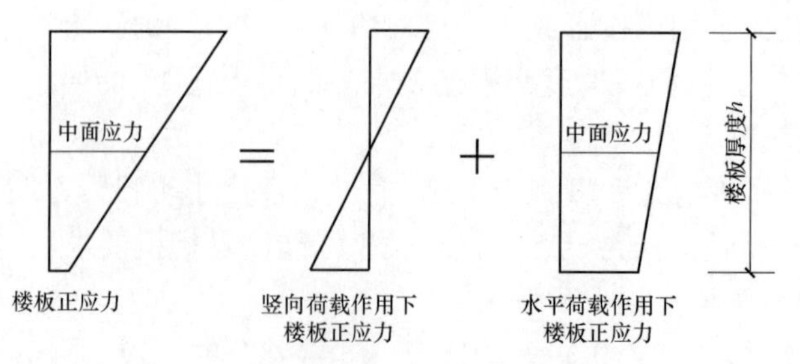


图8－53　楼板的中面应力示意图

【工程案例 8-8】作者单位 2019 年设计的某万达住宅工程，地上 33 层，地下 2 层，抗震设防烈度 7 度（0.10$g$），地震分组为第 2 组，场地类别为Ⅱ类，结构平面存在多项不规则项，且有弱连接部位，方案阶段我司经过与审图单位沟通，可以不算超限高层建筑，施工图审查阶段审图专家提出，建议业主组织相关专家就本工程不规则性问题进行论证，以作为施工图审查的依据。

以 3 号楼平面为例，此薄弱连接更为明显（见图 8-54）。各栋住宅北侧外墙处原设计布置了结构梁，但由于户型功能等需要，设计过程中甲方要求我们取消外墙处的结构梁。外审中外审专家要求补充设置此结构梁，业主要求不设，认为此梁严重影响建筑品质。

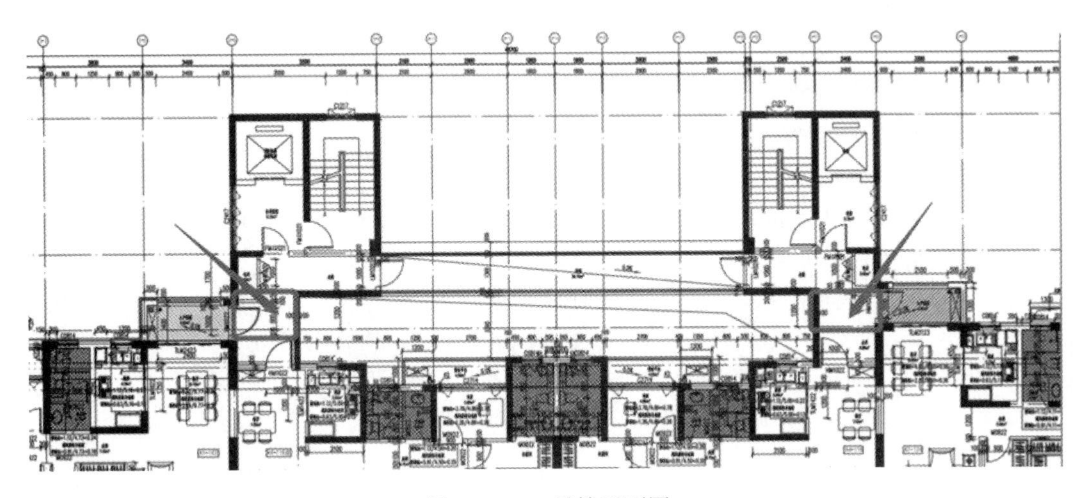

图 8-54　3 号楼平面图

建筑方案中本项目角窗设置偏多，须采取加强措施（见图 8-55）。

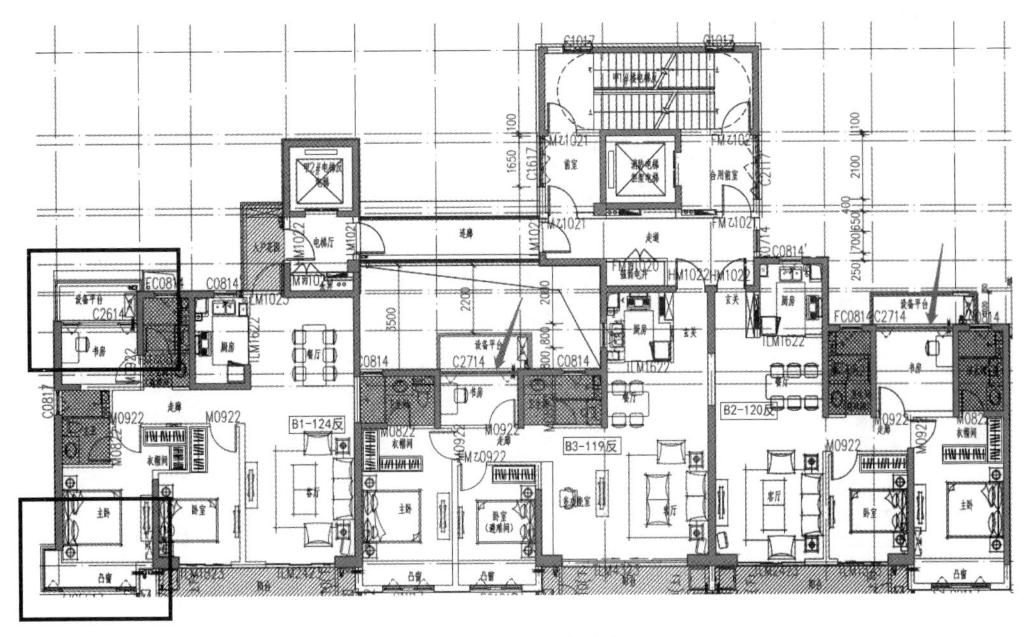


图 8-55　平面图角窗较多

本工程经过业主委托由作者单位在北京组织相关专家（作者为专家之一），对审图提出的问题进行专家论证，论证会意见及建议如下：

（1）考虑建筑方案需求，住宅存在不规则项，但不属于超限高层建筑，对于审图专家提出的不规则部位进一步采取以下加强措施：

1）连接部位（细脖子处）尽量设置剪力墙，以加强围合区域的整体性。

2）此区域（包含外侧阳台板）建议板厚不小于150mm，采用弹性板计算其配筋，且双层双向，每层最小配筋率不小于0.25%，钢筋锚入支座不小于$L_{ae}$。

3）连廊梁两侧建议加设壁柱，梁高适当加高，梁端增设交叉斜向抗剪钢筋，提高梁的抗剪能力。

4）连廊板建议厚度不小于150mm，采用弹性板计算其配筋，且双层双向，长向每层最小配筋率不小于0.25%，短向最小配筋率0.15%，钢筋锚入支座不小于$L_{ae}$。

（2）考虑建筑功能需要，各栋楼北侧外墙（局部）未设置结构明梁，但需要采取以下加强措施：

1）厚度不小于150mm，且双层双向，沿开口方向最小配筋率不小于0.25%，另一方向最小配筋率不小于0.20%，开口方向钢筋锚入支座不小于$L_{ae}$。

2）外墙开口处设置暗梁，暗梁宽度可取2倍板厚+墙厚，纵向配筋率不小于1.0%。

# 第9章

# 抗震措施与抗震构造措施相关问题

## 9.1 要正确区分抗震措施和抗震构造措施

抗震设计包含抗震计算和抗震措施两个方面的内容。新版规范比较强调“抗震措施”及“抗震构造措施”，这是为了更有针对性地对某些部位或构件需要分别采取加强抗震措施或仅需要加强抗震构造措施。比如，抗震设防类别为乙类的建筑需要提高一度采取抗震措施；建在 7 度（0.15$g$）或 8 度（0.30$g$），场地类别为Ⅲ或Ⅳ类时，需要分别提高到 8 度（0.20$g$）及 9 度采取抗震构造措施加强。这就需要设计人员首先能够清晰地区分“抗震措施”与“抗震构造措施”的涵盖内容。

（1）抗震措施和抗震构造措施是两个既有联系又有区别的概念。

1）“抗震措施”是指除地震作用计算和抗力计算以外的抗震设计内容，包括建筑总体布置，结构选型，地基抗液化措施，（抗震等级、抗震缝宽度）考虑概念设计要求对地震作用效应（内力及变形）的调整（抗震等级），以及各种构造措施。

2）“抗震构造措施”只是抗震措施的一个组成部分，指根据抗震概念的设计原则，一般不需计算而对结构和非结构各部分所采取的细部构造，如构件最小尺寸、高厚比、轴压比、长细比、板件宽厚比、构造柱和圈梁的布置和配筋，以及钢筋锚固、最小直径、间距、钢筋搭接，混凝土保护层，最小配筋率等。“抗震措施”涵盖了“抗震构造措施”。

3）《抗规》“一般规定”中，除“适用范围”外的内容属于抗震措施，如房屋高度、抗震等级、抗震缝等；“计算要点”中，地震作用效应（内力和变形）调整的规定也属于抗震措施；“设计要求”中，可能包含抗震措施和抗震构造措施，需要按规范术语的有关定义加以区分。

（2）抗震设计中，地震作用和抗震措施是两个不可分割的有机组成部分。

由于地震动的不确定性和复杂性，在现有的技术水平和经济条件下，抗震措施不仅是对地震作用计算的重要补充，也是抗震设计中不可缺少和替代的组成部分。我国抗震设防标准与某些发达国家在设防概念上有所不同：发达国家侧重于只提高地震作用（10%～30%）而不提高抗震措施。提高抗震措施，着眼于把有限的财力、物力用在增加结构关键部位或薄弱部位的抗震能力上，是经济而有效的方法；只提高地震作用，则结构的所有构件均全面增加材料，投资全面增加而效果不如前者。

（3）《高规》第 3.9.1 条：各抗震设防类别的高层建筑结构，其抗震措施应符合下列要

求：（强条）

1）甲类、乙类建筑：应按本地区抗震设防烈度提高一度的要求加强其抗震措施，但抗震设防烈度为9度时应按比9度更高的要求采取抗震措施。当建筑场地为Ⅰ类时，应允许仍按本地区抗震设防烈度的要求采取抗震构造措施。

2）丙类建筑：应按本地区抗震设防烈度确定其抗震措施。当建筑场地为Ⅰ类时，除6度外，应允许按本地区抗震设防烈度降低一度的要求采取抗震构造措施。

（4）《高规》第4.3.1条：各抗震设防类别的高层建筑地震作用的计算，应符合下列规定：（强条）

1）甲类建筑：应按批准的地震安全性评价的结果且高于本地区抗震设防烈度计算。

2）乙、丙类建筑：应按本地区抗震设防烈度计算。

**【补充说明】**

作为抗震设防标准的几个特殊情况，需要特别注意：

1）9度设防的特殊设防、重点设防建筑：其抗震措施为高于9度，不再提高一度。

2）重点设防的小型工业建筑，如工矿企业的变电所、空压站、水泵房，城市供水水源的泵房，通常采用砌体结构，局部修订明确：当改用抗震性能较好的材料且结构体系符合抗震设计规范的有关规定时，其抗震措施允许按标准设防类的要求采用。

3）《抗规》第3.3.2条和第3.3.3条给出某些场地条件下抗震设防标准的局部调整。根据震害经验，对Ⅰ类场地，除6度设防外均允许降低一度采取抗震措施中的抗震构造措施；对Ⅲ、Ⅳ类场地，当设计基本地震加速度为7度（$0.15g$）和8度（$0.30g$）时，宜提高0.5度［即分别按8度（$0.20g$）和9度］采取抗震措施中的抗震构造措施。

4）《抗规》第4.3.6条给出地基抗液化措施方面的专门规定：确定是否液化及液化等级与设防烈度有关而与设防分类无关；但对同样的液化等级，抗液化措施与设防分类有关，其具体规定不按提高一度或降低一度的方法处理。

5）《抗规》第6.1.1条给出混凝土结构抗震措施之一（最大适用高度）的局部调整：重点设防建筑的最大适用高度与标准设防建筑相同，不按提高一度的方法处理。

6）《抗规》第6.1.2条：钢筋混凝土房屋应根据设防类别、烈度、结构类型和房屋高度采用不同的抗震等级，并应符合相应的计算和构造措施要求。现浇钢筋混凝土房屋的抗震等级见表9-1。

**表9-1　　现浇钢筋混凝土房屋的抗震等级**

<table>
<tr><th colspan="2" rowspan="2">结构类型</th><th colspan="10">设防烈度</th></tr>
<tr><th colspan="2">6</th><th colspan="3">7</th><th colspan="3">8</th><th colspan="2">9</th></tr>
<tr><td rowspan="3">框架结构</td><td>高度/m</td><td>≤24</td><td>>24</td><td>≤24</td><td colspan="2">>24</td><td>≤24</td><td colspan="2">>24</td><td colspan="2">≤24</td></tr>
<tr><td>框架</td><td>四</td><td>三</td><td>三</td><td colspan="2">二</td><td>二</td><td colspan="2">一</td><td colspan="2">一</td></tr>
<tr><td>大跨度框架</td><td colspan="2">三</td><td colspan="3">二</td><td colspan="3">一</td><td colspan="2">一</td></tr>
<tr><td rowspan="3">框架-抗震墙结构</td><td>高度/m</td><td>≤60</td><td>>60</td><td>≤24</td><td>25~60</td><td>>60</td><td>≤24</td><td>25~60</td><td>>60</td><td>≤24</td><td>25~50</td></tr>
<tr><td>框架</td><td>四</td><td>三</td><td>四</td><td>三</td><td>二</td><td>三</td><td>二</td><td>一</td><td>二</td><td>一</td></tr>
<tr><td>抗震墙</td><td colspan="2">三</td><td>三</td><td colspan="2">二</td><td>二</td><td colspan="2">一</td><td colspan="2">一</td></tr>
<tr><td rowspan="2">抗震墙结构</td><td>高度/m</td><td>≤80</td><td>>80</td><td>≤24</td><td>25~80</td><td>>80</td><td>≤24</td><td>25~80</td><td>>80</td><td>≤24</td><td>25~60</td></tr>
<tr><td>剪力墙</td><td>四</td><td>三</td><td>四</td><td>三</td><td>二</td><td>三</td><td>三</td><td>一</td><td>二</td><td>一</td></tr>
</table>

续表

| 结构类型 | | | 设防烈度 | | | | | | | | |
|---|---|---|---|---|---|---|---|---|---|---|---|
| | | | 6 | | 7 | | | 8 | | | 9 |
| 部分框支抗震墙结构 | 高度/m | | ≤80 | >80 | ≤24 | 25~80 | >80 | ≤24 | 25~80 | / | / |
| | 抗震墙 | 一般部位 | 四 | 三 | 四 | 三 | 二 | 三 | 二 | | |
| | | 加强部位 | 三 | 二 | 三 | 二 | 一 | 二 | 一 | | |
| | 框支层框架 | | 二 | | 二 | | 一 | 一 | | | |
| 框架-核心筒 | 框架 | | 三 | | 二 | | | 一 | | | 一 |
| | 核心筒 | | 二 | | 二 | | | 一 | | | 一 |
| 筒中筒 | 外筒 | | 三 | | 二 | | | 一 | | | 一 |
| | 内筒 | | 三 | | 二 | | | 一 | | | 一 |
| 板柱-抗震墙结构 | 高度/m | | ≤35 | >35 | ≤35 | >35 | | ≤35 | >35 | | / |
| | 框架、板柱的柱 | | 三 | 二 | 二 | 二 | | 一 | | | |
| | 抗震墙 | | 二 | 二 | 二 | 一 | | 二 | 一 | | |

注：1. 建筑场地为Ⅰ类时，除6度外应允许按表9-1中降低一度所对应的抗震等级采取抗震构造措施，但相应的计算要求不应降低；

2. 接近或等于高度分界时，应允许结合房屋不规则程度及场地、地基条件确定抗震等级；

3. 大跨度框架指跨度不小于18m的框架。

4. 高度不超过的框架-核心筒结构按框架-抗震墙的要求设计时，应按表9-1中框架-抗震墙结构的规定确定其抗震等级。

《高规》第3.9.3条与《抗规》第6.1.2条完全一致。但读者注意，与《砼规》第11.1.3条不完全一致。丙类建筑混凝土结构抗震等级见表9-2。

**表9-2　丙类建筑混凝土结构抗震等级**

| 结构类型 | | | 设防烈度 | | | | | | | | | |
|---|---|---|---|---|---|---|---|---|---|---|---|---|
| | | | 6 | | 7 | | | 8 | | | 9 | |
| 框架结构 | 高度/m | | ≤24 | >24 | ≤24 | >24 | | ≤24 | >24 | | ≤24 | |
| | 框架 | | 四 | 三 | 三 | 二 | | 二 | 一 | | 一 | |
| | 大跨度框架 | | 三 | | 二 | | | 一 | | | 一 | |
| 框架-抗震墙结构 | 高度/m | | ≤60 | >60 | <24 | 24~60 | >60 | <24 | 24~60 | >60 | ≤24 | 24~50 |
| | 框架 | | 四 | 三 | 四 | 三 | 二 | 三 | 二 | 一 | 二 | 一 |
| | 抗震墙 | | 三 | | 三 | 二 | | 二 | 一 | | 一 | |
| 抗震墙结构 | 高度/m | | ≤80 | >80 | ≤24 | 24~80 | >80 | <24 | 24~80 | >80 | ≤24 | 24~60 |
| | 剪力墙 | | 四 | 三 | 四 | 三 | 二 | 三 | 三 | 一 | 二 | 一 |
| 部分框支抗震墙结构 | 高度/m | | ≤80 | >80 | ≤24 | 24~80 | >80 | ≤24 | 24~80 | | | |
| | 抗震墙 | 一般部位 | 四 | 三 | 四 | 三 | 二 | 三 | 二 | 一 | 一 | |
| | | 加强部位 | 三 | 二 | 三 | 二 | 一 | 二 | 一 | | | |
| | 框支层框架 | | 二 | | 二 | | 一 | 一 | | | | |

续表

| 结构类型 | | 设防烈度 | | | | | | |
|---|---|---|---|---|---|---|---|---|
| | | 6 | | 7 | | 8 | | 9 |
| 框架-核心筒 | 框架 | 三 | | 二 | | 一 | | 一 |
| | 核心筒 | 二 | | 二 | | 一 | | 一 |
| 筒中筒 | 外筒 | 三 | | 二 | | 一 | | 一 |
| | 内筒 | 三 | | 二 | | 一 | | 一 |
| 板柱-抗震墙结构 | 高度/m | ≤35 | >35 | ≤35 | >35 | ≤35 | >35 | — |
| | 框架、板柱的柱 | 三 | 二 | 二 | 二 | 一 | | |
| | 抗震墙 | 二 | 二 | 二 | 一 | 二 | 一 | |

在高度界限中：《抗规》与《高规》出现了24～25m的不连续情况，如剪力墙结构7度时，高度小于等于24m，抗震等级为四级；而高度为25～60m时，抗震等级为三级。那么高度在24～25m之间抗震等级如何确定呢？按理说可以四舍五入确定。但《砼规》中又非常明确规定，高度为24～60m时，抗震等级就是三级。

## 9.2 对于高度分界数值的不连贯问题如何把控

根据《工程建设标准编写规定》（建标〔2008〕182号）的规定："标准中标明量的数值，应反映出所需的精确度"，规范（规程）中关于房屋高度界限的数值规定均应按有效数字控制，规范中给定的高度数值均为某一有效区间的代表值，比如，24m代表的有效区间为［23.5～24.4］m。因此，《抗规》中的"25～60"与《砼规》中的">24且≤60"表述的内容是一致的。

实际工程操作时，房屋总高度按有效数字取整数控制，小数位四舍五入。因此对于框架－抗震墙结构、抗震墙结构等类型的房屋，高度在24m和25m之间时应采用四舍五入方法来确定其抗震等级。例如，7度区的某抗震墙房屋，高度为24.4m时，取整为24m，抗震墙抗震等级为四级；如果其高度为24.8m时，取整为25m，落在25～60m区间，抗震墙的抗震等级为三级。

尽管理论上可以这样选取，但《砼规》中又非常明确规定，24～60m为一个区间，基于此，作者认为完全可以采用四舍五入，如果能够提前与审图（如有）沟通更加合适，如果事先无法沟通，又有事后审查，作者建议还是按《砼规》界定为好。

## 9.3 用案例说明关于高度"接近"的问题

《抗规》《砼规》以及《高规》关于抗震等级的规定中均有这样的表述："接近或等于高度分界时，应允许结合房屋不规则程度及场地、地基条件确定抗震等级。"其中关于"接近高度分界"并没有进一步的补充说明，实际工程如何把握，往往是困扰工程设计人员的一个问题。

规范和规程作此规定的原因是，房屋高度的分界是人为划定的一个界限，是一个便于工程管理与操作的相对界限，并不是绝对的。从工程安全角度来说，对于场地、地基条件较好的均匀、规则的房屋，尽管其总高度稍微超出界限值，但其结构安全性仍然是有保证的；相反地，对于场地、地基条件较差且不规则的房屋，尽管总高度低于界限值，但仍可能存在安全隐患。因此，《高规》明确规定，当房屋的总高度“接近或等于高度分界时，应结合房屋不规则程度及场地、地基条件适当确定抗震等级”。

这一规定的宗旨是，对于不规则的且场地地基条件较差的房屋，尽管其高度稍低于（接近）高度分界，抗震设计时应从严把握，按高度提高一档确定抗震等级；对于均匀、规则且场地地基条件较好的房屋，尽管其高度稍高于（接近）高度分界，但抗震设计时亦允许适当放松要求，可按高度降低一档确定抗震等级。

实际工程操作时，“接近”一词的含义可按以下原则进行把握：如果在现有楼层的基础上加上（或减去）一个标准层，则房屋的总高度就会超出（或低于）高度分界，那么现有房屋的总高度就可判定为“接近于”高度分界。

**【工程案例 9－1】**位于 7 度（0.10*g*）的某 7 层钢筋混凝土框架结构，平面为规则的矩形，长宽尺寸为 48m×24m，柱距为 6m，总高度为 25.6m，首层层高为 4.6m，其他各层层高均为 3.5m。该建筑位于Ⅰ类场地，基础采用柱下独立基础，双向设有基础拉梁。试确定该房屋中框架的抗震等级。

**【分析】**

（1）该建筑的总高度为 25.6m，去掉一个标准层后高度为 25.6m－3.5m=22.1m＜24m，接近 24m 分界。

（2）该建筑平面为规则的矩形，长宽尺寸为 48m×24m，柱距为 6m，结构布置均匀，规则。

（3）Ⅰ类场地，基础采用柱下独立基础，双向设有基础拉梁，场地、基础条件较好。

综上分析，该建筑中框架的抗震等级可按 7 度，≤24m 查表，抗震等级为三级。

**【工程案例 9－2】**位于 7 度（0.15*g*）的某 6 层钢筋混凝土框架结构，场地位于Ⅳ类场地，地下有不小于 30m 厚的淤泥层。结构计算分析时，楼层最大扭转位移比为 1.46。该建筑总高度为 22.8m，首层层高为 4.8m，其他各层层高均为 3.6m。试确定该房屋中框架的抗震等级。

**【分析】**

（1）该建筑的总高位 22.8m，加上一个标准层后高度为 22.8m+3.6m=26.4m＞24m，接近 24m 分界。

（2）楼层最大扭转位移比为 1.45，属于扭转特别不规则结构。

（3）Ⅳ类场地，且地下有不小于 30m 厚的淤泥层，场地条件较差。

综上分析，该建筑中框架的抗震等级应按 7 度，＞24m 查表，抗震等级为二级。

## 9.4 关于部分框支抗震墙的补充说明

（1）何为部分框支转换结构？

《抗规》第 6.1.1 条中注 3：部分框支抗震墙是指首层或底部两层为框支层的结构；不

包括仅个别墙不落地的情况，也不包括地下结构转换。注意：规范中并没有说明地下顶板是否能作为嵌固部位的问题。

仅有个别墙体不落地，例如不落地墙的面积不大于总墙截面面积的 10%，只要框支部分设计合理且不致加大扭转不规则，仍可视为抗震墙结构。

《广东高规》：托柱转换 20%以上柱时称为转换结构），国标规范对于托柱转换没有明确。

（2）《高规》第 3.3.1 条：部分框支剪力墙指地面以上有部分框支剪力墙的剪力墙结构；仅有个别墙体不落地，只要框支部分的设计安全合理，其适应的最大高度可按一般剪力墙结构确定。

（3）《高规》第 10.2.5 条：部分框支剪力墙结构在地面以上设置转换层的位置，8 度不宜超过 3 层；7 度不宜超过 5 层；6 度可适当提高；广州 6 度不宜超（原 7）8 层，内蒙古 6 度不宜超过 6 层。

**注意：**托柱转换层结构的转换位置不受限制。

（4）不管是《抗规》的“框支层”还是《高规》的“框支框架”，均是指“从嵌固端到框支梁顶面范围内的各层框架梁柱”。

**注意：**《高规》术语：转换层是指设置转换构件的楼层，包括水平结构构件及其以下的竖向结构构件。

（5）《高规》第 10.2.6 条规定：当转换层在 3 层或 3 层以上时，其框支柱、剪力墙底部加强部位的抗震等级还宜提高一级对待（是指抗震构造措施的抗震等级）。

**注意：**没有讲框支梁、框架梁提高问题。

（6）《广东高规》高位托柱转换层结构的转换梁及转换层以下二层的转换柱的抗震等级按相应上部结构提高一级采用。

（7）《广东高规》转换层设于地下室顶板或地下层时，该层楼板构造应满足一般转换层楼板的要求，但结构可按一般框架－剪力墙、剪力墙或筒体结构控制最大适用高度及采取相应的抗震措施。

**【工程案例 9－3】**2018 年作者单位担任顾问的一个工程，位于 8 度（0.30$g$）区，地下车库一层，地上 4 层花园洋房，剪力墙结构，原设计剪力墙全部落地，但后来由于车位问题，采用部分转换。图 9－1 中红色框部分由于转换部分基本位移建筑纵向一侧（南侧），南侧中间部分几乎没有落地墙。由于审图单位不认可这种转换，建议业主召开专家论证会。2018 年 11 月，业主在北京组织相关专家（作者是专家之一）对此工程进行了论证。论证会意见及建议如下：

（1）本项目方案是可行的。

（2）结合本工程的工程情况，建议在以下方面进行补充分析及采用适当的加强措施。

1）转换次梁建议直接搭主梁，减少次梁搭次梁的情况。

2）建议在多遇地震作用下的内力及变形分析时，采用不少于 2 个不同力学模型的软件进行分析，并对其计算结果进行分析比较，确认其合理有效。

3）建议结构落地剪力墙、框支柱、框支梁的抗震等级按部分框支－剪力墙结构确定。

4）在考虑地下室与上部结构共同作用的模型下，建议框支柱、框支梁按抗剪中震弹性校核，抗弯中震不屈校核；大震作用下框支柱满足受剪截面要求，转换梁满足极限承载力要求。

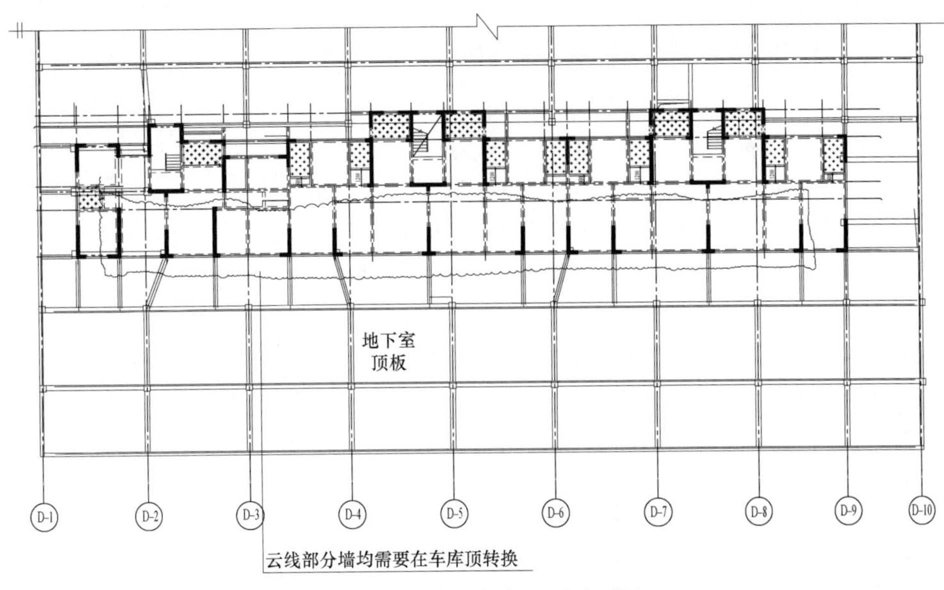


图 9－1　地下车库一层平面图

附注：中震时，结构阻尼比可取 6%，连梁刚度折减可取 0.3，周期折减可取 0.95；大震时结构阻尼比可取 7%，连梁刚度折减可取 0.2，周期折减可取 1.0。

## 9.5　高度小于 60m 的框架－核心筒结构为何可以适当放松抗震等级

与普通的框架－抗震墙结构相比，框架－核心筒结构具有如下优点：

（1）在建筑布局上，可以将所有服务性用房和公用设施集中布置于楼层平面的中心部位，办公用房布置在外围，可充分有效地利用建筑面积。

（2）在力学性能上，由于核心筒是一个空间立体构件，具有很大的抗推刚度和强度，可以作为高层建筑的主要抗侧力构件，承担绝大部分水平地震作用。因此，框架－核心筒结构一般用于较高（大于 60m）的高层甚至超高层建筑，《抗规》及相关的规范规程也未按高度进行抗震等级的划分；但考虑高层建筑的安全性，与框架－抗震墙结构相比，相应构件的设计要求有所提高。

但对于高度不超过 60m 的一般高层建筑，当采用空间力学性能相对较好的框架－核心筒结构时，可以按照框架－抗震墙体系来确定相应构件的抗震等级。

注意：结构体系依然是框－筒结构，则除应满足核心筒的有关设计要求外，同时应满足对框架－抗震墙结构的其他要求，如抗震墙所承担的结构底部地震倾覆力矩的规定等。

## 9.6 用工程案例说明，如何正确理解和掌握裙房抗震等级不低于主楼的抗震等级问题

高层建筑往往带有裙房，有时裙房的平面面积较大，设计时，裙房与主楼在结构上可以完全设缝分开，也可以不设缝连为整体。规范规定：裙房与主楼相连，除应按裙房本身确定抗震等级外，不应低于主楼的抗震等级；主楼结构在裙房顶层及相邻上下各一层应适当加强抗震构造措施。裙房与主楼分离时，应按裙房本身确定其抗震等级。

下面来看几个工程案例。

**【工程案例 9-4】**部分框支抗震墙结构的裙房抗震等级合理选取。

某 7 度区（0.10$g$），钢筋混凝土高层房屋，抗震设防标准为丙类建筑，如图 9-2 所示，主楼为部分框支抗震墙结构，沿主楼周边外扩 2 跨为裙房，裙房采用框架体系，主楼高度为 100m，裙房屋面标高为 24m。依据上述信息，确定裙房部分的抗震等级。

注：经对转换墙体面积判断属于部分框支抗震墙结构。

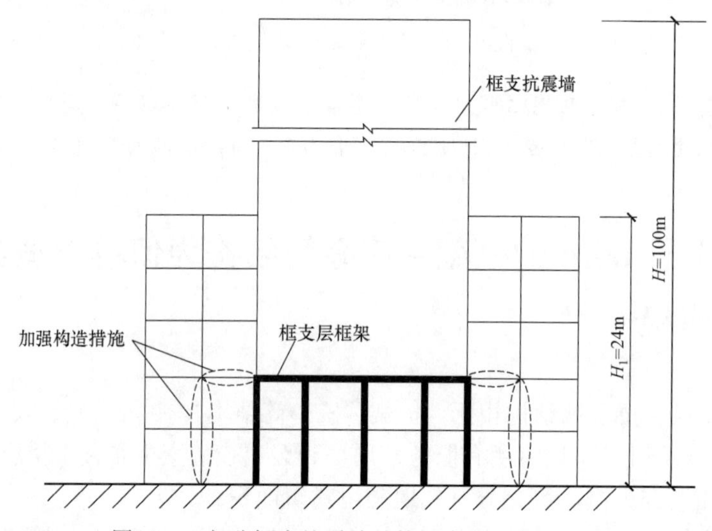


图 9-2　部分框支抗震墙结构裙房抗震等级示例

**【分析】**

按《抗规》的规定：当主楼为部分框支抗震墙结构体系时，其框支层框架应按部分框支抗震墙结构确定抗震等级，裙楼可按框架-抗震墙体系确定抗震等级。此时，裙楼中与主楼框支层框架直接相连的非框支框架，当其抗震等级低于主楼框支层框架的抗震等级时，则应适当加强抗震构造措施。

1）相关范围认定：本工程裙房为主楼周边外扩 2 跨，小于 3 跨，应按相关范围内的相关规定确定抗震等级。

2）框支层框架的抗震等级：按 7 度 100m 高的部分框支抗震墙结构确定，经查《抗规》中的表 6.1.2，应为一级。

3）裙房抗震等级：按裙房本身确定，按 7 度 24m 高的框架-抗震的框架确定，查《抗

规》中的表 6.1.2，为四级；按主楼确定，按 7 度 100m 高的框架 – 抗震墙结构的框架确定，查《抗规》中的表 6.1.2，为二级。

综上所述，裙房的抗震等级应为二级，低于主楼框支层框架的抗震等级，因此，与主楼框支层框架直接相连的裙房框架，应适当加强抗震构造措施。

**【工程案例 9 – 5】**剪力墙结构的裙房抗震等级如何合理确定？

某 7 度区（0.10g）钢筋混凝土高层房屋，抗震设防标准为丙类建筑，如图 9 – 3 所示，主楼为抗震墙结构，沿主楼周边外扩 2 跨为裙房，裙房采用框架体系，主楼高度为 74m，裙房屋面标高为 24.4m。依据上述信息，确定房屋各部分的抗震等级。

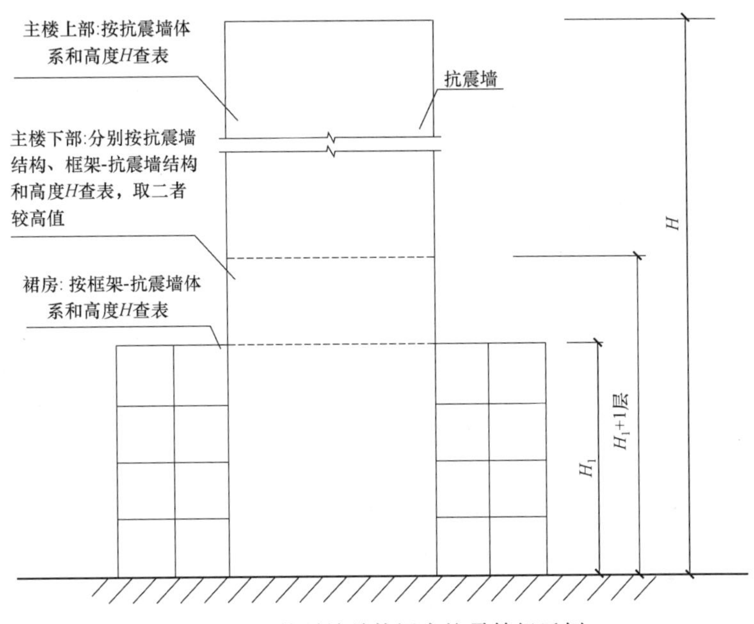


图 9 – 3　抗震墙结构裙房抗震等级示例

**【分析】**

裙房为纯框架且楼层面积不超过同层主楼面积，主楼为抗震墙结构。此时裙楼框架的地震作用可能大部分由主楼的抗震墙承担，其抗震等级不应低于整个结构按框架 – 抗震墙结构体系和主楼高度确定的框架部分的抗震等级；主楼抗震墙的抗震等级，上部的墙体按总高度的抗震墙结构确定抗震等级；而主楼下部（高度范围至裙房顶以上一层）的抗震墙，抗震等级可按主楼高度的框架 – 抗震墙结构和主楼高度的抗震墙结构二者的较高等级确定（见图 9 – 3）。

1）相关范围认定：本工程裙房为主楼周边外扩 2 跨，小于 3 跨，应按相关范围内的相关规定确定抗震等级。

2）裙房抗震等级：按裙房本身确定，按 7 度 24.4m 高的框架 – 抗震的框架确定，查《抗规》中的表 6.1.2，为四级；按主楼确定，按 7 度 74m 高的框架 – 抗震墙的框架确定，查《抗规》中的表 6.1.2，为二级。

3）主楼墙体的抗震等级。

上部：裙房顶一层以上，按 7 度 74m 高的抗震墙结构确定，查《抗规》中的表 6.1.2，为三级。

下部：裙房顶一层以下，按7度74m高的抗震墙结构确定，查《抗规》中的表6.1.2，为三级；按7度74m高框架–抗震墙结构中的抗震墙确定，查《抗规》中的表6.1.2，为二级。

综上所述，裙房的抗震等级应为二级；主楼下部墙体的抗震等级应为二级。

**【工程案例9–6】**抗震设防类别为乙类裙房的抗震等级。

某7度区（0.10g）钢筋混凝土高层建筑，主楼为办公用房，采用框架–核心筒结构，高120m。主楼两侧为裙房，地下一层，地上四层，功能为购物中心，裙房部分建筑面积约为1.8万$m^2$，采用框架–抗震墙结构，裙房屋面标高为20m，裙房部分柱矩为8m。图9–4所示为该建筑的剖面简图，依据上述信息，确定房屋各部分的抗震等级。

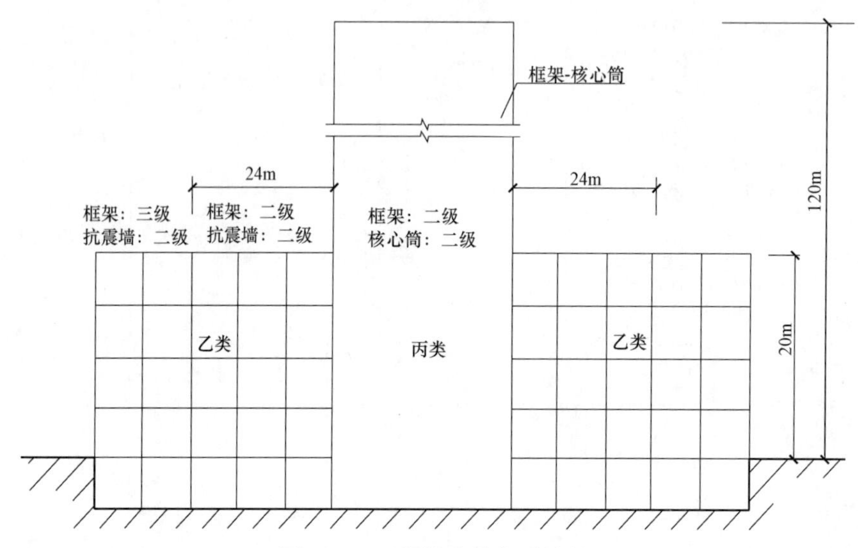


图9–4　乙类裙房的抗震等级

**【分析】**

裙房为框架–抗震墙结构，人流密集，且面积较大，属于乙类建筑，设计时地震作用主要由裙房自身承担，主楼为丙类建筑。裙房的抗震等级，相关范围以外，按框架–抗震墙结构、裙房高度和乙类建筑查表；相关范围以内，按框架–抗震墙结构、裙房高度、乙类建筑查表，以及按框架–抗震墙结构、主楼高度、丙类建筑查表，取二者的较高等级。

1）相关范围认定：本工程裙房面积较大，取主楼周边3跨（计24m）作为裙房的相关范围。

2）抗震设防类别认定：主楼，一般的办公用房，应为标准设防类，即丙类；裙房，商业用房，且建筑面积达1.8万$m^2$，按《设防分类标准》规定，属于重点设防类，即乙类。

3）主楼抗震等级认定：7度、钢筋混凝土框架–核心筒结构、120m，丙类查《抗规》中的表6.1.2，框架为二级，核心筒为二级。

4）裙房抗震等级认定：相关范围以外，按7度、框架–抗震墙结构、20m，乙类查表，框架为四级，抗震墙为三级。相关范围以内，按裙房本身确定，7度、20m乙类框架–抗震墙结构查表，框架为三级，抗震墙为二级；按主楼确定，按7度、120m丙类框架–抗震墙的框架查表，框架为二级，抗震墙为二级。

综上所述，裙房相关范围以内的抗震等级，框架为二级，抗震墙为二级。

## 9.7 几本规范对地下一层的抗震等级认定有差异，设计如何把控

（1）《高规》第 3.9.5 条条文说明：抗震设计的高层建筑，当地下室顶板作为上部结构的嵌固端时，地下一层“相关范围”的抗震等级应按上部结构采用，地下一层以下抗震构造措施的抗震等级可逐层降低一级，但不应低于四级；地下室中超出上部主楼“相关范围”且无上部结构的部分，其抗震等级可根据具体情况采用三级或四级（见图 9–5）。

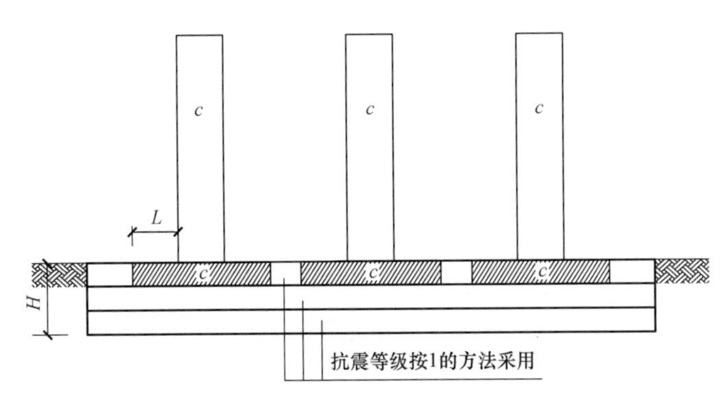


图 9–5　抗震设计的高层建筑

《高规》第 5.3.7 条条文说明：“相关范围”一般指地上结构外扩不超过 3 跨的地下室范围。

《高规》第 3.9.5 条条文说明：地下一层以下不要求进行计算地震作用，其抗震构造措施的抗震等级可逐层降低一级。

（2）《抗规》第 6.1.3 条 3 款：当地下室顶板作为上部结构嵌固部位时，地下一层的抗震等级应与上部结构相同，地下一层以下抗震构造措施的抗震等级可逐层降低一级，但不应低于四级。地下室中无上部结构的部分，其抗震等级可根据具体情况采用三级或四级。

《抗规》第 6.1.14 条条文说明：一般可从地上结构（主楼、有裙房是含裙房）周边外延不大于 20m。

**【补充说明几点】**

（1）由于《抗规》正文中关于地下一层没有提及“相关范围”，那么有人就认为，地下一层（全部）的抗震等级应与上部结构相同。

《抗规》条文说明图 11 即图 9–6。由图 9–6 可以看出，《抗规》仅要求主楼范围的地下一层抗震等级同主楼。

（2）《抗规》的做法在地下顶板能够完全嵌固地上结构（即嵌固端即无水平位移又无转角）的情况下是可以的；但地下结构的顶板很难做到这点，所以作者认为还是应该考虑“相关范围”的影响问题。

（3）《广东高规》第 3.9.5 条：抗震设计的高层建筑，地下一层“相关范围”的抗震等级应按上部结构采用，地下一层以下抗震（无“构造措施的”）等级可逐层降低一级，但

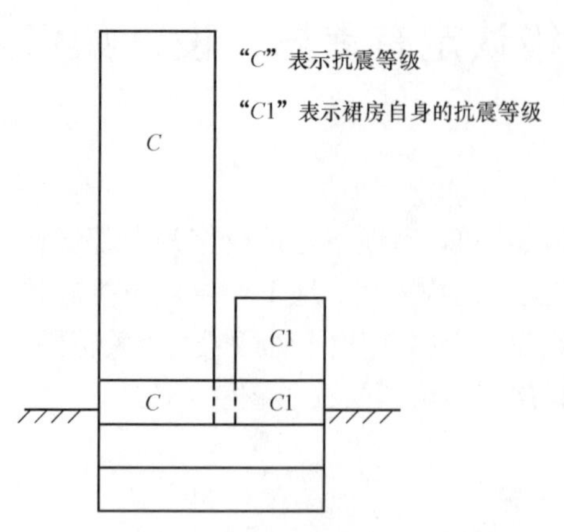

图 9-6　地下结构及带缝结构抗震等级

不应低于四级；地下室中超出上部主楼"相关范围"且无上部结构的部分，其抗震等级可根据具体情况采用三级或四级。

高层建筑设置地下室对结构抗震有利，部分或大部分的地震水平剪力由地下室外墙的土压力平衡，地下结构中的竖向构件（柱、剪力墙）承担的水平剪力大为减少，这一事实与结构计算嵌固端设于地下室顶板或基础底无关。因此，地下二层及以下的结构抗震等级可适当放松。

《广东高规》与国标《高规》是有差异的，《广东高规》认为无论地下一层顶板能否嵌固，都应将地下一层"相关范围"的抗震等级与主体一致。

## 9.8　嵌固端以下抗震等级相关问题说明

《高规》：抗震设计的高层建筑，当地下室顶层作为上部结构的嵌固端时，地下一层"相关范围"的抗震等级应按上部结构采用，地下一层以下抗震构造措施的抗震等级可逐层降低一级，但不应低于四级；地下室中超出上部主楼相关范围且无上部结构的部分，其抗震等级可根据具体情况采用三级或四级。

《抗规》第 6.1.3-3 条也有同样要求。注意条文：地下一层以下不要求计算地震作用。

下面我们看看工程界常用软件对这个问题的处理方法。

**1. 常用软件 SATWE（V2.2）**

某框架-剪力墙结构，剪力墙抗震等级为二级，框架抗震等级为三级。采用 2012 年以前版本计算结果如图 9-7～图 9-9 所示。

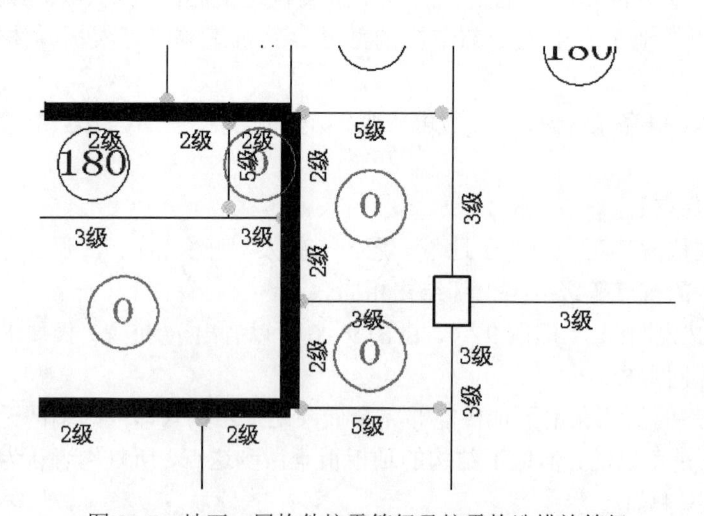

图 9-7　地下一层构件抗震等级及抗震构造措施等级

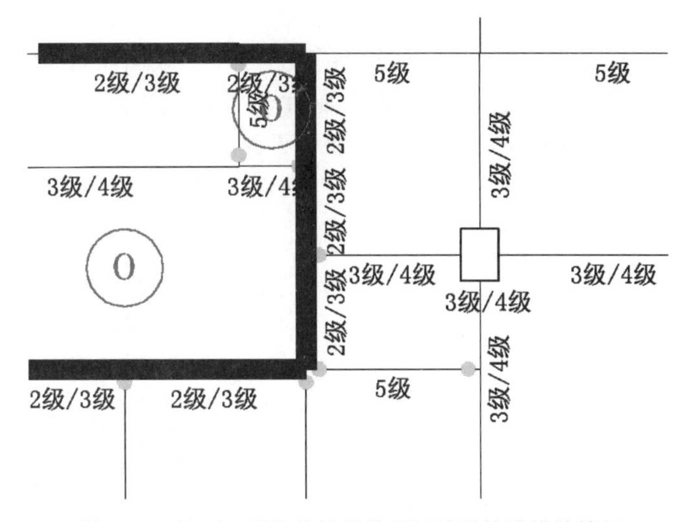


图 9－8　地下二层构件抗震等级及抗震构造措施等级

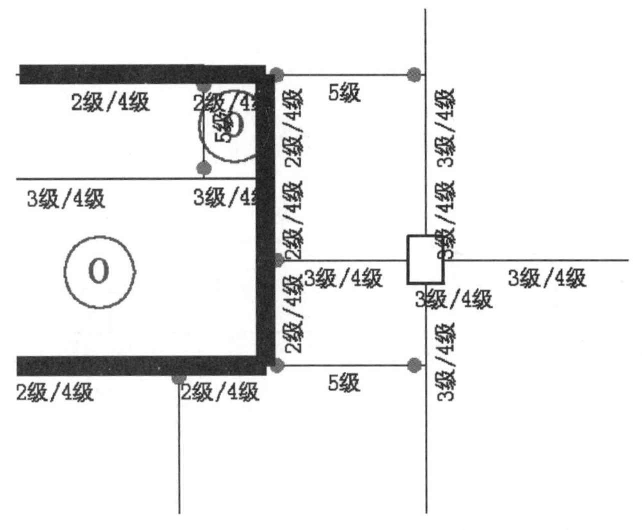


图 9－9　地下三层构件抗震等级及抗震构造措施等级

SATWE 认为：嵌固端以下地下一层相关范围的抗震等级同地上结构，地下一层以下的抗震等级不变，但抗震构造措施的抗震等级可逐层降低，但不低于四级。

后来，SAEWE 认为这个地下抗震等级可以人工干预。

**2. YJK 的观点**

如图 9－10 为某框架结构计算结果。

图 9－11 给出的是 YJK 程序与 PKPM 程序默认的地下结构的抗震措施的抗震等级与抗震构造措施的抗震等级。可以看出二者是有差异的。

（1）YJK 认为地下一层以下抗震措施的抗震等级默认为 4 级，抗震构造措施的抗震等级逐层降低。

（2）PKPM 认为地下一层以下抗震措施的抗震等级同地上为 2 级，抗震构造措施的抗震等级逐层降低。

（3）作者认为 YJK 是合理的，读者可以参考 2015 年出版发行的住房和城乡建设部强制性条文协调委员会编制的《房屋建筑标准强制性条文实施指南丛书》（建筑结构设计分册）P312 页。作者是此书评审专家之一，主要负责评审抗震设计部分。

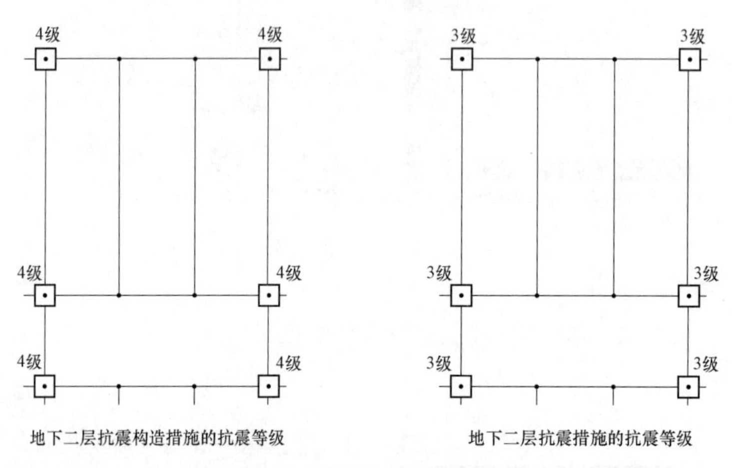


图 9－10　某框架结构计算结果

图 9－11 为 YJK 与 PKPM 程序处理的结果对比。

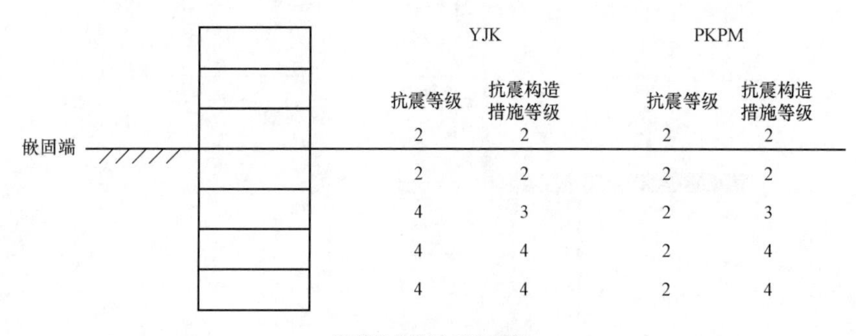


图 9－11　YJK 与 PKPM 程序处理的结果对比

## 9.9　不同规范对带有裙房结构抗震等级认定差异设计如何把握

（1）《高规》第 3.9.6 条：抗震设计时，与主楼连为整体的裙房的抗震等级，除应按裙房本身确定外，“相关范围”不应低于主楼的抗震等级；主楼结构在裙房顶板上、下各一层应适当加强抗震构造措施。裙房与主楼分离时，应按裙房本身确定抗震等级。详见图 9－12 所示。

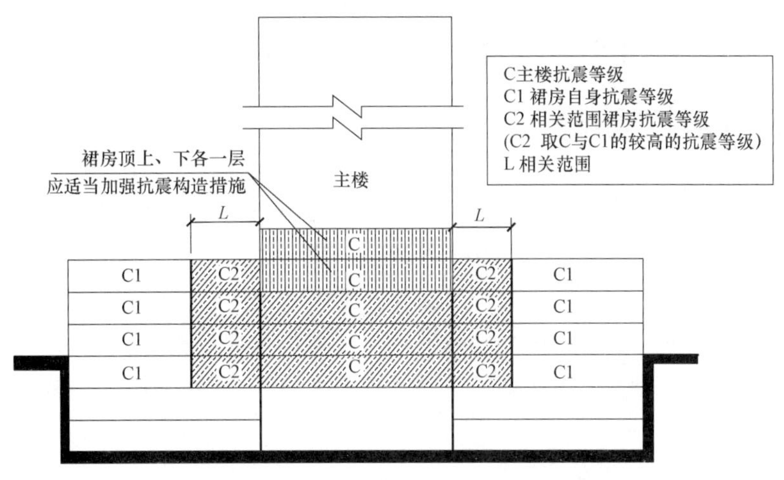

图 9－12　与主楼连为整体的裙房的抗震等级

《砼规》第 11.1.4－2 条与《高规》说法完全一致。

注意：这里的“相关范围”是指不少于裙房 3 跨范围。

（2）《抗规》第 6.1.3－2 条：裙房与主楼相连，除应按裙房本身确定抗震等级外，“相关范围”不应低于主楼的抗震等级；主楼结构在裙房顶板对应的相邻上、下各一层应适当加强抗震构造措施。裙房与主楼分离时，应按裙房本身确定抗震等级。详见图 9－13 所示。

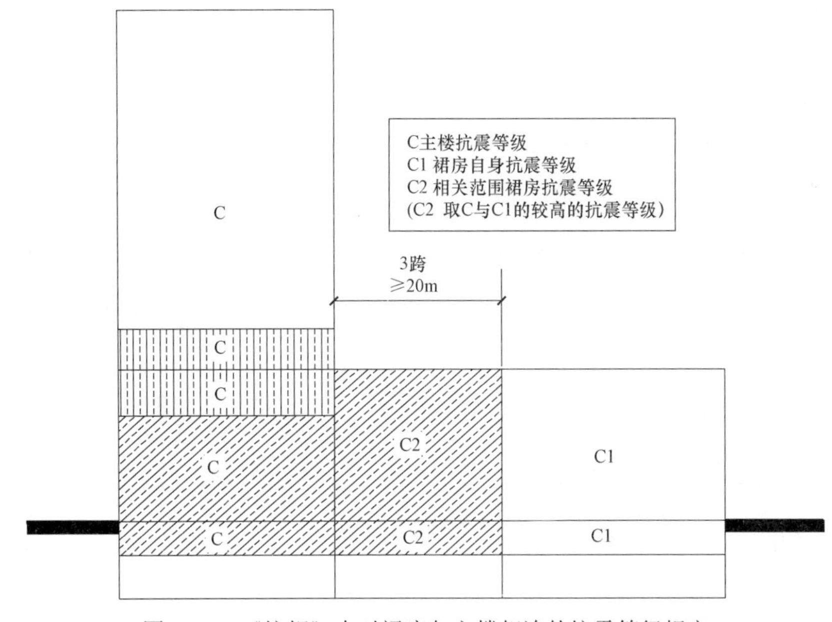

图 9－13　《抗规》中对裙房与主楼相连的抗震等级规定

注意：①《高规》《抗规》《砼规》在“相关范围”界定上不一致：《高规》及《砼规》是指不少于 3 跨；《抗规》是指取 3 跨，且大于等于 20m。

② 这里的“相关范围”是指不少于裙房 3 跨范围，且≥20m。

## 9.10 不同规范对主楼带有裙房时加强区高度的认定有哪些异同，设计如何把握

（1）《抗规》第 6.1.10 条条文说明提到，主楼与裙房顶对应的相邻上下层需要加强。此时，加强部位的高度也可以延伸至裙房以上一层。

（2）《高规》第 7.1.4－2 条指定底部加强部位高度可取底部两层和墙体总高度的 1/10 二者的较大值；《广东高规》及《上海抗规》与《高规》规定相同。

（3）《抗规》《上海抗规》规定：高度不超过 24m 的多层建筑，其底部加强部位可取底部一层。

（4）《砼规》对此没有做任何规定。

（5）《抗规》与《高规》都明确要求：主楼结构在裙房顶板对应的相邻上下各一层应适当加强抗震构造措施。

**注意**：此处为“适当加强抗震构造措施”。

**【补充说明】**

（1）《抗规》（2008 版）第 6.1.10 条的条文说明中提到：“裙房与主楼相连时，加强范围宜高出裙房至少一层”。《抗规》（2010 版）删除此条，改为“也可以延伸至裙房以上一层”，其修订背景条文说明中没有阐述。另有专家提到，有裙房时，主楼加强部位的高度应至少延伸至裙房以上一层。以上规定不是很一致，执行起来不好把握，加强部位要不要高出裙房顶一层，各地可能会有不同的理解，这就会与审图者产生争执。作者认为应该结合工程情况综合考虑：如主楼层数较多，而裙房层数较少时，按《抗规》执行比较合理，“较多”和“较少”由设计人员根据具体工程情况而定。

（2）SATWE 在确定剪力墙底部加强部位高度时，总是将裙房以上一层作为加强区高度判定的一个条件，如果不需要，直接将裙房层数填为零即可。裙房层数 SATWE 仅用作底部加强区高度的判断，规范针对裙房的其他相关规定（比如主楼结构在裙房顶板对应的相邻上下各一层应适当加强抗震构造措施），程序并未考虑，需要设计人员人工干预。

## 9.11 对于 8 度区抗震等级已经是一级的丙类建筑，当它为乙类建筑时，抗震措施按 9 度查表仍然为一级，这时两个一级是否完全相当

《规范》直接给出的抗震等级表为丙类建筑，乙类建筑应按提高一度查表确定抗震等级，8 度时为二级，提高后则为一级；8 度时已经为一级者，按 9 度查对应的抗震等级时仍为一级，但注意对应的最大适用高度是不同的，而且地震作用不同，构件的组合内力不同。

当 8 度乙类建筑的高度在规范给出的适用范围内，但超过 9 度的适用范围时，如高度大于 25m 的框架结构、高度大于 50m 的框架－剪力墙结构、高度大于 60m 的剪力墙结构、高度大于 70m 的框架－核心筒结构和高度大于 80m 的筒中筒结构，此时应采取比一级更有效的抗

震措施，主要是抗震构造措施应比一级适当加强。加强的幅度应结合房屋高度确定，可参考《高规》特一级的抗震构造措施对待，而有关抗震设计的内力调整系数一般可不必提高。

比如：8 度区，高度超过 24m（9 度限值）的“乙类”框架结构；

8 度区，高度超过 60m（9 度限值）的“乙类”剪力墙结构；

8 度区，高度超过 50m（9 度限值）的“乙类”框 – 剪结构；

这个时候，整个结构抗震等级均为一级，但需要将抗震构造措施的抗震等级提高到特一级加强。

说明：类似这个问题在《高规》3.9.6 条及条文说明有类似说明，读者可参考阅读理解。

## 9.12 《抗规》规定“建设场地为Ⅲ、Ⅳ类时，0.15$g$ 和 0.30$g$ 的地区，宜分别按抗震设防烈度 8 度（0.20$g$）和 9 度（0.40$g$）时各抗震设防类别建筑的要求采取抗震构造措施”是否意味着抗震设防类别为“乙类”的建筑应提高两度采取抗震构造措施

对于丙类建筑，提高一度采用；对于甲、乙类宜提高二度，用的是“宜”字，即条件许可时提高二度，如果条件不许可或较困难时，可以适当放松；注意甲类建筑的要求应高于乙类建筑，但均应高于丙类建筑的要求。

## 9.13 框架 – 剪力墙结构中，哪些情况下其框架部分的抗震等级应按框架结构确定

当框架 – 剪力墙结构有足够的抗震墙，且其框架部分是次要抗侧力构件时，可按框架 – 剪力墙结构中的框架确定抗震等级，抗规要求抗震墙底部承受的地震倾覆力矩不小于结构底部总倾覆力矩的 50%，换言之，框架部分承受的地震倾覆力矩小于结构总地震倾覆力矩的 50%。考虑到计算框架部分承受的地震倾覆力矩比较便于操作，《抗规》规定，设置少量抗震墙的框架结构，在规定水平力作用下，底层框架部分所承担的地震倾覆力矩大于结构总倾覆地震力矩的 50%时，其框架的抗震等级应按框架结构确定，抗震墙的抗震等级可与其框架的抗震等级相同。

读者特别注意：这里的“底层”是指计算嵌固端所在的层。

## 9.14 抗震设防类别为乙类的建筑抗震等级如何确定

当遇到抗震设防类别为乙类建筑时，根据《建筑工程抗震设防分类标准》GB 50223

的规定，乙类建筑应按本地区设防烈度提高一度查相关规范给出的丙类建筑确定抗震等级表，确定抗震等级（内力调整和构造措施）。

**注意**：乙类建筑的钢筋混凝土房屋可按本地区抗震设防烈度确定其适用的最大高度，于是可能出现 7 度乙类的框支结构房屋和 8 度乙类的框架结构、框架－抗震墙结构、部分框支抗震墙结构、板柱－抗震墙结构的房屋提高一度后，其高度超过规范给出抗震等级的高度限值。此时，内力调整不提高，只要求抗震构造措施“高于一级”，大体与《高层建筑混凝土结构技术规程》（JGJ 3）中“特一级”构造相同即可。

## 9.15　剪力墙结构中少量或个别柱，抗震等级如何确定

剪力墙结构中遇到个别或少量框架，此时结构仍属于抗震墙体系的范畴。其抗震墙的抗震等级仍按抗震墙结构确定；框架的抗震等级可参照框架抗震墙结构的框架确定。

## 9.16　确定建筑抗震等级时，如果遇到地下室顶板不能作为上部结构嵌固端时，那么建筑物的高度该如何确定，是由室外地面算起还是由嵌固端算起

规范规定，建筑物的高度是指由室外地面到主要屋面板板顶的高度（不包括局部突出屋面的部分），因此在确定结构抗震等级时，尽管地下室顶板不能作为上部结构的嵌固端，高度仍然按室外地面算起。

## 9.17　钢筋混凝土结构中的非抗侧力构件，如框架结构中的一些楼面梁、大开间剪力墙结构中的一些进深梁等是否有抗震等级

结构构件的抗震设计是在非抗震设计的基础上增加抗震的计算和构造要求，而且，当地震力不是构件设计的控制内力时，只需要满足构造要求。

在钢筋混凝土结构中的非抗侧力构件，如框架结构中的一些楼面梁、大开间剪力墙结构中的一些进深梁，以及框架－抗震墙结一端与框柱连接的梁，按其受力特征可以分为两类：

（1）作为抗侧力构件承担或传递从属部分结构的地震力时，需要考虑地震作用的影响，则有抗震等级和抗震构造要求。

（2）若仅承受楼面荷载，不承担、不传递地震剪力，则抗震等级的要求可按一般混凝土构件的计算和构造要求。

## 9.18 一般的框架－剪力墙中剪力墙的抗震等级要比柱要求高。8度时，板柱－抗震墙结构中为什么柱的抗震等级却比抗震墙的抗震等级高

板柱－抗震墙结构内部通常无框架梁，仅有暗梁，梁柱节点受力性能比较差，震害和试验研究均证明没有抗震墙的板柱结构的抗侧力系统单薄，违反了“多道抗震设防”基本原则，属于抗震不利体系。

根据多道防线的原则，设计时应利用抗震墙分段板柱框架的地震作用，规范要求板柱结构中的剪力墙承担全部地震作用（作为第一道防线），同时板柱应能承担各层全部地震作用的20%以上地震剪力（作为第二道防线）。

从《规范》中的表6.1.2可以看出，一般的框架－剪力墙中剪力墙的抗震等级要比柱高。8度时板柱－抗震墙结构中为什么柱的抗震等级却比抗震墙的抗震等级高，主要原因有以下几点：

（1）在板柱－抗震墙结构房屋的适应房屋中，8度区属于高烈度区，框架柱的抗震措施需要加强，因此柱的抗震等级提高为一级。

（2）8度时，板柱－抗震墙结构房屋适用高度为30～55m，抗震墙的抗震等级为二级已经可以满足要求。

（3）由于柱和抗震墙混凝土构件，它们的抗震措施和抗震构造措施要求的内容不同，二者之间的抗震等级不具有可比性。

# 第10章

# 关于几种常用结构分析方法的思考

关于常用结构分析方法，《砼规》（GB 50010—2010）（2015版）中规定如下：

5.1.5　结构分析时，应根据结构类型、材料性能和受力特点等选择下列分析方法：

（1）弹性分析方法；

（2）塑性内力重分布分析方法；

（3）弹塑性分析方法；

（4）塑性极限分析方法；

（5）试验分析法。

除了现行《砼规》给出的5种基本计算方法外，还有有限元分析法（非线性分析法）。

## 10.1　常用结构分析方法解析

### 10.1.1　弹性分析方法

（1）特点：弹性分析假定结构材料的应力－应变关系是理想弹性的，即受力与变形的本构关系确定为理想的线性关系。

弹性分析法的基础是将材料的本构关系简化为一个常数——弹性模量。这样的简化，对结构分析带来极大方便（特别是在计算软件不发达的年代），对静定结构和体形－荷载比较简单的结构分析，这种简化仍然具有相当的精度。因此，它一直作为最基本和最成熟的结构分析方法得到广泛的应用，并且也是其他分析方法的基础。

弹性分析方法不仅简单实用，而且用于承载力设计时偏于安全的，这是这种方法目前仍然被应用的重要原因。

（2）适用范围：对于在荷载作用下的正常使用极限状态和承载力极限状态，都可以采用弹性方法进行作用效应的分析。

（3）存在的问题：没有考虑混凝土开裂、徐变对刚度的影响，也没有考虑构件非线变形的影响。

《砼规》第5.3.5条规定：当边界支承位移对双向板的内力及变形有较大影响时，在分析中宜考虑边界支承竖向变形及扭转等的影响。

### 10.1.2 塑性内力重分布分析方法

（1）特点。混凝土结构多为超静定结构，并且承受结构中拉力的材料多是塑性很好且有很长屈服台阶的热轧钢筋（软钢）。在按承载力设计配置的钢筋达到屈服以后，从截面承载的角度而言，是“破坏”了。但是从整个结构体系的承载而言，一个截面的“屈服”，对超静定结构不会引起结构的破坏，而可能继续以“塑性铰”的形式继续承载，实际就是塑性内力重分布。如图 10－1 中两端固接（刚接）梁。

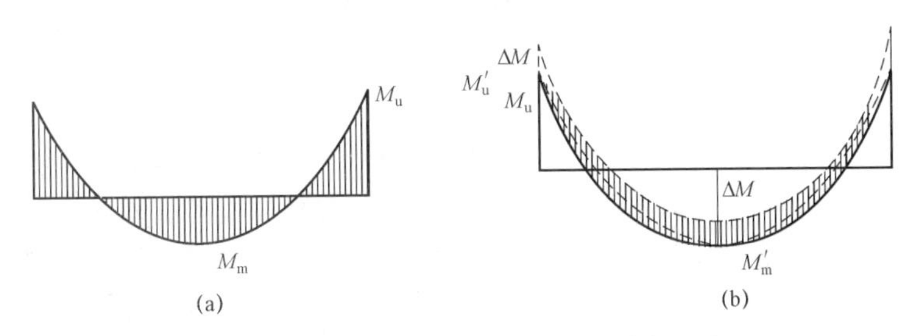


图 10－1　塑性内力重分布原理及弯矩调幅

（a）两端截面屈服形成塑性铰；（b）弯矩增量形成的弯矩调幅

在加载至梁端钢筋屈服时（端部混凝土已开裂），梁的负弯矩达到极值 $M_u$。但由于钢筋延性屈服后，钢筋并不会断裂而继续承载，因此梁的两端发生了大幅度的弯曲变形而形成“塑性铰”，但结构体系并没有破坏。不仅结构没有破坏，承载力还在继续增加。

这是由于两端形成塑性铰后，弯矩达到极限而不能再增加（$M_u$），但是跨中截面承载力还有富余（$M_m$），因而可按两端简支梁继续承担新的荷载。一直到跨中截面也达到屈服（$M_{mu}$），整个梁成为“可变体系”后，结构才真正意义上的“破坏”。

这个将个别截面屈服后的塑性进行的内力分析，叫“塑性内力重分布设计”。

（2）适用范围。

《砼规》第 5.4.1 条规定：混凝土连续梁和连续单向板，可采用塑性内力重分布方法进行分析。

重力荷载作用下的框架、框架－剪力墙结构中的现浇梁以及双向板等，经弹性分析求得内力后，可对支座或节点弯矩进行适度调幅，并确定相应的跨中弯矩。

**注意**：对于直接承受动力荷载的构件，以及要求不出现裂缝或处于三 b、类环境情况下的结构，不应采用考虑塑性内力重分布的分析方法。

《砼规》第 5.4.3 条规定：钢筋混凝土梁支座或节点边缘截面的负弯矩调幅幅度不宜大于 25%；弯矩调整后的梁端截面相对受压区高度不应超过 0.35，且不宜小于 0.10，钢筋混凝土板的负弯矩调幅幅度不宜大于 20%。

（3）应用注意事项。

1）支承构件的影响。

《砼规》第 5.4.4 条规定：对属于协调扭转的混凝土结构构件，受相邻构件约束的支承梁的扭矩宜考虑内力重分布的影响。

考虑内力重分布后的支承梁，应按弯剪扭构件进行承载力计算。

注：当有充分依据时，也可采用其他设计方法。

2）裂缝宽度验算。

弯矩调幅是针对承载力极限状态进行的，因此没有考虑裂缝问题。

由于支座弯矩调幅而减小支座配筋，很有可能引起裂缝宽度方面的问题。因此，弯矩调幅后的配筋还应进行裂缝宽度复核。

但应注意，正常使用状态的验算是准永久值荷载下，不能与承载力混为一谈。

实际上“塑性内力重分布分析法”也属于弹性分析法之一，也是基于弹性计算加上个别截面弯矩调幅来反应塑性的影响，实际计算依然是弹性分析法。

### 10.1.3 弹塑性分析方法

（1）弹性分析的局限性。由于弹性分析方法是将材料的本构关系简化为一个不变的常数（应力应变为线性关系）–弹性模量。尽管计算大大得到简化，但计算精度受到不同程度的影响。因为混凝土结构受力之后，基本都处在非线性状态，通常是带裂缝的受力状态。弹性分析很难对结构构件的承载受力规律进行准确的描述，当然也就很难作出准确的内力分析和结构设计。

（2）材料的本构关系。组成钢筋混凝土结构的主要材料——钢筋和混凝土，线性变形的弹性模量只是其受力变形中极其短暂的过程。经过很短的线弹性阶段以后，材料的本构关系将进入非线性。开裂、屈服、强化、极限、下降、残余等复杂的过程。如果结构分析不考虑这些构件实际受力状态的非线性（塑性）问题，则分析结果的偏差就很大。

（3）分析手段。实际上，学术界和工程设计界早已经意识到弹性分析设计的缺陷和局限性，也一直在探究更为接近实际的非线性分析方法。近年来，将结构材料离散化的有限单元分析方法趋于成熟，实验技术发展测定了更精确的材料本构关系和多轴强度准则。加上计算机和设计软件的普遍应用解决了大量的复杂计算的困难，真正意义上的弹塑性分析才得以实现。

（4）应用范围。弹塑性分析方法尽管计算精确度比较高，可以得到更为符合实际的结果，但这些方法的计算工作量太大，对于一般比较简单的混凝土结构，似乎并没有必要。因此，目前弹塑性分析方法主要用于解决一些特殊、复杂的工程问题。

1）对重要和受力复杂混凝土结构工程的整体或局部进行弹塑性分析验算。

2）需对结构进行动力分析；对结构承载力的全过程进行分析；偶然荷载作用下结构防连续倒塌的分析。

3）对需要挖掘约束混凝土潜力的情况，可以采用混凝土的多轴强度准则进行设计。

（5）分析验算方法。一般的承载力设计是由截面条件和材料的设计并依据杆件内力求配筋；但弹塑性分析的设计方法是在假定已知截面和配筋的条件下，进行验算的设计方法。

《砼规》第 5.5.1 条规定：重要或受力复杂的结构，宜采用弹塑性分析方法对结构整体或局部进行验算。结构的弹塑性分析宜遵循下列原则：

1）应预先设定结构的形状、尺寸、边界条件、材料性能和配筋等。

2）材料的性能指标宜取平均值，并宜通过试验分析确定，也可按《砼规》附录 C 的规定确定。

3）宜考虑结构几何非线性的不利影响。

4）分析结果用于承载力设计时，宜根据抗力模型不定性系数对结构的抗力进行适当调整。

### 10.1.4 塑性极限分析方法

这种方法假设结构的材料或构件为刚塑性或弹塑性体，应用塑性理论中的上限解、下限解和解答唯一性等基本定理，验算结构的极限承载力，或求解结构承载能力极限状态时的内力，但不能用于结构使用阶段的分析。此类方法在欧美称为塑性极限分析法，在我国则称为极限平衡法。

塑性极限分析法最常应用于双向板的设计。我国多使用塑性铰线法（上限解），欧美还使用条带法（下限解）。塑性极限法还可应用于连续梁和框架等结构的分析和设计。我国按塑性极限分析设计双向板已有数十年的工程经验，证明结构安全可靠，且计算和构造均简便易行，但也需注意满足结构在使用阶段的性能要求。

（1）超静定结构抗力的潜力。

混凝土结构一般都是高次超静定结构，具有足够多的冗余约束，因此，即使几个截面甚至一系列截面“屈服”而形成塑性铰或者塑性铰线（见图 10－2），结构体系仍可以承载受力。只有当足够多数量的截面达到屈服，使结构体系形成“可变体系”以后，才可能达到真正意义上的“破坏”。因此，利用混凝土超静定结构抗力的这种承载的潜力，可以进行塑性极限分析，以简化计算和配筋，使结构设计更合理，还具有一定的经济效益。

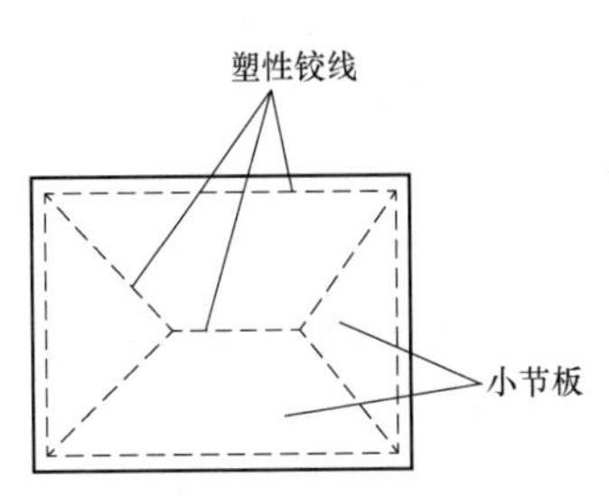

图 10－2　塑性铰线分布图

但是，超静定结构达到承载力极限状态（最大承载力）时，结构中较早达到屈服的截面已处于塑性变形阶段，即已形成塑性铰，这些截面实际上已具有一定程度的损伤。如果塑性铰具有足够的变形能力，则这种损伤对于一次加载情况的最大承载力影响不大。

（2）应用条件。《砼规》第 5.6.1 条规定：对不承受多次重复荷载作用的混凝土结构，当有足够的塑性变形能力时，可采用塑性极限理论的分析方法进行结构的承载力计算，同时应满足正常使用的要求。

《砼规》第 5.6.3 条规定：承受均布荷载的周边支承的双向矩形板，可采用塑性铰线法或条带法等塑性极限分析方法进行承载能力极限状态的分析与设计。

综上，应用条件如下：

1）必须是超静定结构，目前主要应用在四边支承的双向矩形板。

2）钢筋的延性。

3）环境条件，不适应重复动力荷载、处于氯盐侵蚀三类环境。

4）满足使用条件，对裂缝有严格要求的。

### 10.1.5 试验分析方法

各种结构、特别是体形和受力复杂的结构，可用钢筋混凝土、弹性材料或其他材料制作成结构的整体或其一部分的模型，进行荷载或其他作用的试验，测定其内（应）力分布、变形和裂缝的发展，确定其破坏形态和极限承载能力等。以此为依据，可判断结构的安全性和使用阶段的性能、验证或修正计算方法、测定计算所需的参数值、修改初步设计、改进构造措施等，完成结构分析所需解决的问题。试验方法对验算结构的正常使用极限状态和承载能力极限状态均可适用。

《砼规》第 5.7.1 条规定：当混凝土的收缩、徐变以及温度变化等间接作用在结构中产生的作用效应可能危及结构的安全或正常使用时，宜进行间接作用效应的分析，并应采取相应的构造措施和施工措施。

《砼规》第 5.7.2 条规定：混凝土结构进行间接作用效应的分析，可采用本规范第 5. 5 节的弹塑性分析方法；也可考虑裂缝和徐变对构件刚度的影响，按弹性方法进行近似分析。

间接作用如混凝土收缩、徐变、温度、地基不均匀沉降等。

### 10.1.6 有限元分析法

有限元分析法的基本概念是结构的离散化和数值逼近。

以钢筋混凝土的材料、构件（截面）或各种计算单元的实际力学性能为依据，导出相应的非线性本构关系，并建立变形协调条件和力学平衡方程后，可准确地分析结构从开始受力直至承载力极限状态，甚至其后的承载力下降段的各种作用效应的变化全过程。必要时还可考虑结构的几何非线性的作用效应和随时间、环境条件变化的各种作用效应。

显然，非线性分析能应用于一切类型和形式的结构体系，又适用于结构受力全过程的各个阶段。有些体形复杂和受力特殊的结构体系，其他类分析方法难以准确求解，只有非线性分析可给出满意的结果。混凝土结构的非线性分析采用了日趋成熟而多样的有限元方法，充分地利用高速发展的计算机技术，成为一种强有力的计算手段，可快速、准确地给出结构的全方位的作用效应，在实际的工程设计中起了重要作用，已经成为先进分析方法的发展方向，且不同程度地纳入国外的一些主要设计规范。

进行结构分析时使用有限元法先将结构划分为一系列的结构网格单元，某一特定单元都具有相似的几何尺寸和物理特性，每一类特定单元都被指定为一个特定的有限元，每种有限元均具有特定的结构形状，并通过节点与相邻单元连接。

单元的每个节点上都作用有节点力并相应产生节点位移（自由度）。一般来说节点作用不限力和位移，也可推广到热、流体、电等其他物理量。因此，对于每个单元，均可建立一组方程来表示各物理量之间的相互关系。实际上从数学的角度来看，将单元组装成结构的过程，即是集成单元方程的过程，其结果是形成一系列适合计算机分析的方程组。当给定荷载和边界条件后，即可求解方程组，确定未知参数。将确定的参数代入单元方程中，即可确定单元的应力和位移分布。这一过程被称为“有限元分析”（FEA）。

由于钢筋混凝土具有非线性本构关系，钢筋混凝土结构的有限元分析是一种更复杂的非线性问题，可采用迭代法进行逐步求解，直至满足精度要求的收敛解。

编制钢筋混凝土结构有限元程序的工作量很大。大多数非线性有限元程序均包含相似的步骤：

（1）建立有限元模型，包含确定节点、单元、材料和荷载。

（2）采用迭代法求解非线性方程。

（3）显示及处理分析结果。

对于研究者来说，独立开发有限元任务艰巨，需耗费大量的时间和精力，不经济且效率低下。越来越多的研究者倾向采用通用有限元分析程序或开发平台，如FEAP，ABAQUS和OpenSeec等，用户可在这些程序中开发单元和输入自己的材料本构关系。

有关有限元法更加详细的解释，建议有兴趣的读者可以继续阅读相关资料。

## 10.2 各种分析方法小结

结构分析方法分类较多，各类方法的主要特点和应用范围如下。

### 10.2.1 弹性分析方法

弹性分析方法是最基本和最成熟的结构分析方法，也是其他分析方法的基础和特例。它适用于分析一般结构。大部分混凝土结构的设计均基于此法。结构内力的弹性分析和截面承载力的极限状态设计相结合，实用、简易可行。按此设计的结构，其承载力一般偏于安全。少数结构因混凝土开裂部分的刚度减小而发生内力重分布，可能影响其他部分的开裂和变形状况。

考虑到混凝土结构开裂后刚度的减小，对梁、柱构件可分别取用不同的刚度折减值，且不再考虑刚度随作用效应而变化。在此基础上，结构的内力和变形仍可采用弹性方法进行分析。

### 10.2.2 考虑塑性内力重分布的分析方法

考虑塑性内力重分布的分析方法用于超静定混凝土结构设计。该方法具有充分发挥结构潜力，节约材料，简化设计和方便施工等优点。但应注意到，抗弯能力调低部位的变形和裂缝可能相应增大。

### 10.2.3 弹塑性分析方法

弹塑性分析方法是以钢筋混凝土的实际力学性能为依据，引入相应的本构关系后，可进行结构受力全过程分析，而且可以较好地解决各种体形和受力复杂结构的分析问题。但这种分析方法比较复杂，计算工作量大，各种非线性本构关系尚不够完善和统一，且要有成熟、稳定的软件提供使用，至今应用范围仍然有限，主要用于重要、复杂结构工程的分析和罕遇地震作用下的结构分析。

近年来，建筑结构的非线性分析技术经历了从粗糙到精细，从隐式到显式，从串行到并行，从力学到结构的发展历程，取得了较大的技术进展。

（1）从粗糙到精细。建筑结构的非线性分析计算工作量大。由于非线性问题的不可线性叠加特征，难以通过从时域空间到频域空间的转换来降低计算自由度从而显著降低计算工作量，因此建筑结构的非线性动力分析通常只能通过直接积分方法完成。为保证实际建筑结构在微机上可在几个小时内完成一条地震震动的非线性动力时程分析，通常会采用较为粗糙的非线性分析模型，例如梁、柱、支撑等杆系构件采用塑性铰模型，剪力墙采用宏观非线性单元模型，楼板采用刚性楼板假定。使用粗糙模型进行建筑结构非线性分析，难以反映建筑结构的细节损伤破坏情况，甚至主体受力构件的真实受力状态也难以充分体现。近年来，在一些地标性的复杂建筑结构项目中，一些结构工程师尝试采用国际大型通用有限元软件进行全结构小于1m网格的精细化非线性分析，取得了很好的效果。当然，这种非线性分析往往计算资源耗费巨大，需要多台电脑联网进行多机、多核的并行计算，不但计算成本高，而且单波计算时间也需几十个小时甚至几天时间以上。

（2）从隐式到显式。建筑结构的非线性动力分析原来通常采用隐式积分方法，需要每个细分荷载步迭代收敛后再进行下一个荷载步的计算，最终完成整个地震震动的分析工作。隐式积分方法固有的两个特点也抑制了非线性分析技术近些年的发展。

首先，在建筑结构非线性发展较强烈时，隐式积分方法经常难以迭代收敛，此时不同的软件会采取不同的计算策略予以解决。若强制收敛，则计算结果会出现漂移，造成较大的计算偏差。若缩小计算步长反复计算，则并不能保证实现迭代收敛，而且会显著增加计算时间。

其次，隐式积分方法实现并行计算比较困难。进行多机、多核并行计算是提高非线性分析计算效率的有效手段，但采用隐式积分方法时，由于整体计算程序的串行性造成并行计算软件实现有相当大的难度。为避免隐式积分方法难以收敛的计算难题，并提高非线性分析计算效率，近年来在一些工程项目的非线性分析中尝试采用显式积分方法进行计算，取得了较好的效果。当计算步长小于稳定步长时，显式积分方法是计算稳定的，不存在收敛性问题。虽然显式积分方法计算步长要小于隐式积分方法2～3个数量级，但主要为矩阵乘运算，不需要形成总体刚度矩阵和求解线性方程组，所以很适合进行并行计算编程以实现计算效率的提高。

（3）从串行到并行。基于差分格式的显式积分方法易于实现并行程序架构，但是为保证算法的稳定性需要将计算步长缩小到稳定步长之内，一般为 $e^{-4}$～$e^{-5}$，这从另一方面又显著增加了计算时间。在只能采用多机多核并行计算的硬件条件下，采用显式积分方法能显著提高计算效率，但它的硬件成本也是高昂的。这也是到目前为止多数非线性分析软件仍然采用隐式积分方法的重要原因。

（4）从力学到结构。当大型复杂建筑结构进行非线性分析时，若采用国外的大型通用非线性有限元软件，则无论是前期建模、计算参数设置还是计算结果表达均难以实现专业适用性，也造成建筑结构精细网格模型非线性分析门槛很高，使用人的能力水平和参数设置也会造成计算结果的差异较大，难以从专业的角度简单、清晰和准确地体现建筑结构损伤破坏情况。

### 10.2.4 塑性极限分析方法（塑性分析法或极限平衡法）

此法主要用于周边有梁或墙支承的双向板设计。工程设计和施工实践经验证明，在规定条件下按此法进行计算和构造设计简便易行，可以保证结构的安全。

### 10.2.5 试验分析法

此方法主要用于特别复杂结构、新型结构体系等。

## 10.3 现行规范之外的几种计算方法

### 10.3.1 补充计算方法之一

《钢筋混凝土结构设计规范》（TJ 10—74）中第 21 条规定，四周与梁整体连接的板（无梁楼盖除外），计算所得的弯矩数值，可根据下列情况予以减少：

（1）中间跨的跨中截面及中间支座上，减少 20%；

（2）边跨的跨中截面及从楼板边缘算起的第二支座上：

当 $l_b/l<1.5$ 时，减少 20%；

当 $1.5\leqslant l_b/l\leqslant 2$ 时，减少 10%。

式中 $l$ ——垂直于楼板边缘方向的计算跨度；

$l_b$ ——沿楼板边缘方向的计算跨度（见图 10－3）。

（3）角区格不应减少。

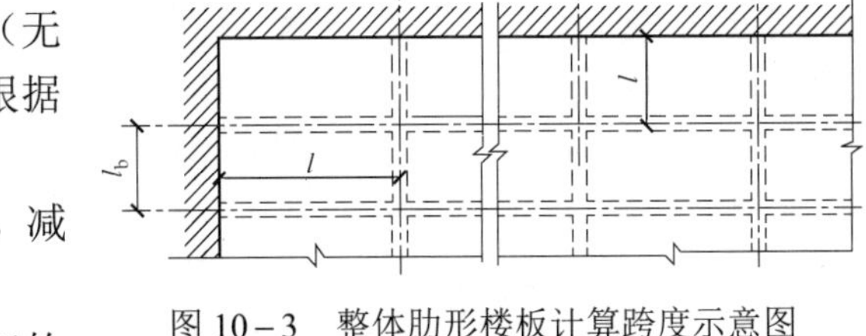

图 10－3 整体肋形楼板计算跨度示意图

以上这种计算方法为介于弹性与塑性之间的一种方法，此方法目前也被引用到《全国技措》（混凝土结构）中。

### 10.3.2 补充计算方法之二

《混凝土结构构造手册》给出：即使按弹性板计算也可依据《砼规》进行分区域配筋。

按弹性理论计算的双向板，当短边跨度 $l_1$ 较大时（$l_1\geqslant 2.5$m），为节省板底部钢筋，可将板在两个方向各分为三个板带。两边板带的宽度均为短边跨度 $l_1$ 的 1/4，其余则为中间板带（见图 10－4）。在中间板带内，应按最大跨中正弯矩计算配筋，而在边板带内的配筋各为其相应中间板带的一半，且每米宽度内的钢筋间距应符合图 10－4 的要求。此时，连续板的中间支座应按最大负弯矩计算配筋，可不分板带均匀配置。为简化施工时的配筋，目前在设计中常常两个方间不分板带，均按跨中及支座最大弯矩分别计算并均匀配置钢筋。

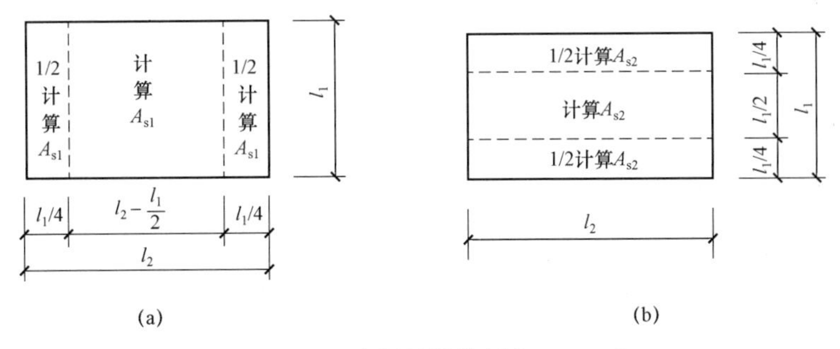

图 10－4 双向板的板带划分（$l_1\leqslant l_2$）

（a）沿短边跨度方向的配筋；（b）沿长达跨度方向的配筋

补充说明：《铁路工程混凝土配筋设计规范》（TB 10064—2019）也给出了这种配筋设计方法，读者可以参考。

特别提醒：进行结构分析时应用电子计算机进行运算的情况日益普及，这是确保计算的准确性、节约工时、加速设计进程、解决复杂结构疑难分析问题的十分有效的手段，是结构分析技术发展的必然趋势，今后必将更多、更广泛地取代工程师的手算。设计人员进行结构的电算分析时，只需按照程序规定的要求，输入原始数据和操作运行，随即可获得结构分析的全部结果。

但是，大多数人对于繁复的大量运算过程和中间数值并不清楚，如果电算程序本身存在问题、甚至错误，或者输入的任一数据因格式、符号、单位或数值有误，都将失之毫厘、差之千里，得到错误的计算结果，且很难及时发现。

所以强烈建议大家，对任何计算结果，不要不加分析盲目采纳，也不可随意否定计算结果，必须通过对计算结果进行分析判断，合理、有效后方可用于工程设计。

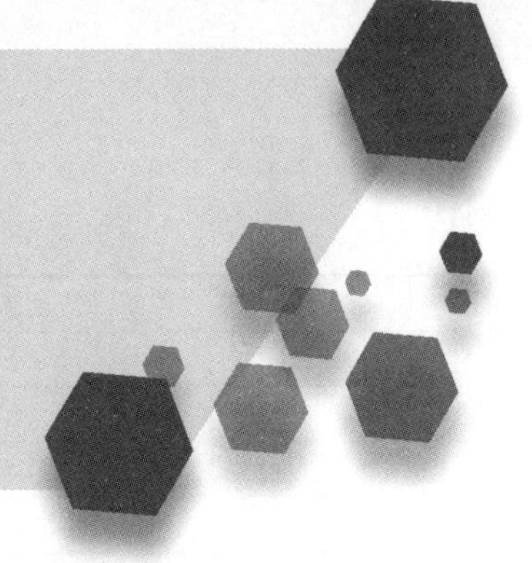

# 第 11 章

# 结构设计容易违反的强制性条文及解析

## 11.1 强制性条文概况

依据《房屋建筑标准强制性条文实施指南丛书》（建筑结构设计分册）统计，截至 2013 年 6 月 30 日，该书中涉及的标准 50 本，共纳入强条 351 条；其中主要规范强条分布为：《抗规》，55 条；《高规》，31 条；《地规》，28 条；《荷载规范》，13 条；《砼规》，14 条；《钢标》，7 条；《桩基规范》，12 条；《高钢规》，14 条。

**1. 强制性条文实施与监督**

《中华人民共和国标准化法》规定：强制性标准，必须执行。

由于强制性条文依附于各本工程建设标准，强制性条文不是工程建设活动的唯一技术依据，实施强制性条文也不是保证工程质量安全的充分条件。现行强制性标准中没有列为强制性条文的内容，是非强制监督执行的内容，但是，如果因为没有执行这些技术规定而造成工程质量安全方面的隐患或事故，同样应追究责任。

也就是说，只要违反强制性条文就要追究责任并实施处罚；违反强制性标准中非强制性条文规定，如果造成工程质量安全方面的隐患或事故时同样也会追究责任。

**2. 两大中心城市违反强条情况**

近几年，北京、上海施工图审查时，发现的违反强条情况如下：

（1）北京市。2017 年，北京市参与新建工程施工图设计的单位共有 171 家。其中超过 5 万 $m^2$ 的有 96 家，每万平方米违反强条数的前 10 名设计单位项目相关信息见表 11－1。

表 11－1　　2017 年违反强条数前 10 名设计单位统计

| 序号 | 设计单位 | 资质 | 项目数 | 总建筑面积（万 $m^2$） | 单体数 | 违反强条数 | 每万平方米违反强条数 |
|---|---|---|---|---|---|---|---|
| 1 | A | 乙级 | 5 | 53 204.58 | 9 | 12 | 2.255 4 |
| 2 | B | 甲级 | 5 | 65 195.26 | 8 | 12 | 1.840 6 |
| 3 | C | 甲级 | 3 | 57 779.73 | 8 | 10 | 1.730 7 |
| 4 | D | 甲级 | 6 | 76 661.06 | 17 | 12 | 1.565 3 |
| 5 | E | 甲级 | 7 | 307 744.20 | 42 | 45 | 1.462 3 |
| 6 | F | 甲级 | 6 | 99 427.17 | 13 | 14 | 1.408 1 |

续表

| 序号 | 设计单位 | 资质 | 项目数 | 总建筑面积（万 m²） | 单体数 | 违反强条数 | 每万平方米违反强条数 |
|---|---|---|---|---|---|---|---|
| 7 | G | 甲级 | 1 | 160 748.63 | 13 | 22 | 1.368 6 |
| 8 | H | 甲级 | 3 | 96 558.58 | 11 | 13 | 1.346 3 |
| 9 | I | 甲级 | 4 | 63 308.62 | 5 | 8 | 1.263 7 |
| 10 | J | 甲级 | 4 | 279 450.42 | 148 | 29 | 1.037 8 |

2017 年各专业查出并纠正违反强制性标准共 1429 条（见表 11－2），其中建筑 558 条，结构 219 条，电气 191 条，给排水 192 条，暖通 269 条。建筑专业违反强条数比较多，占比基本与往年持平。

**表 11－2　　2017 年违反强条情况统计**

| 专业 | 违反强条 | | 违反一般性条文 | | 违反政府规范性文件 | | 违反深度 | |
|---|---|---|---|---|---|---|---|---|
| | 数量 | 平均每万平方米数量 | 数量 | 平均每万平方米数量 | 数量 | 平均每万平方米数量 | 数量 | 平均每万平方米数量 |
| 建筑 | 558 | 0.16 | 10 821 | 3.14 | 823 | 0.24 | 3588 | 1.04 |
| 结构 | 219 | 0.06 | 11 381 | 3.30 | 153 | 0.04 | 1962 | 0.57 |
| 电气 | 191 | 0.06 | 9606 | 2.79 | 513 | 0.15 | 2566 | 0.74 |
| 给排水 | 192 | 0.06 | 6125 | 1.78 | 543 | 0.16 | 2671 | 0.78 |
| 暖通 | 269 | 0.08 | 5982 | 1.74 | 666 | 0.19 | 2501 | 0.73 |
| 合计 | 1429 | 0.41 | 43 917 | 12.74 | 2700 | 0.78 | 13 294 | 3.86 |

2018 年，北京市结构专业有所进步，强条违反数由 2017 年的 219 条下降到 8 条，但建筑专业急剧上升，由 2017 年 558 上升为 1359 条，见表 11－3。

**表 11－3　　2018 年违反强条情况统计**

| 专业 | 违反强条 | | 违反一般性条文 | | 违反政府规范性文件 | | 违反深度 | |
|---|---|---|---|---|---|---|---|---|
| | 数量 | 平均每万平方米数量 | 数量 | 平均每万平方米数量 | 数量 | 平均每万平方米数量 | 数量 | 平均每万平方米数量 |
| 建筑 | 1359 | 1.491 8 | 8819 | 9.680 6 | 1309 | 1.436 9 | 6044 | 6.634 5 |
| 结构 | 8 | 0.008 8 | 838 | 0.919 9 | 20 | 0.022 0 | 213 | 0.233 8 |
| 电气 | 348 | 0.382 0 | 11 913 | 13.076 8 | 372 | 0.408 3 | 2407 | 2.642 2 |
| 给排水 | 134 | 0.147 1 | 5532 | 6.072 4 | 222 | 0.243 7 | 3986 | 4.375 4 |
| 暖通 | 212 | 0.232 7 | 5743 | 6.304 1 | 738 | 0.810 1 | 2192 | 2.406 1 |
| 合计 | 2061 | 2.262 3 | 32 848 | 36.057 1 | .266 1 | 2.921 0 | 14 843 | 16.293 1 |

（2）上海市。2018 年，上海市第三季度检查情况如下：质量问题按照法律法规、强制性条文、深度要求、标准规范、规范性文件、管理性文件和其他七大类别统计，如图 11－1 所示；第三季度与第二季度问题数量对比如图 11－2 所示；质量问题按照违反类统计结果如图 11－3 所示；按专业统计结果如图 11－4 所示；第三季度与第二季度

各个专业质量问题变化对比情况如图 11－5 所示。

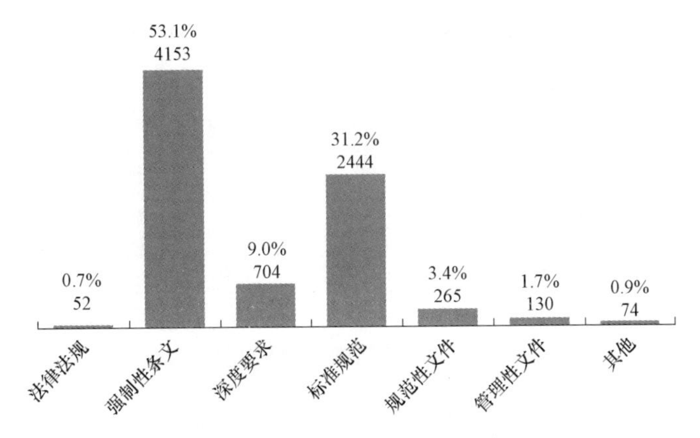


图 11－1　七大类别质量统计情况

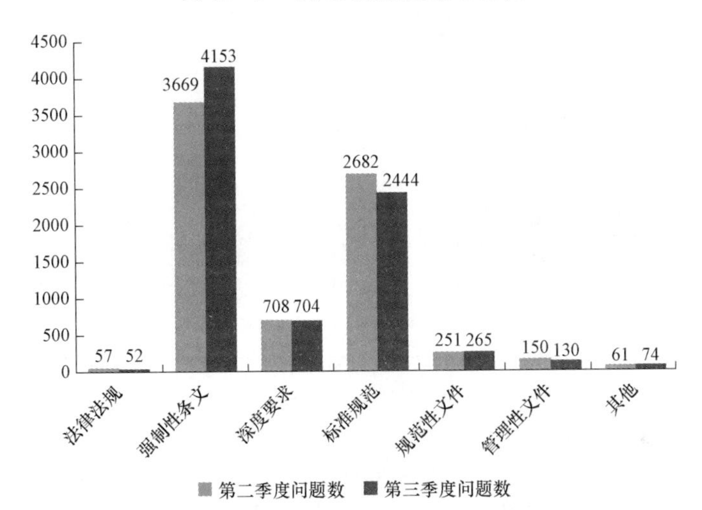


图 11－2　第三季度与第二季度问题数对比

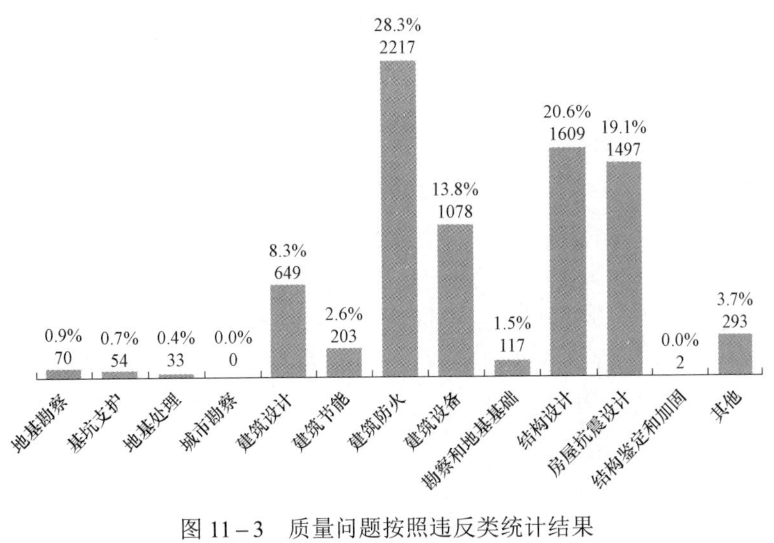


图 11－3　质量问题按照违反类统计结果

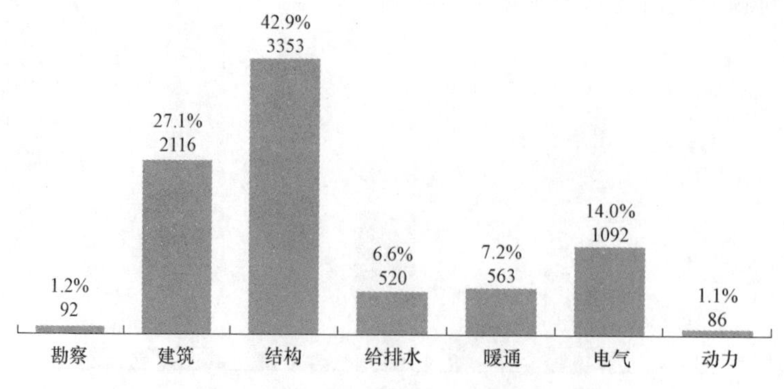


图 11－4　质量问题按专业统计结果

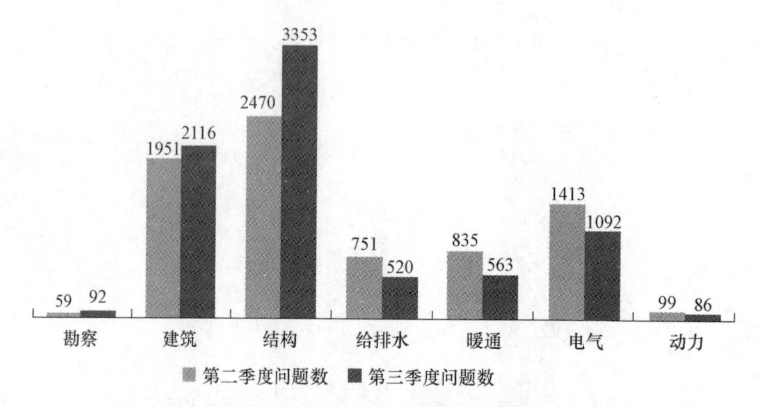


图 11－5　第三季度与第二季度各专业质量问题对比

从以上两个特大中心城市的审查情况看，违反强制性条文的工程还是比较普遍的现象。既然是强制性条文，违反必究。提请各位设计师强条绝对是不能违反的。我国强制性条文比较多，且有些条文非常概念，稍不注意执行起来就会出现偏差或疏忽。

## 11.2　荷载及设计参数选择有误

**1. 可变荷载设计基准期选择有误**

《荷载规范》第 3.1.3 条：确定可变荷载代表值时应采用 50 年设计基准期。

在确定各类可变荷载的标准值时，会涉及出现荷载最大值的时域问题，《荷载规范》统一采用"一般结构的设计使用年限 50 年"作为规定荷载最大值的时域，在此也称之为设计基准期。采用不同的设计基准期，会得到不同的可变荷载代表值，因而也会直接影响结构的安全，必须以强制性条文予以确定。设计人员在按规范的原则和方法确定其他可变荷载时，也应采用 50 年设计基准期，以便与《荷载规范》规定的分项系数、组合值系数等参数相匹配。

**2. 活荷载取值有误**

涉及规范：《荷载规范》第 5.1.1 条。

取值有误的楼面活荷载主要有阳台、走道、门厅、楼梯、电梯公用前室及消防疏散楼梯的活荷载。

可能出现人流密集的建筑主要是指学校、公共建筑和高层建筑。民用建筑未明确的常用楼面活荷载标准值如下：设浴缸、坐厕的卫生间为 $4kN/m^2$；有分隔蹲厕的公共卫生间为 $8kN/m^2$（包括填料、隔墙）或按实际考虑；阶梯教室、微机房为 $3kN/m^2$；银行金库、配电室、水泵房为 $10kN/m^2$；地下一层顶板施工活荷载为 $5kN/m^2$；楼板下挂管道及设备荷载按实际情况考虑且不小于 $0.5kN/m^2$；宾馆、饭店的大型厨房不小于 $8kN/m^2$ 或有较重炉灶、设备及储料时应按实际取用。

**3. 基本风压、基本雪压取值有误**

涉及规范：《荷载规范》第 7.1.1 条、第 7.1.2 条、第 8.1.1 条、第 8.1.2 条；《高规》第 4.2.2 条。

对风荷载比较敏感的高层建筑（一般可认为是高度超过 60m 的高层建筑），承载力设计应按基本风压的 1.1 倍采用。计算位移按 50 年一遇基本风压，计算结构风振舒适度按 10 年一遇风荷载标准值。

对雪荷载敏感的结构主要是大跨、轻质屋盖结构，此类结构的雪荷载经常是控制荷载，应采用 100 年重现期雪压。

确定门式刚架轻型房屋钢结构的基本风压 $W_0$ 时，应按现行国家标准《荷载规范》的规定值乘以 1.05 采用。

**4. 设计楼面梁、墙、柱及基础时，未按规范进行荷载折减**

涉及规范：《荷载规范》第 5.1.2 条。

作为强制性条文，本次明确规定本条列入的设计楼面梁、墙、柱及基础时的楼面均布活荷载的折减系数，为设计时必须遵守的最低要求。

作用在楼面上的活荷载，不可能以标准值的大小同时布满在所有的楼面上，因此在设计梁、墙、柱和基础时，还要考虑实际荷载沿楼面分布的变异情况，也即在确定梁、墙、柱和基础的荷载标准值时，允许按楼面活荷载标准值乘以折减系数。折减系数的确定实际上是比较复杂的，采用简化的概率统计模型来解决这个问题还不够成熟。目前，除美国规范是按结构部位的影响面积来考虑外，其他国家均按传统方法，通过从属面积来考虑荷载折减系数。对于支撑单向板的梁，其从属面积为梁两侧各延伸二分之一的梁间距范围内的面积；对于支撑双向板的梁，其从属面积由板面的剪力零线围成。对于支撑梁的柱，其从属面积为所支撑梁的从属面积的总和；对于多层房屋，柱的从属面积为其上部所有柱从属面积的总和。

这是考虑楼面上的活载不能同时布满所有的楼面。如果不折减会造成基础设计过于保守，柱子内力及配筋计算有误。

特别注意：过于保守也是不行的。

**5. 人员密集栏杆活载取值有误**

涉及规范：《荷载规范》第 5.5.2 条。

考虑到楼梯、看台、阳台和上人屋面等的栏杆在紧急情况下对人身安全保护的重要作用，将住宅、宿舍、办公楼、旅馆、医院、托儿所、幼儿园等的栏杆顶部水平荷载从 $0.5kN/m^2$ 提高至 $1.0kN/m^2$。对学校、食堂、剧场、电影院、车站、礼堂、展览馆或体育场等的栏杆，除了将顶部水平荷载提高至 1.0kN/m$^2$ 外，还增加竖向荷载 1.2kN/m$^2$。

特别注意：作用在栏杆扶手上的竖向活荷载采用 1.2kN/m$^2$，水平向外活荷载采用 1.0kN/m$^2$。两者应分别考虑，不应同时作用。

**6. 灵活隔墙活载取值有误**

涉及规范：《荷载规范》第 5.1.1 条注 6。

对于隔墙布置和装修做法较为灵活的公共建筑，未考虑隔墙荷载，或未注明隔墙材料和装修荷载的限值。对非固定隔墙荷载应取每延米墙重 1/3 作为楼面活荷载且附加值不应小于 1kN/m$^2$。固定隔墙的线荷载应折算成等效均布永久荷载。

**7. 轻钢屋面活载取值有误**

涉及规范：《门式刚架规程》第 3.2.2 条。

当采用压型钢板轻型屋面时，屋面活荷载计算檩条应取 0.5kN/m$^2$。

对受荷水平投影面积大于 60m$^2$ 刚架构件，屋面竖向均布活荷载的标准值可小于 0.3kN/m$^2$。

**8. 门式刚架厂房计算风荷载时漏掉女儿墙风荷载**

涉及规范：《门式刚架规程》第 3.2.3 条。

对于门式刚架房屋，垂直于建筑物表面的风荷载应按《门式刚架规程》附录 A 中方法计算。

**9. 屋面活荷载标准值取值有误**

涉及规范：《荷载规范》第 5.3.1 条。

如：上人屋面活荷载标准值按不上人情况取值；兼做其他用途的上人屋面未按相应用途的楼面荷载取值；设有屋顶花园的屋面活荷载标准值未考虑花圃土石等材料自重；屋顶有上反梁时，对有可能形成的积水荷载在设计中未考虑，屋面积水荷载可按 2kN/m$^2$，不与活荷载组合。

高、低屋面处在低屋面应考虑施工堆料荷载不小于 4kN/m$^2$ 的临时荷载，并在施工图中注明。

**10. 设计地震动参数选择有误**

《抗规》第 1.0.4 条：抗震设防烈度必须按国家规定的权限审批、颁发的文件（图件）确定。

《中国地震动参数区划图》（GB 18036—2015）及《抗规》（2016 年版）附录 A 提供了我国主要城镇中心区域设防烈度、设计基本地震加速度和设计地震分组。《地震区划图》附录 C 给出了乡镇及街道的动参数。《地震区划图》附录 C 要比《抗规》附录 A 更具体，所以可能经常会遇到《地震区划图》附录 C 与《抗规》附录 A 不一致的情况。此时建议读者以《地震区划图》附录 C 为准。如：《抗规》附录 A 中给出北京市的设防烈度、基本地震加速度及分组见表 11－4。

**表 11－4　　北京市的设防烈度、基本地震加速度及分组**

| 烈度 | 加速度 | 分组 | 县级及县级以上城镇 |
|---|---|---|---|
| 8 度 | 0.20$g$ | 第二组 | 东城区、西城区、朝阳区、丰台区、石景山区、海淀区、门头沟区、房山区、通州区、顺义区、昌平区、大兴区、怀柔区、平谷区、密云区、延庆区 |

【说明】共计 16 个区县，均为 8 度，0.20$g$，二组。

（1）门头沟、昌平、怀柔、密云等区县由 7 度（0.15$g$）、二组提升为 8 度（0.20$g$）、二组。

（2）其余 12 个区县均由原 8 度（0.20$g$）、一组提升为 8 度（0.20$g$）、二组。

《地震区划图》附录 C 中北京地区变化如图 11－6 所示。2015 版地震区划图峰值加速度和反应谱特征周期如图 11－7 和图 11－8 所示。房山区、怀柔区和平谷区的基本地震动峰值加速度值和基本地震动加速度反应谱特征周期值见表 11－5。

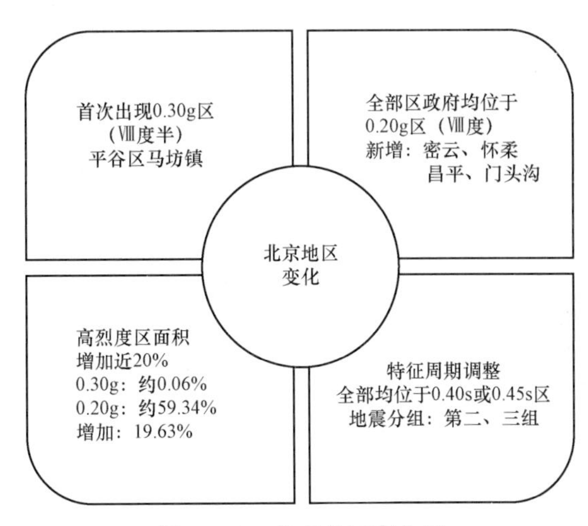


图 11－6　北京地区变化图

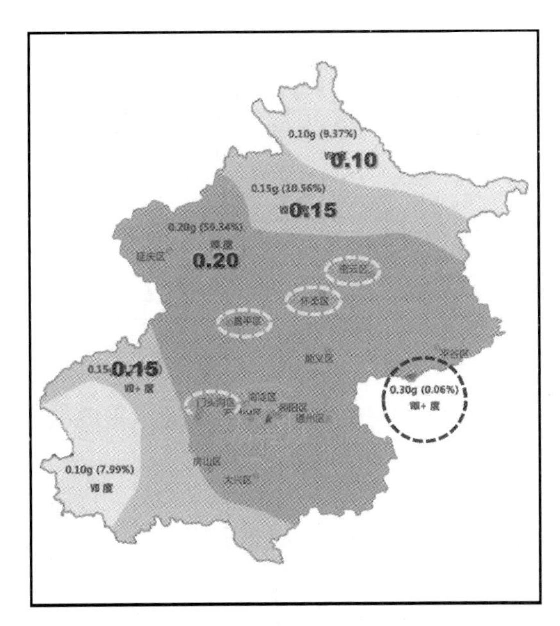


图 11－7　2015 版《地震区划图》基本地震动峰值加速度

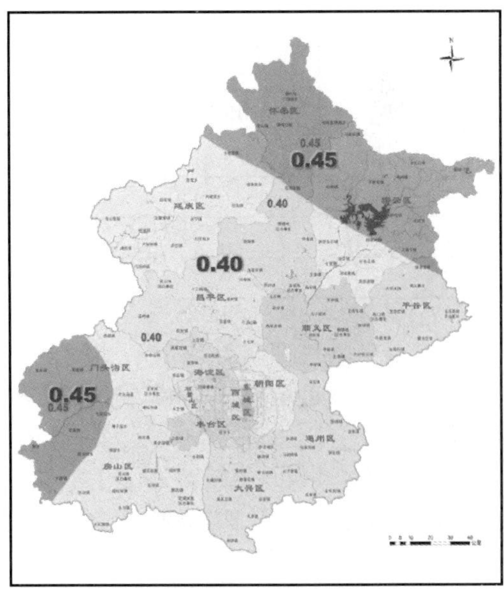


图 11－8　2015 版《地震区划图》基本地震动加速度反应谱特征周期值

表 11－5　房山区、怀柔区和平谷区Ⅱ类场地基本地震动峰值加速度值和基本地震动加速度反应谱特征周期值列表

| 行政区划名称 | 峰值加速度 $g$ | 反应谱特征周期/s | 行政区划名称 | 峰值加速度 $g$ | 反应谱特征周期/s |
|---|---|---|---|---|---|
| 房山区（8 街道，20 乡镇） | | | 怀柔区（2 街道，14 乡镇） | | |
| 城关街道 | 0.20 | 0.40 | 泉河街道 | 0.20 | 0.40 |
| 新镇街道 | 0.20 | 0.40 | 龙山街道 | 0.20 | 0.40 |
| 向阳街道 | 0.20 | 0.40 | 北房镇 | 0.20 | 0.40 |
| 东风街道 | 0.20 | 0.40 | 杨宋镇 | 0.20 | 0.40 |
| 迎风街道 | 0.20 | 0.40 | 桥梓镇 | 0.20 | 0.40 |
| 星城街道 | 0.20 | 0.40 | 怀北镇 | 0.20 | 0.40 |
| 拱辰街道 | 0.20 | 0.40 | 汤河口镇 | 0.10 | 0.45 |
| 西潞街道 | 0.20 | 0.40 | 渤海镇 | 0.20 | 0.40 |
| 阎村镇 | 0.20 | 0.40 | 九渡河镇 | 0.20 | 0.40 |
| 窦店镇 | 0.15 | 0.40 | 琉璃庙镇 | 0.15 | 0.45 |
| 石楼镇 | 0.15 | 0.40 | 宝山镇 | 0.10 | 0.45 |
| 长阳镇 | 0.20 | 0.40 | 怀柔（地区）镇 | 0.20 | 0.40 |
| 河北镇 | 0.15 | 0.40 | 雁栖（地区）镇 | 0.20 | 0.40 |
| 长沟镇 | 0.15 | 0.40 | 庙城（地区）镇 | 0.20 | 0.40 |
| 大石窝镇 | 0.15 | 0.40 | 长哨营满族乡 | 0.10 | 0.45 |
| 张坊镇 | 0.15 | 0.40 | 喇叭沟门满族乡 | 0.10 | 0.45 |
| 十渡镇 | 0.10 | 0.40 | 平谷区（2 街道，16 乡镇） | | |
| 青龙湖镇 | 0.20 | 0.40 | 滨河街道 | 0.20 | 0.40 |
| 韩村河镇 | 0.15 | 0.40 | 兴谷街道 | 0.20 | 0.40 |
| 良乡（地区）镇 | 0.20 | 0.40 | 马坊（地区）镇 | 0.30 | 0.40 |
| | | | 金海湖（地区）镇 | 0.20 | 0.40 |
| | | | 黄松峪乡 | 0.20 | 0.45 |
| | | | 熊儿寨乡 | 0.20 | 0.40 |

当然全国各地都有类似情况，读者可以自己比较一下。

**11. 存在角度大于 15° 的斜交抗侧力构件，未进行斜交抗侧力构件方向的水平地震作用计算**

涉及规范：《抗规》第 5.1.1 条。

有斜交抗侧力构件的结构，考虑到地震可能来自任意方向，为此要求计算相交角度大于 15° 的抗侧力构件方向的水平地震作用。计算结果一般会输出最大地震作用方向的角度。其值较大时，未进行该地震作用方向的地震作用计算。地震作用是多方向性的，总有一个方向的地震作用效应最大。当大于 15° 时，应将该方向做一次最大地震效应计算，并以此较大的计算结果设计、绘制施工图。

**12. 抗震设防烈度为 8、9 度的大跨度和长悬臂结构未进行竖向地震作用计算**

涉及规范：《抗规》第 5.1.1 条，《高规》第 4.3.2 条、第 10.5.2 条。

7 度（0.15$g$）高层建筑中的大跨度和长悬臂结构也应进行竖向地震作用计算。需计算竖向地震作用的还有转换结构的转换构件、7 度（0.15$g$）和 8 度抗震设计时连体结构的连接体及 9 度时的高层建筑。

**13. 抗震计算没有考虑周期折减**

涉及规范：《高规》第 4.3.16 条。

结构计算地震影响系数所采用的结构自振周期未考虑非承重墙的刚度影响进行折减。考虑砌体填充墙对结构侧向刚度的贡献，必须按《高规》第 4.3.17 条对计算的自振周期予以折减。

但要注意：折减多少是非强条。

**14. 建筑场地类别选择错误**

涉及规范：《抗规》第 5.1.4 条。

如：计算书及图纸均为Ⅱ类土，地质勘察报告为Ⅲ类结构计算应重新计算。

场地类别与计算地震作用的地震影响系数有关，场地类别错误会导致地震作用计算错误。

**15. 质量和刚度分布明显不对称、不均匀的建筑结构，抗震计算时未计算双向水平地震作用下的扭转影响**

涉及规范：《抗规》第 5.1.1 条、《高规》第 4.3.1 条。

## 11.3 设计指标不满足规范要求

**1. 剪重比不满足规范要求**

涉及规范：《抗规》中第 5.2.5 条、《高规》第 4.3.12 条。

抗震验算时，任一楼层的剪力系数应符合《抗规》第 5.2.5 条要求。对出现多个（一般不超过 15%楼层）楼层不满足时，仅靠调整楼层最小地震剪力系数是不妥的。若多个楼层剪力系数不满足，说明结构的抗侧刚度不足，应增加结构体系的抗侧力刚度。

还应注意：当底部剪力相差不多时（差值在 85%以内），可按规范要求采用乘以增大系数处理；当底部剪力相差较多时，结构的选型和总体布置需重新调整，不能用乘以增大系数处理。

对于竖向不规则的结构，突变部位的薄弱层还应按《抗规》中第 3.4.4 条规定再乘以不小于 1.15 的系数。

**2. 刚重比不满足规范要求**

《高规》第 5.4.4 条：高层建筑结构的整体稳定性应符合下列规定：

1）剪力墙结构、框架－剪力墙结构、筒体结构应符合下式要求：

$$EJ_{\mathrm{d}} \geqslant 1.4H^2\sum_{i=1}^{n}G_i$$

2）框架结构应符合下式要求：

$$D_i \geqslant 10\sum_{j=i}^{n}G_j / h_i (i=1,2,\cdots,n)$$

说明：结构整体稳定性是高层建筑结构设计的基本要求。研究表明，高层建筑混凝土结构仅在竖向重力荷载作用下发生整体失稳的可能性很小。高层建筑的稳定性设计主要是控制在风荷载或水平地震作用下，重力荷载产生的二阶效应不致过大。

注意：上面公式仅适合钢筋混凝土结构，对于钢结构可参见《建筑高层民用建筑钢结构技术规程》（JGJ 89—2015）中第6.1.7条规定（但这里不是强条）。

**3. 截面抗震验算不满足规范**

涉及规范：《抗规》第5.4条。

审查中大多数工程都存在构件实际配筋不满足计算配筋需要的问题。特别提醒各位读者每次修改和调整某些参数、荷载、布置，重新计算后，必须仔细对所有构件配筋进行核对。

## 11.4 建筑地基基础方面的一些问题

**1. 设计未按规范进行必要的变形验算**

《建筑地基基础设计规范》（GB 50007—2011）第3.0.2条。

3.0.2 根据建筑物地基基础设计等级及长期荷载作用下地基变形对上部结构的影响程度，地基基础设计应符合下列规定：

1 所有建筑物的地基计算均应满足承载力计算的有关规定；

2 设计等级为甲级、乙级的建筑物，均应按地基变形设计；

3 设计等级为丙级的建筑物有下列情况之一时应作变形验算；

1）地基承载力特征值小于130kPa，且体型复杂的建筑；

2）在基础上及其附近有地面堆载或相邻基础荷载差异较大，可能引起地基产生过大的不均匀沉降时；

3）软弱地基上的建筑物存在偏心荷载时；

4）相邻建筑距离近，可能发生倾斜时；

5）地基内有厚度较大或厚薄不均的填土，其自重固结未完成时。

4 对经常受水平荷载作用的高层建筑、高耸结构和挡土墙等，以及建造在斜坡上或边坡附近的建筑物和构筑物，尚应验算其稳定性；

5 基坑工程应进行稳定性验算：

6 建筑地下室或地下构筑物存在上浮问题时，尚应进行抗浮验算。

特别注意：经常有工程遗忘第3.0.2条2～6款的补充验算。

例如：设计等级为甲级、乙级的建筑物或设计等级为甲级的非嵌岩桩和非深厚坚硬持力层的建筑桩基，根据试桩检测结果和设计经验认为没有必要进行变形验算，也就不提供沉降计算结果。对于建造在山坡上的建筑没有进行稳定验算。对于有抗浮要求的工程，设计师经常会认为抗浮水位不高，根据经验地下车库可以满足，但没有进行验算。

特别注意：经验不能代替法规，应按规定提供满足验算要求的计算书。

**2. 对基坑开挖未提出安全要求**

涉及规范：《地规》第9.1.9条、第9.5.3条。

第 9.1.9 条规定：基坑土方开挖应严格按设计要求进行，不得超挖。基坑周边堆载不得超过设计规定。土方开挖完成后应立即施工垫层，对基坑进行封闭，防止水浸和暴露，并应及时进行地下结构施工。

地坑开挖是大面积的卸载过程，将引起基坑周边土体应力场变化及地面沉降。降雨或施工用水渗入土体会降低土体的强度和增加侧压力，饱和黏性土随着基坑暴露时间延长和经扰动，坑底土强度逐渐降低，从而降低支护体系的安全度。基底暴露后应及时铺筑混凝土垫层，这对保护坑底土不受施工扰动、延缓应力松弛具有重要的作用，特别是雨期施工中作用更为明显。基坑周边荷载会增加墙后土体的侧向压力，增大滑动力矩，降低支护体系的安全度。施工过程中，不得随意在基坑周围堆土，形成超过设计要求的地面超载。

第 9.5.3 规定：支撑结构的施工与拆除顺序，应与支护结构的设计工况相一致，必须遵循先撑后挖的原则。

当采用内支撑结构时，支撑结构的设置与拆除是支撑结构设计的重要内容之一，设计时应有针对性地对支撑结构的设置和拆除过程中的各种工况进行设计计算。如果支撑结构的施工与设计工况不一致，将可能导致基坑支护结构发生承载力、变形、稳定性破坏。因此，支撑结构的施工，包括设置、拆除、土方开挖等，应严格按照设计工况进行。

注意：由于这些条看似与结构设计没有直接关系，往往被设计师疏忽。

**3. 不验算桩身混凝土强度是否满足试桩要求**

《地规》第 8.5.10 条：桩身混凝土强度应满足桩的承载力设计要求。

为避免基桩在受力过程中发生桩身强度破坏，桩基设计时应进行基桩的桩身强度验算，确保桩身混凝土强度满足桩的承载力要求。

**4. 工程桩静载试验未明确**

《地规》第 10.2.14 条：施工完成后的工程桩应进行桩身完整性检验和竖向承载力检验。承受水平力较大的桩应进行水平承载力检验，抗拔桩应进行抗拔承载力检验。

由于有些工程在场外进行了桩基静载试验，经常有设计师误以为，工程桩就可以不进行静载试验了。这个想法是错误的，无论是否在场外试桩，工程桩都应进行静载试验。

**5. 施工阶段与使用阶段沉降观测未说明**

《地规》第 10.3.8 条：下列建筑物应在施工期间及使用期间进行沉降变形观测：

1）地基基础设计等级为甲级建筑物；

2）软弱地基上的地基基础设计等级为乙级建筑物；

3）处理地基上的建筑物；

4）加层、扩建建筑物；

5）受邻近深基坑开挖施工影响或受场地地下水等环境因素变化影响的建筑物；

6）采用新型基础或新型结构的建筑物。

以上几种情况的建筑物沉降观测包括从施工开始，整个施工期内和使用期间对建筑物进行的沉降观测，并以实测资料作为建筑物地基基础工程质量检查的依据之一。建筑物施工期的观测日期和次数，应根据施工进度确定，建筑物竣工后的第一年内，每隔 2～3 月观测一次，以后适当延长至 4～6 月，直至达到沉降变形稳定标准为止。

特别注意：

1）换填地基也应进行沉降观测，换填也属于一种处理地基。

2）建筑物留设沉降后浇带时，也应进行沉降观测。

**6. 忽略梁板式筏基底板受冲切承载力、受剪切承载力的验算**

《地规》第 8.4.11 条：梁板式筏基底板除计算正截面受弯承载力外，其厚度尚应满足受冲切承载力、受剪切承载力的要求。

本条规定了梁板式筏基底板的设计内容：抗弯计算、受冲切承载力计算和受剪切承载力计算。为确保梁板式筏基底板设计的安全，在进行梁板式筏基底板设计时必须严格执行。

**7. 变形缝处混凝土结构的厚度不应小于 300mm**

对应《地下工程防水技术规范》（GB 50108—2008）第 5.1.3 条。

因变形缝处是防水的薄弱环节，特别是采用中埋式止水带时，止水带将此处的混凝土分为两部分，会对变形缝处的混凝土造成不利影响，因此变形缝处混凝土局部加厚的规定。

**8. 地基处理后忽略必要的变形验算或以地质勘察报告中的沉降估算代替地基变形验算**

对应《建筑地基处理技术规范》（JGJ 79—2012）第 3.0.5 条。对处理后的地基进行变形验算的范围同《地规》第 3.0.2 条强条要求。

**9. 换填垫层施工质量检验要求不详**

对应《建筑地基处理技术规范》（JGJ 79—2012）第 4.4.2 条。应在图中注明垫层的施工质量检验必须分层进行，应在每层的压实系数符合设计要求后铺填上层土。

**10. CFG 桩复合地基施工质量检验要求不准确，未按规范要求执行**

应按《建筑地基处理技术规范》（JGJ 79—2012）第 7.7.4 条要求进行检验。

**11. 湿陷性黄土场地上的建筑物，在进行地基深度修正时，没有注意与一般地基基础深度最小值差异**

《湿陷性黄土地区建筑规范》（GB 50025—2018）第 5.6.5 条给出的深度修正最小值是 1.5m。

**12. 桩基计算书不全面**

应包含如桩基水平承载力计算、锚桩的抗拔承载力计算、桩身和承台结构承载力计算等。

应按《桩基规范》第 3.1.3 条要求的计算项目提供计算书，以便审查桩基设计是否安全、合理。

**13. 当基础（含承台）混凝土强度等级小于柱或桩的混凝土强度等级时，未验算基础局部受压承载力**

可参考《建筑地基基础设计规范》（GB 50007—2011）第 8.2.7 条、第 8.4.18 条、第 8.5.22 条。

局部受压承载力验算一般按《混凝土结构设计规范》附录 D.5 素混凝土局部受压计算。当不满足要求时，可以提高混凝土强度等级或采用设间接钢筋（钢筋网片或螺旋式配筋）按《混凝土结构设计规范》6.6 节计算。

**14. 在进行地基承载力计算时未考虑荷载组合**

对应《地规》第 3.0.5 条。

验算地基承载力和基础承载力时，应分别采用不同的荷载效应组合。未采用荷载效应标准组合；在进行基础承载力设计时没有采用荷载效应基本组合。

**15. 建造在斜坡上或边坡附近的建筑物和构筑物，未验算其稳定性**

对应《地规》第 3.0.2 条。

建造在斜坡上或边坡附近的建筑物和构筑物，不仅应验算地基承载力和变形，而且应按《地规》第 5.4 节规定进行地基和土坡的稳定性计算。

**16. 当同一结构单元处荷载差异很大或置于不均匀土层上、在基础上及附近有地面堆载，地基基础设计仅满足承载力要求，未进行地基变形计算**

对应《地规》第 3.0.2 条、第 5.3.4 条。

应按《地规》第 5.3 节规定分别进行地基沉降量、沉降差、倾斜和局部倾斜的验算，使之满足规范对地基变形计算规定和要求，且基础和上部结构上应考虑沉降差的影响。

**17. 设计多塔楼和裙房下大底盘整体基础，仅单独计算塔楼下的地基沉降**

对应《地规》第 5.3.4 条。

在同一整体大面积基础上建有多栋高层和低层建筑，应按照上部结构、地基与基础共同作用进行地基变形计算，符合《地规》第 5.3.10 条规定并满足第 5.3.4 条要求。

**18. 基础持力层设在未经处理的液化土层上**

对应《抗规》第 4.3.2 条。

建造在液化土层上的建筑物，地震时发生地基失稳，建筑物倒塌或破坏的例子不少。液化的等级不同，震害的程度也不同。抗液化措施见《抗规》第 4.3.6 条～第 4.3.9 条。

**19. 桩箍筋加密范围不符合规范要求**

对应《地规》第 3.0.2 条、《抗规》第 4.4.5 条。

桩箍筋的设置应符合《抗规》第 4.4.5 条及《建筑桩基技术规范》第四章有关条款要求。

**20. 当地下水位较高（地下水埋藏较浅）时，建筑地下室或地下构筑物存在上浮问题，未进行抗浮验算**

抗浮稳定性验算按《地规》第 5.4.3 条规定采用阿基米德原理计算。整体满足抗浮稳定性要求而局部不满足时也可采用增加结构刚度的措施。图纸文件还应注明施工期间的停止降水时间。还应注意抗浮设计水位与抗水设计水位不同。

## 11.5 砌体结构工程

**1. 砌体结构的层数或高度超过规范限制**

震害调查表明：砌体房屋层数越多及高度越高，震害越严重。新《抗规》增加了抗震设防烈度 7 度（0.15$g$）和 8 度（0.3$g$）的层数和高度限制。

底部框架－抗震墙砌体房屋不允许用于乙类建筑和 8 度（0.3$g$）的丙类建筑。

抗震设防烈度为 6、7 度时，横墙较少的丙类多层砌体房屋按《抗规》第 7.3.14 条采取加强措施后，层数和高度仍按《抗规》中的表 7.1.2 规定采用。

横墙较少的砌体房屋总高度按《抗规》中的表 7.1.2 规定降低 3m，层数减少一层；横墙很少的砌体还应再减少一层。新《抗规》规定了“横墙较少”和“横墙很少”的含义。

房屋的总高度指室外地面到主要屋面板板顶或檐口的高度，半地下室从地下室室内地面算起，全地下室和嵌固条件好的半地下室应允许从室外地面算起。无论是全地下室还是半地下室，抗震强度验算均应作为一层并满足墙体承载力要求。

对带阁楼的坡屋面应算到山尖墙的1/2高度处。图11－9（a）中阁楼不作为一层，高度计入坡屋面高度1/2；图11－9（b）中阁楼作为一层，高度计入坡屋面高度1/2；图11－9（c）中斜屋面下出屋面“小建筑”（实际有效使用面积或重力荷载代表值小于顶层30%）可不计入层数和高度控制范围。

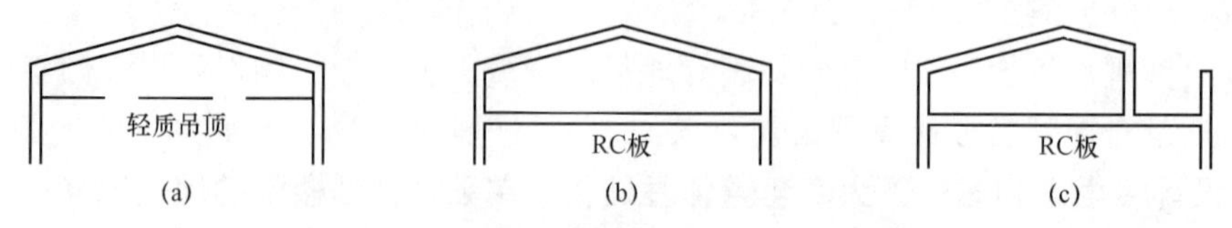


图11－9　带阁楼的坡屋面房屋高度计算

（a）阁楼层高度较小，下为轻质吊顶；（b）阁楼层高度较高，下设RC板；（c）局部阁楼层

对应《抗规》第7.1.2条、《砌体规范》第10.1.2条。

**2. 底部框架－抗震墙砌体房屋中，底部抗震墙布置和数量不满足规范要求**

底部框架－抗震墙砌体房屋是一种不利的建筑结构体系，上下层由不同材料组成，上下层刚度差异较大。从经济上考虑采用此结构，但必须采取措施以保证抗震安全。

底部抗震墙应沿纵横两方向设置一定数量并均匀对称布置。第二层与底层侧向刚度的比值在抗震设防烈度为6、7度时不应大于2.5，在8度时不应大于2.0，且均不应小于1.0。底层框架－抗震墙砖砌体房屋的层侧向刚度比值不满足规范要求时，宜调整抗震墙的长度或在抗震墙上开洞调整墙体的侧向刚度使其满足要求。

《抗规》规定底部抗震墙承担全部的地震力，同时作为安全储备还要求框架也应按承担20%的地震力设计。

对应《抗规》第7.1.5条、第7.1.8条、第7.2.4条。

**3. 底框抗震墙砌体房屋托墙梁抗震构造不满足要求**

底框抗震墙砌体房屋托墙梁是该结构中极其重要的构件，必须保证托墙梁的强度和刚度，规范规定梁的截面宽度不应小于300mm，梁的截面高度不应小于跨度的1/10，这是为了保证托墙梁的整体刚度的需要。

此外，考虑到地震作用的反复性，还要求受力筋及腰筋应按受拉钢筋的要求锚固在柱内，且上部纵筋在柱内的锚固长度应符合钢筋混凝土框支梁的有关要求；沿梁高应设腰筋，数量不应少于2$\phi$14，间距不应大于200mm；加密区箍筋间距不应大于100mm，直径不小于8mm，箍筋除在梁端1.5倍梁高且不小于1/5梁静跨范围加密外，还应在上部墙体的洞口处和洞口两侧各500mm切不小于梁高的范围内加密。

对应《抗规》第7.5.8条。

**4. 底部框架－抗震墙砌体房屋框架结构上部砌体抗震墙与底部框架梁或抗震墙对齐或基本对齐难以满足规范要求**

对应《抗规》第7.1.8条。

**5. 忽略了砌体强度设计值的调整系数$\gamma_a$**

砌体强度设计值的调整系数关系到结构的安全。砌体强度设计值的调整系数主要涉及面积调整系数和水泥砂浆调整系数。试验表明：中、高强度水泥砂浆对砌体抗压强度和砌体抗剪强度无不利影响，当采用大于 M5 的水泥砂浆时，砌体强度可不调整。

对应《砌体规范》第 3.2.3 条。

**6. 在多层砌体房屋设计中，忽视了构造柱作为主要抗震构造措施的作用，未按规范要求设置构造柱**

《抗规》规定：对楼梯间抗震构造措施予以加强，楼梯段上下端对应墙体处增加的构造柱与楼梯间四角设置的构造柱合计有八根构造柱，再与楼层半高处设置的混凝土配筋带构成应急疏散安全岛。

对应《抗规》第 7.3.1 条、第 7.4.1 条。

**7. 钢筋混凝土楼板是装配整体式楼板，圈梁也错误地做预制装配式楼板；现浇楼板可不单独设置圈梁，但楼板未沿墙周边加强钢筋；装配式楼板只在外墙设置周边圈梁，在内墙未设圈梁**

圈梁能增强房屋整体性、提高房屋抗震性能，是抗震的有效措施。抗震圈梁必须是现浇的。地震区曾发现装配式圈梁破坏的例子，地震时圈梁与楼板无可靠黏结，圈梁脱离楼板摔下。

现浇楼板整体性好，水平刚度大，因此，不必再另设圈梁，但仅靠楼板内的一般钢筋包括分布钢筋，还不足以形成楼板的边框作用，需另设加强钢筋并与构造柱钢筋可靠连接。

装配式楼板仅在外墙设置圈梁过于薄弱，较长的外墙圈梁还需在中段设置拉结，应按规范要求在外墙、内纵墙、内横墙上设置抗震封闭圈梁

对应《抗规》第 7.3.3 条。

**8. 楼梯间作为抗震安全岛，未采取抗震加强措施**

楼梯间由于比较空旷常常破坏严重，必须采取一系列有效措施。抗震设防烈度 8、9 度时不应采用装配式楼梯梯段。突出屋面的楼、电梯间，地震中受到较大的地震作用，在构造措施上允许特别加强。

对应《抗规》第 7.3.8 条。

**9. 装配式楼盖中，当有现浇圈梁时，预制板伸入墙上的长度不满足要求；房屋端部大开间房屋（开间大于 4.2m）缺少楼、屋盖与墙或梁的拉结**

楼板的搁置长度，楼板与圈梁、墙体的拉结，屋架（梁）与柱的锚固、拉结等，是保证楼、屋盖与墙体整体性的重要措施。当圈梁设在板底时，钢筋混凝土预制板应相互拉结，并应与梁、墙或圈梁拉结。

对应《抗规》第 7.3.5 条。

**10. 地震区楼屋盖大梁、屋架没有对其采取加强抵抗水平力的措施**

对应《抗规》第 7.3.6 条。

**11. 多层混凝土小型空心砌块房屋中，可以采用构造柱体系，也可以采用芯柱体系，选用上应区别对待**

对应《抗规》第 7.4.1 条。

**12. 底部框架 – 抗震墙砌体房屋楼盖抗震构造措施不满足要求**

底部框架 – 抗震墙砌体房屋底部与上部各层抗侧力结构体系不同，为使楼盖具有传递水平地震力的刚度，要求过渡层的底板为现浇楼板，板厚不小于 120mm，并应少开洞或

开小洞。当楼板开洞直径尺寸大于800mm时，应在洞口周边设置边梁。上部各层对楼盖的要求同多层砖房。

对应《抗规》第7.5.7条。

**13. 底部框架－抗震墙砌体房屋底层设置砌体抗震墙，未按要求先砌墙后浇梁柱**

多层砌体房屋在施工时也应先砌墙后浇构造柱。底部框架－抗震墙砌体房屋底层设置约束普通砖砌体或小砌块砌体抗震墙在6度且房屋层数不超过4层允许使用。

对应《抗规》第3.9.6条、第7.1.8条。

## 11.6 混凝土结构工程

**1. 混凝土结构工程涉及的配筋率强条**

《砼规》第8.5.1条、第11.3.6条、第11.4.12条、第11.7.14条。

《抗规》第6.3.7条、第6.4.3条。

《高规》第6.3.2条、第6.4.3条、第7.2.17条、第8.2.1条、第10.2.7条、第10.2.10条、第10.2.19条。

梁、柱、板、剪力墙受力钢筋及箍筋的最小配筋率不满足规范的要求；转换梁纵筋配筋率错按一般框架梁要求设计；建造在Ⅳ类场地的且房屋高度在60m以上的高层建筑的框架柱最小总配筋率未增加0.1%。

转换梁不同于一般框架梁：转换梁一般是偏心受拉构件，并承受较大剪力，而一般框架梁是弯剪构件；转换梁内力大，而一般框架梁内力相对较小；抗震设计时转换梁延性要求较高。

**2. 混凝土结构的抗震等级选择错误**

对应《高规》第3.9.3条，《砼规》第11.1.3条，《抗规》第6.1.2条、第6.1.3条。

应根据抗震设防分类、烈度、结构类型房屋高度采用不同的抗震等级。框支剪力墙结构、剪力墙的抗震等级应区分底部加强区（关键是框支层加上框支层以上两层的高度）与非加强区的抗震等级。当框架－剪力墙在规定水平力作用下，底层（计算嵌固端所在层）框架所承担的地震倾覆力矩大于结构的总地震倾覆力矩的50%时，框架的抗震等级应按框架结构确定，抗震墙的抗震等级可与框架抗震等级相同。

**3. 框架梁、转换梁均未设箍筋加密区；当转换梁上部墙体开有门洞形成小墙肢或梁上托柱时，该部位转换梁的箍筋未加密**

对应《抗规》第6.3.3条，《高规》第6.3.2条、第10.2.7条。

多层框架结构在室外地面以下靠近地面处设置拉梁层时，拉梁的抗震构造措施也应符合框架梁的要求，设箍筋加密区。

洞边部位及托柱部位转换梁弯矩和剪力都急剧加大。抗震设计时，沿连梁全长箍筋的构造应按框架梁加密区要求采用，连梁不应按一般框架梁仅在梁端一定范围箍筋加密。

**4. 电算计算简图与实际施工图不符，如剪力墙的布置与数量、混凝土强度等级、梁截面尺寸等**

对应《抗规》第3.5.2条、第3.6.6条。

计算简图与实际施工图不符会给结构安全带来隐患，结构专业要与各专业密切配合，及时修改主体计算，做到计算简图与实际施工图相一致。

**5. 未注明钢筋强度标准值的保证率；未注明抗震结构对材料和施工质量的特别要求**

对应《抗规》第 3.9.1 条、第 3.9.2 条，《砼规》第 4.2.2 条。

在混凝土结构设计说明中应提出当抗震等级为一、二、三级的框架和斜撑构件（含楼梯），其纵筋采用普通钢筋时，钢筋的抗拉强度实测值与屈服强度实测值不应小于 1.25；钢筋的屈服强度实测值与屈服强度标准值之比不应大于 1.3，且钢筋在最大拉力下总伸长率不应小于 9%。钢筋强度标准值应具有不小于 95%的保证率。

特别注意：《高规》第 3.2.3 条也同样有这个要求，但是非强条。

**6. 建筑抗震设防分类选择错误**

对应《建筑工程抗震设防分类标准》（GB 50223—2008）第 3.0.1 条、第 3.0.2 条，《抗规》第 3.1.1 条。

如带大底盘的高层建筑，当底部几层为大型超市，且符合大型商场的标准，抗震设防类别未定为重点设防类（乙类）。

**7. 人防地下室外墙水平分布筋不满足最小配筋率要求**

对应《人民防空地下室设计规范》（GB 50038—2005）第 4.11.7 条。

有人防防护要求的构件的配筋率与一般构件的配筋率不同，设计时应区别对待。

**8. 抗震设计时，对于框架梁端底筋与上部钢筋面积比值不合适**

对应《抗规》第 6.3.3 条、《高规》第 6.3.2 条。

梁端底面和顶面纵向钢筋的比值：一级不应小于 0.5；二、三级不应小于 0.3。它对梁的变形能力有较大的影响，能防止在地震中梁底出现正弯矩时过早屈服或严重破坏，从而影响承载力和变形能力的正常发挥。提醒读者注意：这一条经常被提“违反强条”。

**9. 抗震设计时，框架梁端纵向钢筋配筋率大于 2%，但梁端加密区箍筋最小直径未增加 2mm**

对应《抗规》第 6.3.3 条、《高规》第 6.3.2 条。

试验与震害表明，梁端的破坏主要集中在 1.5～2 倍的梁高范围内，限制梁端箍筋加密区长度、箍筋的最大间距和最小直径可以获得较好的延性。当框架梁端纵向钢筋的配筋率大于 2%时，箍筋的要求也相应提高。

对悬臂梁和框架梁的悬臂段，因不存在抗震延性问题，箍筋可不按此执行。对与梁悬臂段相邻的内跨，建议还是按悬臂支座的面筋是否超过 2%来确定箍筋的直径。

特别注意：这一条在大部分工程中都会被提“违反强条”。

**10. 一级抗震等级时，框架梁、柱纵筋采用直径较小时，箍筋间距不满足要求**

对应《抗规》第 6.3.7 条、第 6.3.3 条，《高规》第 6.4.3 条、第 6.3.2 条。

如某一级框架结构，梁、柱纵筋采用直径 16mm 或 14mm 的钢筋时，箍筋间距若配成@100 不满足 $6d$ 要求；当框架梁高 300mm，箍筋间距取 100mm 大于梁高的 1/4，箍筋间距应取 75mm。

试验与震害表明，当箍筋间距小于 $6d$～$8d$ 时，混凝土压溃前受压钢筋一般不致压屈，延性较好。

**11. 三、四级框架柱的柱根处，加密区箍筋间距不满足规范要求**

对应《抗规》第 6.3.7 条、《高规》第 6.4.3 条。

三、四级框架柱柱根（底层柱下端）处箍筋加密区间距应取 100 和 $d$（$d$ 为纵向受力钢筋直径）的较小值。

**12. 抗震设计时，未对主体结构中纵向受力钢筋的替代原则作出规定**

对应《抗规》第 3.9.4 条。

如果不规定主体结构纵向受力钢筋的替代原则，常会使替代后的纵向受力钢筋总承载力大于原设计的纵向受力钢筋的总承载力设计值，从而造成抗震薄弱部位的转移，也可能造成构件在受其影响的部位发生混凝土脆性破坏（混凝土压碎、构件剪切破坏）。纵向受力钢筋替代时，应按照钢筋受拉承载力相等的原则换算，并满足正常使用极限状态（裂缝、挠度）和抗震构造措施（最大及最小配筋率、保护层厚、钢筋间距等）要求，特别是以等级较高的钢筋替代原设计纵向受力钢筋时，还应注意上述替代引起的钢筋延性（强曲比、塑性设计条件等）变化的影响。

特别注意：《砼规》第 4.2.8 条也同样有这个要求，但确不是强条。

**13. 框架结构设计时，不应采用框架和部分砌体墙混合承重的形式**

对应《高规》第 6.1.6 条。

不仅框架结构房屋不得采用部分砌体承重，框架结构中楼电梯间、局部突出屋顶的电梯机房、楼梯间、水箱间等，也不得采用砌体墙承重，而应采用框架承重，而设非承重填充墙。框架结构和砌体结构是两种截然不同的结构体系。震害表明：如果在同一建筑中混合使用框架和部分砌体墙，地震时抗侧刚度远大于框架的砌体墙会首先破坏，导致框架内力急剧增加，框架破坏甚至倒塌。

**14. 转换梁腰筋不足 2$\phi$16@200；转换梁支座负筋按一般框架梁配置，梁面拉通筋不足面筋总面积的 50%**

对应《高规》第 10.2.7 条。

转换梁是偏心受拉构件，应根据工程实际情况进行设计。当配筋计算是由跨中正弯矩和拉力组合控制时，支座上部纵向受力钢筋至少 50%沿梁全长贯通；当配筋计算由支座负弯矩和拉力综合控制时，支座上部纵筋应全部（100%）沿全长贯通；下部纵筋应全部直通柱内。

**15. 在高层建筑中有错层结构时，错层处框架柱截面高度不应小于 600mm，混凝土强度等级不小于 C30，抗震等级应提高一级，箍筋在全柱段加密配置**

错层结构属竖向不规则结构，错层附近的竖向抗侧力构件受力复杂，框架结构错层往往形成许多短柱与长柱混合的不规则结构。因此，错层结构在错层处的构件要采取加强措施。如果错层处混凝土构件不能满足设计要求，则需采取有效措施，如框架柱采用型钢混凝土柱或钢管混凝土柱，剪力墙内设型钢，可改善构件的抗震性能措施。

对应《高规》第 10.4.4 条。

**16. 设计文件未注明结构的用途**

改变结构用途和使用环境（如超载使用、结构开洞、改变使用功能、使用环境恶化）的情况均会影响结构的安全及使用年限。任何对结构的改变（无论是在建或既有结构）均须经设计许可或技术鉴定，以保证结构在设计使用年限的安全和使用功能。

既有建筑结构抗震加固前应进行抗震鉴定。当既有建筑直接增层时，应先对既有建筑结构进行鉴定。

对应《砼规》第 3.1.7 条、《建筑抗震加固技术规程》(JGJ 116—2009) 第 3.0.1 条。

**17. 关于短柱的构造规定选择不正确**

《抗规》第 6.3.7 条：框支柱和剪跨比不大于 2 的框架柱，箍筋间距不应大于 100mm。

《高规》第 6.4.3 条：剪跨比不大于 2 的柱，箍筋间距不应大于 100mm。

特别注意：除上面抗规和高规对短柱箍筋的规定，将短柱箍筋间距控制在 100mm 外，还要考虑《砼规》中第 11.4.12 条：框支柱和剪跨比不大于 2 的框架柱应在柱全高范围内加密箍筋，且箍筋间距应符合本条第 2 款一级抗震等级的要求。

对于剪跨比不小于 2 的框架短柱，只满足箍筋间距不小于 100mm 是不行的，箍筋间距还要同时满足一级抗震框架柱的要求。一级框架还应满足表 11－6。

**表 11－6　　一级抗震框架柱的要求**

| 抗震等级 | 箍筋最大间距/mm | 箍筋最小直径/mm |
|---|---|---|
| 一级 | 纵向钢筋直径的 6 倍和 100 中的较小值 | 10 |
| 二级 | 纵向钢筋直径的 8 倍和 100 中的较小值 | 8 |
| 三级 | 纵向钢筋直径的 8 倍和 150（柱根 100）中的较小值 | 8 |
| 四级 | 纵向钢筋直径的 8 倍和 150（柱根 100）中的较小值 | 6（柱根 8） |

即 $6d$（纵筋直径）和 100 中的较小值。如纵筋直径为 16mm，则间距应是 96mm。

## 11.7　钢结构工程

(1) 只是注明建筑耐火等级、构件耐火极限和防火涂料的选型，并没有完成耐火验算，图审机构认为违反强条。所以要完成耐火验算与防火设计，并将设计成果反映在设计图纸上，还要提供相应计算书。

对应《建筑钢结构防火技术规范》(GB 51249—2017) 第 3.2.1 条。

(2) 抗震设计承重钢结构，未对钢材材质提出材料性能补充要求，仅在设计文件中注明采用 Q235 钢或 Q345 钢；焊接承重结构错用 Q235－A 级钢。

对应《抗规》第 3.9.1 条、第 3.9.2 条。

《抗规》对抗震钢结构钢材提出特别最低要求，即实测强曲比、伸长率、冲击韧性、屈服台阶及可焊性，并在设计文件中注明。A 级钢不保证冲击韧性且 Q235 钢含碳量不作为交货条件，故不能用于抗震设防钢结构和焊接承重结构。

《钢结构设计标准》(GB 50017—2017) 第 4.3.2 条规定：承重结构所用的钢材应具有屈服强度、抗拉强度、断后伸长率和硫、磷含量的合格保证，对焊接结构尚应具有碳当量的合格保证。焊接承重结构以及重要的非焊接承重结构采用的钢材应具有冷弯试验的合格保证；对直接承受动力荷载或需验算疲劳的构件所用钢材尚应具有冲击韧性的合格保证。

(3) 未对高温环境下钢结构材料提出要求。

《钢结构设计标准》(GB 50017—2017) 第 18.3.3 条规定：高温环境下的钢结构温度

超过 1000℃时，应进行结构温度作用验算，并应根据不同情况采取防护措施。

（4）未注明钢结构的抗震等级。

《抗规》第 8.1.3 条规定：对不同烈度、不同层数、不同抗震设防分类所规定的“作用效应调整”和“抗震构造措施”调整、归纳、整理为四个不同的要求，称之为抗震等级。

（5）未注明钢结构的耐火等级和耐火极限。

钢结构对温度比较敏感，应依据《建筑设计防火规范》（GB 50016—2014，2018 年版）相关规定对钢构件进行防火措施，结构构件的防火保护层应根据建筑的防火等级对各不同的构件所要求的耐火极限进行设计。

（6）框架柱的长细比不满足规范要求。

《抗规》第 8.3.1 条规定：框架柱的长细比，一级不应大于 $60\sqrt{235/f_{ay}}$，二级不应大于 $80\sqrt{235/f_{ay}}$，三级不应大于 $100\sqrt{235/f_{ay}}$，四级时不应大于 $120\sqrt{235/f_{ay}}$。

（7）梁柱刚性连接未对加强部位提出焊接要求。

对应《抗规》第 8.3.6 条。

梁与柱刚性连接时，柱在梁翼缘上下各 500mm 的范围内，柱翼缘与柱腹板间或箱形柱壁板间的连接焊缝应采用全熔透坡口焊缝。

说明：罕遇地震作用下，框架节点将进入塑性区，保证结构在塑性区的整体性是很必要的。参考国外关于高层钢结构的设计要求，提出相应的规定。

（8）抗震设防的框架，中心支撑长细比、板件宽厚比不符合规范规定。

对应《抗规》第 8.4.1 条。

框架的中心支撑主要作用是减小层间位移和保证结构整体稳定，在地震作用下框架支撑体系的恢复力特性，主要取决于支撑杆件的受压行为。支撑的长细比大者，滞回圈较小，吸收能量的能力较弱。支撑杆件的长细比应根据抗震等级按《抗规》进行设计。

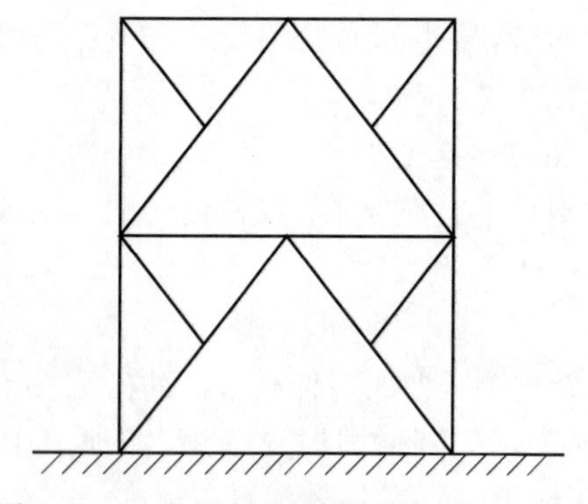
图 11－10 在人字形斜杆支撑上增加再分杆

限制中心支撑板件宽厚比主要是为了防止发生板件局部失稳。中心支撑斜杆宜采用双轴对称截面，如果采用单轴对称截面时，应当采取防止绕对称轴屈曲的有效构造措施。如图 11－10 所示，在人字形斜杆支撑上增加再分杆等措施。

（9）偏心支撑消能梁段及同一跨的非消能梁段翼缘板件宽厚比超过规范规定限值。

对应《抗规》第 8.5.1 条。

限值消能梁段翼缘宽厚比主要是为了保证消能梁段有良好的延性和耗能能力，故要比普通梁严格些。此外，消能梁段钢材应采用 Q235、Q345、Q345GJ。当梁上翼缘与楼板固定但不能表明其下翼缘侧向固定时，仍需设置侧向支撑。

（10）钢结构构件未进行防火设计验算。

《建筑钢结构防火技术规范》（GB 51249—2017）中防火要求如下：

1）钢结构构件的设计耐火极限应根据建筑的耐火等级，按现行国家标准《建筑设计防火规范》（GB 50016）的规定确定。柱间支撑的设计耐火极限应与柱相同，楼盖支撑的设计耐火极限应与梁相同，屋盖支撑和系杆的设计耐火极限应与屋顶承重构件相同。

2）钢结构构件的耐火极限经验算低于设计耐火极限时，应采取防火保护措施。

3）钢结构节点的防火保护应与被连接构件中防火保护要求最高者相同。

4）钢结构应按结构耐火承载力极限状态进行耐火验算与防火设计。

# 第12章

# 一些复杂问题设计方法及设计应注意的问题

## 12.1 关于独立柱基础+防水板人防荷载选取问题分析

### 12.1.1 国标的规定

《人民防空地下室设计规范》（GB 50038—2005）第4.8.16条：当甲类防空地下室基础采用条形基础或独立基础加防水底板时，底板上的等效静荷载标准值，对核6B级可取$15kN/m^2$，对核6级可取$25kN/m^2$，对核5级可取$50kN/m^2$。

说明：甲类防空地下室设计必须满足其预定的战时对核武器、常规武器和生化武器的各项防护要求。乙类防空地下室设计必须满足其预定的战时对常规武器和生化武器的各项防护要求。

但需要注意《人民防空地下室设计规范》第4.8.16条条文说明：在饱和土中，核武器爆炸动荷载产生的土中压缩波从侧面绕射防水板上，在底板产生的向上荷载值。

然而国标对于非饱和土是否需要考虑人防荷载并没有交代。

### 12.1.2 《全国民用建筑工程设计技术措施 结构（防空地下室）》（2009年版）的规定

《技术措施 防空地下室》规定如下：人防工程基础的选型，应根据工程地质和水文地质条件、平时和战时使用要求、上部建筑结构要求以及材料供应和施工条件等因素综合考虑确定。

建筑工程中常见的基础类型，如筏板基础（有梁或无梁）、箱形基础、桩基础、条形基础、柱下独立基础等，均可用于人防工程。当采用条形基础或柱下独立基础，且地下水位埋深位于基础以上时，应设置钢筋混凝土防水底板，防水底板应考虑等效静荷载作用。

人防工程结构在武器爆炸动荷载作用下，应验算基础本身的强度（受弯、受剪、受冲切承载力等），可不验算地基承载力与地基变形。基础平面尺寸根据平时荷载组合作用计算确定，在武器爆炸动荷载作用下可不进行验算。

大家注意：这个技术措施也只谈到“地下水位于基础以上时”，并没有提及地下水位于基础以下时如何采用的问题。

### 12.1.3 北京《平战结合人民防空工程设计规范》(DB 11/994—2013)的规定

DB 11/994—2013 规定如下：在核武器爆炸动荷载作用下，当人防工程基础采用条形基础或柱下独立基础加防水底板，且基础位于地下水位以下时，防水底板应考虑土中压缩波作用，其等效静荷载标准值对核 6 级可取 $25kN/m^2$，对核 5 级可取 $50kN/m^2$；当基础位于地下水位以上时，防水底板可不考虑土中压缩波作用。

注意：这里明确了当基础位于地下水位以上时，防水底板可不考虑土中压缩波作用。

### 12.1.4 独立柱基础+防水板人防荷载选取的建议

经过以上分析，建议如果国标中没有说明，可以参看行标；如果行标没有说明，也可以参考地标执行。

## 12.2 再谈主楼裙楼一起时主楼基础深度修正相关问题

### 12.2.1 主楼带有大底盘裙房（或地下建筑）时，需要结合裙房基础深度、基础形式区别对待

【情况 1】主楼与裙楼一起，均为筏板基础（见图 12－1），且裙房（或地下车库）四周超载宽度大于 2*B*（*B* 主楼宽度）时，主楼及裙房埋值深度均可取裙房（地下车库）的折算成土层厚度的数值；此时的折算埋深有可能大于主楼的实际埋深（自然地面到主楼基础底）。

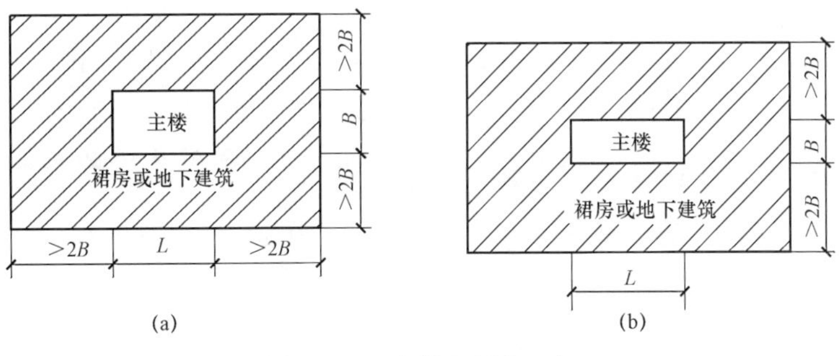


图 12－1　主楼与裙房一起

（a）$L/B<2$；（b）$L/B\geqslant 2$

补充说明几点：

（1）对于图 12－1（a），当四周裙房的超载折算土层厚度不一致时，应取较小的折算厚度值；但对图 12－1（b）可以不考虑主楼短边方向折算土厚度，仅取长边方向折算厚度的较小值。

（2）当主楼四周有一边或多边超载宽度小于主楼宽度 2*B* 时，宜按四周超载折算土厚较小厚度取值，但不应大于主楼的设计埋深（即自然地面到主楼基础底的深度）；这个是作者一直的观点。后来也找到佐证资料（《广东院技措》）。

（3）《广东院技措》明确：当裙房或地下室采用筏板时，可将基础底面以上范围内的荷载（不考虑活荷载），按基础两侧的超载考虑。当超载宽度不小于基础宽度两倍时，可将超载折算成土层厚度作为基础埋深（两侧不用时取小值）；当超载宽度小于基础两倍宽度时，折算土层厚度尚应与地下室实际埋深对比并取小值确定。

作者解释：也就是说如果超载宽度不小于基础宽度 $2B$ 时，折算土层厚度可能大于实际基础埋深；但当超载宽度小于 $2B$ 基础宽度时，折算土层厚度不能大于基础实际埋深。

（4）《北京地规》给出如下建议：

① 当主楼外围裙房、地下室的侧限超载宽度大于 0.5 倍的主楼基础宽度时，应将地下室或裙房部分基底以上荷载折算为土层厚度进行承载力验算分析。

② 当主楼外围裙房、地下室的侧限超载宽度小于或等于 0.5 倍的主楼基础宽度时，应根据工程复杂程度、地基持力层特点和地基差异沉降和主楼总沉降的控制要求，综合研究确定承载力验算的侧限基础埋深，也可在自然埋深和大于 0.5 倍的主楼基础宽度的修正值范围内采用线性插入方法确定。

（5）但请读者注意：国标《地规》对于超载宽度小于主楼基础宽度 $2B$ 时，没有具体规定。

**【情况 2】**主楼与裙楼一起，主楼为筏板基础，但裙房为独立柱基或墙下条基，剖面如图 12－2 所示。用于主楼承载力深度修正的埋深宜取裙楼室内地面到主楼基础底标高处 $d$（即此种情况不考虑裙房超载作用）。

**【情况 3】**主楼与裙楼一起，主楼为筏板基础，但裙房为独立柱基+防水板，剖面如图 12－3 所示。这种情况介于情况 1、2 之间一种情况，用于主楼承载力深度修正的埋深取值，简便、安全的方法同【情况 2】取值。

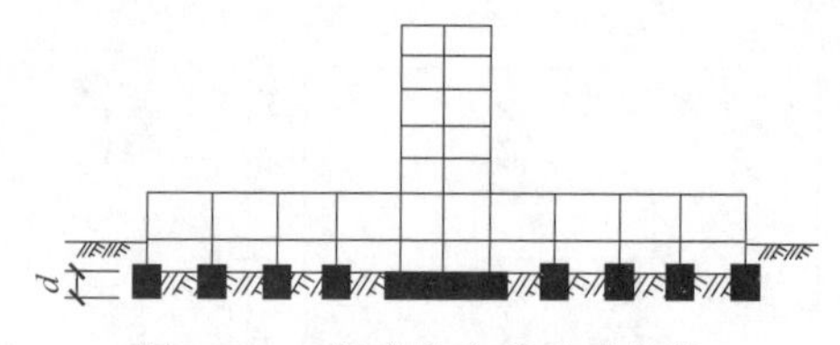


图 12－2　裙房独立基础或条基

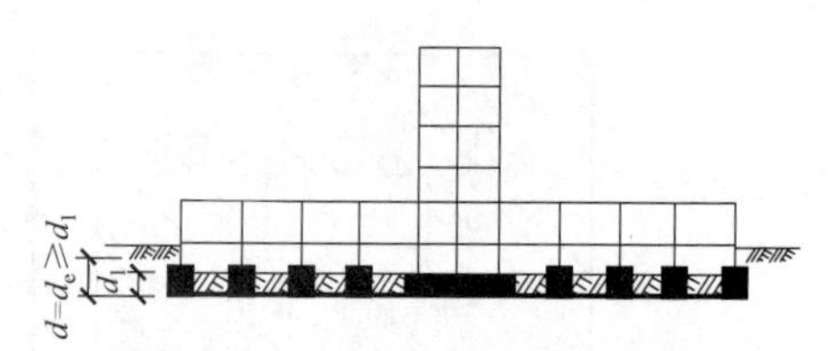

图 12－3　裙房独立基础+防水板

补充说明：

（1）作者认为当裙房柱距不大，防水板又较厚（厚度不小于 400mm 时），土质较好时，理论上可以考虑防水板作用，但由于目前缺少这方面的研究、实测资料，待有了研究、实测资料再进行考虑。

（2）《广东院技措》明确：当裙房或地下室采用独立基础或条形基础时，如防水板厚度不小于 350mm 且底部下未设置泡沫板等软垫层时，则仍可按超载折算成土层厚度作为基础埋深。

**【情况 4】**主楼和裙房都采用筏板基础，但主楼基础比裙房基础深，如图 12－4 所示。当四周超载宽度大于主楼宽度 $2B$ 时，主楼承载力深度修正埋深宜取 $d_1+d_3$。此种情况主楼基础承载力修正的基础埋置深度 $d_1+d_3$ 有可能大于 $d_1+d_2$。

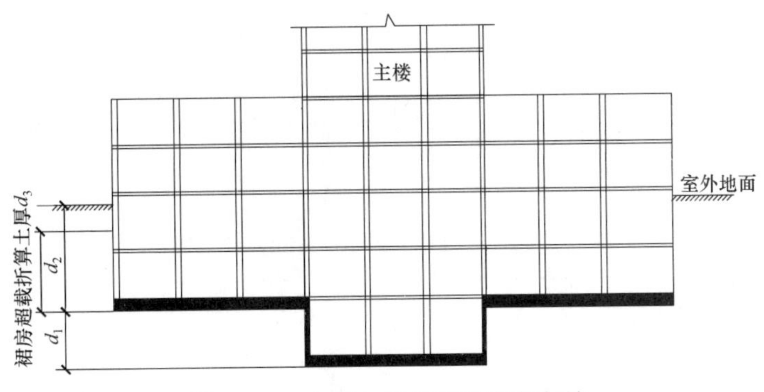


图 12－4　主楼与裙楼基础底有高差

### 12.2.2　当地下水位在筏板基础以上时，计算超载是否需要考虑扣除水浮力问题

当地下水位在裙房或地下室底板面以上时，计算超载应扣减水浮力的作用：当水浮力大于结构自重需要设置抗浮措施时，不应考虑超载对埋深的影响，确定基础底面积时基础底面积处的平均压应力可扣除水浮力，公式为

$$p_k = \frac{F_k + G_k}{A} - 10d_w \tag{12-1}$$

式中：$d_w$为地下水位至基础底面高度，计算时不应高于浮力与超载平衡时的水位。

补充说明：注意在计算裙房折算土厚时，可取裙房基础底面以上所有竖向荷载（不应计入活荷载）的标准值，当仅有地下室时，应计入包括顶板以上填土及地面建筑面层重$\Sigma G$（$kN/m^2$）与土的重度$\gamma$（$kN/m^3$）之比，即$d^1=\Sigma G/\gamma$（m）。$\gamma$一般可取 $18kN/m^3$。当地下水位埋深浅于基础埋深时，在计算裙房或地下室的平均荷载折算土体荷载还应扣除水浮力（这是北京规范的规定）；作者建议对于地下水位埋深浅于基础埋深时，宜按以下两种方法分别计算地基承载力，然后取其最小值作为工程承载力。

承载力均按公式$f_a=f_{ak}+\eta_b\gamma(b-3)+\eta_d\gamma_m(d-0.5)$计算，但式中计算参数取值可以分为以下两种情况：

（1）计算裙房折算土层厚度时，土的重度取 $18kN/m^3$，不扣除水浮力，此时公式中的$\gamma$取基础底土浮重度（一般取 $11kN/m^3$），$\gamma_m$ 取基础底面以上土加权平均重度，位于地下水位以下土层取有效重度（$kN/m^3$）。

（2）计算裙房折算土层厚度时，先扣除水浮力，此时公式中的$\gamma$取基础底土浮重度（$kN/m^3$），$\gamma_m$取基础底面以上土加权平均重度（$kN/m^3$）。

**【工程案例 12－1】**某工程主楼 28 层，裙房地上 3 层，主楼及裙房地下均 2 层，基础底在自然地面以下 7.5m，地下稳定水位在地下 5.5m 处。主楼及裙房均采用筏板整体基础，如图 12－5 所示，基础持力层及以上均为砂质粉土层，承载力特征值为 200kPa，重度为 $22kN/m^3$，基础以上土层加权重度为 $20kN/m^3$；裙楼地上每层恒载为 $14.5kN/m^2$、裙楼地下每层恒载为 $16.5kN/m^2$、筏板及基础面层恒载为 $15.5kN/m^2$。

第一步，计算裙房折算土厚：$\Sigma 14.5\times3+16.5\times2+15.5=92$（$kN/m^2$）。

第二步，分别按上述两种方法计算承载力特征值$f_a$。

方法一：不考虑扣除水浮力，则折算土厚 $d$=92/18=5.11（m）。

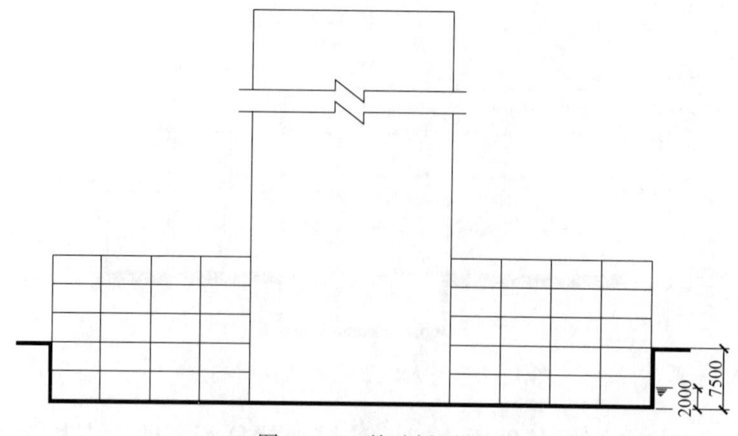

图 12－5　基础剖面图

$f_a = f_{ak} + \eta_b \gamma (b-3) + \eta_d \gamma_m (d-0.5) = 200 + 12 \times 2 \times (6-3) + 3 \times 19.33 \times (5.11-0.5) = 539.3$（kPa）。

注：$\gamma_m = (5.5 \times 22 + 2 \times 12)/7.5 = 19.33$（$kN/m^3$），$\gamma = 22-10 = 12$（$kN/m^3$）。

方法二：考虑扣除水浮力，则折算土层厚 $d = (92-20)/18 = 4$（m）。

$f_a = f_{ak} + \eta_b \gamma (b-3) + \eta_d \gamma_m (d-0.5) = 200 + 12 \times 2 \times (6-3) + 3 \times 22 \times (4-0.5) = 503$（kPa）。

因此：设计可以取 $f_a = 503$kPa。

## 12.3　钢筋混凝土井字梁设计应注意的问题

由于井字梁在纵横两个方向都有较大的刚度，适用于使用要求有较大空间的建筑，如民用房屋的门厅、餐厅，大型的会议室和展览大厅等，所以井字梁结构体系以其受力和布置方式的合理性，得到了广泛的应用。现介绍几种井字梁结构在设计中几个问题，供大家参考。

### 12.3.1　井字梁结构的特点

（1）钢筋混凝土井字梁是从双向板演变而来的一种结构形式。当其跨度增加时，板厚相应也随之加大。但是，由于板厚而自重加大，而板下部受拉区域的混凝土往往被拉裂不能参与工作。因此，在双向板的跨度较大时，为了减轻板的自重，可以把板的下部受拉区的混凝土挖掉一部分，让受拉钢筋适当集中在几条线上，使钢筋与混凝土更加经济、合理地共同受力工作。这样双向板就变成在两个方向形成井字式的区格梁，这两个方向的梁通常是等高的，不分主次梁，一般称这种双向等高梁为井字梁。

（2）能形成规则的梁格，外观较美观。常用的梁格包括正交正放、正交斜放、斜交斜放等布置形式。

（3）比一般梁板结构具有较大跨高比，较适用于受层高限制且要求大跨度的建筑。

### 12.3.2　井字梁结构的设计基本原则

（1）当井字梁周边有柱位时，可调整井字梁间距以避开柱位，靠近柱位的区格板需作加强处理，若无法避开，则可设计成大小井字梁相嵌的结构形式。

（2）井字梁楼盖两个方向的跨度如果不等，则一般需控制其长短跨度比不能过大。长跨跨度 $L_1$ 与短跨跨度 $L_2$ 之比 $L_1/L_2$ 最好不大于 1.5，如大于 1.5 小于或等于 2，宜在长向跨度中部设大梁，形成两个井字梁体系或采用斜向布置的井字梁，也可采用斜向对角线斜向布置。

（3）梁格间距的确定一般是根据建筑的要求和具体的结构平面尺寸确定，通常取跨度的 1/12～1/6，且一般不宜超过 4m，同时还应综合考虑刚度和经济指标要求。

（4）与柱连接的井字梁或边梁按框架梁考虑，必须满足抗震受力（抗弯、抗剪及抗扭）要求和有关构造要求。梁截面尺寸不够时，梁高不变，可适当加大梁宽。

（5）井字梁最大扭矩的位置，一般情况下四角处梁端扭矩较大，其范围为跨度的 1/5～1/4。建议在此范围内适当加强抗扭措施。

### 12.3.3　井字梁截面尺寸的确定应注意的问题

（1）一般的混凝土框架梁截面宽度不宜小于 200mm，由于井字梁结构纵横方向梁能起到侧面相互约束作用，使得梁截面宽度较小时，也不会发生侧向失稳破坏。因此，井字梁截面宽度尺寸可比普通梁截面宽度小一些。通常井字梁宽度 $b$ 取 1/3（$h$ 较小时）、1/4（$h$ 较大时），但梁宽不宜小于 120mm。

（2）两个方向的井字梁的高度 $h$ 应相等，一般常用的井字梁截面高度为跨度的 1/20～1/15，当结构在两个方向的跨度不一样时，宜取短跨跨度。

（3）井字梁的挠度 $f$ 一般要求 $f \leqslant 1/250$，要求较高时 $f \leqslant 1/400$。

（4）井字梁和边梁的节点宜采用铰接节点，但边梁的刚度仍要足够大，并采取相应的构造措施，边梁抗扭可以按构造要求配筋即可。但若采用刚接节点，边梁需进行抗扭强度和刚度计算。边梁的截面高度大于或等于井字梁的截面高度，并最好大于井字梁高度的 20%左右。对于边梁截面高度的选取，应按单跨梁的规定执行，一般可取 $h=L/15 \sim L/8$（$L$ 为边梁跨度）。梁柱截面及区格尺寸确定后可进行计算，根据计算情况，对截面再作适当调整。

### 12.3.4　井字梁结构的布置基本原则

（1）井字梁梁系布置很关键，它不仅体现井字梁楼盖体系在两个方向的传力关系，也影响周边结构的受力大小。通常梁系布置时建议应遵从以下布置原则：

① 优先采用偶数布置。周边梁受力大小与井字梁的布置关系密切，当井字梁采用偶数布置时，周边支撑梁受力较合理。

② 优先采用双向相同的井字布置。双向相同的井字布置是指两个方向的梁格间距布置相同和两个方向井字梁线刚度相同。井字楼盖的荷载能较均匀地分配于四周，使周边支撑体系受力均匀，井字结构受力也较合理。

（2）井式梁板结构的布置方式一般有以下几种，下面分别予以说明：

① 正向网格梁。网格梁的方向与屋盖或楼板矩形平面两边相平行。正向网格梁宜用于长边与短边之比不大于 1.5 的平面，且长边与短边尺寸越接近越好。

② 斜向网格梁。当屋盖或楼盖矩形平面长边与短边之比大于 1.5 时，为提高各向梁承受荷载的效率，应将井式梁斜向布置。该布置的结构平面中部双向梁均为等长度、等效

率，与矩形平面的长度无关。当斜向网格梁用于长边与短边尺寸较接近的情况时，平面四角的梁短而刚度大，对长梁起到弹性支承的作用，有利于长边受力。为构造及计算方便，斜向梁的布置应与矩形平面的纵横轴对称，两向梁的交角可以是正交也可以是斜交。此外斜向矩形网格对不规则平面也有较大的适应性。

③ 三向网格梁。当楼盖或屋盖的平面为三角形或六边形时，可采用三向网格梁。这种布置方式具有空间作用好、刚度大、受力合理、可减小结构高度等优点。

④ 设内柱的网格梁。当楼盖或屋盖采用设内柱的井式梁时，一般沿柱网双向布置主梁，再在主梁网格内布置次梁，主次梁高度可以相等也可以不等。

⑤ 有外伸悬挑的网格梁。单跨简支或多跨连续的井式梁板有时可采用有外伸悬挑的网格梁。这种布置方式可减少网格梁的跨中弯矩和挠度。

### 12.3.5 井字梁的配筋应注意的问题

井字梁的配筋和一般梁的配筋要求基本相同，但在设计中必须注意以下几点：

（1）在两个方向梁交点的格点处，短跨度方向梁下面的纵向受拉钢筋应放在长跨度方向梁下面的纵向受拉钢筋的下面，这与双向板的配筋方向相同。

（2）在两个方向梁交点的格点处不能看成是梁的一般支座，而是梁的弹性支座，梁只有在两端支承处的两个支座。当箍筋不能满足端部剪力的前提下，把端部最大剪力值减去箍筋承担的剪力。余下的剪力，采用增加弯起鸭筋来解决，对鸭筋的构造要求，由端部支座内边到第一排钢筋弯起点的距离不应小于50mm。

（3）由于两个方向的梁并非主、次梁结构，所以两个方向的梁在格点处理论上说不必设附加横向钢筋。提请设计师注意图集 G101－1 图集要求增加附加箍筋。具体见16G101－1 第98页注2说明。

（4）井字梁的平面配筋表示方法可参考16G101－1图集。

### 12.3.6 采用计算软件与查静力计算手册两种计算方法的问题

（1）两种计算方法在计算井字梁结构时，井字梁中间交叉点的内力计算均按照空间交叉梁系方式进行分配。即根据节点的变形协调条件和各梁线刚度的大小进行计算，协调条件为在每一点处交叉梁的线位移相等。

（2）两种计算方法最大不同在于井字梁端部支座竖向刚度对井字梁结构的影响。采用查静力计算手册方法时，无论井字梁与其端部支座是固接还是铰接，均不考虑其竖向刚度的影响，即认为井字梁端部支座处没有竖向位移。

（3）当井字梁端部简支在框架主梁上时，程序软件的计算结果与查静力计算手册的结果相差很大，这主要是程序软件考虑了主框架梁的竖向位移所致。当井字梁端部简支在剪力墙上时，二者之间的计算结果相差很小。这主要是因为混凝土剪力墙的竖向刚度很大，竖向位移很小所致。井字梁内力受其端部支座竖向刚度的影响很大，当采用查静力计算手册法时，应考虑该工程是否符合其计算假定。

（4）特别提醒设计师采用程序软件计算井字梁时，井字梁均应按主梁建模输入模型计算。

### 12.3.7 工程案例分析说明

**【工程案例 12－2】**作者单位任咨询顾问的某多功能厅，对屋面梁板方案进行经济性比较分析。

工程概况：多功能厅，跨度为 25.2m（3×8.4）×42m（5×8.4）。

原设计多功能厅屋面采用钢桁架（高 1300mm）+75mm 压型钢板+50mm 混凝土面层，由于图中未给出钢桁架的布置形式及截面，因此根据经验对钢桁架及其屋面系统进行了材料费用的估算。此外，我司还就该屋盖系统提出了另外两种方案比较：一是预应力空心楼盖方案，二是钢筋混凝土井字梁方案。

**1. 原钢桁架方案**

根据经验，钢桁架方案的钢材用量约为 70kg/m$^2$，若其综合单价按 6.8 元/m$^2$ 计算，则钢材费用约为 476 元/m$^2$；周边混凝土梁的钢筋用量约为 9.1kg/m$^2$，混凝土用量约为 0.08m$^3$，模板用量约为 0.38m$^2$，则该部分的材料及模板费用约为 96.35 元/m$^2$；屋面采用 75mm 压型钢板+50mm 混凝土面层，结构造价约为 175 元/m$^2$；钢桁架需刷防火涂料的面积约为 1.54m$^2$，防火涂料综合造价按 150 元/m$^2$ 考虑，则该部分费用约为 231 元/m$^2$。

综上所述，钢桁架方案的结构造价约为 978.35 元 /m$^2$。

**2. 预应力空心楼盖方案**

空心板混凝土强度等级选用 C40，板厚为 800mm，体积空心率为 56.8%，楼板折算厚度为 345mm。短向空心板上铁为 8$\phi$14@1180，下铁为 9$\phi$16@1180，每道肋中配 9 束无黏结钢绞线，肋箍筋 $\phi$8@200。长向空心板上铁为 7$\phi$12@1150，下铁为 7$\phi$14@1150，每道肋中配 4 束无黏结钢绞线，肋箍筋 $\phi$8@200。若预应力筋按 12.5 元/kg，轻质管综合单价按 150 元/m，箱体综合单价按 312 元/个，则材料综合造价约为 734.8 元/m$^2$。

**3. 钢筋混凝土井字梁方案**

考虑长宽比大于 1.5，决定采用了斜交网格的井字梁方案，梁板混凝土强度等级均为 C40，布置如图 12－6 所示。

图 12－6　钢筋混凝土井字梁布置图

梁高暂为1300mm，板厚暂为100mm进行估算，经计算，钢筋用量约为79.4kg/m²，混凝土用量约为0.457 m³，模板用量约为2.08m²，则材料综合造价约为639.6元/m²。

结论：三种方案结构所占层高与经济性比较见表12－1。

**表12－1　　三种方案结构所占层高与经济性比较**

| 项目 | 钢桁架方案 | 预应力空心楼盖方案 | RC混凝土井字梁方案 |
| --- | --- | --- | --- |
| 造价/（元/m²） | 978.35 | 734.8 | 639.6 |
| 结构所占层高/m | 1.425 | 0.8 | 1.0 |

由表12－1可以看出，井字梁方案造价最低，空心楼盖方案次之，钢桁架方案最高；经与建筑、机电专业讨论，上述三个方案均满足建筑功能要求。

经过业主综合考虑各种要素，最终采用钢筋混凝土井字梁方案。

## 12.4　关于筏板基础配筋计算相关问题

### 12.4.1　在计算筏板基础配筋时，如果地下水位在筏板以上，是否需要考虑地基净反力与水浮力同时组合问题

《人民防空地下室设计规范》（GB 50038—2005）第4.9.4条规定，在确定核武器爆炸等效静荷载与静荷载同时作用下人防地下室基础荷载组合时，当地下水位以下无桩基，防空地下室基础采用箱基或筏基，且建筑物自重大于水浮力时（整体抗浮均匀分布满足），若地基反力按不计入浮力计算时，底板荷载组合中可不计入水压力；若地基反力按计入浮力计算时，底板荷载组合中应计入水压力。

条文解释：对上部为多层建筑的防空地下室而言，其计算自重一般都大于水浮力。由于在底板的荷载计算中，建筑物计入浮力所减少的荷载值与计入水压力所增加的荷载值可以互相抵消，因此提出当地基反力按不计入浮力确定时，底板荷载组合中可不计入水压力。

假设某工程没有水的情况下算出来基地反力是500kPa（筏板及上面层是25kPa），假设有5m的水头，水浮力是50kPa，此时的基地反力是500kPa－50kPa＝450kPa。水浮力减轻了地基上的承载力，对筏板来说有水没水并没有增大荷载。

计算筏板配筋时荷载工况：

工况一：无地下水工况，净反力=500－25=475（kPa）；

工况二：有地下水工况，净反力=450－25+50=475（kPa）。

### 12.4.2　对地下水位以下带桩基的防空地下室，底板荷载组合中为何应计入水压力

对地下水位以下带桩基的防空地下室，根据静力荷载作用下实测资料，上部建筑物自重全部或大部分由桩来承担，底板不承受或承受一小部分反力，此时水浮力主要起到减轻桩所承担的荷载作用，对减小底板承受的荷载值没有影响或影响较小，即对桩基底板而言水压力显然大于所受到的浮力，二者作用不可相互抵消。因此在地下水位以下，为确保安全，无论在计算建筑物自重时是否计入水浮力，在带桩基的地下室底板荷载组合时均应计入水压力。

### 12.4.3 遇到特殊情况的思考

请各位读者思考这样一个问题：如果筏板不满足倒楼盖条件（见图 12－7），需要按弹性地基梁计算时，是否依然可以不考虑水浮力影响？

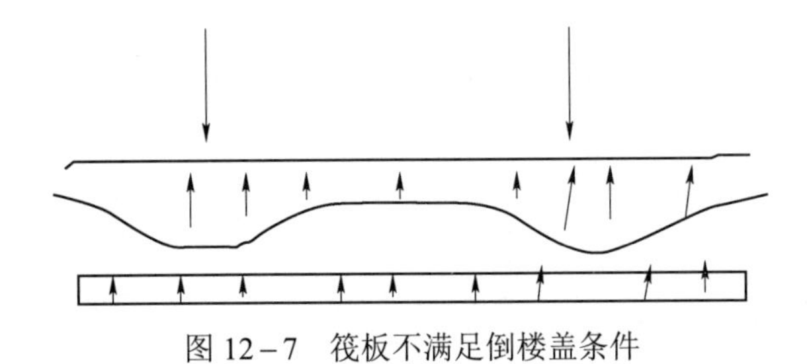

图 12－7　筏板不满足倒楼盖条件

作者认为：如果筏板不满足倒楼盖对刚度的要求，这个时候不仅基地反力不均匀，甚至水浮力也会不均匀，为此建议还是应该偏于安全地考虑水浮力参与组合计算。

## 12.5 柱轴压比计算时有些情况下程序为何没有采用最大轴力计算

### 12.5.1 柱在计算轴压比时，有时程序中并没有采用最大轴力计算

某工程中的程序计算某框架柱的结果如图 12－8 所示。

```
N－C=301（1=301,J=1000565）（1）B*H（mm）=450*600
Cover=20（mm）Cx=1.00   Cy=1.00   Lcx=3.90（m）Lcy=3.90（m）Nf
混凝土柱矩形
livec=1.000
ηmu=1.000    ηvu=1.200    ηmd=1.300    ηvd=1.560
λc=3.498
(    31）Nu=        －3184.8   Uc=0.82                    Rs=1.52（%）      Rsv=0.79（%）
(     1）N=         －3774.3   Mx=      251.6   My=     －3.7    Asxt=
(     1）N=         －3774.3   Mx=      251.6   My=     －3.7    Asyt=
(     1）N=         －3774.3   Mx=    －119.7   My=       2.0    Asxb=
(     1）N=         －3774.3   Mx=    －119.7   My=       2.0    Asyb=
(    28）N=         －3182.3   Vx=        3.8   Vy=      92.2    Ts=
(    30）N=         －3179.1   Vx=        0.1   Vy=     104.0    Ts=
节点核芯区设计结果：
(    29）N=            0.0    Vjx=     －9.6       Asvjx=                  90As
(    30）N=            0.0    Vjy=     362.2       Asvjy=                  90As
抗剪承载力：CB_XF=      299.00 CB_YF=      539.91
```

图 12－8　某工程中的程序计算框架柱的结果

由上面输出结果可以看出：此柱最大轴压力是 3774.3kN，但计算轴压比采用的轴力为 3184.8kN。这是为什么？

### 12.5.2 相关规范的规定

《抗规》第 6.3.6 条：柱轴压比是指柱组合的轴力设计值与柱全截面面积和混凝土轴心抗压强度设计值乘之比值；对本规范规定不进行地震作用计算的结构，可取无地震作用组合的柱轴力设计值计算。

《砼规》第 11.4.16 条：柱轴压比是指柱地震作用组合的轴力设计值与柱全截面面积和混凝土轴心抗压强度设计值乘之比值。

《高规》第 6.4.2 条：柱轴压比是指柱考虑地震作用组合的轴力设计值与柱全截面面积和混凝土轴心抗压强度设计值乘之比值。

### 12.5.3 出现这种情况的主要原因

既然规范均是说计算柱轴压比时，轴力取柱在地震作用组合的轴力设计值，那么就不一定是轴力最大值了，一个重要的原因是：本工程设防烈度低，或结构自重较大，有可能地震组合下的轴力设计值小于非地震工况组合。

本工程为 7 度（0.10$g$），地下车库，覆土厚度 1.5m。

计算的某柱非地震工况组合 $N_{max}$=3774.3kN，地震工况组 $N_{max}$=3182.3kN。

经过分析发现，由于轴力设计值的分项系数差异所致：

非地震工况 $N_{max}=1.35S_G+1.4\Psi_{ci}S_Q$

地震工况时 $N_{max}=1.2(S_G+S_Q)+1.3S_{Ehk}$

## 12.6 关于框架梁是否考虑受压钢筋问题

### 12.6.1 工程设计发现的“异常”情况

【工程案例 12－3】某工程模型墙、柱、梁、楼板原设计混凝土强度等级均取值为 C30，根据计算结果适当调整混凝土强度等级，建议将梁混凝土调整为 C35，框架柱混凝土强度等级调整为 C40。按此调整后，大部分框架梁计算结果略有减小，梁上铁通长筋由计算配筋转变为构造配筋，大部分框架柱由计算配筋转变为构造配筋。图 12－9 和图 12－10 为调整混凝土强度等级前后典型区域梁柱计算结果。

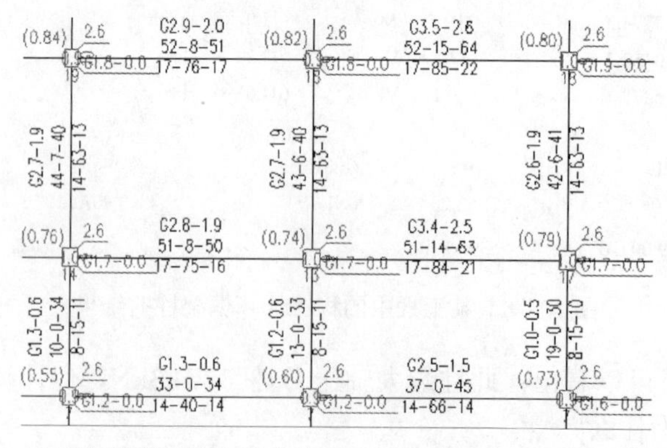


图 12－9 原设计模型混凝土强度等级下梁柱计算配筋结果（梁板柱 C30）

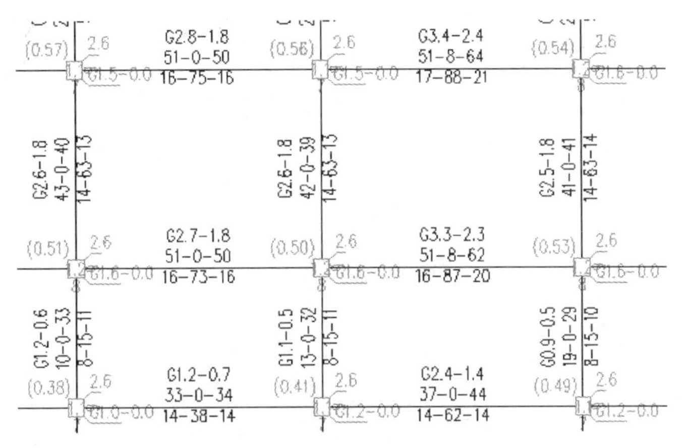


图 12－10　调整混凝土强度等级后下梁柱计算配筋结果（柱 C40，梁板 C35）

### 12.6.2　作者对这种“异常”现象的分析结论

经过分析发现，目前程序是这么对梁进行分析计算的：首先计算梁是否需要配置受压钢筋，如果不需要就直接按单筋梁计算；如果需要则先计算出受压钢筋，然后再计算受拉钢筋。

如单筋、双筋梁当已知弯矩设计值 $M$ 计算配筋面积时：

（1）若计算的$\xi<\xi_b$，软件按单筋方式计算受拉钢筋面积。

（2）若计算的$\xi\geqslant\xi_b$ 时，软件按双筋方式计算。此时，软件取$\xi=\xi_b$，分别求出受拉钢筋和受压钢筋面积，计算所得的受压面积 $A_s$ 要与反向弯矩所求的拉筋 $A_s$ 比较取大值。

## 12.7　关于现浇钢筋混凝土结构 T 形截面梁设计相关问题

### 12.7.1　相关规范的规定

《砼规》第 5.2.4 条：对现浇楼盖和装配整体式楼盖，宜考虑楼板作为翼缘对梁刚度和承载力的影响。梁受压翼缘计算宽度 $b_f$ 可按表 5.2.4 所列情况中的最小值采用；也可采用梁刚度增大系数法近似考虑，刚度增大系数应根据梁有效翼缘尺寸与梁截面尺寸的相对比例确定。

条文说明：现浇楼盖和装配整体式楼盖的板作为梁的有效翼缘，与梁一起形成 T 形截面，提高了楼面梁的刚度，结构分析时应予以考虑。当采用梁刚度放大系数法时，应考虑各梁截面尺寸大小的差异，以及各楼层楼板厚度的差异。

### 12.7.2　目前程序是如何处理的

关于整体计算时，梁刚度放大系数选取对整体结构的影响分析采用如下三种方法：

（1）梁刚度放大系数按（2015 版）取值。

（2）选择 T 形截面梁计算（自动附加楼板翼缘）。

（3）梁刚度放大法。

## 12.7.3 用工程案例分析程序的两种计算方法

【工程案例 12-4】某工程为框架结构，抗震设防烈度 7 度（0.10$g$），地震分组为第三组，场地分类为Ⅱ，抗震等级为三级，计算模型如图 12-11 所示。

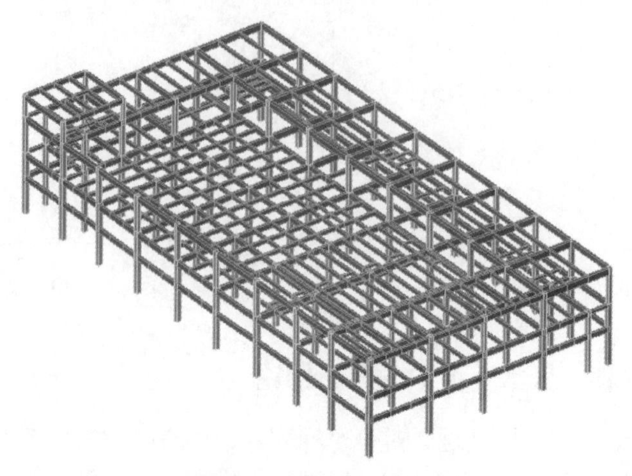

图 12-11 某工程计算模型

分别采用程序提供的三种方法计算其主要指标，结果见表 12-2。

表 12-2 分别采用程序提供的三种方法计算其主要指标

| 主要指标 | | 方法一：按《砼规》 | 方法二：按 T 形截面 |
|---|---|---|---|
| 前 3 周期 | T1 | 1.050 4 | 1.049 6 |
| | T2 | 0.962 1 | 0.960 5 |
| | T3 | 0.888 4 | 0.887 7 |
| 地底剪力 | $vx$ | 6033.06 | 6044.30 |
| | $vy$ | 5512.27 | 5517.40 |
| 层间位移角 | $\Delta x$ | 1/754 | 1/753 |
| | $\Delta y$ | 1/646 | 1/647 |

分析说明：由以上主要指标对比可以看出，程序按 T 形截面考虑的指标与按《砼规》计算完全吻合，且按 T 形截面计算的整体结构刚度、地底剪力均比按《砼规》方法计算稍大，说明结构整体更加安全。

## 12.7.4 采用手算验证程序计算结果

考虑 T 形梁可以节约梁的正钢筋，所以目前都按 T 形截面设计，为了验证程序对 T 形截面梁配筋计算结果的可信性，作者 2012 年结合工程需要对某程序计算结果进行过手工计算校核对比。

2012 年版 STAWE 程序增加了梁按 T 形截面计算功能，计算结果如图 12-12 所示。

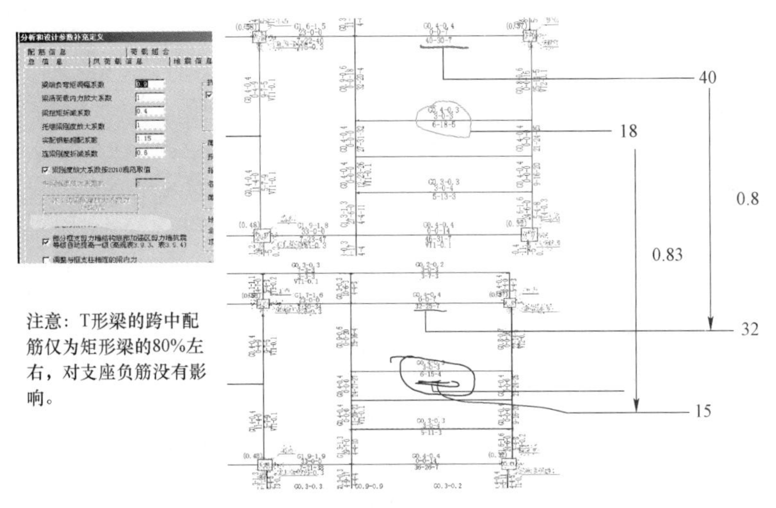


图 12－12　2012 年版 STAWE 程序 T 形梁计算结果

为了验证程序计算结果的合理性，作者进行了手工计算校核，结果基本吻合，如图 12－13 所示。

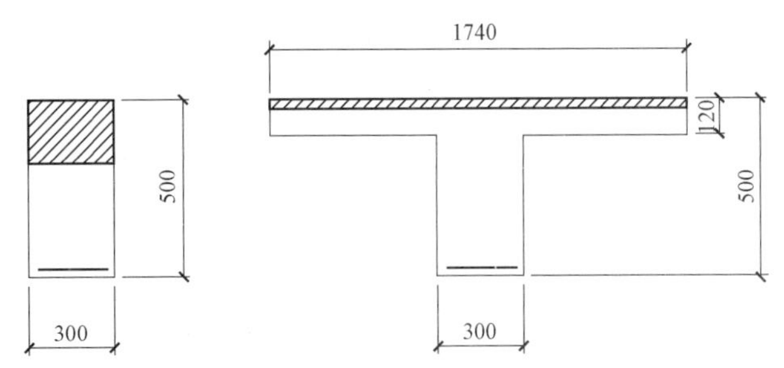


设计条件：C30，HRB400，设计弯矩 $M$=400kN·m

矩形梁计算需要 $A_s$=2946mm$^2$

T 形梁计算需要 $A_s$=2238mm$^2$

两者相差 T 形/矩形=76%

但注意：转换梁不应按 T 形梁计算

图 12－13　T 形梁手算复核结果

### 12.7.5　关于按 T 形截面计算，梁构造配筋问题

由于《砼规》没有明确说明按 T 形截面计算梁的构造配筋要求问题，且《砼规》6.4 只提了扭曲截面承载力计算及配筋构造要求，业界很多朋友就认为，一般梁如果按 T 形截面计算，构造也应满足《砼规》图 6.4.1 的要求，也就是说需要在现浇板里面配置箍筋。这样的理解和要求合适吗？

作者一直认为：规范是针对独立 T 形受扭梁的构造要求，对现浇楼盖和装配整体式楼盖梁按 T 形截面计算并不适合。

作者分析提出的理由如下：

1）根据《混凝土结构设计规范算例》的表述：

按 T 形截面计算，根据《规范》表 7.2.3，取翼缘宽度为 $b_f' = \frac{l_0}{3} = \frac{7200}{3} = 2400$（mm），配一层钢筋，$h_0$=800－30－14=756（mm）。

根据计算可按宽度为 2400mm 的矩形梁计算，$A_s$=1595mm$^2$（计算从略）。

梁下部钢筋选用 2Φ25+2Φ22（1742mm$^2$），全部锚入柱中（见图 12－14）。

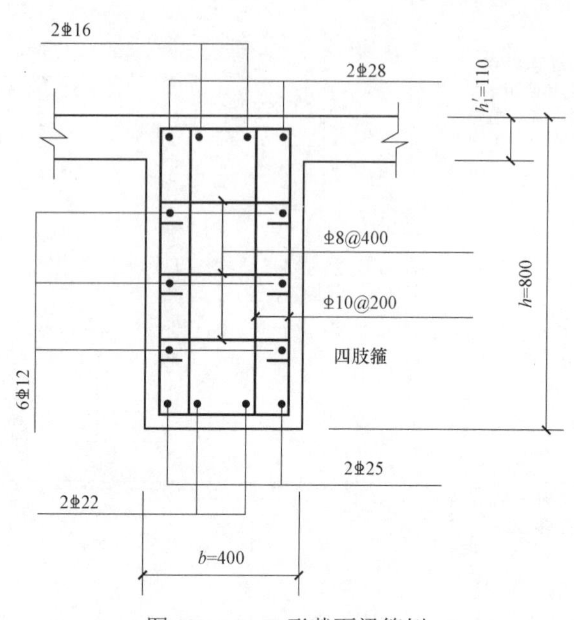


图 12－14　T 形截面梁算例

由以上算例可以看出，按 T 形截面梁计算配筋构造和按矩形梁一样，并不需要在翼缘中配置抗扭箍筋。

2）2019 年 1 月 21 日，作者有幸和《砼规》主编探讨交流了这个问题，现将主要结论展示如下：

规范主编意见：① 对于现浇梁板结构当考虑板作为翼缘的作用时，完全没有必要对板的翼缘再配置箍筋。但对考虑梁受压钢筋时，也只能计算梁箍筋范围内的钢筋，板内钢筋不能计入受压钢筋。

② 如果板采用塑性设计计算，梁仍然可以采用 T 形截面计算。因为板在梁边虽然开裂，但作为梁翼缘仍可受压，也不存在该翼缘（开裂后变受压小截面）受压后的稳定问题。

### 12.7.6　对按 T 形截面梁设计与构造的建议

通过以上分析可以看出：现浇楼盖和装配整体式楼盖的板作为梁的有效翼缘，与梁一起形成 T 形截面，提高了楼面梁的刚度，结构分析时应予以考虑，是完全可靠合理的，也有利于“强柱弱梁”的概念，更有利于解决梁柱节点核心区钢筋过密、混凝土难以密实的问题。

图 12－15 为张家口某车库顶柱出现的“施工质量”事故。

图 12－15　张家口某水库顶柱“施工质量”事故

工程事故原因：由于梁柱节点钢筋过于密集，造成混凝土振捣不密实，多根梁柱节点混凝土崩裂，从图 12－15 可以看出梁的底筋密密麻麻伸入柱中。

建议设计院今后注意以下几个方面，尽可能避免类似问题发生：

（1）梁按 T 形截面配筋计算；

（2）梁底筋部分可以不伸入柱中；

（3）可以考虑并筋方案；

（4）对于地下车库可以考虑采用 HRB500 级高强钢筋等。

说明：处理本工程作者是论证专家之一。

## 12.8　框架梁配筋超过 2 排时设计应注意的问题

### 12.8.1　如果设计不关注钢筋排数，而直接按程序计算结果配筋，是有安全隐患的

工程中作者经常发现，一些荷载大、跨度大的框架结构梁的配筋支座或跨中往往超过 2 排，有的工程甚至配置到 4 排。如果设计师按目前程序结果配筋（由于目前工程业主对材料耗量要求控制，设计师一般不敢放大计算配筋），这样就给工程埋下安全隐患，导致框架开裂破坏。

《混凝土结构构造手册》（第五版）对多排纵筋的构造规定如图 12－16 所示。

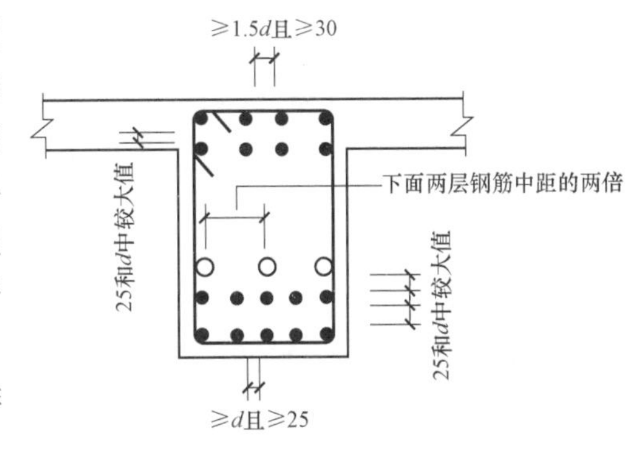


图 12－16　梁下部纵向钢筋水平及竖向净距

### 12.8.2　目前程序是如何处理的

目前程序基本都是按最多 2 排计算的，如 SATWE 梁配筋计算说明如下：

（1）若计算的 $\xi$ 小于 $\xi_b$，软件按单筋方式计算受拉钢筋面积；若 $\xi > \xi_b$ 程序自动按双筋方式计算配筋（即考虑压筋的作用）。

（2）单排筋计算时，截面有效高度 $h_0=h-$保护层厚度$-22.5$mm（假定梁钢筋直径为

25mm）；对于配筋率大于1%的截面，程序自动按双排筋计算，此时，截面有效高度 $h_0=h-$ 保护层厚度 $-47.5$mm。

### 12.8.3 通过这个问题作者对设计师建议及提醒

通过对很多工程事故案例分析发现，设计师很少去关注程序应用条件和技术说明，一般都是直接打开计算程序菜单直接建模分析，对于计算结果只要不出现"红色"，很少去分析思考结果的正确性。设计人员必须特别关注设计荷载与设计参数的正确性，这两个参数无论哪个不正确，计算结果都不可能正确，这些参数即使正确无误也不能保证计算结果一定正确。因此设计师必须对计算结果的合理性进行判断，结果正确无误且有效后方可应用于工程实际。

## 12.9 框架梁底部钢筋到底有没有最大配筋率？程序是如何默认的

### 12.9.1 混凝土结构梁设计的基本概念

在学习混凝土构件设计时，有一个基本概念：设计的梁应该避免少筋梁和超筋梁（这两种都属于没有预兆的脆性破坏），要设计为适筋梁。对于受弯构件来说，随着荷载增加，首先受拉区混凝土出现裂缝，表现出非弹性变形。然后受拉钢筋屈服，受压区高度减小，受压区混凝土被压碎，构件最终破坏。从受拉钢筋屈服到受压区混凝土被压碎，是构件的破坏过程。在这个过程中，构件的承载能力没有多大变化，但其变形的大小却决定了破坏的性质。提高延性可以增加结构抗震潜力，增强结构抗倒塌能力。延性结构通过塑性铰区域的变形，能够有效地吸收和耗散地震能量；同时，这种变形降低了结构的刚度，致使结构在地震作用下的反应减小，也就是使地震对结构的作用力减小。

### 12.9.2 少筋梁、适筋梁、超筋梁概念

**1. 少筋梁**

少筋梁是指梁内纵向受拉钢筋配置太少，加荷载、拉力初期钢筋与混凝土共同承担。当受拉区出现第一条裂缝后，混凝土退出工作，拉力几乎全部由钢筋承担，受拉钢筋越少，钢筋应力增加也越多。

如果纵向受拉钢筋数量太少，裂缝处纵向受拉钢筋应力会很快达到钢筋的屈服强度，甚至被拉断，而这时受压区混凝土尚未被压碎，这种破坏称为少筋破坏。

少筋梁破坏时，裂缝宽度和挠度都很大，破坏突然，没有明显预兆，这种破坏也称为脆性破坏。少筋梁截面尺寸一般都比较大，受压区混凝土的强度没有充分利用，既不安全又不经济，设计时不允许采用少筋梁。为此《砼规》给出了梁的最小配筋率要求（强条）。

**2. 适筋梁**

适筋梁是指梁的配筋率在正常范围内，其破坏过程分为三个阶段：第一阶段，裂缝出现前阶段；第二阶段，带裂缝工作阶段；第三阶段，破坏阶段。适筋梁的破坏不是突然发生的，破坏前有明显的裂缝和挠度，这种破坏称为塑性破坏。

适筋梁的钢筋和混凝土的强度均能充分发挥作用，且破坏前有明显的预兆，故进行正截面强度计算时，应控制钢筋的用量，将梁设计成适筋梁。

补充说明：如果配筋适量、合理，破坏时是纵向钢筋的屈服先于受压区混凝土被压碎，梁是因钢筋受拉屈服而逐渐破坏的，破坏过程较长，具有一定的延性，属于延性破坏范畴，在破坏之前有明显的破坏前兆，通过合理设计是可以预计且避免灾害发生。

**3. 超筋梁**

梁内纵向受拉钢筋配置过多，在受拉钢筋屈服之前，受压区的混凝土已经被压碎，即破坏时受压区边缘混凝土达到极限压应变，这种破坏称为超筋破坏。

由于梁破坏时受拉钢筋应力远小于屈服强度，所以裂缝延伸不高，裂缝宽度不大，梁破坏前的挠度也很小，破坏很突然，没有明显预兆，这种破坏称为脆性破坏。超筋梁不仅破坏突然，而且用钢量大，既不安全又不经济，设计时不允许采用超筋梁。但《规范》没有对梁正钢筋提出最大配筋率限值要求。

## 12.9.3 现行程序对梁的跨中正钢筋最大配筋率的规定和依据

目前现行规范中仅仅给出梁的最小配筋率要求和框架梁支座最大配筋率的限值要求，但对梁底筋最大配筋率没有提出限值的规定。为此作者就想到了这个问题目前程序是如何假定的呢？于是作者先后与 PKPM、YJK 相关人员进行沟通、交流：这两个程序的技术人员均告诉作者说是按最大配筋率 4%控制的，但都没有任何依据。作者认为这是一件可怕的事！

## 12.9.4 对程序改进的建议和意见

纵向钢筋最大配筋率：当纵向受拉钢筋的屈服与受压区混凝土破坏同时发生时，可推算出最大配筋率。单筋矩形截面梁的最大配筋百分率，不应大于表 12－3 规定的数值。

**表 12－3　单筋矩形截面梁的最大配筋百分率（%）**

| 钢筋级别 | 混凝土强度等级 | | | | | | | | | | |
|---|---|---|---|---|---|---|---|---|---|---|---|
| | C20 | C25 | C30 | C35 | C40 | C45 | C50 | C55 | C60 | C65 | C70 |
| 400 级 | — | 1.71 | 2.06 | 2.40 | 2.75 | 3.03 | 3.32 | 3.48 | 3.65 | | |
| 500 级 | — | 1.32 | 1.59 | 1.85 | 2.12 | 2.34 | 2.56 | 2.68 | 2.79 | 2.87 | 2.93 |

梁端纵向受拉钢筋的最大配筋百分率也可按表 12－4 选取。此时表中梁端纵向受拉钢筋百分率没有计入纵向受压钢筋，当框架梁端有受压钢筋时，应使受拉受压钢筋的总量计算所得的配筋百分率≤2.5%。

**表 12－4　抗震结构框架梁端最大配筋百分率（%）**

| 钢筋种类 | 抗震等级 | 混凝土强度等级 | | | | | | | | | | | | |
|---|---|---|---|---|---|---|---|---|---|---|---|---|---|---|
| | | C20 | C25 | C30 | C35 | C40 | C45 | C50 | C55 | C60 | C65 | C70 | C75 | C80 |
| HRB400<br>HRBF400 | 一 | | | 0.99 | 1.16 | 1.33 | 1.47 | 1.60 | 1.68 | 1.75 | 1.80 | 1.84 | 1.86 | 1.87 |
| | 二、三 | | 1.16 | 1.39 | 1.62 | 1.86 | 2.05 | 2.24 | 2.35 | 2.45 | | | | |
| HRB500<br>HRBF500 | 一 | | | 0.82 | 0.96 | 1.10 | 1.21 | 1.33 | 1.39 | 1.45 | | | | |
| | 二、三 | | 0.96 | 1.15 | 1.34 | 1.54 | 1.70 | 1.86 | 1.95 | 2.02 | 2.09 | 2.12 | 2.15 | 2.17 |

注：计算纵向钢筋的配筋率时，截面高度应取截面的有效高度 $h_0$。

说明：2020 年 PKPM 程序已经把梁底最大配筋调整为 2.5%，作者认为这是合适的。

## 12.10 关于次梁搭接在边框架梁上时，边梁受扭问题

### 12.10.1 工程界常用的几种处理方法

对于边框架梁，当平面外有次梁搭接时，工程界通常有两种处理手段：

（1）次梁边支座按铰接处理，人为释放次梁对边框架梁的扭转作用。

（2）次梁边支座按刚接考虑，框架梁按程序计算的扭矩配筋。

以上两种人为假定“铰接”与“刚接”均与工程实际并不完全相符，均有安全隐患。

### 12.10.2 《混凝土结构构造手册》的建议

**1. 框架边梁的抗扭配筋构造**

楼面梁支承在框架边梁上，楼面梁支承点的弯曲转动使边梁受扭。楼面梁的支座负弯矩即为作用在边梁上的扭矩。此扭矩值可由楼面梁支承点的弯曲转角与边梁的扭转角相协调的条件确定。在梁开裂前可用弹性理论计算，但在梁开裂后，由于楼面梁的弯曲刚度和边梁的扭转刚度都发生了明显的变化，楼面梁和边梁中都发生内力重分布，边梁的扭转角急剧增大，作用扭矩急剧减小。因此，边梁的设计扭矩是由支承点的扭转变形协调条件确定的，不是为了平衡外界作用的扭矩。这种边梁扭转一般称为协调扭转，在进行内力计算时，受楼面梁约束的边梁扭矩宜考虑内力重分布，并应按弯剪扭构件进行承载力计算及配筋构造。

为简化框架边梁协调扭转的计算方法，可假定楼面梁在边梁上的支承点为简支，在边梁内配置附加抗扭构造纵向钢筋和箍筋，以满足边梁的延性和限制裂缝宽度的要求。附加抗扭纵向钢筋和箍筋的最小配筋率分别为：

$$\rho_{tl,\min}=0.6\sqrt{\frac{T}{Vb}}\frac{f_{t}}{f_{y}} \qquad (12-2)$$

$$\rho_{sv,\min}=0.28f_{t}f_{yv} \qquad (12-3)$$

楼面梁和边梁的连接构造非常重要。除在边梁的接头处配置足够的附加箍筋 $a$，将楼面梁的反力全部传到边梁的受压区外，同时在接头区还必须加密配置楼面梁的箍筋 $b$，以抵抗斜裂缝间混凝土斜压杆施加在纵筋上的压力（图 12－17）。

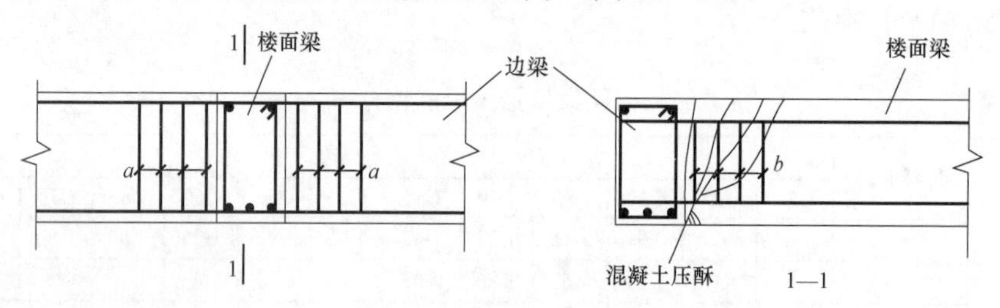


图 12－17 边梁与楼面梁接头处的配筋构造

上式中的扭矩设计值 $T$ 计算可以参考《砼规》第 9.2.5 条：即取 $T/Vb=2$。

**2. 纵向钢筋的构造要求**

在弯剪扭构件中，配置在截面弯曲受拉边的纵向受力钢筋，其截面面积不应小于按受

弯构件受拉钢筋最小配筋率计算所得的钢筋截面面积与按受剪扭构件纵向钢筋最小配筋率计算并分配到弯曲受拉边的钢筋截面面积之和。

对受弯构件，纵向受力钢筋的最小配筋率应按 0.2%和 $0.45f_t/f_y$%中的较大值取用。

**3. 纵向钢筋与箍筋的关系**

用空间桁架模型比拟受扭构件的工作机理说明，受扭构件的纵向钢筋必须与箍筋共同工作，才能充分发挥受扭承载力的作用。因此，受扭纵向钢筋和箍筋配置范围应延伸至计算不需要该受扭钢筋的截面以外，其延伸长度不应小于 $l_a$。

### 12.10.3　次梁搭接在边框架梁上的建议

（1）计算建议按铰接计算，这样确保梁的正钢筋不少。

（2）考虑到主梁对次梁的约束作用，建议简支端负筋可按梁底筋的 40%配置。

（3）考虑到次梁对主梁的约束作用和实际扭矩的存在，主梁可按《砼规》对受扭构件最小配筋率配置抗扭纵筋及箍筋。

## 12.11　关于剪力墙边缘构件配筋相关问题

### 12.11.1　规范的规定及存在的问题

《抗规》《高规》《砼规》均对剪力墙边缘构件提出相关抗震要求。

**1.《抗规》相关规定**

抗震墙两端和洞口两侧应设置边缘构件，边缘构件包括暗柱、端柱和翼墙，并应符合下列要求：

对于抗震墙结构，底层墙肢底截面的轴压比不大于表 12－5 规定的一、二、三级抗震墙及四级抗震墙，墙肢两端可设置构造边缘构件，构造边缘构件的范围可按图 12－18 采用，构造边缘构件的配筋除应满足受弯承载力要求外，并宜符合表 12－6 的要求。

**表 12－5**　　抗震墙设置构造边缘构件的最大轴压比

| 抗震等级或烈度 | 一级（9 度） | 一级（7、8 度） | 二、三级 |
|---|---|---|---|
| 轴压比 | 0.1 | 0.2 | 0.3 |

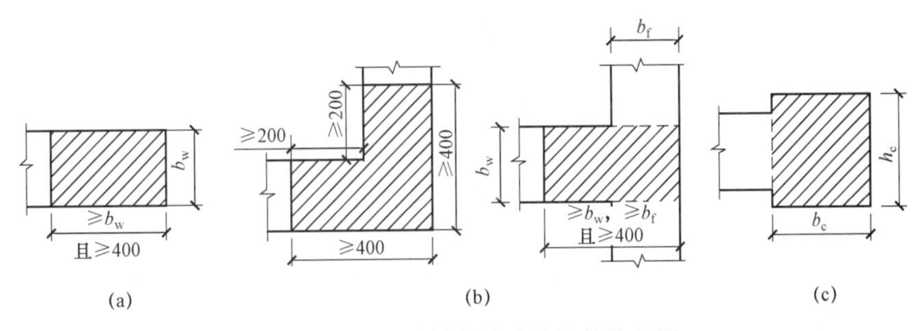


图 12－18　抗震墙的构造边缘构件范围

（a）暗柱；（b）翼柱；（c）端柱

表 12－6　　　　　　　　　　抗震墙构造边缘构件的配筋要求

| 抗震等级 | 底部加强部位 | | | 其他部位 | | |
|---|---|---|---|---|---|---|
| | 纵向钢筋最小量（取较大值） | 箍筋 | | 纵向钢筋最小量（取较大值） | 拉筋 | |
| | | 最小直径（mm） | 沿竖向最大间距（mm） | | 最小直径（mm） | 沿竖向最大间距（mm） |
| 一 | 0.010 $A_c$，6$\phi$16 | 8 | 100 | 0.008 $A_c$，6$\phi$14 | 8 | 150 |
| 二 | 0.008 $A_c$，6$\phi$4 | 8 | 150 | 0.006 $A_c$，6$\phi$12 | 8 | 200 |
| 三 | 0.006 $A_c$，6$\phi$12 | 6 | 150 | 0.005 $A_c$，4$\phi$12 | 6 | 200 |
| 四 | 0.005 $A_c$，4$\phi$12 | 6 | 200 | 0.004 $A_c$，4$\phi$12 | 6 | 250 |

注：1. $A_c$为边缘构件的截面面积；

2. 其他部位的拉筋，水平间距不应大于纵筋间距的 2 倍；转角处宜采用箍筋；

3. 当端柱承受集中荷载时，其纵向钢筋、箍筋直径和间距应满足柱的相应要求。

特别说明：表 12－6 中构造边缘构件，底部加强部位注明“箍筋”，其他部位注明“拉筋”。

底层墙肢底截面的轴压比大于表 12－5 规定的一、二、三级抗震墙，以及部分框支抗震墙结构的抗震墙，应在底部加强部位及相邻的上一层设置约束边缘构件，在以上的其他部位可设置构造边缘构件，约束边缘构件沿墙肢的长度、配箍特征值，箍筋和纵向钢筋宜符合表 12－7 的要求。

表 12－7　　　　　　　　抗震墙约束边缘构件的范围及配筋要求

| 项目 | 一级（9 度） | | 一级（8 度） | | 二、三级 | |
|---|---|---|---|---|---|---|
| | $\lambda \leqslant 0.2$ | $\lambda > 0.2$ | $\lambda \leqslant 0.3$ | $\lambda > 0.3$ | $\lambda \leqslant 0.4$ | $\lambda > 0.4$ |
| $l_c$（暗柱） | $0.20h_w$ | $0.25h_w$ | $0.15h_w$ | $0.20h_w$ | $0.15h_w$ | $0.20h_w$ |
| $l_c$（翼墙或端柱） | $0.15h_w$ | $0.20h_w$ | $0.10h_w$ | $0.15h_w$ | $0.10h_w$ | $0.15h_w$ |
| $\lambda_v$ | 0.12 | 0.20 | 0.12 | 0.20 | 0.12 | 0.20 |
| 纵向钢筋（取较大值） | 0.012 $A_c$，8$\phi$16 | | 0.012 $A_c$，8$\phi$16 | | 0.010 $A_c$，6$\phi$16（三级 6$\phi$14） | |
| 箍筋或拉筋沿竖向间距 | 100mm | | 100mm | | 150mm | |

注：1. 抗震墙的翼墙长度小于其 3 倍厚度或端柱截面边长小于 2 倍墙厚时，按无翼墙、无端柱查表；

2. $l_c$ 为约束边缘构件沿墙肢长度，且不小于墙厚和 400mm；有翼墙或端柱时不应小于翼墙厚度或端柱沿墙肢方向截面高度加 300mm；

3. $\lambda_v$ 为约束边缘构件的配箍特征值，体积配箍率可按本规范式（6.3.9）计算，并可适当计入满足构造要求且在墙端有可靠锚固的水平分布钢筋的截面面积；

4. $h_w$ 为抗震墙墙肢长度；

5. $\lambda$为墙肢轴压比；

6. $A_c$为《抗规》图 6.4.5－2 中约束边缘构件阴影部分的截面面积。

特别说明：

1）对于底部加强部位的边缘构件，只有在轴压比超过表 12－5 时，才设置约束边缘构件。

2）注 3 中计算体积配箍率时，可以适当计入满足构造要求且墙端有可靠锚固的水平分布钢筋的截面面积。

条文解释：计入的水平分布筋的配箍特征值不宜大于总配箍特征值的 30%（也就是说最多只考虑 30%）。

《抗规》理解与应用中这样说：

抗震墙的构造边缘构件的配筋区分底部加强部位和其他部位，除应满足受弯承载力要求外，宜符合表12-6的要求。这两种类型构造边缘构件的纵向钢筋的最小最值不同，水平钢筋的数量和形式也不相同，底部加强部位的构造边缘构件采用箍筋，其他部位的构造边缘构件采用拉筋，其拉筋的水平间距不应大于纵向间距的2倍，转角处宜采用箍筋。当抗震墙的构造边缘构件的端柱承受集中荷载时，其端柱的纵向钢筋、箍筋直径和间距应满足柱的相应要求。

**2.《高规》相关规定**

剪力墙两端和洞口两侧应设置边缘构件，并应符合下列规定：

（1）一、二、三级剪力墙底层墙肢底截面的轴压比大于表12-8的规定值时，以及部分框支剪力墙结构的剪力墙，应在底部加强部位及相邻的上一层设置约束边缘构件，约束边缘构件应符合本规程第7.2.15条的规定。

**表12-8　剪力墙可不设约束边缘构件的最大轴压比**

| 等级或烈度 | 一级（9度） | 一级（6、7、8度） | 二、三级 |
|---|---|---|---|
| 轴压比 | 0.1 | 0.2 | 0.3 |

（2）除本条第1款所列部位外，剪力墙应按本规程第7.2.16条设置构造边缘构件。

（3）B级高度高层建筑的剪力墙，宜在约束边缘构件层与构造边缘构件层之间设置1～2层过渡层，过渡层边缘构件的箍筋配置要求可低于约束边缘构件的要求，但应高于构造边缘构件的要求。

剪力墙的约束边缘构件可为暗柱、端柱和翼墙（见图12-19），并应符合下列规定：

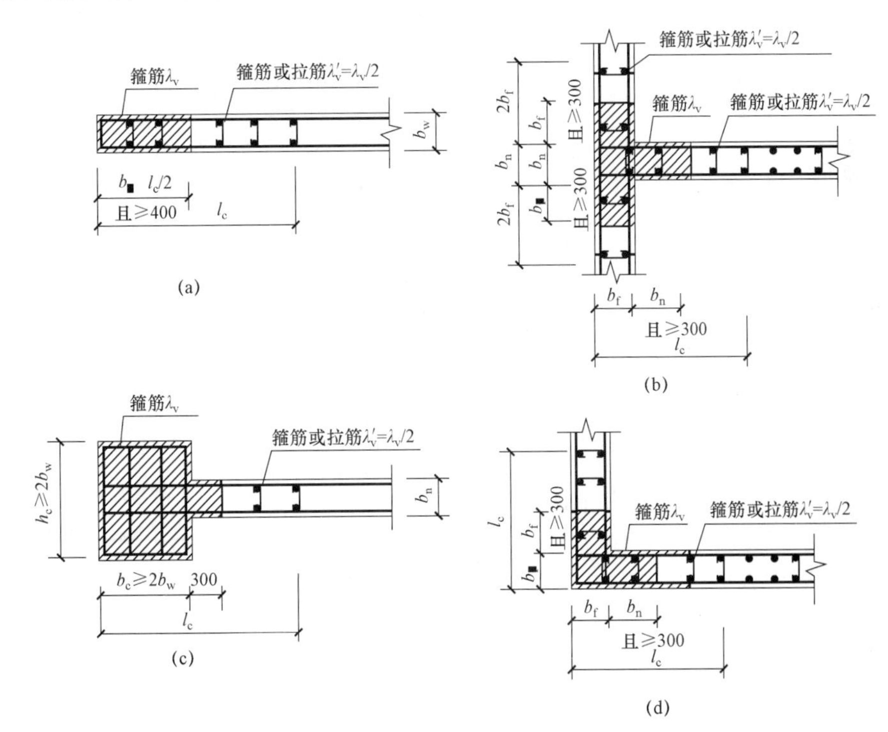


图12-19　剪力墙的约束边缘构件

（a）暗柱；（b）有翼墙；（c）有端柱；（d）转角墙（L形墙）

（1）约束边缘构件沿墙肢的长度 $l_c$ 和箍筋配箍特征值 $\lambda_v$ 应符合表 12－9 的要求，其体积配箍率 $\rho_v$ 应按下式计算：

$$\rho_v = \lambda_v \frac{f_c}{f_{yv}} \tag{12-4}$$

式中 $\rho_v$——箍筋体积配箍率。可计入箍筋、拉筋以及符合构造要求的水平分布钢筋，计入的水平分布钢筋的体积配箍率不应大于总体积配箍率的 30%；

$\lambda_v$——约束边缘构件配箍特征值；

$f_c$——混凝土轴心抗压强度设计值；混凝土强度等级低于 C35 时，应取 C35 的混凝土轴心抗压强度设计值；

$f_{yv}$——箍筋、拉筋或水平分布钢筋的抗拉强度设计值。

**表 12－9　约束边缘构件沿墙肢的长度 $l_c$ 及其配箍特征值 $\lambda_v$**

| 项目 | 一级（9 度） | | 一级（6、7、8 度） | | 二、三级 | |
|---|---|---|---|---|---|---|
| | $\mu_N \leqslant 0.2$ | $\mu_N > 0.2$ | $\mu_N \leqslant 0.3$ | $\mu_N > 0.3$ | $\mu_N \leqslant 0.4$ | $\mu_N > 0.4$ |
| $l_c$（暗柱） | $0.20h_w$ | $0.25h_w$ | $0.15h_w$ | $0.20h_w$ | $0.15h_w$ | $0.20h_w$ |
| $l_c$（翼墙或端柱） | $0.15h_w$ | $0.20h_w$ | $0.10h_w$ | $0.15h_w$ | $0.10h_w$ | $0.15h_w$ |
| $\lambda_v$ | 0.12 | 0.20 | 0.12 | 0.20 | 0.12 | 0.20 |

注：1. $\mu_N$ 为墙肢在重力荷载代表值作用下的轴压比，$h_w$ 为墙肢的长度。

2. 剪力墙的翼墙长度小于翼墙厚度的 3 倍或端柱截面边长小于 2 倍墙厚时，按无翼墙、无端柱查表。

3. $l_c$ 为约束边缘构件沿墙肢的长度（见图 12－19）。对暗柱不应小于墙厚和 400mm 的较大值；有翼墙或端柱时，不应小于翼墙厚度或端柱沿墙肢方向截面高度加 300mm。

……

补充说明：

1）计算体积配箍率可考虑计算墙体水平筋，但最多不超过 30%。

2）计算体积配箍率，没有说箍筋重叠部分是否可以重复计算。

剪力墙构造边缘构件的范围宜按图 12－20 中阴影部分采用，其最小配筋应满足表 12－10 的规定，并应符合下列规定：

（1）竖向配筋应满足正截面受压（受拉）承载力的要求。

（2）当端柱承受集中荷载时，其竖向钢筋、箍筋直径和间距应满足框架柱的相应要求。

（3）箍筋、拉筋沿水平方向的肢距不宜大于 300mm，不应大于竖向钢筋间距的 2 倍。

**表 12－10　剪力墙构造边缘构件的最小配筋要求**

| 抗震等级 | 底部加强部位 | | |
|---|---|---|---|
| | 竖向钢筋最小量（取较大值） | 箍筋 | |
| | | 最小直径/mm | 沿竖向最大间距/mm |
| 一 | $0.010A_c$，$6\phi16$ | 8 | 100 |
| 二 | $0.008A_c$，$6\phi14$ | 8 | 150 |
| 三 | $0.006A_c$，$6\phi12$ | 6 | 150 |
| 四 | $0.005A_c$，$4\phi12$ | 6 | 200 |

续表

| 抗震等级 | 其他部位 | | |
|---|---|---|---|
| | 竖向钢筋最小量（取较大值） | 拉筋 | |
| | | 最小直径/mm | 沿竖向最大间距/mm |
| 一 | 0.008 $A_c$，6$\phi$14 | 8 | 150 |
| 二 | 0.006 $A_c$，6$\phi$12 | 8 | 200 |
| 三 | 0.005 $A_c$，4$\phi$12 | 6 | 200 |
| 四 | 0.004 $A_c$，4$\phi$12 | 6 | 250 |

注：1. $A_c$为构造边缘构件的截面面积，即图 12－20 剪力墙截面的阴影部分。

2. 符号$\phi$表示钢筋直径。

3. 其他部位的转角处宜采用箍筋。

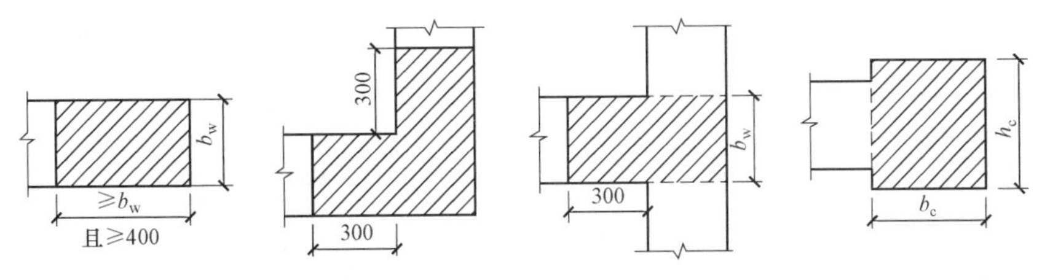


图 12－20　剪力墙的构造边缘构件范围

补充说明：1）表中构造边缘构件在底部加强区采用“箍筋”，其他部位采用“拉筋”。

2）其他部位的转角部位宜采用“箍筋”。

3）注意《高规》与《抗规》构造边缘截面尺寸不尽相同，建议设计师，对于高层建筑按《高规》执行，对于多层建筑按《抗规》执行。

4）条文中明确“构造边缘构件可配置箍筋与拉筋相结合的横向钢筋”，说明也可不这样。

**3.《砼规》相关说明**（见表 12－11）

**表 12－11　　构造边缘构件的构造配筋要求**

| 抗震等级 | 底部加强部位 | | | 其他部位 | | |
|---|---|---|---|---|---|---|
| | 纵向钢筋最小配筋量（取较大值） | 箍筋、拉筋 | | 纵向钢筋最小配筋量（取较大值） | 箍筋、拉筋 | |
| | | 最小直径/mm | 最大间距/mm | | 最小直径/mm | 最大间距/mm |
| 一 | 0.01$A_c$，6$\phi$16 | 8 | 100 | 0.008 $A_c$，6$\phi$14 | 8 | 150 |
| 二 | 0.008 $A_c$，6$\phi$14 | 8 | 150 | 0.006 $A_c$，6$\phi$12 | 8 | 200 |
| 三 | 0.006 $A_c$，6$\phi$12 | 6 | 150 | 0.005 $A_c$，4$\phi$12 | 6 | 200 |
| 四 | 0.005 $A_c$，4$\phi$12 | 6 | 200 | 0.004 $A_c$，4$\phi$12 | 6 | 250 |

注：1. $A_c$为《砼规》图 11.7.19 中所示的阴影面积。

2. 对其他部位，拉筋的水平间距不应大于纵向钢筋间距的 2 倍，转角处宜设置箍筋。

3. 当端柱承受集中荷载时，应满足框架柱的配筋要求。

注意：表 12－11 中，底部及其他部位均采用“箍筋、拉筋”，《砼规》这个说法比较科学合理。

### 12.11.2　平面表示法图集 G101－1 是如何给出做法的

图集给出了构造边缘构件利用墙体分布筋的图例，这也说明可以按此图集设计及优化边缘构件配箍。

原图集 11G101－1 是仅有约束边缘构件可以利用墙体水平筋的做法。

现行 16G101－1 分别给出约束与构造边缘构件的具体做法，设计师可以参考 16G101－1 第 76、77 页说明。

### 12.11.3　目前工程界的两种做法利弊谈

通过以上分析说明：可以发现目前工程界对于构造边缘构件与墙身配筋结合有两种做法，如图 12－21 所示。这两种做法都是可以的，利用墙体水平筋经济性稍好点，但会增加施工复杂程度。

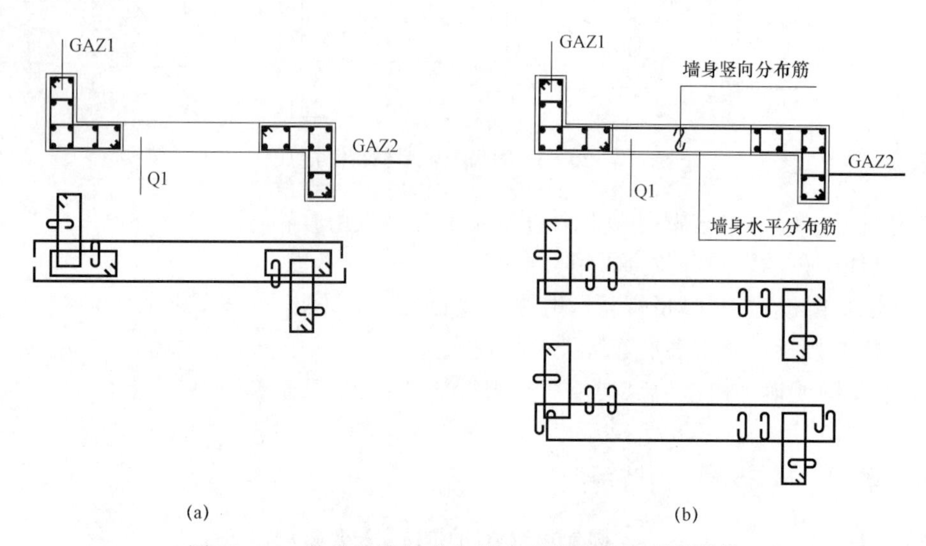


图 12－21　构造边缘构件与墙身配筋结合的两种做法

（a）构造边缘构件外箍与墙身水平分布筋分开配置；（b）构造边缘构件外箍与墙身水平分布筋一体配置

说明：

图 12－21（a）做法（传统做法）：边缘构件箍筋和墙水平筋不发生关系，但会造成墙水平筋与边缘构件外箍的重叠浪费。

图 12－21（b）做法（改进做法）：节约了边缘构件箍筋和墙体水平钢筋的重叠浪费，但要求墙体水平筋配置不低于边缘构件的配置要求；当墙较长时，墙体水平筋形成大箍比较困难，此时需要在端部采用 U 形箍与墙体筋搭接（多了搭接长度），或墙体水平筋在端不弯折后伸到另一端且钩住角部纵筋，如图 12－22 所示。

**【工程案例 12－5】**某工程剪力墙结构，抗震等级三级，非底部加强部位一般构造边缘构件习惯按图 12－23（b）设计，但依据以上介绍，也可按图 12－23（a）设计。规范要求暗柱箍筋ϕ6@200。

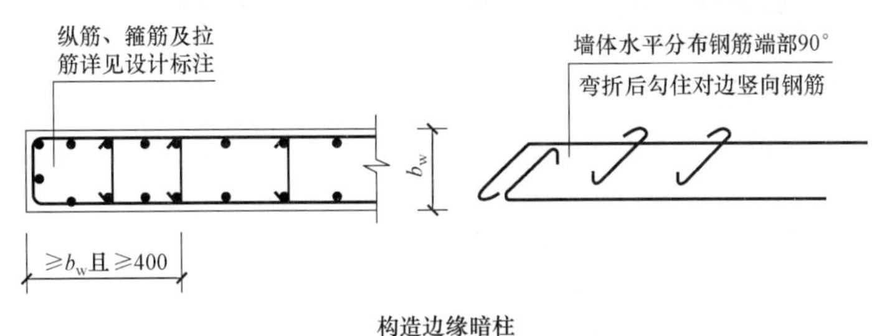


图 12－22　U 形箍与墙体筋搭接

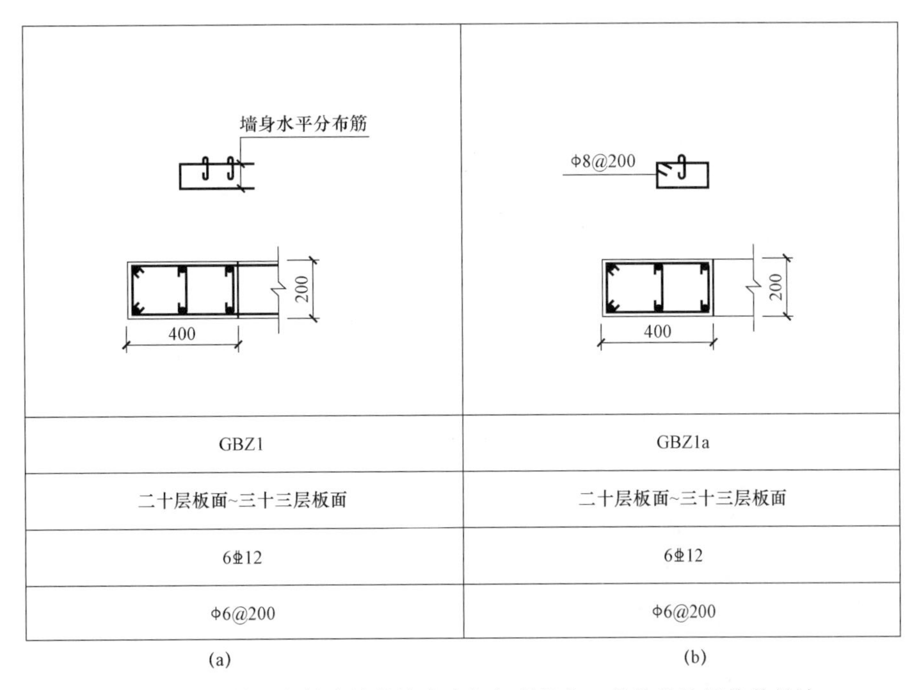


图 12－23　某工程剪力墙结构非底部加强部位一般构造边缘构件做法

（a）图暗柱箍筋及墙体水平筋：

$$A_S=[(360\times2+160\times3+45\times6\times2(\text{搭接})]\times3.14\times3\times3=49\ 172\text{mm}^2$$

（b）图暗柱箍筋及墙体水平筋：

$$A_S=[(360\times2+360\times2+3\times160+2\times15\times6)]\times3.14\times3\times3=59\ 346\text{mm}^2$$

两者相差 20%左右。

## 12.11.4　目前软件是否可以计算考虑墙体水平筋替代部分边缘构件箍筋

程序 PKPM（v2.2）在施工图中能够考虑约束边缘构件考虑墙体水平筋的功能，但没有考虑构造边缘利用墙水平筋的功能。设置如图 12－24 所示。

而 YJK 程序既可对约束边缘构件，也可以对构造边缘构件利用墙体水平筋的功能，如图 12－25 所示。

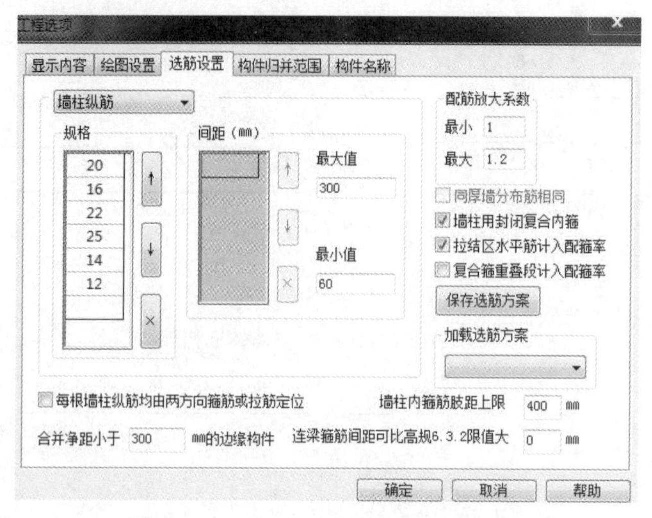


图 12－24　PKPM“选筋设置”对话框

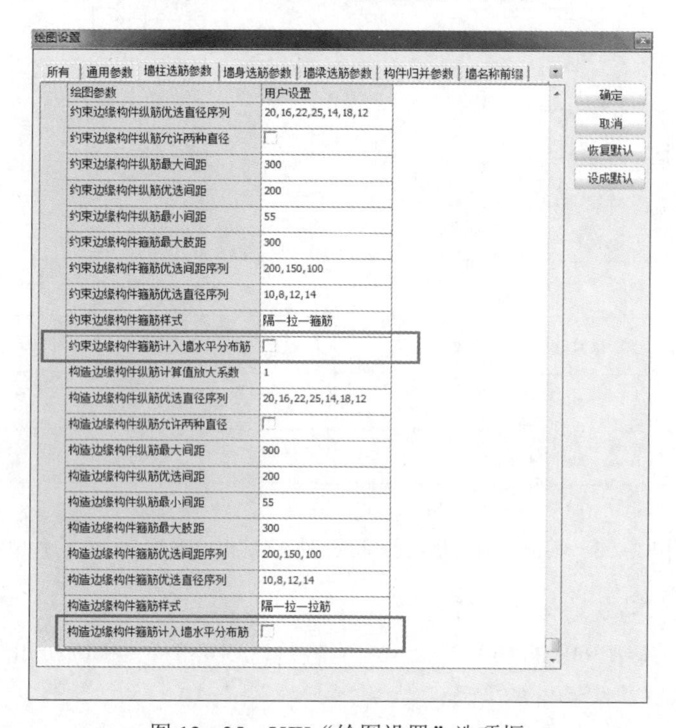


图 12－25　YJK“绘图设置”选项框

## 12.11.5　考虑墙体水平筋替代部分边缘构件箍筋的构造要求

采用墙体水平筋替代部分边缘件箍筋，这个时候的竖向间距问题，相关规范中并没有明确说明。

由于《抗规》规定：“约束边缘构件内箍筋、拉筋的竖向钢筋间距，抗震等级为一级不大于 100mm，二、三级不大于 150mm。”所以有审图专家认为：即使采用墙体水平筋已兼作箍筋，也只能计入其体积配筋率，在考察竖向间距时，仍不能视其为箍筋，即图 12－26 中关于“箍筋或拉筋沿竖向间距”是指 $S_b$，而非 $S_a$。

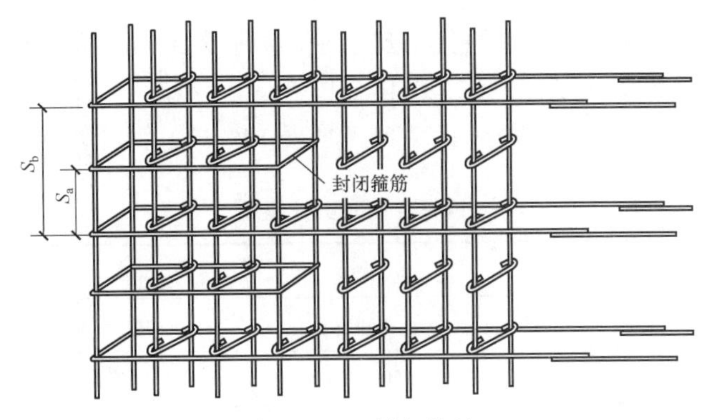


图 12－26　封闭箍筋

作者认为这种观点存在自相矛盾的地方：首先，既然水平筋已经兼作箍筋使用，满足相应的构造要求后，它就已经具备箍筋的功能，在各项参数控制时就应视其为箍筋；其次，如果不能当作箍筋，又为何能计入其体积配筋率？所以，这种观点是值得商榷的。应仔细理解规范实质内涵，《抗规》第 6.4.5 条条文说明已经明确：考虑水平筋同时为抗剪受力钢筋，其竖向间距往往大于约束边缘构件的箍筋间距，需要另增加一道封闭箍筋（见图 12－26）。由此可见，规范的原意是兼作箍筋的水平筋就可以当作箍筋，但需满足相关构造要求。在考察箍筋竖向间距时应按图 12－26 中的 $S_a$ 计算，而非 $S_b$。

作者上述观点随后得到多地审图专家“佐证”。例如，2016 年《江苏审图》，就有以下问题：

8. JGJ3 第 7.2.15－1 条规定符合构造要求的水平分布钢筋可计入箍筋体积配箍率（不大于总体积配箍率的 30%），那么第 7.2.15－3 条的箍筋间距要求如何考虑水平筋的计入作用？假如箍筋ϕ8@200，水平分布筋ϕ8@200，经计算满足体积配箍率要求，那么此时箍筋间距是@200 还是@100，是否满足第 7.2.15－3 条（抗震等级一、二、三级的要求）？

答：剪力墙边缘构件的箍筋，除满足体积配箍率外，尚应满足规范沿竖向最大间距要求。本例箍筋间距 200mm，剪力墙水平筋间距 200mm，箍筋及拉筋按下图（图集 11G101－1 第 72 页即图 12－27）设置时，可认为箍筋间距满足规范要求。

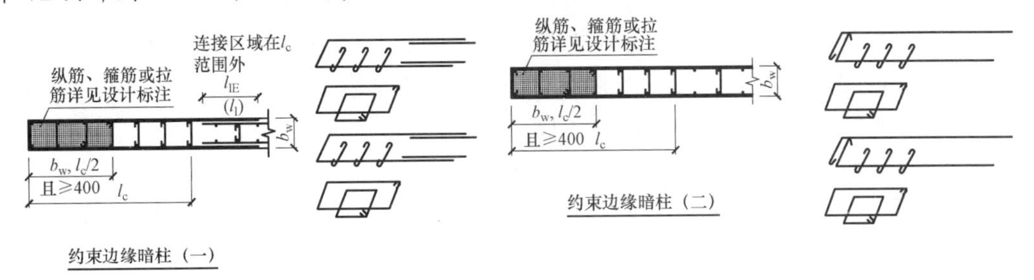


图 12－27　约束边缘暗柱

## 12.12　关于大跨屋盖钢结构抗震措施及计算相关问题

### 12.12.1　规范规定有哪些

1）《抗规》第 10 章的 10.2 节“大跨屋盖建筑”。

首先说明，大跨屋盖结构没有抗震等级之说。由于大跨结构抗震不涉及延性设计，抗震措施可以见《抗规》第 10.2.14 条～第 10.2.17 条。

2）构件长细比应按《抗规》表 10.2.14（见表 12－12）钢杆件的长细比限值控制。

**表 12－12　　钢杆件的长细比限值**

| 杆件类型 | 受拉 | 受压 | 压弯 | 拉弯 |
|---|---|---|---|---|
| 一般杆件 | 250 | 180 | 150 | 250 |
| 关键杆件 | 200 | 150（120） | 150（120） | 200 |

注：1. 括号内数值用于 8、9 度。
2. 表列数据不适用于拉索等柔性构件。

注意：对单向传力体系，关键杆件指与支座直接相邻节间的弦杆和腹杆。

3）关键杆件地震组合内力设计值应乘以增大系数，8 度取 1.15。

4）关键节点（与关键构件连接的节点）的地震作用效应组合值应乘增大系数。8 度取 1.2。

5）杆件宽厚比满足《拱形钢结构技术规程》（JGJ/T 249—2011）相关要求即可。

如：圆钢管径厚比不大于 100（Q235B），方钢管最大外缘尺寸与壁厚的比值不大于 40。

### 12.12.2 《建筑结构专业技术措施》要求计算考虑的荷载工况

大跨空间钢结构除满足规范有关规定校核外，还应当考虑下列荷载组合：

1）（1.2 静+0.6 雪）+1.3 竖向地震+0.5 水平地震。

2）（1.2 静+0.6 雪）+1.3 竖向地震+0.5 水平地震+0.28 风载。

3）（1.2 静+0.6 雪）+1.3 竖向地震+0.5 水平地震+0.28 风载－0.2 温度。

4）8 度：（1.2 静+0.6 雪）×1.1。

### 12.12.3 大跨屋盖建筑抗震设计的地震作用应如何取值

《抗规》中定义的大跨度钢屋盖包括拱、平面桁架、立体桁架、网架、网壳、张弦梁和弦支穹顶等 7 类基本形式。支承条件有周边支承、两对边支承、长悬臂支承等。跨度大于 120m、结构单元长度大于 300m 或悬挑长度大于 40m 的屋盖结构，以及除上述 7 类以外新的屋盖结构形式，抗震设计应做专门研究。

一般情况下，大跨度空间结构应考虑竖向地震作用，可取水平地震作用的 65%。

### 12.12.4 抗震验算的特殊要求

抗震验算要考虑多向地震效应组合，特别增加以竖向地震效应为主的组合，即取水平地震作用分项系数为 0.5 和竖向地震作用分项系数为 1.3.抗震验算时，应根据屋盖尺度大小和支承条件，采用单点一致、多向单点、单向多点、多向多点等地震输入方式，必要时，应考虑地震行波效应和局部场地效应。在 6、7 度Ⅰ、Ⅱ类场地时，可采用简化计算方法，对建筑结构短边的抗侧构件的内力乘以放大系数 1.15～1.30。

## 12.13 关于柱、墙轴压比相关问题

### 12.13.1 现行规范对构件的规定

说到轴压比，大家都不陌生，这也是混凝土结构设计的重要控制指标之一。规范规定如下：

**1. 钢筋混凝土柱轴压比问题**

涉及《砼规》第 11.4.16 条注 1、《抗规》第 6.3.6 条、《高规》第 6.4.2 条。

轴压比指柱地震作用组合的轴向压力设计值与柱的全截面面积和混凝土轴心抗压强度设计值乘积之比值，即

$$\mu=N/(f_cA)$$

表 12－13 为柱轴压比限值。

表 12－13　　柱轴压比限值

| 结构类型 | 抗震等级 | | | |
|---|---|---|---|---|
| | 一 | 二 | 三 | 四 |
| 框架结构 | 0.65 | 0.75 | 0.85 | 0.90 |
| 框架－抗震墙，板柱－抗震墙、框架－核心筒及筒中筒 | 0.75 | 0.85 | 0.90 | 0.95 |
| 部分框支抗震墙 | 0.6 | 0.7 | — | |

注：1. 轴压比指柱组合的轴压力设计值与柱的全截面面积和混凝土轴心抗压强度设计值乘积之比值；对本规范规定不进行地震作用计算的结构，可取无地震作用组合的轴力设计值计算。

2. 表内限值适用于剪跨比大于 2、混凝土强度等级不高于 C60 的柱；剪跨比不大于 2 的柱，轴压比限值应降低 0.05，剪跨比小于 1.5 的柱，轴压比限值应专门研究并采取特殊构造措施。

3. 沿柱全高采用井字复合箍，且箍筋肢距不大于 200mm、间距不大于 100mm 直径不小于 12mm，或沿柱全高采用复合螺旋箍，且螺旋间距不大于 100mm、箍筋肢距不大于 200mm、直径不小于 12mm，或沿柱全高采用连续复合矩形螺旋箍，且螺旋净距不大于 80mm、箍筋肢距不大于 200mm、直径不小于 10mm，轴压比限值均可增加 0.10。上述三种箍筋的最小配箍特征值均应按增大的轴压比由《砼规》表 6.3.9 确定。

4. 当柱截面中部设置由附加纵向钢筋形成的芯柱，且附加纵向钢筋的截面面积不小于柱截面面积的 0.8%时，轴压比限值可增加 0.05。此项措施与注 3. 的措施共同采用时，轴压比限值可比表中数值增加 0.15，但箍筋的体积配箍率仍可按轴压比增加 0.10 的要求确定。

《高规》第 6.4.2 条：抗震设计时，钢筋混凝土柱轴压比不宜超过表 6.4.2 的规定；对于Ⅳ类场地上较高的高层建筑，其轴压比限值应适当减小。

“较高的高层建筑”是指高于 40m 的框架结构或高于 60m 的其他结构体系的混凝土房屋建筑。

**2. 钢筋混凝土剪力墙构件**

涉及《砼规》第 11.7.16 条注、《抗规》第 6.4.2 条、《高规》第 7.2.13 条。

剪力墙肢轴压比指在重力荷载代表值作用下墙的轴压力设计值与墙的全截面面积和混凝土轴心抗压强度设计值乘积的比值。

$$\mu=N/(f_cA)$$

其中，$N$=1.2($G$+0.5$g$)。

《抗规》第 6.4.2 条条文说明中规定剪力墙轴压比限值见表 12－14。

表 12－14　剪力墙轴压比限值

| 抗震等级（设防烈度） | 一级（9 度） | 一级（7、8 度） | 二级、三级 |
|---|---|---|---|
| 轴压比限值 | 0.4 | 0.5 | 0.6 |

### 3. 混合结构型钢混凝土构件

《高规》第 11.4.4 条：抗震设计时，混合结构中型钢混凝土柱的轴压比不宜大于表 12－15 的限值，轴压比可按下式计算：

$$\mu_N = N/(f_c A_c + f_a A_a) \tag{12-5}$$

式中　$\mu_N$——型钢混凝土柱的轴压比；

$N$——考虑地震组合的柱轴向力设计值；

$A_c$——扣除型钢后的混凝土截面面积；

$f_c$——混凝土的轴心抗压强度设计值；

$f_a$——型钢的抗压强度设计值；

$A_a$——型钢的截面面积。

表 12－15　型钢混凝土柱的轴压比限值

| 抗震等级 | 一 | 二 | 三 |
|---|---|---|---|
| 轴压比限值 | 0.70 | 0.80 | 0.90 |

注：1. 转换柱的轴压比应比表中数值减少 0.10 采用。

2. 剪跨比不大于 2 的柱，其轴压比应比表中数值减少 0.05 采用。

3. 当采用 C60 以上混凝土时，轴压比宜减少 0.05。

### 4. 叠合柱构件

钢管混凝土叠合柱是由截面中部钢管混凝土和钢管外钢筋混凝土叠合而成的柱，简称叠合柱。叠合柱可为方形截面、矩形截面或圆形截面。叠合柱的内外组成部分可不同期施工，也可同期施工。不同期施工是指先浇筑管内混凝土形成钢管混凝土柱，承受部分施工期间的竖向荷载，后浇筑管外混凝土。同期施工是指同时浇筑钢管内外混凝土。

抗震设计的叠合柱，钢管外钢筋混凝土的轴压比限值，可按现行《抗规》对钢筋混凝土柱轴压比限值的规定采用，见表 12－13。

注意：叠合柱钢管外钢筋混凝土的轴压比可按下式计算：

$$n = N_{cc}/(f_{cc} A_{cc}) \tag{12-6}$$

式中　$N_{cc}$——钢管外钢筋混凝土柱轴力设计值；

$f_{cc}$——钢管外混凝土强度抗压强度设计值；

$A_{cc}$——钢管外混凝土截面面积。

### 12.13.2 为何轴压比计算公式中没有考虑钢筋的贡献，而在混合结构型钢混凝土柱中却可以计入型钢的贡献

轴压比限值是经过理论分析和试验研究，并参照国外的类似条件确定的，其基准值是对称配筋柱大小偏心受压状态的轴压比分界值。通过试验可知，柱子在反复受力时的滞回曲线捏缩效应明显，滞回耗能性能不好，通俗讲就是开裂后由于轴力大，在反复受力时，裂缝会闭合，此时钢筋对能量耗散的贡献小，混凝土成为主导受力材料。因此，可以认为对于混凝土柱轴压比没有计入钢筋的贡献一是由于其贡献较小，二是由于无论试验还是实际工程钢筋的配置情况都不好把控，只能作为一种安全储备，这也是为何周压比限制用“宜”。

但是，对于型钢混凝土构件，在一定轴力的长期作用下，随着轴向塑性的发展以及长期荷载作用下混凝土的徐变收缩会产生内力重分布，钢筋混凝土部分承担的轴力逐渐向型钢部分转移。因此，计算时可用计入型钢的贡献。

### 12.13.3 为何设置芯柱或配置井字复合箍等方式可以增大轴压比限值

国内外试验研究结果表明，设置钢筋芯柱，采用井字复合箍筋等配筋方式，能进一步提高对核心混凝土的约束效应，改善柱的位移延性性能。轴压比本质是控制延性的，但是我国规范考虑其他因素，比如柱截面尺寸、纵筋配筋率等方面的影响，可以说偏于严格。而且轴压比这个规定是“中国特色”，欧美规范没有这个规定，但是有考虑偏心或强度不足等意外因素引入了一个降低系数。在加强柱身的约束且纵筋较多、具有一定的抗震墙的条件下，可以适当放松轴压比限制，规范对轴压比限制。写的是“宜”，即可有一定的灵活余地。

《全国民用建筑工程设计技术措施　结构（混凝土结构）》（2009 年版）又给出两种放松条件：

（1）箍筋采用 HRB400 级钢，且体积配箍率不小于 1.8%。

（2）纵筋含量不小于 3%；《规范》规定柱总配筋率不应大于 5%。

在此情况下，轴压比可以放宽 6%～12%。

### 12.13.4 叠合柱为何仅考虑钢管外钢筋混凝土的轴压比

圆形钢管混凝土柱延性较好，试验结果表明，实心圆钢管混凝土柱的延性主要取决于构件长细比：当 $L/D$=4.7～6.5 时，圆钢管柱在反复荷载作用下，$P-\Delta$骨架曲线无下降段，位移延性无限大；当 $L/D$=8.2～11 时，基本可满足位移延性系数$\mu$=5；当长细比过大，为保证构件延性要求，则应限制轴压比，但此时构件受稳定控制，轴压比的限值高于稳定系数。故圆形钢管混凝土柱不限制轴压比。

**【工程案例 12－6】**作者任咨询顾问的某 300m 超限工程，对其型钢柱与叠合柱进行详细比较分析。

下面以截面为 1000mm×1500mm 的框架柱为例进行说明。

两种组合柱的含钢量、能承受的最大轴力及截面特性比较见表 12－16。

表 12－16　　两种组合柱的含钢量、能承受的最大轴力及截面特性

| 参数 | 型钢柱 | 叠合柱 |
| --- | --- | --- |
| 配钢率 | 6% | 3% |
| 轴压比限值 | 0.70 | 0.75 |
| 能够承受的最大轴力/kN | 47 460 | 48 916 |
| 弯曲刚度/（N·mm²） | $12.064\times10^{15}$ | $11.208\times10^{15}$ |
| 轴向刚度/N | $72.54\times10^{9}$ | $63.5\times10^{9}$ |
| 剪切刚度/N | $28.71\times10^{9}$ | $25.25\times10^{9}$ |

详细计算示意图如图 12－28 所示。

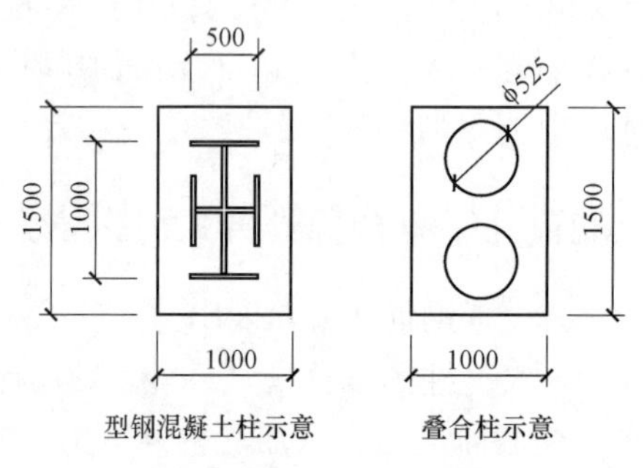


图 12－28　计算示意图

（1）型钢混凝土柱：

柱截面 1000mm×1500mm，型钢率为 6%，型钢强度等级：Q345B，混凝土强度等级：C60，钢筋强度等级：HRB400，控制轴压比 0.7（抗震等级为一级型钢混凝土柱），则

轴力 $N=0.7\times(27.5\times1000\times1500+295\times1000\times1500\times6\%)=47\ 460$（kN）

弯曲刚度 $EI=E_cI_c+E_aI_a=3.6\times10^4\times(1/12)\times1000\times1500^3+206\times10^3\times[2\times500\times30\times485^2+(1/12)\times25\times940^3+2\times(1/12)\times30\times500^3]=10.125\times10^{15}+206\times10^3\times(7\ 056\ 750\ 000+1\ 730\ 383\ 333+625\ 000\ 000)=10.125\times10^{15}+1.939\times10^{15}=12.064\times10^{15}$（N·mm²）

轴向刚度 $EA=E_cA_c+E_aA_a=3.6\times10^4\times1000\times1500+206\times10^3\times1000\times1500\times6\%=54\times10^9+18.54\times10^9=72.54\times10^9$（N）

剪切刚度 $GA=G_cA_c+G_aA_a=21.6\times10^9+79\times10^3\times1000\times1500\times6\%=21.6\times10^9+7.11\times10^9=28.71\times10^9$（N）

（2）叠合柱

柱截面 1000mm×1500mm，型钢率为 3%，型钢强度等级：Q345B，混凝土强度等级：C60，钢筋强度等级：HRB400，控制轴压比 0.75（一级混凝土柱）。

则 $\theta=f_aA_a/f_cA_{cc}=2\times295\times3.14\times14\times525/(2\times27.5\times3.14\times262.5^2)=1.144$

$N_{cc}=NE_{cc}A_{cc}(1+1.8\theta)/[E_{c0}A_{c0}+E_{cc}A_{cc}(1+1.8\theta)]=N\times3.6\times10^4\times2\times3.14\times262.5^2\times(1+1.8\times1.144)/[3.6\times10^4\times(1000\times1500-2\times3.14\times262.5^2)+3.6\times10^4\times2\times3.14\times262.5^2\times(1+1.8\times1.144)]=N\times(4.765\ 7\times10^{10}/8.607\ 7\times10^{10})=0.553N$；

$N_{co}=N-0.55N=0.45N$；

$0.75=N_{co}/f_{co}\times A_{co}=0.45N/(1000\times1500-2\times3.14\times262.5^2\times27.5)$；

故轴力 $N$=48 916kN；

弯曲刚度 $EI=E_{co}I_{co}+E_{cc}I_{cc}+E_aI_a=10.125\times10^{15}+206\times10^3\times23\ 079\times337.5^2\times2=10.125\times10^{15}+1.083\ 1\times10^{15}=11.208\times10^{15}$（N·mm²）；

轴向刚度 $EA=E_{co}A_{co}+E_{cc}A_{cc}+E_aA_a=3.6\times10^4\times1000\times1500+206\times10^3\times23\ 079\times2=54\times10^9+9.5\times10^9=63.5\times10^9$（N）；

剪切刚度 $GA=G_{co}A_{co}+G_{cc}A_{cc}+G_aA_a=3.6\times10^4\times0.4\times1000\times1500+79\times10^3\times23\ 079\times2=21.6\times10^9+3.65\times10^9=25.25\times10^9$（N）。

### 12.13.5 剪力墙轴压比为何用重力荷载代表值，且不考虑地震工况

《混凝土结构设计规范》(GB 50010—2010，2015 年版）第 11.4.16 条规定：柱轴压比指地震作用下柱组合的轴向压力设计值与柱全截面面积和混凝土轴心抗压强度设计值乘积之比值；第 11.7.16 条规定：剪力墙肢轴压比指在重力荷载代表值作用下墙的轴压力设计值与墙的全截面面积和混凝土轴心抗压强度设计值乘积的比值。

柱轴压比=［1.2（恒载+0.5 活载）+1.3 地震］$/f_cA_c$，墙轴压比=1.2（恒载+0.5 活载）$/f_cA_c$（假定活荷载重力荷载代表着组合值系数为 0.5），柱轴压比计算中，考虑了地震作用下柱轴力设计值，而墙轴压比的计算中，则只考虑了重力荷载代表值的设计值，并没有计入地震作用。地震作用对墙轴压比的影响，只是粗略反映在轴压比限值中，因此墙轴压比限值比柱低很多。

《抗规》考虑到计算剪力墙相对受压区的轴压比不易操作，所以《抗规》中建议取重力荷载代表值作用下，墙肢轴压比作为依据。主要原因有以下两点考虑：

1）地震作用下，剪力墙部分受拉部分受压，拉压平衡，所以剪力墙轴压比不考虑地震作用。

2）对剪力墙结构而言，剪力墙主要承受水平剪力，从规范对柱与对墙轴压比限值可以看出其控制限值较框架结构更为严格。所以不必考虑地震作用组合。

这样的简化对于一般多高层建筑说是可以的，但对于超限高层建筑这样是否依然合适呢？目前业界已经有专家学者提出质疑。

如廖耘、容柏生、李盛勇《对 200m 以上超高层建筑剪力墙轴压比计算方法和限值的改进建议》一文指出，对 200m 以上的超高层建筑，很难通过抗震等级来区别墙轴压比限值，此时《高规》中不考虑实际地震作用大小，用墙轴压比限值“一刀切”的做法，可能会在实际工程设计中造成如下一些不合理之处：

1）不能反映翼缘墙和腹板墙的地震作用差异，会出现翼缘墙延性低、腹板墙延性高的不均衡现象。

2）不能反映不同抗震设防烈度的地震作用差异，6、7、8 度时墙轴压比限值相同，6 度时墙延性富余较大，8 度时墙延性往往严重不足。

3）不能反映不同倾覆弯矩比例所导致的墙地震作用的差异，墙承担倾覆弯矩较少的筒中筒结构墙厚较浪费，墙承担大部分倾覆弯矩的框架－核心筒结构墙厚则可能不足。

考虑到 200m 以上超高层建筑下部剪力墙厚度多由轴压比控制，设计中如采用本文所提出的“墙轴压比计算时考虑地震作用设计值”和“在长度较长的墙肢轴压比计算中考虑

弯矩影响”两项建议进行补充校核，可能会较准确地反映剪力墙的延性富余程度，并指导结构工程师确定更加合理的墙厚。

### 12.13.6 墙、柱轴压比计算还能考虑活荷载折减吗

《荷载规范》（GB 50009—2012）第 5.1.2 条作为强制性条文，明确规定设计楼面梁、墙、柱及基础时的楼面均布活荷载的折减系数，作为设计者必须遵守的最低标准。原因是作用在楼面上的活荷载，不可能以标准值的大小同时布满在所有的楼层楼面上，因此设计梁、柱、墙和基础时，还要考虑实际荷载沿楼面楼层分布的变异情况，即在确定梁、墙、柱和基础的荷载标准值时，允许按楼面活荷载标准值乘以折减系数。

折减系数的确定实际上是相当复杂的，目前采用简化的概率统计模型来解决这个问题还不够成熟。规范通过从属面积来考虑荷载折减系数。对于支承单向板的梁，其从属面积为梁两侧各延伸二分之一的梁间距范围内的面积；对于支承双向板的梁，其从属面积由板面的剪力零线围成。对于支承梁的柱，其从属面积为所支承梁的从属面积的总和；对于多层房屋，柱的从属面积为其上部所有柱从属面积的总和。

柱轴压比=［1.2（恒载+0.5 活载）+1.3 地震］$/f_cA_c$，墙轴压比=1.2（恒载+0.5 活载）$/f_cA_c$（假定活荷载重力荷载代表着组合值系数为 0.5），柱轴压比计算中，考虑了地震作用下柱轴力设计值，而墙轴压比的计算中，则只考虑了重力荷载代表值的设计值，并没有计入地震作用。

因为地震是一个偶然事件，在地震发生的同时活荷载满布的概率是较小的，所以可以进行折减。这与《荷载规范》里根据楼层数不同折减活荷载的道理是一样的，如楼上 25 层的所有人都同时在家的概率也是比较小的。所以，既然重力荷载代表值里面的活荷载已经考虑了折减，再考虑荷载规范的折减显然就不合适了，而且《荷载规范》《抗规》的折减系数不能互用。

## 12.14 关于计算框架梁考虑“刚域”问题的讨论

### 12.14.1 为何计算需要考虑刚域

《砼规》第 5.2.2－4 条：梁、柱等杆件间连接部分的刚度大于杆件中间截面的刚度时，在计算模型中可作为刚域处理。

《高规》第 5.3.4 条：在结构整体计算中，宜考虑框架或壁式框架梁、柱节点区刚域影响；

结构图形的简化：结构的分析所使用的计算简图是单线条的平面图形，因此实体的结构图形必须进行简化，杆形构件－梁、柱、撑杆等，轴线取为杆件截面的中心；

连接刚域的处理：当梁、柱、撑杆等形成构件之间连接节点的刚度大于形成构件中间截面的刚度时，在计算模型中就可以将其作为刚域处理。

### 12.14.2 框架梁考虑“梁端刚域”对结构是偏于安全还是不安全

以下用工程案例说明：

**【工程案例 12－7】**某框架结构，位于 8 度区（0.30$g$），地震分组第二组，场地Ⅳ类，局部二层，如图 12－29 所示。

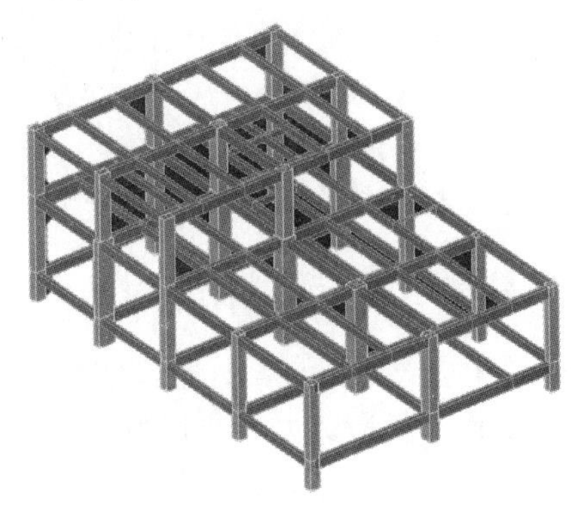

图 12－29　计算模型示意

主要计算结果见表 12－17。

**表 12－17**　　　**主要计算结果**

| | | 不考虑刚域 | 考虑刚域 |
|---|---|---|---|
| 周期 | T1 | 0.464 2 | 0.447 0 |
| | T2 | 0.454 6 | 0.438 6 |
| | T3 | 0.367 4 | 0.357 2 |
| 位移 | $X$ | 1/525 | 1/560 |
| | $Y$ | 1/510 | 1/546 |
| 地底剪力 | $X$ | 2181kN | 2189kN |
| | $Y$ | 1798kN | 1790kN |

不考虑梁端刚域柱梁配筋如图 12－30 所示，考虑梁端刚域柱梁配如图 12－31 所示。

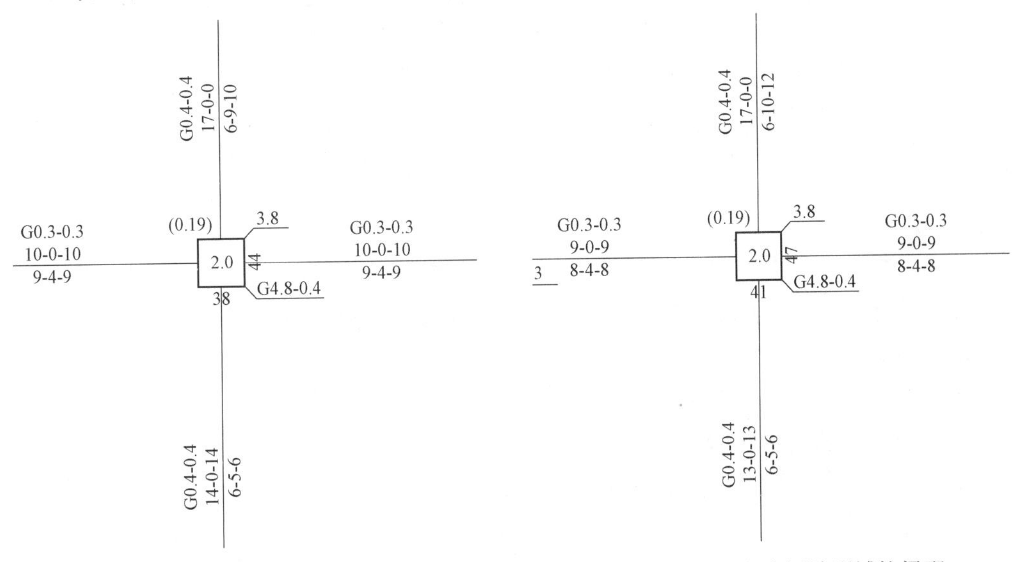


图 12－30　不考虑梁端刚域柱梁配筋　　　图 12－31　考虑梁端刚域柱梁配

由以上计算结果可以看出：

1）考虑刚域结构的刚度要比不考虑大，意味着结构计算的地震力大，结构更加安全。

2）考虑刚域结构柱配筋大于不考虑梁端刚域柱梁配，梁配筋考虑刚域小于不考虑梁端刚域柱梁配，这样更有利于实现强柱弱梁。

3）考虑刚域钢筋用量比不考虑节省 2%左右。

作者的观点是：框架梁考虑“柱刚域”后，结构是安全可靠、经济合理。

### 12.14.3 是否可以同时考虑柱端刚域与梁端刚域对结构的影响

目前一些计算软件增加了“考虑梁端刚域与柱端刚域”的选项，这个选项可以由设计师依据工程情况合理选择。那么设计师应该如何选择呢？通过工程案例进行分析。

【工程案例 12－8】本工程地处 7 度（0.15$g$），第二组，Ⅲ类场地，三层框架结构，层高（6.5+4.5+3.9）m，平面布置如图 12－32 和表 12－18。

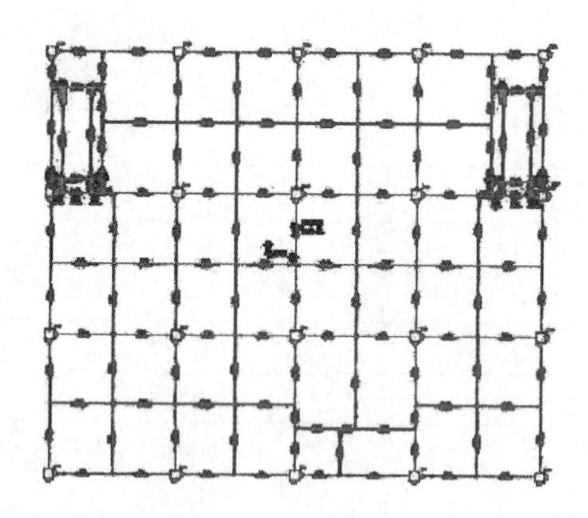

图 12－32 平面布置图

表 12－18 工程的数据分析结果

| 方案 | 周期 | 层间位移 | | 混凝土量 | 钢筋量/（kg/m$^2$） | | | |
|---|---|---|---|---|---|---|---|---|
| | | $x$ | $y$ | m$^3$/m$^2$ | 梁 | 柱 | 板 | 合计 |
| 同时考虑 | 0.973，0.704 | 1/539 | 1/694 | 0.25 | 12.64 | 4.42 | 6.77 | 23.83 |
| 仅考虑梁端 | 0.991，0.712 | 1/515 | 1/679 | 0.25 | 12.57 | 4.25 | 6.77 | 23.59 |
| 仅考虑柱端 | 0.985，0.708 | 1/529 | 1/688 | 0.25 | 12.69 | 4.39 | 6.77 | 23.85 |
| 均不考虑 | 1.00，0.717 | 1/506 | 1/673 | 0.25 | 12.67 | 4.23 | 6.77 | 23.64 |

上表分析结果判断，规律性是合理的，但具体工程如何选择还是要结合工程情况灵活把控。通过这个工程案例分析，建议如下：

1）对于宽扁梁框架结构可以同时选择梁端与柱端刚域影响。

2）对于无梁楼盖宜选择均不考虑影响。

3）对于厚板转换可以仅考虑柱端刚域影响。

4）其他情况均可以仅考虑梁端刚域影响。

## 12.15 关于混凝土结构温度伸缩缝设置及相关问题

### 12.15.1 规范是如何规定的

《砼规》第 8.1.1 条是这样规定的：

钢筋混凝土结构伸缩缝的最大间距可按表 12－19 确定。

表 12－19　钢筋混凝土结构伸缩缝最大间距　（m）

| 结构类别 | | 室内或土中 | 露天 |
|---|---|---|---|
| 排架结构 | 装配式 | 100 | 70 |
| 框架结构 | 装配式 | 75 | 50 |
| | 现浇式 | 55 | 35 |
| 剪力墙结构 | 装配式 | 65 | 40 |
| | 现浇式 | 45 | 30 |
| 挡土墙、地下室墙壁等类结构 | 装配式 | 40 | 30 |
| | 现浇式 | 30 | 20 |

注：1. 装配整体式结构的伸缩缝间距，可根据结构的具体情况取表中装配式结构与现浇式结构之间的数值。

2. 框架－剪力墙结构或框架－核心筒结构房屋的伸缩缝间距，可根据结构的具体情况取表中框架结构与剪力墙结构之间的数值。

3. 当屋面无保温或隔热措施时，框架结构、剪力墙结构的伸缩缝间距宜按表中露天栏的数值取用。

4. 现浇挑檐、雨罩等外露结构的局部伸缩缝间距不宜大于 12m。

5. 表中的装配式也包含由叠合构件加后浇层形成的结构；由于预制混凝土构件已基本完成收缩，故伸缩缝间距可以适当加大，应根据实际情况在现浇与装配式之间取值。

6. 针对目前预制装配式剪力墙结构，北京地标《装配式剪力墙结构设计规程》（DB 11/1003—2013）给出建议装配式剪力墙结构伸缩缝最大间距不宜大于 60m 的规定。

补充：作者建议设计师还应结合工程预制率多少，合理考虑伸缩缝间距。

### 12.15.2 尽管现行规范用词为“可”比原规范“宜”有所放松，但仍需注意

提醒设计师注意，现行规范对伸缩缝用词是“可”，上版规范用词是“宜”，由用词上看似乎放松了要求，但设计师要注意，由于现代水泥强度等级不断提高，水化热加大，凝固时间缩短，实际工程混凝土强度又在不断提高，拌和物流动性加大，结构的体量越来越大，为了满足泵送混凝土、免振捣等工艺，混凝土的组分变化造成收缩增加。近年来，由此而引起的混凝土体积收缩呈增大趋势，现浇混凝土结构的裂缝问题比较普遍。

工程调查和试验研究表明，影响混凝土间接裂缝的因素很多，不确定性很大，而且近年间接作用的影响还有增大的趋势。

对于超过《砼规》限制的结构，我们应该慎重对待。

1）对于住宅建筑，一旦出现裂缝就会带来很大的麻烦，更应慎之又慎，因此一般情况下应严格把握，没有十分可靠措施不能随意放宽限制。

2）对于一般立面，装修要求不高、使用上无特殊要求的建筑，其伸缩缝最大间距应按《砼规》规定执行。

3）对于公共建筑，则可以根据工程情况以及所采取的对策措施，适当加大伸缩缝间距。

### 12.15.3 采取哪些措施可以适当加大伸缩缝间距

工程实践证明，超长结构采取有效措施后可以避免发生裂缝。但《砼规》并没有给出具体采取哪些“措施”属于“有效措施”。

特别注意：“充分依据”不应简单地理解为“已经有了未发现问题的工程”。由于工程所处环境条件不同，不能盲目照搬，应对具体工程中各种有利和不利因素的影响方式和程度，作出有科学依据的分析判断，并由此确定伸缩缝间距的增减。

《砼规》第 8.1.3 条规定：如有充分依据对下列情况，伸缩缝最大间距可适当加大：

1）采取减小混凝土收缩或温度变化的措施。

2）采取专门的预应力或增配构造钢筋的措施。

3）采用低收缩混凝土材料，采取跳仓浇筑、后浇带、控制缝等措施，并加强养护。

作者建议通常控制温度裂缝可以采取以下措施：

1）做好建筑外墙、屋面保温、屋面隔热架空；适当增加保温层厚度。

2）在温度应力大的部位增设温度筋，这些部位主要集中在超长结构的两端；温度筋一般宜采用细而密的做法。

3）屋面梁、板筋均适当加大，梁主要加大腰筋，腰筋直径宜≤16@150，板主要是设置板顶通长钢筋。

4）仅在屋顶层设置伸缩缝。

5）对矩形平面框架－剪力墙结，不宜在建筑物两端，设置纵向剪力墙。

6）剪力墙结构纵向两端的顶层墙水平筋，采用细直径密间距的布筋方式。

7）配置预应力温度筋。

8）结构的形状曲折、刚度突变、孔洞凹角等部位容易在温差和收缩作用下开裂。在这些部位增加构造配筋可以控制裂缝。

9）现浇结构每隔 30～40m 设置施工后浇带；通过后浇带中板、梁钢筋宜断开搭接，以便两侧混凝土自由收缩。

注意：设置后浇带不能替代伸缩缝，但可以适当增大伸缩缝间距。

### 12.15.4 超过规范规定的伸缩缝长度就应进行温度应力分析计算吗

是否需要计算温度应力对结构的影响，必须结合规范对各种结构体系、材料的不同区别对待。

按理说超过规范规定的伸缩缝最大间距就应进行温度应力分析计算，但考虑到目前温度应力计算的离散性较大，再加上规范用词是“可”，所以通常大家也都不进行温度应力分析计算，仅仅是依靠概念“加强措施”处理。

但目前工程界的确也有一些地方规定或是审图人员，要求超过规范规定 1.5 倍的最大间距就应进行温度应力分析计算。

比如：中国建筑设计院有限公司公开出版发行的2018版《结构设计统一技术措施》要求如下：

“一般情况下房屋长度不应超过规范的规定，房屋长度超长时应考虑超长结构的水平向温度作用。

1）房屋长度超长的结构指：房屋长度超过《混凝土结构设计规范》（GB 50010）规定的混凝土结构，超过《砌体结构设计规范》（GB 50003）规定的砌体结构，超过《钢结构设计标准》（GB 50017）规定的钢结构。

2）住宅建筑的房屋长度不应超过规范规定，必须超长时应采取有效结构措施，并经院方案评审通过后实施。

3）当房屋长度超过规范规定长度的1.5倍时，应按第2.6.3条要求进行温度应力分析并应采取温度应力控制的综合措施。”

比如：2019年7月某工程施工图审查意见表12－20。

**表12－20　施工图审查意见表（结构）**

工程名称：×××城市科技广场　1号地下车库　编号　共1页/第1页

| 签章注册师 | ××× | 设计人 | ××× | 审核人 | ××××× | 专业负责人 | ×××× |
|---|---|---|---|---|---|---|---|
| | 一、执行工程建设标准强制性条文方面的问题：无<br>二、安全隐患方面的问题：无<br>三、执行工程建设专业规范、标准的问题：<br>计算书：<br>1. 板柱节点及相关区域应补充单向结构承担全部竖向荷载的等代框架法计算。<br>2. 补充坡道板计算书。<br>3. 地下室长度已超过规范规定长度的1.5倍，应进行温度应力分析，并应采取温度应力控制的综合措施。 | | | | | | |

作者认为：对于地下结构，这样的要求偏于严厉；对于地上结构，要求应该是比较合理的。

### 12.15.5　某住宅工程超长引起楼板开裂各方争论焦点

**【工程案例12－9】**2019年5月，作者单位担任顾问的某住宅工程的评审意见

2019年5月10日，在现场会议室组织召开了某工程楼板裂缝问题分析评审会，与会专家听取了相关单位汇报，并现场踏勘、质询与分析，形成如下意见：

**1. 专家评审意见**

由于住宅剪力墙长度超过45m（规范规定最大长度），大部分为50m，施工过程中发现楼板普遍出现裂缝，业主为此组织相关专家分析论证，论证结论如下。

1）本工程楼板结构裂缝主要集中在南侧薄板房间，板厚为100mm和110mm，裂缝为南北向，规律性明显。

2）本工程为现浇剪力墙结构，现浇钢筋混凝土楼板，主要楼栋平面尺寸超过45m，超出现行国家规范标准对结构伸缩缝最大间距限值，设计文件未设置伸缩缝，相应的楼板结构抗裂措施不完善。

3）现有楼板裂缝为干缩裂缝，不影响主体结构受力。

说明：参与上述评审的专家都是施工单位邀请的施工企业及单位的人员。

**2. 设计院对于专家意见反馈**

对于专家这样的结论，设计院不服，认为是综合因素引起裂缝，也书面给业主发函说明：

1）同意专家评审会对裂缝性质的判断，现有楼板裂缝为干缩裂缝，不影响主体受力。

2）根据《××市城市技术管理规定》中第五十九条，建筑高度大于60m时，建筑最大连续面宽≤60m。24 层的单体，方案阶段已确定只能做三个单元。防火要求每层均设置连廊，因此建筑功能要求不能设置变形缝。平面总长度49.8m，略超混凝土规范对剪力墙结构伸缩缝最大间距45m的建议限值。原结构设计中已增设楼板抗裂措施。

3）其他业态产品伸缩缝在45m之内，现场楼板也存在干缩裂缝。产生干缩裂缝的原因很多且很复杂，和以下因素密切相关：

浇筑后未能及时二次振捣和压面以消除早期裂缝，浇水养护不到位，空气炎热干燥，多风，昼夜温差大。

水泥引起高强、快硬、发热量大等不利因素，配合比是否合理。

商品混凝土运输、泵送、振捣可能有缺陷，造成混凝土不均质。

模板及支撑体系不稳固变形、下沉，导致板开裂。

基于上述双方意见差异，业主咨询作者单位意见（作者单位为业主顾问单位）。

**3. 业主设计顾问单位意见**

作者单位分析楼板裂缝的原因是多方面的，其中结构长度超过规范规定长度是不利因素之一，另外施工过程中养护、建筑材料自身因素（如水灰比、坍落度、混凝土配比等）、施工支模及拆模因素、后浇带封闭时间、施工期间的温差等，都会对楼板裂缝造成影响。通过核对设计院提供的计算配筋成果及图纸实际配钢筋，该楼板实配钢筋满足楼板计算需要。综上所述，作者单位认为此裂缝为综合因素所致。

通过这个工程案例，再次提醒设计师，对于住宅工程慎重考虑伸缩缝问题，只要超过规范规定，即使工程采取了不少抗裂措施，一旦出现裂缝，依然有扯不清的责任。

### 12.15.6 解决温度伸缩缝超长采用膨胀纤维抗裂剂问题的建议

**【工程案例12－10】**山东某地下车库，设计院要求在地下超长混凝土中添加膨胀纤维抗裂剂，甲方咨询作者单位，由于增加造价较高，能否取消？

为此作者单位对这个问题进行了研究，并发正式函给予甲方及设计单位。正式函内容如下：

## 关于地下超长结构设计相关问题研究分析

**一 规范及技术措施对超长结构提出的技术措施**

**1. 概况**

所谓超长地下结构，目前规范界定为凡是超过《砼规》规定的伸缩缝间距（即现浇式钢筋混凝土地下结构最大间距为30m），由此界定几乎所有地下建筑均属于超长结构；但由于混凝土伸缩裂缝问题极为复杂，与许多要素有关，如施工季节、混凝土配合比、材料骨料、结构体系、混凝土强度、特别是施工的精心程度等有关。所以，对于超长结构设计师往往给出一些加强措施，但即使采取了各种各样的加强措施，依然不能完全避免地下结构的开裂问题，基于裂缝开裂的复杂性。

**2. 规范给出的建议措施**

1）采用减小混凝土收缩或温度变化的措施。

2）采用专门的预应力或增加构造配筋的措施。

目前，预应力技术在地下结构中应有极少见，主要应用在地上超长结构中；在地下结构中比较常用的是在形状变化、刚度突变、孔洞凹角等容易出现裂缝部位采用适当加强构造筋的措施。

3）采用低收缩混凝土材料，采取跳仓法、后浇带、控制缝等施工方法，并加强养护。

对于地下结构主要是需要考虑施工阶段混凝土收缩问题，施工阶段采取的措施对于早期裂缝最为有效。如采取低收缩混凝土，混凝土标号不宜过高，也可利用60d或90d龄期的混凝土立方体强度作为结构设计强度，加强浇筑后的养护，采用跳仓法、后浇带、控制缝等最常用的方法。

**3.《全国民用建筑工程设计技术措施结构（混凝土结构）》（2009年版）**

对于超长结构设计要求采取的主要措施：

1）精选砂、石骨料、注意骨料配合情况。

2）控制水泥用量并优选水化热低的水泥。控制水泥最大用量，不宜采用早强水泥。

3）混凝土宜采用60～90d的强度，可以掺加一定量粉煤灰取代一部分水泥，是减小裂缝很有效的方法；现在搅拌站出来的混凝土，基本都掺入了粉煤灰。我国《粉煤灰混凝土应用技术规范》（GB/T 50146—2014）对掺入粉煤灰有具体要求。

4）注意混凝土硬化过程中的养护，注意适当加长超长结构混凝土结构的养护及养护方法，可以养护是防止混凝土开裂的另一性价比极佳的有效措施。

5）尽可能的晚拆模板，拆模时的混凝土温度不能过高，以免接触空气时降温过快而开裂。

6）对于冬期施工成型的混凝土需要对成型前后进行温控计算和测试。

7）慎重使用混凝土外加剂。外加剂使用不当，不仅有可能影响耐久性，而且还有可能因为搅拌过程不充分导致混凝土中的外加剂不均匀（纤维添加更是难以搅拌均匀），有的地方多有的地方少，这种情况更容易导致混凝土开裂。

8）另外对于大体积混凝土还应执行《高规》及《大体积混凝土施工规范》的相关要求。

特别注意：技术措施7）不建议过多使用各种外加剂。

## 二、外加剂对混凝土收缩的影响

近代混凝土进步的一大标志是外加剂的发展，在混凝土中加入各种外加剂也可以使混凝土获得必要的特性。外加剂的种类繁多，性能差异大，目前工程上常遇到的有加气剂、塑化剂、防水剂、速凝剂、防冻剂及近年来发展的在混凝土中掺加活性粉料（粉煤灰）等。

近年来，在某些地下结构中采用在混凝土中加入聚丙烯纤维的方法以减少混凝土开裂，并且很多聚丙烯纤的生产厂家及销售单位大力宣传聚丙烯纤维在混凝土中的抗裂作用。但目前对聚丙烯纤维在混凝土中的作用机理仍未达成共识，认为加入纤维在混凝土中对混凝土塑性阶段的抗裂性能有一定的提高，在硬化后对混凝土的抗裂性能没有太多影响。

通过试验研究发现:加入纤维对混凝土抗压强度、抗折强度和劈裂强度的影响都很小。随纤维量的加入，混凝土抗压强度有降低，而抗折强度稍有提高，劈裂抗拉强度目前由于试验数据较少，还得不出一个综合结论。尽管如此，仍可以看出加入纤维后由于提高了混凝土的抗折和抗拉强度，从而提高混凝土的抗裂性能的这种说法是不科学的。

通过试验研究和机理分析:纤维的加入并没有明显提高混凝土的抗拉强度、抗折强度，降低了混凝土的干缩性能；因为纤维具有一定的保水性、亲水性，在一定程度上降低了混凝土塑性状态时的失水速率，减小了混凝土的塑性收缩，从而降低了塑性裂缝产生的可能性，提高了混凝土塑性阶段的抗裂性能。

但随着混凝土不断干燥，干燥的纤维又会成为混凝土中水分散失的通道，对混凝土收缩性能、抗渗性能产生不利影响。因此，在实际工程中要充分了解纤维的作用及作用机理，合理使用纤维，避免资源的浪费或给工程带来不利影响。

特别说明：本实验报告结论是加入纤维对混凝土后期抗裂作用不大。

以上是来自中国建筑研究院的研究的试验结论。

**三、山东省施工图审查单位及各地应用情况**

我司先后咨询了山东2家施工图审查单位意见,他们认为山东省没有规定超长结构必须采用纤维混凝土,但的确山东有设计单位在设计中要求用,他们的意见是设计单位采用他们也不反对，因为这不属于强制性条文。

另外,我司也咨询了其他地域情况,基本没有明文规定超长结构必须采用纤维混凝土添加剂的要求，的确有极个别工程中遇到有采用纤维添加剂的。

**四、我司多年设计与咨询的超长地下工程采用的主要技术措施**

我司设计及咨询的地下超长结构均是采用合理设置后浇带、加强养护等常用的被实践证明是切实可行的，性价比合适的技术措施；有的工程已经使用多年，使用效果良好。

**五、结论及建议**

基于以上综合分析，我司认为本工程完全可以取消纤维添加剂。

本项目已按照规范要求每30～40m留设施工后浇带，也可结合工程情况采取跳仓法等施工，同时建议加强地下防水混凝土的施工工艺、加强合理养护时间，认真仔细做好建筑外放水等技术措施即可。

北京某建筑设计有限责任公司

2016年6月17日

经过甲方与设计单位沟通交流，本工程采纳了建议，取消了膨胀纤维抗裂剂，这样不仅保证了结构安全，同时也为业主节省了投资。

## 12.16 关于钢筋混凝土结构中钢筋的连接方式选择问题

### 12.16.1 现行规范有哪些规定

现行规范对钢筋连接规定，与过去有较大变化。

《砼规》：搭接，机械连接，焊接；

《高规》：机械连接，搭接，焊接；

《高规》对于关键部位钢筋连接宜采用机械连接，不宜采用焊接。

这主要是因为：

1）目前施工现场钢筋焊接，质量比较难以保证。各种人工焊接，常不能采用有效的检验方法，仅凭肉眼观察，对于内部焊接质量问题，不能有效检验。

2）1995 年日本阪神地震中，观察到多处采用气压焊的柱纵筋在焊接处拉断情况。

3）英国规范规定：如有可能，应避免在现场采用人工电弧焊。

4）美国钢铁协会提出：在现有的各种钢筋连接方式中，人工电弧焊可能是最不可靠的、最贵的方法。

《砼规》第 8.4.2 条：轴心受拉及小偏心受拉杆件的纵向受力钢筋不得采用绑扎搭接；其他构件中的钢筋采用绑扎搭接时，受拉钢筋直径不宜大于 25mm，受压钢筋直径不宜大于 28mm。

《高规》规定：在结构的重要部位，首选机械连接接头。

### 12.16.2 工程界常用的几种焊接方式

由于目前工程界认为，焊接是最节省材料的连接方式，所有不少甲方都要求设计单位优先采用焊接连接。《钢筋焊接及验收规程》（JGJ 18—2012）给出常用的几种焊接方式：

（1）钢筋闪光对焊。将两钢筋以对接形式水平安放在对焊机上，利用电阻热使接触点金属熔化，产生强烈闪光和飞溅，迅速加顶锻力完成的一种压焊方法。

（2）箍筋闪光对焊。将待焊箍筋两端以对接形式安装在对焊机上，利用电阻热使接触点金属熔化，产生强烈闪光和飞溅，迅速加顶锻力，焊接形成封闭环式箍筋的一种压焊方法。

特别注意：闪光对焊钢筋径（直径）差不得超过 4mm。

（3）钢筋电渣压力焊。将两钢筋安放成“竖向” 对接形式，通过直接引弧法或间接引弧法，利用焊接电流通过两钢筋端面间隙，在焊剂层下形成电弧过程和电渣过程，产生电弧热和电阻热，熔化钢筋，加压完成的一种压焊方法。

采用电渣压力焊特别注意：

1）电渣压力焊应用于柱、墙等构筑物现浇混凝土结构中竖向受力钢筋（倾斜度不大于 10°）的连接，不得用于梁、板等构件中水平钢筋的连接。

2）电渣压力焊钢筋径差不得超过 7mm。

3）电渣压力焊钢筋直径应大于或等于 12mm。

## 12.17 部分框支转换结构转换次梁不可避免时如何加强

### 12.17.1 规范是否有规定

结构转换层的设计不宜采用转换主、次梁方案，这是大家都明白的道理，但实际工程中很难避免这种情况，无法避免而又必须采用时，应按《高规》第 10.2.9 条进行应力分析。《高规》第 10.2.7 条为强制性条文，它本身未区分主、次梁，故次梁转换也应执行这条。

### 12.17.2 对转换次梁设计提出的建议

（1）通常转换次梁支座面筋过大而对转换主梁造成影响问题：转换次梁按《高规》第 10.2.7 条的最小配筋率配置面筋。转换主梁若不能承受此扭矩时，可采取在其平面外增设次梁以平衡平面外弯矩等措施。

（2）转换次梁除了满足一般转换梁的构造要求外，要特别注意两端支承主梁的挠度差异引起的附加内力。这个问题建议在转换梁建模时，均应按主梁建模。

（3）对于不落地构件通过次梁转换的问题，应慎重对待。少量的次梁转换，设计时对不落地构件（混凝土墙、柱等）的地震作用如何通过次梁传递到主梁又传递到落地竖向构件要有明确的计算，并采取相应的加强措施，方可视为有明确的计算简图和合理的传递途径。

（4）设计师要特别注意采用的程序是否对次梁转换进行了内力放大，如果程序没有放大，建议按规范给出的内力调整系数手工进行复核。

## 12.18 高层建筑设置转角窗时，结构设计应注意的问题

### 12.18.1 工程现状及规范要求

建筑物的四角是保证结构整体的重要部位，在地震作用下，建筑物发生平动、扭转和弯曲变形，位于建筑四角的结构构件受力较为复杂，其安全性又直接影响建筑物四角部甚至整体建筑的抗倒塌能力。但是近年来，在住宅建筑中越来越多地采用在剪力墙结构角部开设转角窗，但目前规范并没有对剪力墙设置转角窗作出具体规定。

提醒设计师注意：《抗规》明确砌体结构不应采用角窗；《装配式混凝土结构技术规程》（JGJ 1—2014）明确不宜采用转角窗。

### 12.18.2 《技术措施》对角窗有何规定

目前，《技术措施 （混凝土结构）》（2009 版）结合一些地方规定，对设置转角窗的结构要求如下：

抗震设防烈度为 9 度的剪力墙结构和 B 级高度的剪力墙结构不应在外墙开设角窗。抗震设防烈度为 7 度和 8 度时，高层剪力墙结构不宜在外墙角部开设角窗，必须设置时应加强其抗震措施，如：

（1）抗震设计应考虑扭转耦联影响。

（2）角窗两侧墙厚不宜小于 250mm［20G329－1《建筑物抗震构造详图（多层和高层钢筋混凝土房屋）》建议不应小于 200mm］。

说明：一般这样把控多层、小高层，地烈度的高层建筑角窗两侧墙厚建议取不小于 200mm，高烈度区高层建筑角窗两侧墙厚建议取值不小于 250mm。

（3）宜提高角窗两侧的墙肢的抗震等级，并按提高后的抗震等级满足轴压比限值的要求。

（4）角窗两侧的墙肢应沿全高设置约束边缘构件。

（5）转角窗房间的楼板宜适当加厚，配筋适当加强。

（6）转角窗两侧墙肢间的楼板宜设置暗梁。

（7）加强角窗窗台挑梁的配筋与构造，一般两端均按悬臂梁计算。

（8）转角剪力墙端部宜采用“L”等带有翼墙的截面形式。

### 12.18.3 《建筑物抗震构造详图》又是如何规定的

20G329－1《建筑物抗震构造详图　多层和高层钢筋混凝土房屋》的规定如下：

（1）角窗墙肢厚度不应小于 180mm；

（2）角窗折梁应加强，并按抗扭构造配置箍筋及腰筋；

（3）角窗折梁上（下）主筋锚入墙内不小于 $1.5l_{aE}$ 顶层时折梁上筋端部另加 $5d$ 向下的直钩；

（4）角窗两侧应沿全高设置按本工程抗震等级确定的约束边缘构件，暗柱长度不宜小于 3 倍墙厚且不小于 600mm；

（5）转角窗房间的楼板宜适当加厚（不宜小于 150mm），应采用双层双向配筋，板内应设置连接两侧墙的端暗柱的暗梁，暗梁纵筋锚入墙内 $l_{aE}$。

角窗构造及配筋如图 12－33 所示。

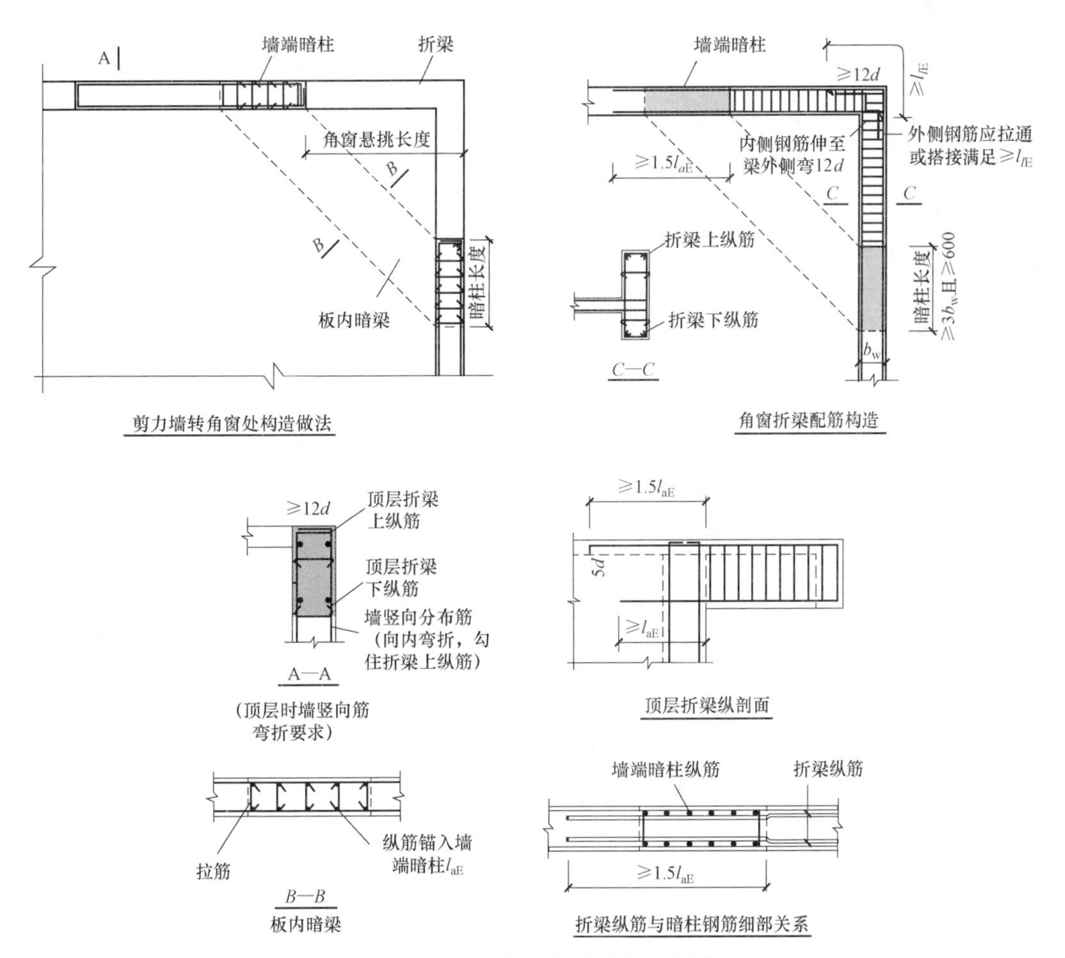


图 12－33　转角窗构造要求示意图

作者建议：（1）角窗两侧墙肢长度 $h_L$，当为独立一字形墙肢时，除强度要求外尚应满足 8 倍墙厚及角窗悬挑长度 1.5 倍的较大值。

（2）高层建筑角窗墙肢厚度不应小于 200mm，小高层及多层建筑不应小于 180mm。

（3）如果楼板厚度小于 150mm 时，暗梁可以不设置箍筋，仅设拉筋即可。依据《砼规》第 9.2.9 条，梁中箍筋的配置应符合下列规定：当截面高度小于 150mm 时，可以不设置箍筋。

## 12.18.4 如何合理界定角窗的工程案例

**【工程案例 12-11】**某住宅楼 7 度（0.10$g$）地上 18 层，地下一层。由于原设计单位将“角窗”范围明显扩大，造成工程含钢梁明显增加（见图 12-34～图 12-36）。为此甲方委托作者单位对设计院的“角窗”认定给予合理判断。

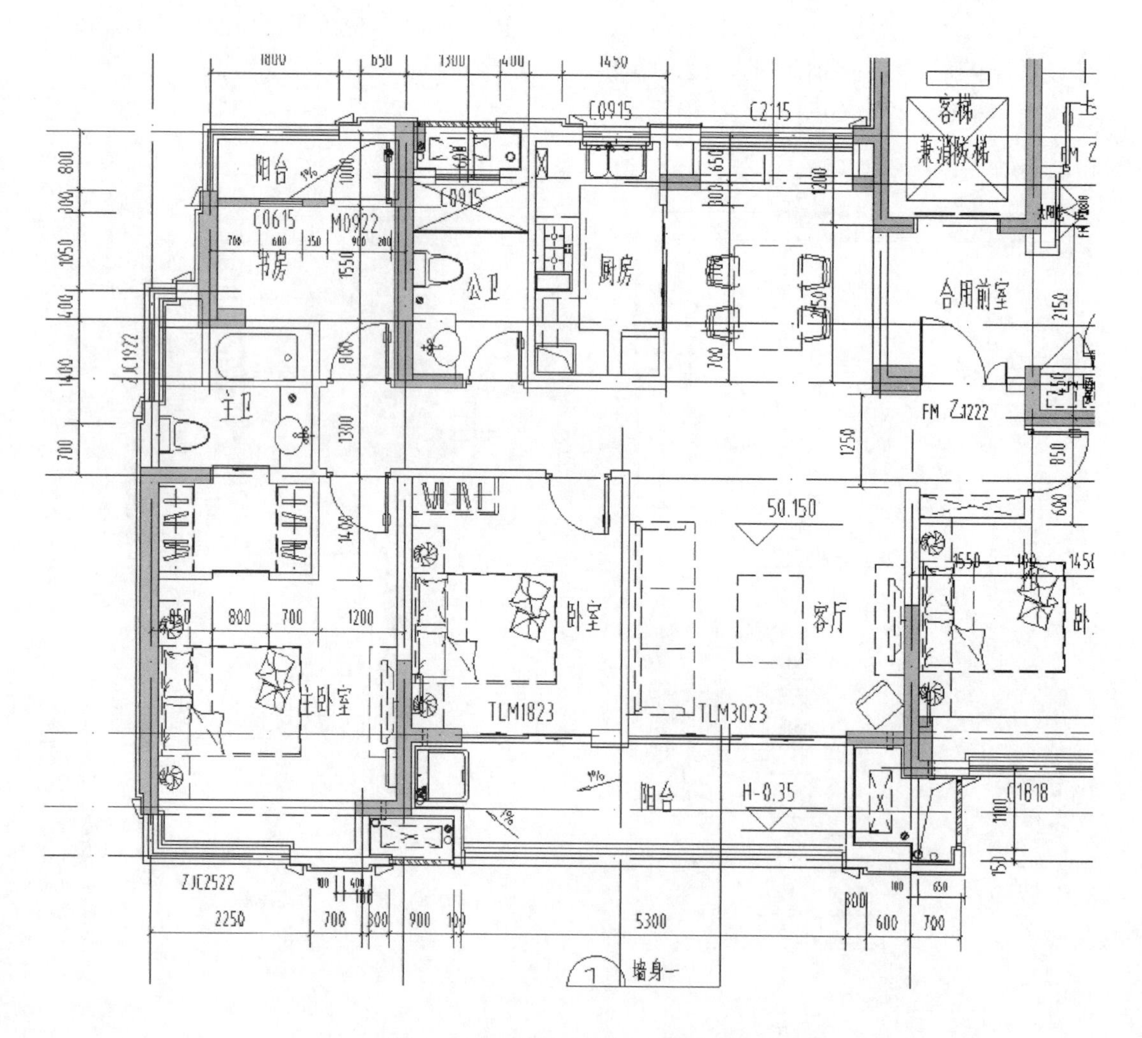


图 12-34 标准层建筑平面布置图

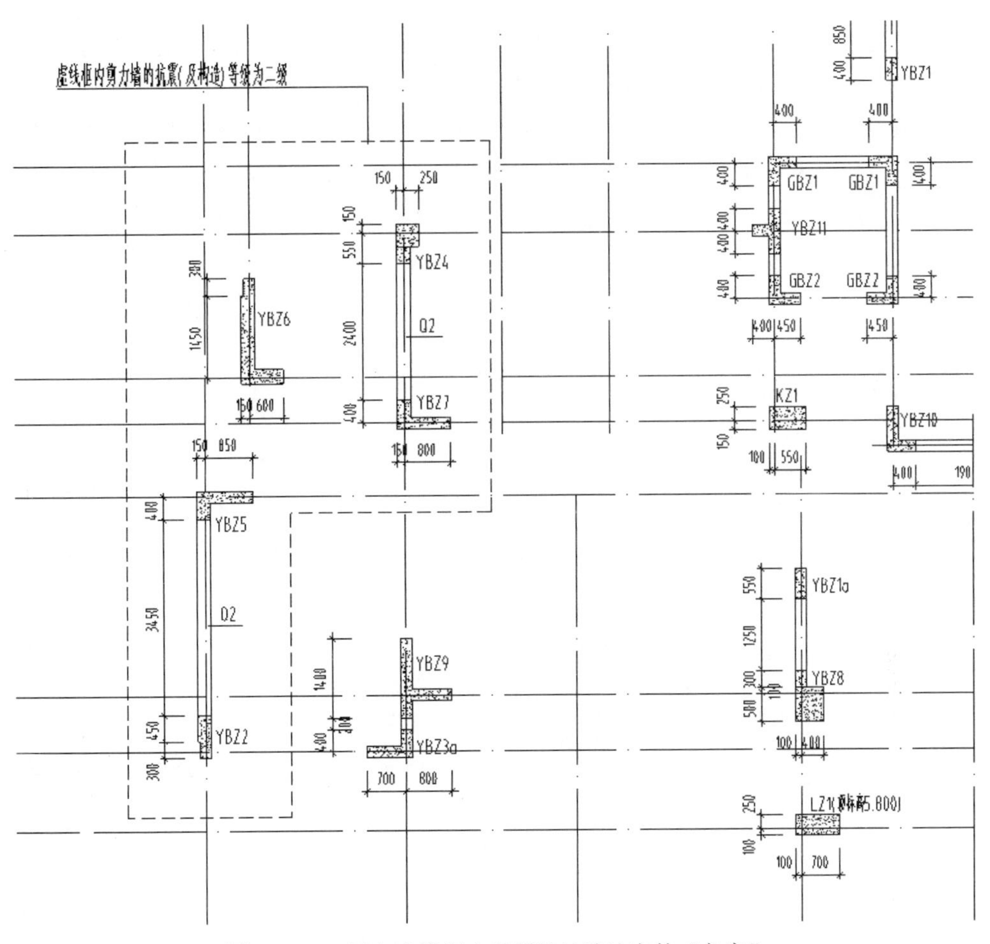


图 12－35　图中虚线框内是原设计院认定的“角窗”

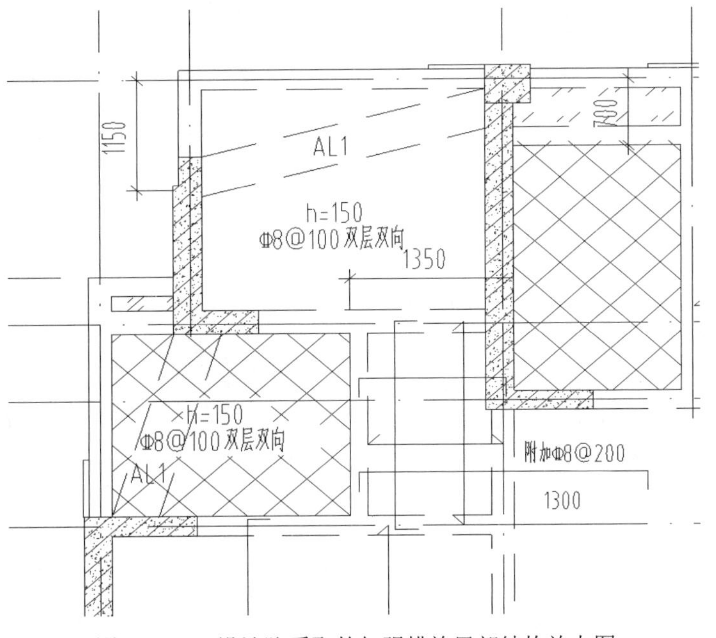


图 12－36　设计院采取的加强措施局部结构放大图

依据上述建筑平面及结构布置图可以看出，原设计将“角窗”使用范围明显扩大，经过作者单位与原设计院沟通、交流达成以下共识：

如图 12－37 所示仅箭头所指的一片墙被认定为属于“角窗”侧墙，其他均不属于角窗侧墙，经过这样重新认定后，经过分析计算，钢筋材料用量，满足甲方的合理要求。

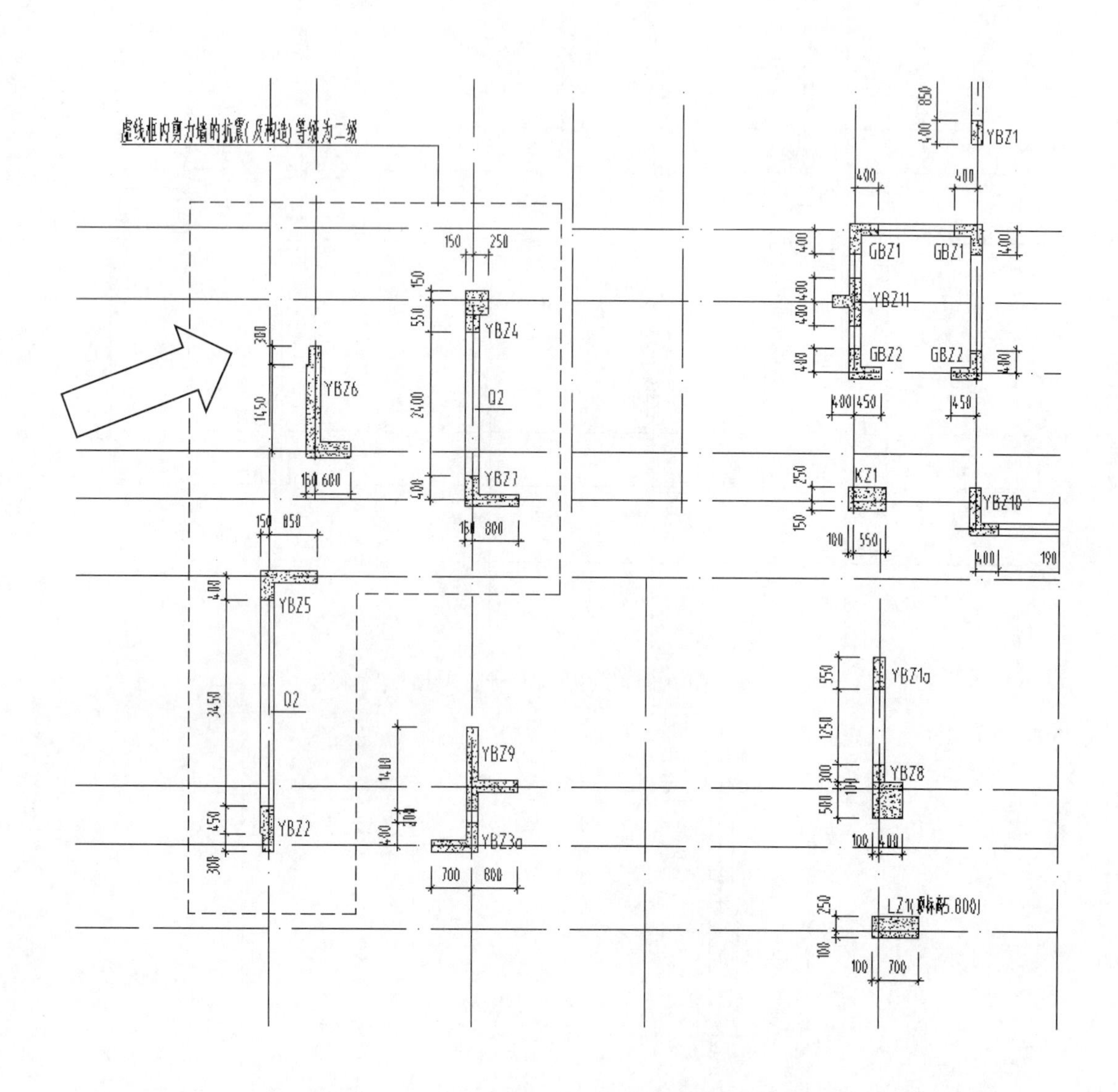


图 12－37　重新认定“角窗”范围

## 12.19　剪力墙受拉是否要控制拉应力不大于 $2f_{tk}$

### 12.19.1 《超限审查要点》的规定

《超限高层建筑工程抗震设防专项审查技术要点》(建质〔2015〕67 号文)规定:

"设防地震(中震)时双向水平地震下墙肢全截面由轴向力产生的平均名义拉应力超过混凝土抗拉强度标准值时宜设置型钢承担拉力,且平均名义拉应力不宜超过两倍混凝土抗拉强度标准值(可按弹性模量换算考虑型钢和钢板的作用),全截面型钢和钢板的含钢率超过 2.5%时可按比例适当放松。"

本要点仅作出规定,并未对其详细说明,因此对于这条的控制目的就不是很明确。经向相关专家咨询,该条规定是当年《超限审查要点》编制时,以中国建研院戴国莹研究员为主的几位专家,基于实际工程的情况讨论后写进去的。关于这一控制的目的,经业内诸多权威专家的讨论解释,可认为初衷在于控制墙体内钢筋和型钢在中震下受拉时的应力水平不至于过高,比如控制在 200MPa 以内,之所以采用名义拉应力是一种简便操作方法。

该条规定是写在《超限审查要点》中,针对超限工程需要验算在中震作用下墙肢拉应力,但该条并非作为一条"超限项"。

### 12.19.2　非超限高层建筑是否需要控制剪力墙拉应力水平

目前工程界对于不超限的工程,即使在多遇(小震)作用下也经常存在墙肢拉应力较大的情况。工程界也有人认为需要参考《超限审查要点》对中震作用下的要求,控制剪力墙拉应力水平。

既然要控制墙肢的拉应力水平,肯定是因为拉应力太高会导致一些不利情况出现。那么是哪些不利呢?工程界的讨论主要有 2 种观点:第 1 种观点是拉应力会影响剪力墙的抗剪承载力;第 2 种观点是拉应力的控制本质是控制反向受压时的压应力,避免反复拉压下压应力过大导致脆性破坏。以下对这两种控制判断的合理性进行逐一分析说明。

**1. 关于剪力墙出现轴拉力时对抗剪承载力的影响**

《砼规》(GB 50010—2010,2015 年版)与《高规》(JGJ 3—2010)规定,偏心受拉剪力墙的斜截面受剪承载力应符合下列规定:

$$V \leqslant \frac{1}{\gamma_{RE}}\left[\frac{1}{\lambda-0.5}\left(0.4f_t b_w h_{w0}+0.1N\frac{A_w}{A}\right)+0.8f_{yh}\frac{A_{sh}}{s}h_{w0}\right] \qquad (12-7)$$

上式小括号内的第 2 项即为轴拉力的影响,轴拉力仅对混凝土部分产生影响,且不考虑纵筋的贡献。由此看出,规范对于剪力墙抗剪计算时,已经考虑了轴拉力的不利影响,且该公式是基于剪力墙偏心受压斜截面受剪承载力计算公式推导所得,符合基本的力学原理。因此多遇地震作用下,剪力墙实际承载力只要按照此式进行验算,满足内力需求即可,并不需要控制拉力的大小。

既然在抗剪承载力验算中已经考虑了拉力的影响,就找不到多遇地震下控制拉应力的强有力证据。

拉力是否会影响破坏模式或延性呢？

由《钢筋混凝土剪力墙拉剪性能试验研究》（任重翠、肖从真、徐培福，土木工程学报，2018 年 4 期）及《钢筋混凝土剪力墙拉剪承载力分析》（肖从真、徐培福、任重翠，土木工程学报，2018 年 5 期）两篇论文的研究结论指出：

1）轴拉力降低了剪力墙的抗剪承载力。

2）剪力墙在拉力和剪力共同作用下，因轴力大小不同，表现为两种破坏模式：轴力较小时，试件处于大偏心受拉状态，发生剪压破坏；轴力较大时，剪力墙处于全截面受拉的小偏心受拉状态，发生滑移破坏，纵筋率越高越不容易发生滑移破坏。

3）与剪压破坏相比，拉剪剪力墙的极限变形能力有所提高，延性加大。

根据这两篇文献的结论，从抗剪承载力和延性两个方面均无法给出控制剪力墙轴拉力的显著的有力理由。

基于以上讨论认为，尽管剪力墙受拉会影响抗剪承载力，但并不宜作为控制多遇地震作用下剪力墙名义拉应力的理由。

**2. 关于反复拉压过程中混凝土压溃的理解**

《钢筋混凝土剪力墙拉压变轴力低周往复受剪试验研究》（任重翠、肖从真、徐培福，等，土木工程学报，2018 年 5 期）一文研究结论指出：“拉压变轴力低周往复加载方式下，剪力墙交替处于拉剪、压剪受力状态。剪力墙在拉剪受力阶段发生屈服，在压剪受力阶段发生脆性压溃破坏。”该结论是基于剪力墙构件的试验破坏现象客观得出的，说明这种破坏模式是一种不利的脆性破坏，应该避免。避免的手段同样有两种：一是增加配筋，保证钢筋不发生屈服；二是控制拉应力水平。控制中震作用下的名义拉应力水平，对于控制大震作用下的反复拉压现象，仍然是“远水不解近渴”，难以达到预期效果。

我国现行规范对于框架柱的轴压比是给出小震作用下的限值，且考虑地震作用响应与竖向荷载组合的轴压比，剪力墙则是仅考虑重力荷载代表值的轴压比限值，此轴压比与地震作用大小无关。剪力墙轴压比计算之所以不考虑地震，业内专家普遍给出的解释为：墙肢一个方向较长，地震导致的压应力在截面上分布不均匀，较难合理控制，近似以控制重力荷载代表值下的轴压比，且给出更为严格的限值。但是在计算中震作用下墙肢名义拉应力时，则主要是考虑地震作用下轴力的影响，大震作用下的压溃也是受地震反向压力的影响，这和规范中的轴压比计算方式是不一致的，可以认为规范剪力墙轴压比的控制方式与墙体中大震受拉有一定的关系。

基于上述分析认为，有些审图或其他专家要求设计非超限工程，控制多遇地震作用下剪力墙拉应力的要求过于严厉，实际也是不合适的。

### 12.19.3 关于拉应力的计算方法及控制方式讨论

《超限审查要点》中墙体名义拉应力的控制，在实际执行中默认要求采用等效弹性计算方法。这种计算方法仅通过简化方法考虑连梁刚度的折减系数以及估算的结构附加阻尼比，墙肢本身和其他构件均为弹性，且计算方法本身为线性反应谱法。在这种前提下，所得墙肢拉应力一般会比较大，且无法考虑拉力在不同竖向构件间的重分配。而混凝土本身能承受的拉应力水平很低，一旦受拉开裂，拉力迅速降低——实际大量弹塑性分析结果显示，墙体拉力水平通常不高。因此，通过等效弹性方法计算墙体名义拉应力的做法过于粗糙。但是转而采用弹塑性分析的方法，比如通过对不同地震波的弹塑性时程分析，并对结果数据进行统计，是否可行呢？弹塑性分析由于考虑了混凝土的开裂，将无法得到超过 $f_{tk}$ 的应力，即便考虑钢筋和型钢的等效拉应力，其数值也往往不大，去控制这种拉应力，也是意义不大的。

《超限审查要点》的控制本身是一种概念性抗震规定，目前也有专家学者建议：通过弹塑性分析考察钢筋实际应力水平或结构性能，则是直接验证设计结果的另外一个层面的做法，已经超越了抗震概念设计指导性原则的范围，或者说是绕过概念控制直奔计算结果的做法。从保证效果的角度看作者个人认为应该是完全可行的，但若一定要维持原有的概念设计，如果仅由宏观上加以控制，就需要找到一种更为合理的形式。

### 12.19.4 《超限审查要点》给出“平均名义拉应力”的原因

**1.《超限审查要点》规定**

中震时，出现小偏心受拉的混凝土构件应采用《高层建筑混凝土结构技术规程》中规定的特一级构造。中震时双向水平地震下墙肢全截面由轴向力产生的平均名义拉应力超过混凝土抗拉强度标准值时宜设置型钢承担拉力，且平均名义拉应力不宜超过两倍混凝土抗拉强度标准值（可按弹性模量换算考虑型钢和钢板的作用），全截面型钢和钢板的含钢率超过 2.5%时可按比例适当放松。

**2. 如何理解“平均名义拉应力”**

这里的“平均名义拉应力”实际就是当剪力墙拉应力 $\sigma_{t0}$，当 $\sigma_{t0} > f_{tk}$ 时，需要考虑设置型钢，并应控制 $\sigma_{t0} < 2f_{tk}$ 就可以了。

理解起来并不难，可按弹性模量换算考虑型钢和钢板的作用，如何考虑呢？就是按下式考虑：

$$\sigma_{t0} = \frac{N_t}{A_0} = \frac{N_t}{A_c + \dfrac{E_s}{E_c} A_s} \tag{12-8}$$

式中，$A_c$、$A_s$ 分别为混凝土、型钢和（或）钢板的截面面积；$E_c$、$E_s$ 分别为混凝土、型钢和（或）钢板的弹性模量；$N_t$ 就是中震时双向水平地震下的墙肢轴拉力。

配置型钢可有效控制并减小墙肢平均名义拉应力，更有利于满足 $2f_{tk}$ 的要求，这个一般超限工程都能做到。

**3. 如何理解可以“适当”放松**

全截面型钢和钢板的含钢率超过 2.5%时可按比例适当放松。这句话的重点在于“按比例”，也就是要以 2.5%含钢率为基准来考虑放松的比例。例如，当含钢率为 4.0%时，“平均名义拉应力”可放松至（4.0%/2.5%）$\times 2f_{tk}=3.2f_{tk}$，换算成通用形式就是：

$\rho_s\% > 2.5\%$时，平均名义拉应力宜满足 $\sigma_{t0} < \dfrac{\rho_s\%}{2.5\%} \times 2f_{tk}$。

注意，这里还有一个“适当”，就是说可以稍微严格一些进行控制，一般不宜超过 30%提高幅度。

**4. 为何以 2.5%为准，而不是以 3.5%或 4.5%为准按比例放松呢？**

由于控制墙肢拉应力水平的本意是避免墙肢受拉开裂严重后丧失了抗剪能力，而承受拉力的墙体正截面裂缝宽度是与钢筋的应力水平直接相关的。根据规范要求，混凝土构件的裂缝宽度一般不宜超过 0.3mm，此时钢筋或型钢的平均拉应力一般不超过 200MPa；应力 200MPa 对应的是配筋（含型钢）3%，其中钢筋 0.5%、型钢 2.5%，因此以 2.5%含钢率为准。

**5. 为什么可以按比例适当放松呢？**

这是因为钢筋应力达到 200MPa 时钢筋和（或）型钢的应变约为 1000με，此时混凝土已开裂，拉力基本由钢筋和（或）型钢承担，而钢筋和（或）型钢所能承担的拉力是与含钢率呈一定比例的。

## 12.20 抗震等级一、二级的型钢混凝土框架柱的轴压比限值要求要比钢筋混凝土框架柱的轴压比还要严的问题

### 12.20.1 规范是如何规定轴压比的

一般概念中，钢筋混凝土框架柱加入型钢后，延性要好于一般钢筋混凝土框架柱，而轴压比的限值要求与结构构件的延性又有很大关系，加入型钢后的轴压比限值理应比未加时要求适当放松方符合概念。比如《高规》中表 6.4.2 钢筋混凝土柱轴压比限值注 5：“当柱截面中部设置由附加纵向钢筋形成的芯柱，且附加纵向钢筋的截面面积不小于柱截面的 0.8%时，柱轴压比限值可增加 0.05。”《抗规》也要类似要求。然而为何《高规》在混合结构一章中规定的型钢混凝土柱的轴压比要严于一般钢筋混凝土柱？

将《高规》第 6.4.2 条、第 11.4.4 条、第 11.4.10 条规定框架－核心筒结构轴压比要求汇总见表 12－21。

表 12－21　　框架－核心筒结构轴压比要求

| 结构类型 | 抗震等级 | | | | |
|---|---|---|---|---|---|
| | 特一 | 一 | 二 | 三 | 四 |
| 钢筋混凝框架－核心筒 | — | 0.75 | 0.85 | 0.90 | 0.95 |
| 型钢混凝土柱（框架－核心筒） | 0.65 | 0.70 | 0.80 | 0.80 | — |
| 矩形钢管混凝土柱（框架－核心筒） | 0.65 | 0.70 | 0.80 | 0.80 | — |

### 12.20.2 型钢混凝柱轴压比比钢筋混凝土柱提高的原因

由表 12－21 可以看出，抗震等级为一、二级时型钢混凝土柱的轴压比要比钢筋混凝土的严一些。现行《高规》条文没有解释，但 2002 版《高规》第 11.3.3 条条文说明及规范解读中作了如下说明：

（1）限制型钢混凝土柱的轴压比的作用是为了保证型钢混凝土柱的延性。试验表明，当轴压比大于柱轴压承载力的 0.5 时，型钢混凝土柱的延性将显著减小，而在计算型钢混凝土柱的轴压承载力时，应考虑长期荷载作用下混凝土徐变和收缩的影响。型钢混凝土柱轴压承载力标准值为

$$N_k=n_k\ (f_{ck}A_c+1.28f_{ss}A_{ss}) \tag{12-9}$$

将轴压承载力标准值换算成设计值且将材料强度标准值换算成设计值以后，得出型钢混凝土柱的轴压比大约在 0.83。由于钢筋未必能全部发挥作用且未规定强柱弱梁的要求，故而轴压比适当加严，按新《高规》第 11.4.4 条、第 11.4.10 条的规定要求，可保证型钢混凝土柱的延性系数大于 3；由于计算型钢混凝土柱轴压比时，考虑了型钢混凝土中型钢作用(《高规》第 11.4.4 条)，一般情况下(型钢含钢率 4%～10%)柱子截面仍可减小 30%～50%。

(2) 如果采用 Q235 钢材作为型钢混凝土柱的内置型钢，则轴压比表达式有所差异，轴压比限值应较采用 Q345 钢材的柱子的轴压比有所降低。

(3) 参照日本规范的轴压比控制水平，日本规范中柱轴压比为 0.4，相当于我国规范中为 0.6～0.65。

(4)《高层建筑钢–混凝土混合结构设计规程》(CECS 230：2008) 的第 6.3.8 条条文解释：型钢混凝土柱的轴压比比一般钢筋混凝土柱严一些，这是因为在钢骨混凝土(型钢混凝土) 柱中，箍筋较少。比如《高规》第 11.4.6 条规定型钢混凝土柱加密区箍筋体积配箍率$\rho_v \geqslant 0.85\lambda_v f_c/f_y$。由公式可以看出箍筋配箍率比一般钢筋混凝土结构柱降低了 15%。

# 12.21 梁上起柱到底是否需要设置附加箍筋和附加吊筋

## 12.21.1 规范的规定

《砼规》第 9.2.11 条：位于梁下部或梁截面高度范围内的集中荷载，应全部由附加横向钢筋承担；附加横向钢筋宜采用箍筋。箍筋应布置在长度为 $2h_1+3b$ 之和的范围内 (图 12–38)。

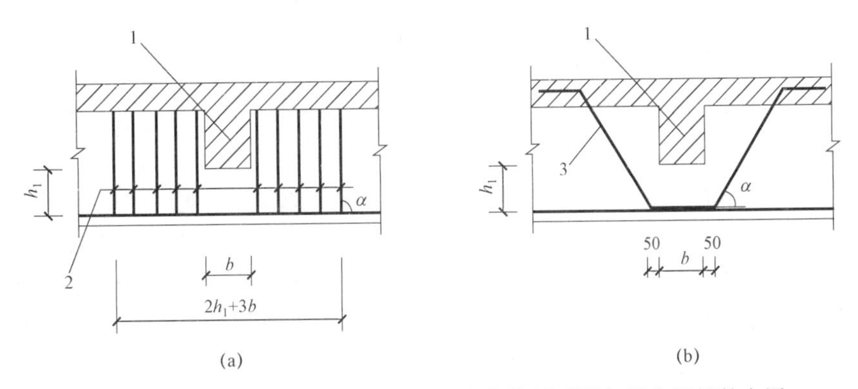


图 12–38 梁截面高度范围内有集中荷载作用时附加横向钢筋的布置

(a) 附加箍筋；(b) 附加吊筋

1—传递集中荷载的位置；2—附加箍筋；3—附加吊筋

注：图中尺寸单位 mm。

规范是这样解释的："当集中荷载在梁高范围内或梁下部传入时，为防止集中荷载影响下部混凝土的撕裂及裂缝，并弥补间接加载导致的梁斜截面受剪承载力低，应在集中荷

载影响区 $S$ 范围内配置附加横向钢筋。试验研究表明，当梁受剪箍筋率满足要求时，由本条公式计算确定的附加横向钢筋能较好地发挥承剪作用，并限制斜裂缝及局部受拉裂缝的宽度。

在设计中，不允许用布置在集中荷载影响区的受剪箍筋代替附加横向附加钢筋。”

由《砼规》这个规定看，似乎梁上起柱也可以不设附加箍筋或吊筋，估计以前工程界也有这样做的。但请读者注意《高规》的新要求：

《高规》第 10.2.8－7 条：对托柱转换部位和框支梁上部的墙体开洞部位，梁的箍筋应加密配置，加密区范围可取梁上托柱边或墙边两侧各 1.5 倍转换梁高度，箍筋直径、间距及面积配筋率应符合本规范 10.2.7 条第 2 款的规定。

提醒设计师注意，这个规定是现行《高规》新的要求，以前规范均没有这个要求。2010 版《高规》给出了这个要求，但构造图集一直没有做法说明，直到 17G101－11 才给出图集做法，如图 12－39 所示。

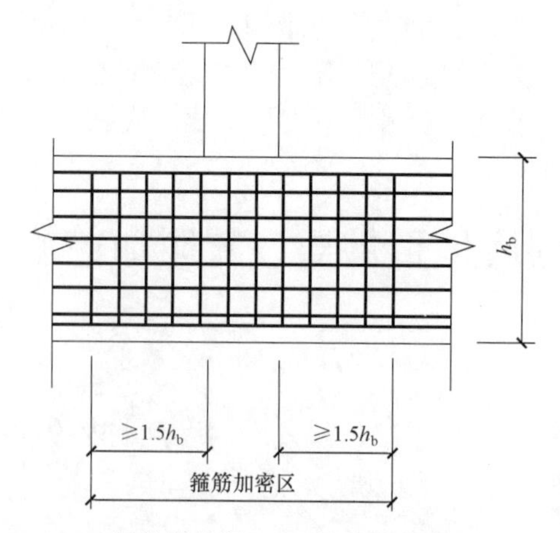


图 12－39　托柱转换梁 TZL 托柱位置箍筋加密构造

### 12.21.2　建议设计者注意的几个问题

（1）当传入集中力的次梁宽度 $b$ 过大时，宜适当减小由 $3b+2h_1$ 所确定的附加横向钢筋的布置宽度。

（2）当梁下作用有均布荷载时，可参考《砼规》计算深梁下部配置悬吊钢筋的方法确定附加悬吊钢筋数量。即应沿梁全跨均匀布置附加竖向吊筋，吊筋间距不宜大于 200mm。

（3）当两个次梁或梁高范围的集中荷载较近时，可以形成一个总的撕裂效应和撕裂裂缝破坏面，如图 12－40 所示。这个时候偏于安全的做法是，在不减少两个集中荷载之间应附加钢筋数量的同时，分别适当增大两个集中荷载作用点以外附加横向钢筋的数量，如图 12－41 所示。

（4）不仅限于次梁，还有吊挂荷载、雨篷钢梁埋件等，此时梁下部混凝土处于拉－拉的受力的复合状态，其合力形成的主拉应力容易导致梁腹板中产生纵向斜裂缝，因此均需设置附加箍筋或吊筋。

（5）对于主梁为深受弯构件时，当集中荷载作用于深梁下部 3/4 高度范围内时，该集中荷载应全部由附加箍筋或吊筋承受，吊筋应采用竖向吊筋或斜向吊筋。竖向吊筋的水平

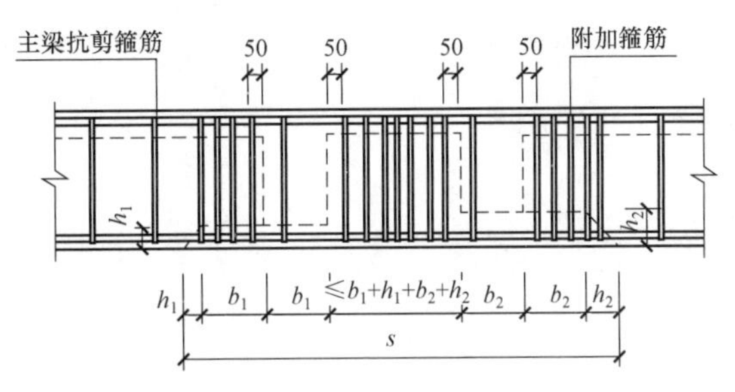


图 12－40　相近两个集中荷载附加箍筋构造示意图

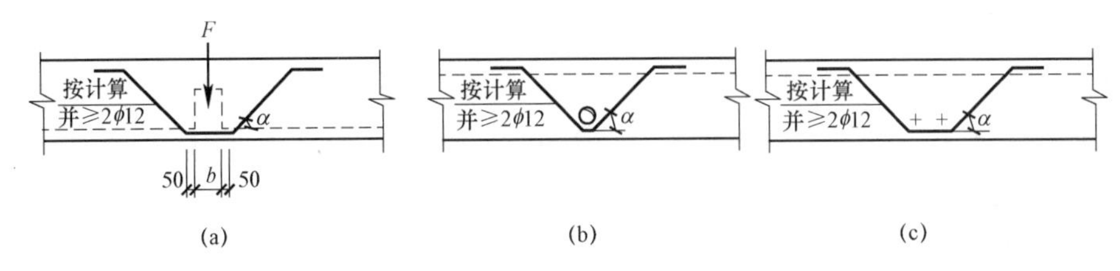


图 12－41　附加横向钢筋示意

分布长度，应按下列公式确定：

当 $h_1 \leqslant h_b/2$ 时

$$s=b_b+h_b \tag{12-10}$$

当 $h_1 > h_b/2$ 时

$$s=b_b+2h_1 \tag{12-11}$$

式中　$b_b$——传递集中荷载构件的截面宽度；

$h_b$——传递集中荷载构件的截面高度；

$h_1$——从深梁下边缘到传递集中荷载构件底边的高度。

附加箍筋或吊筋应沿梁两侧均匀对称布置，由梁底伸到梁顶，箍筋在梁顶应封闭（见图 12－42）。

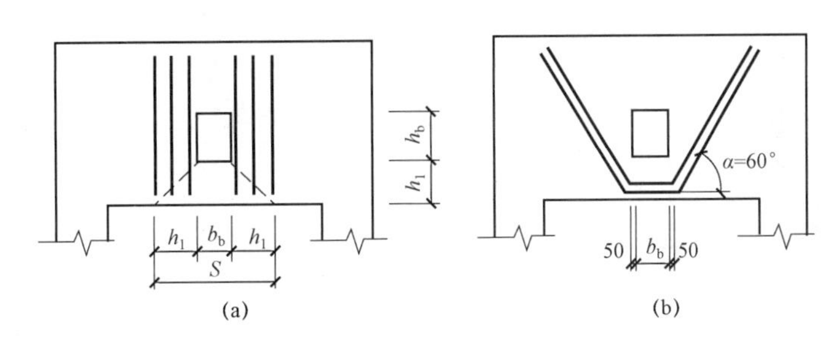


图 12－42　深梁承受集中荷载作用时的附加箍筋或吊筋

（6）受力较小时，优先采用附加箍筋；附加箍筋直径应与该处现有箍筋直径一致。受力较大时，可采用附加箍筋和吊筋组合。

（7）当在梁上托柱时，柱轴力直接通过梁上部受压混凝土进行传递，理论上可以不另附加横向钢筋，建议：

1）当梁上柱轴力不大时或一般托柱不超过 1 层时，此梁可以不按转换梁对待，可以参考主梁高度范围对次梁的要求，增设附加横向箍筋或吊筋。

2）当梁上柱轴力较大或托柱超过 1 层时，应按转换梁设计，梁在柱附近箍筋加密要求按《高规》第 10.2.8－7 款中要求设置。

## 12.22 部分框支剪力墙转换层上一层剪力墙常遇超筋问题怎么办

### 12.22.1 超限情况及原因分析

工程设计时，经常会遇到在部分框支剪力墙结构中出现转换层上一层剪力墙总是超筋的情况，而且一般都是水平筋超，也就是抗剪超。其根本原因是程序中框支梁采用梁单元模拟，上部剪力墙采用墙单元模拟，梁单元与墙单元的连接情况与实际情况不符造成的。实际工程中是转换层上一层剪力墙水平剪力比计算结果要小很多，因此程序的计算结果是不太合理的。

### 12.22.2 建议的处理方法及应注意的问题

（1）根据工程经验，解决办法有两种。

方法一：采用墙单元模拟框支梁，即框支柱和框支梁用剪力墙开洞的方式生成。

方法二：框支梁仍然用梁单元模拟，但将转换层分成两层建模。如转换层层高为 6m，框支梁为 2m 高，则将其分为一个 5 层高的转换层+（0.5 框支梁梁高=1.0m）的上部标准层，上部标准层计算结果以转换层上第二层计算结果为准。

（2）应用注意以下问题。

1）特别提醒：有的程序当转换梁采用型钢混凝土组合梁时，无法采用方法一即转换梁按墙元模拟。应用程序前未必了解程序的功能。

2）一般建议优先采用方法一处理，当采用方法一不合适时，可以考虑采用方法二。

## 12.23 关于无梁楼盖抗冲切箍筋的合理配置

### 12.23.1 规范及构造图集的规定

**1.《砼规》**

《砼规》第 9.1.11 条：混凝土板中配置抗冲切箍筋或弯起钢筋时，应符合下列构造要求：

（1）板的厚度不应小于 150mm。

（2）按计算所需的箍筋及相应的架立钢筋应配置在与 45° 冲切破坏锥面相交的范围内，且从集中荷载作用面或柱截面边缘向外的分布长度不应小于 $1.5h_0$［见图 12－43（a）］；箍筋直径不应小于 6mm，且应做成封闭式，间距不应大于 $h_0/3$，且不应大于 100mm。

（3）按计算所需弯起钢筋的弯起角度可根据板的厚度在 30°～45° 之间选取；弯起钢筋的倾斜段应与冲切破坏锥面相交［见图 12－43（b）］，其交点应在集中荷载作用面或柱截面边缘以外（1/2～2/3）的范围内。弯起钢筋直径不宜小于 12mm，且每一方向不宜少于 3 根。

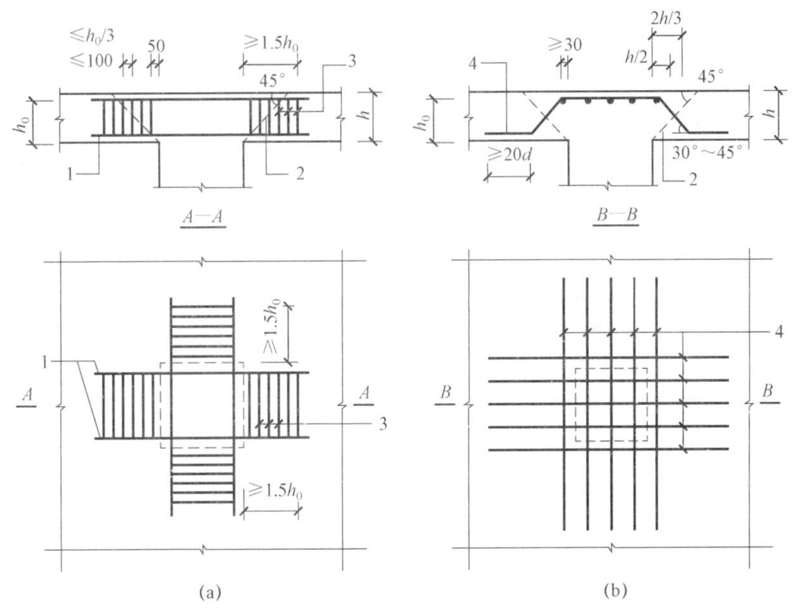


图 12-43　板中抗冲切钢筋布置

（a）用箍筋作抗冲切钢筋；（b）用弯起钢筋作抗冲切钢筋

1—架立钢筋；2—冲切破坏锥面；3—箍筋；4—弯起钢筋

注：图中尺寸单位 mm。

**2.《人民防空地下室设计规范》（GB 50038—2005）**

在离柱（帽）边 $1.0h_0$ 范围内，箍筋间距不应大于 $h_0/3$，箍筋面积 $A_{sv}$ 不应小于 $0.2u_m h_0 f_{td}/f_{yd}$，并应按相同的箍筋直径与间距向外延伸不小于 $0.5h_0$ 的范围。对厚度超过 350mm 的板，允许设置开口箍筋，并允许用拉结筋部分代替箍筋，但其截面积不得超过所需箍筋截面积 $A_{sv}$ 的 25%。

条文说明：按构造要求的最小配筋面积箍筋应配置在与 45° 冲切破坏锥面相交范围内，且箍筋间距不应大于 $h_0/3$，再延长至 $1.5h_0$ 范围内。原规范提法不准确，故予以修改明确。

由以上两个规范看，显然《人防规范》要比《砼规》更加明确。

（1）箍筋布置范围：在离柱（帽）边 $1.0h_0$ 范围内，箍筋间距不应大于 $h_0/3$，并应按相同的箍筋直径与间距向外延伸不小于 $0.5h_0$ 的范围。

（2）明确给出最小配箍率箍筋面积 $A_{sv}$ 不应小于 $0.2u_m h_0 f_{td}/f_{yd}$。

（3）对厚度超过 350mm 的板，允许设置开口箍筋，并允许用拉结筋部分代替箍筋，但其截面面积不得超过所需箍筋截面面积 $A_{sv}$ 的 25%。

**3.《混凝土结构构造手册》（第五版）**

（1）为提高板柱节点的受冲切承载力除设置柱帽或托板外，可采用在无梁楼盖中配置抗冲切箍筋或弯起钢筋，设置抗剪栓钉等方法。对抗震设计的板柱节点不宜采用配置弯起钢筋。

（2）当无梁楼盖需要提高受冲切承载力且不允许设置柱帽或托板而配置抗冲切箍筋或弯起钢筋时，应符合下列构造要求同《砼规》，但给出的配置箍筋构造要求如图 12-44 所示。

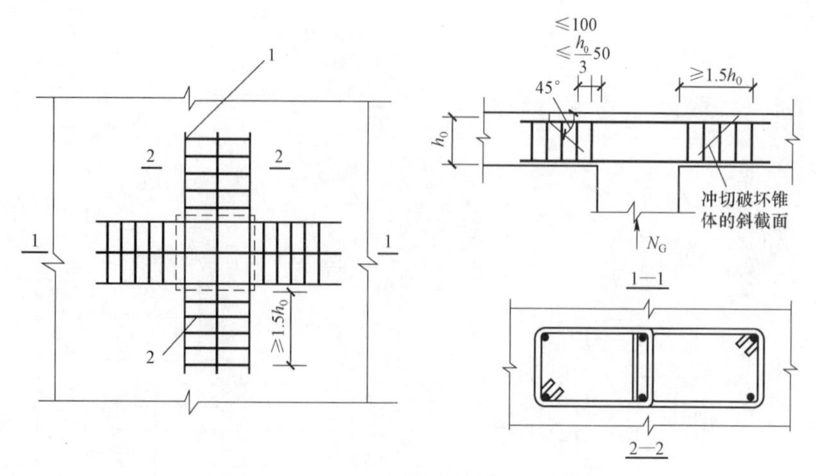


图 12－44　配置箍筋提高受冲切承载力

1—架立钢筋；2—箍筋

（3）关于抗冲切栓钉。我们在设计无梁平板或有托板柱帽的抗冲切承载力时，当冲切应力大于 $0.7f_t$ 时，为了不再加大柱帽，常使用附加箍筋等承担冲切力。跨越裂缝的竖向钢筋（箍筋的竖向肢）能阻止裂缝开展，但是，当竖向筋有滑动时，效果即将降低。一般的箍筋，由于竖肢的上下端皆为圆弧（见图 12－45），在竖肢受力较大时接近屈服时，皆有滑动发生。这点在国外的试验中得到验证，因此，用箍筋抵抗冲切的效果不是很好。

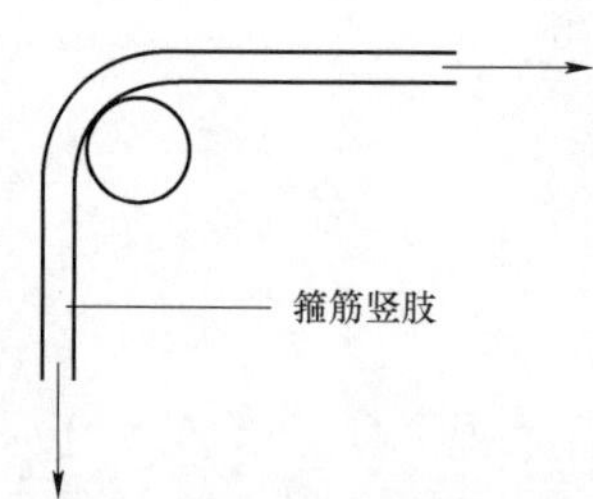


图 12－45　箍筋竖肢

在一般板柱结构中，如不能设托板，柱周围的板厚不大，再加上双向纵向筋使 $h_0$ 减小，箍筋的竖向肢长较短。因此，少量滑动也能使应变减小较多，所以箍筋竖肢的应力将不能达到屈服强度。由于这个原因，加拿大规范 CSA 规定，只有当板厚（包括托板厚度）不小于 300mm 时，才允许使用箍筋。美国 ACI 规范要求在箍筋转角处配置较粗的水平钢筋以协助固定箍筋竖肢。

美国大量采用的“抗剪栓钉”，这样就能避免箍筋上述问题的不足，而且施工方便，如图 12－46 所示。

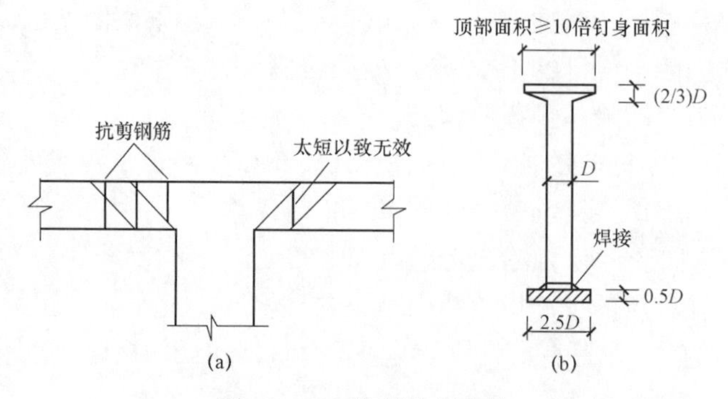


图 12－46　抗剪栓钉方法

（a）竖向栓钉与裂缝交会；（b）抗剪栓钉大样

抗剪栓钉的竖向长度可以达到最大，因而也最有效，如图 12－47 所示。

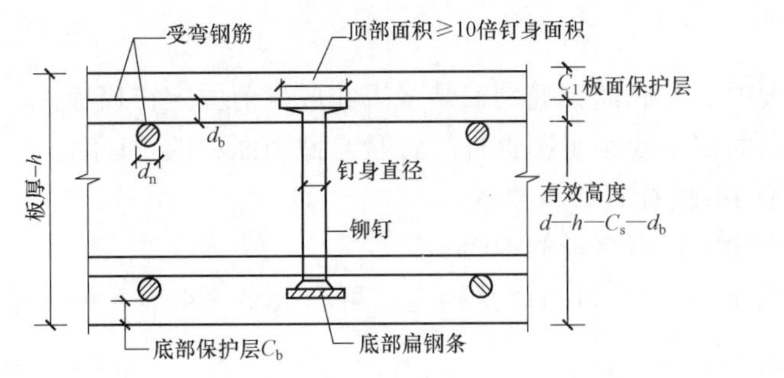

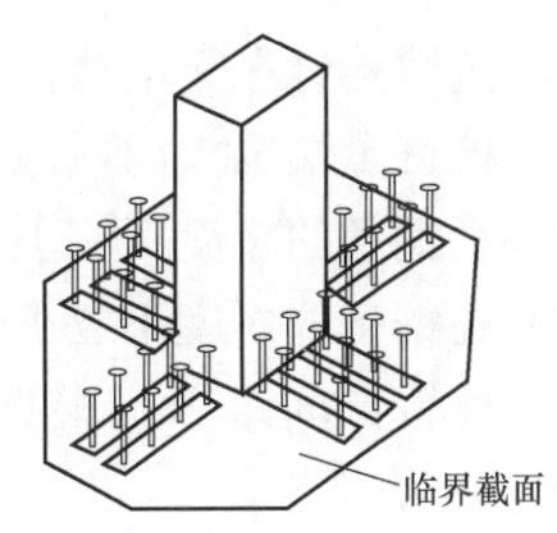


图 12－47　与栓钉条配置的剖面

尽管很多人也认识到这个问题，但基于规范对抗剪栓钉没有明确的计算及构造要求，这么多年得不到应用推广。目前一些构造手册、图集技术规定等也给出了一些设计方法及构造要求，设计时可以参考。以下为《混凝土结构构造手册》（第五版）推荐的方法。

采用抗剪栓钉增强板柱节点的受冲切承载力时，应符合下列要求：

1）抗剪栓钉由多个上端带有方形或圆形锚头的圆钢杆，并在其下端与底部扁钢条焊接后共同组成，如图 12－48 和图 12－49 所示。

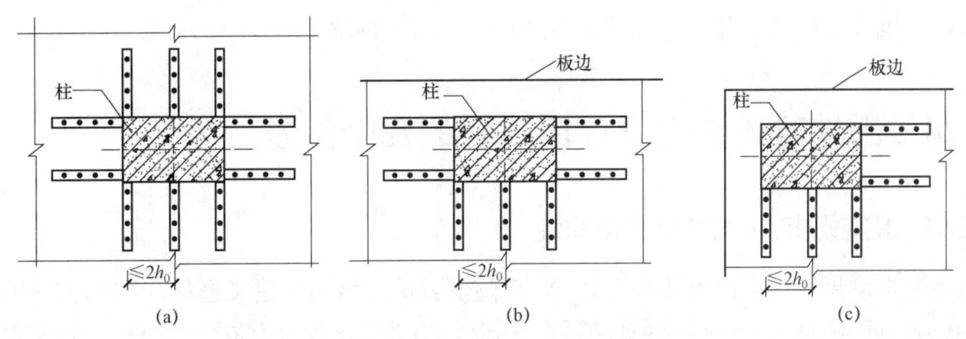


图 12－48　矩形截面柱抗剪栓钉扁钢条排列图

（a）中柱；（b）边柱；（c）中柱

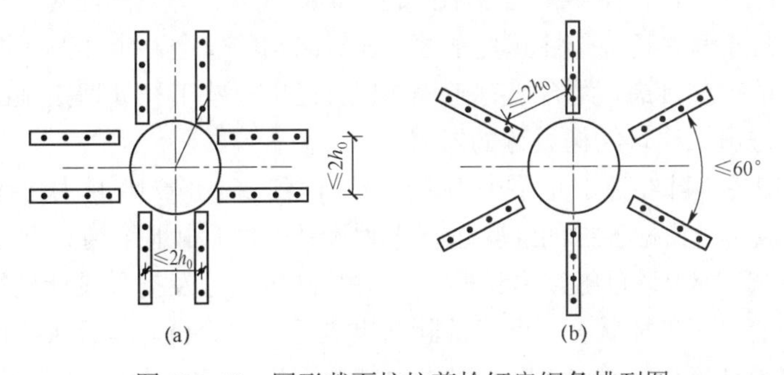


图 12－49　圆形截面柱抗剪栓钉扁钢条排列图

2）每个栓钉可视为一个肢等效的抗冲切箍筋的垂直肢，因而配置抗剪栓钉的板柱节点的受冲切承载力计算方法与配置抗冲切箍筋情况相同。

3）对方形或矩形截面柱，焊有多个栓钉的扁钢条通常沿纵横两个方向正交布置，对圆形截面柱或等多边形截面柱，扁钢条通常按辐射状布置或正交布置。

4）抗剪栓钉底部扁钢条放置在无梁楼板底模上，但应有与底面最外层钢筋相同的混凝土保护层厚度。

5）抗剪栓钉在无梁楼盖板板面和底面钢筋网安装或绑扎成型前固定在模板上。

6）栓钉上端锚头的顶截面面积不应小于圆钢杆（钉身）截面面积的 10 倍。

7）扁钢条的宽度不应小于 2.5 倍栓钉钉身直径。

8）扁钢条的厚度不应小于栓钉钉身直径的 50%。

9）栓钉的间距 $S$ 应根据受冲切承载力的计算确定，可增大至 $3/4h$（$h$ 为无梁楼板厚度）。

10）扁钢条的间距不宜大于 $2h$。

### 12.23.2 关于无梁柱帽抗冲切附加筋设计建议

（1）抗冲切计算必须考虑不平衡弯矩对冲切的影响。

（2）对于无梁楼盖抗冲切优先考虑加大板厚或柱帽厚度抗冲切。

（3）在条件受到限制无法增大柱帽厚度时，可以考虑增设抗冲切钢筋，建议应优先考虑采用抗冲切栓钉。当板厚或柱帽厚度大于 200mm 时，可以考虑采用箍筋抗冲切。

（4）抗冲切箍筋计算及构造可以参考《人防规范》附录 D。

（5）抗冲切栓钉计算及构造可参考《混凝土结构构造手册》（第五版）。

## 12.24 山地建筑结构设计应注意的几个问题

### 12.24.1 山地建筑的概况及其特殊性

我国是世界上最大的山地国家之一，伴随着我国的城市化建设进程，山地建筑的建设将会成为不可或缺的一个重要项目类型。因此，山地建筑设计有着十分重要的现实意义。山（坡）地建筑由于场地的特殊性，需要考虑和解决的工程问题与平地建筑有所不同。目前尚没有国家标准规范，有许多工程技术问题还需要深入研究，因此对于山（坡）地建筑的结构设计，应充分考虑其特殊性和复杂性，确保结构的安全。针对工程技术人员在山地建筑结构设计中的一些疑虑，结合已有工程实践，提出一些工程处理措施的建议，与同行探讨，以共同促进山地建筑结构设计的发展。

近年来，全国各地陆续建造了不少山地建筑，但到 2020 年 10 月为止还没有合适的设计规范指导，各地只能依据各自的经验进行工程设计。对于山地结构具有竖向及水平向的特殊性，有些科研院校也通过振动台试验手段对其破坏机理及抗震设计进行研究，结合试验现象及各模型的最终破坏状态，将其试验结果进行对比分析。最后从结构自身特点、结构设计角度对试验结果进行总结，启发对山地结构更进一步的思考，并指出以后的研究方向。也就是说目前我们国家山地建筑设计依然处于研究阶段。

地震区高层建筑或抗震设防类别为甲、乙类的多层建筑不应在未经局部整平处理后的场地上建造。抗震设防类别为丙、丁类的多层建筑不宜建造，如不可避免建造，则需要采取必要的技术措施。

山（坡）地上的建筑与平坦地形建筑的最大差异是，受场地约束条件不同，一般不具有双向均匀对称的约束条件，在水平地震作用下，建筑物会产生较大的扭转效应，属于抗震扭转不规则结果。

提醒读者：2020 年 11 月 1 日以后遇到山地建筑可参考《山地建筑结构设计标准》（JGJ/T 472—2020）。

### 12.24.2 结合工程经验提出一些建议

目前山地多层建筑越来越普及，在结构设计中遇到了很多需要解决的问题，以下结合工程经验归纳如下：

（1）山地建筑设计应遵循“先治理、再修建”的原则。

尽量通过建筑的合理规划布局以及空间形态的设计来维护原地貌的生态平衡。对现有地下进行必要的改造。

场地稳定性是山地建筑设计的安全保障，对于山地建筑场地必须请地勘单位对边坡稳定性做出评价和防治方案建议。

对建筑场地有潜在威胁或直接危害的滑坡、泥石流及崩塌地段，尽量不进行工程建造，不可避免需要建造时，也不应选采用建筑外墙兼做挡土墙的形式，如图 12－50 所示。必须采取切实可行的技术措施，防止滑坡、泥石流及崩塌等地质灾害对建筑造成的灾害。

图 12－50　山体滑坡引起建筑倒塌案例

（2）由于施工或其他因素的影响有可能形成滑坡的地段，必须采取可靠的预防措施；对于可以在斜坡上或边坡附近建造的建筑，除应验算其稳定性外，应考虑不利地段对设计地震动参数可能产生的放大作用，具体放大系数可以参考《抗规》第 4.1.8 条。

（3）山（坡）地建筑并不是不可建造，需要依据工程情况综合进行分析和设计，选用合理的计算模型、设计参数，采取必要的技术措施后，依然可以保证建筑的安全可靠性。

近年来，各地都有很多工程建在山坡地段，也有的建筑由于后期景观需要，建筑经常遇到三侧有土、二侧有土、一侧有土的特殊情况，如图 12－51 所示。这些建筑中出现了地下室各侧填埋深度差异较大的情况，对抗震很不利。

这样的建筑有其不同于一般建筑的特殊性，即存在建筑物在地震或土的侧压力作用下的扭转问题，除建筑本身刚度不均匀引起扭转外，还会因建筑四周约束情况差异引起扭转效应，同时抗滑移、抗倾覆问题也是这类建筑必须关注的问题。建议对于这样的建筑应区别情况区别采取技术措施：

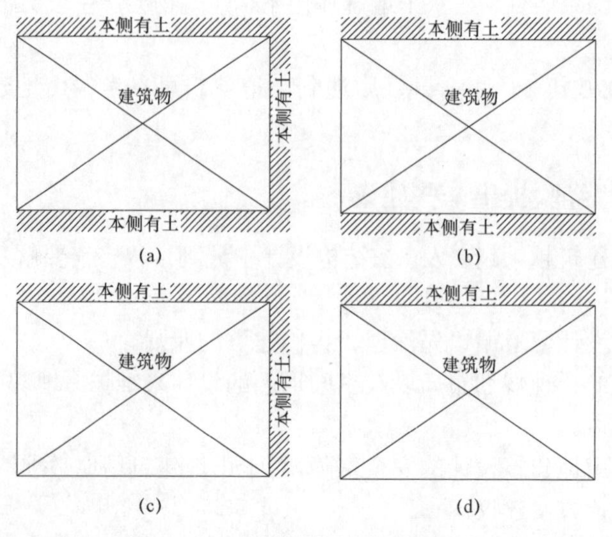


图 12-51　建筑周围土的情况示意

（a）三侧有土；（b）二对侧有土；（c）二临侧有土；（d）一侧有土

工程情况一：建筑基础在同一标高，但四周的埋深不一致，可按如图 12-52 设置永久性挡土进行处理。这样处理后的建筑设计和一般平地建筑设计类同。

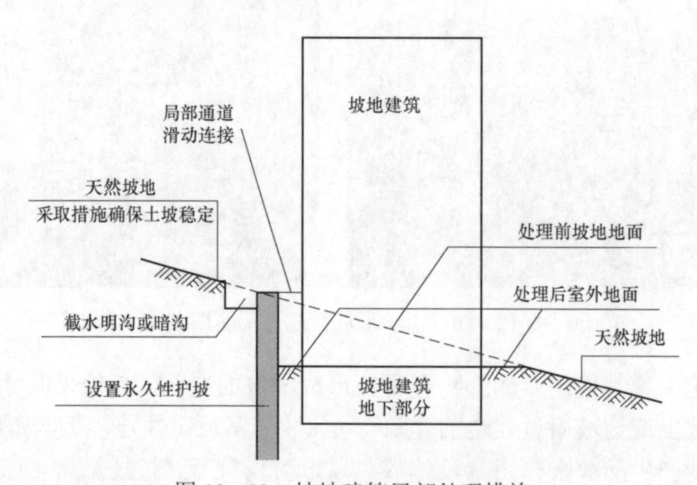


图 12-52　坡地建筑局部处理措施

【工程案例 12-12】图 12-53 为作者 2012 年在美国度假时，随手拍的一所大学教学楼建筑，建造于 20 世纪 60 年代的坡地建筑，虽然很小的坡地，但是他们做了永久挡墙与建筑隔离。

【工程案例 12-13】2018 年，作者单位设计的某山地建筑，有高层及别墅建筑，均要求采用“隔振沟”方式设置永久挡土墙与主体建筑隔开。为了满足建筑绿化等需要，“隔振沟”上设置滑动盖板。小区建筑布置平面图和设计图分别如图 12-54 和图 12-55 所示。

图 12－53　美国某教学楼坡地建筑

图 12－54　小区建筑布置平面图

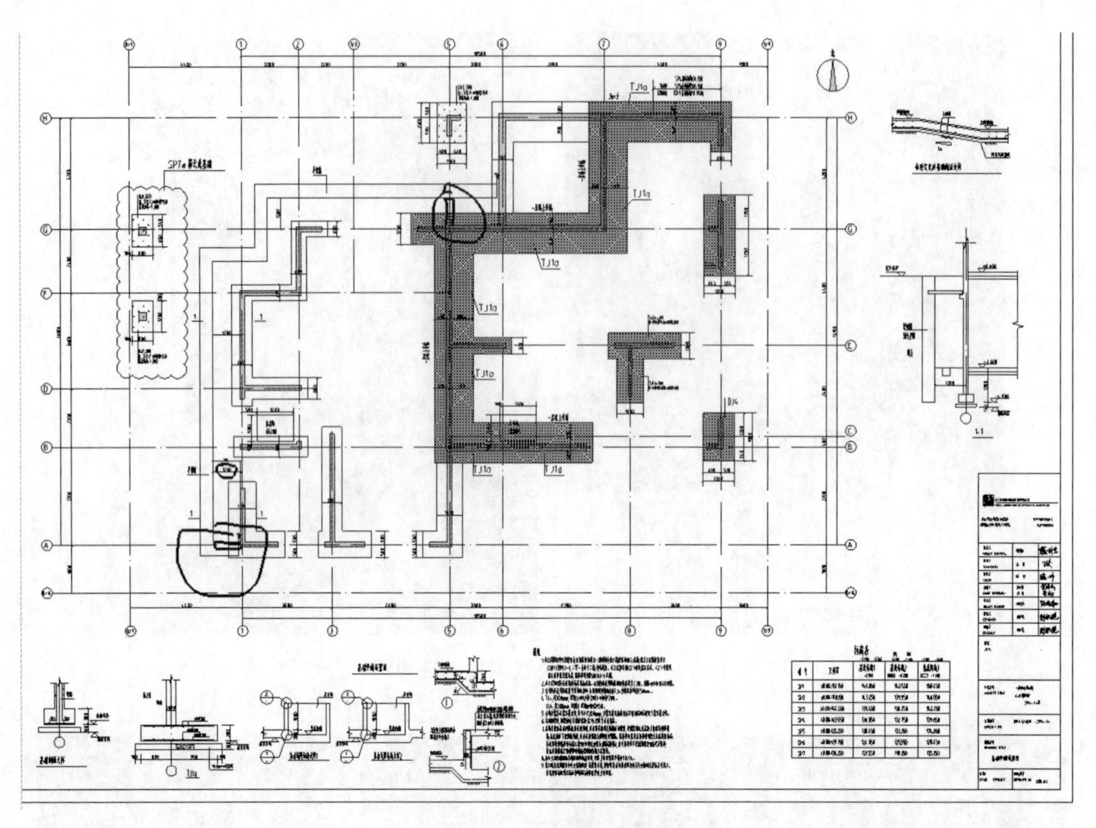

图 12-55　小区别墅平面设计图

工程情况二：建筑基础在同一标高，但四周的埋深不一致，又无法设置永久性挡土墙时，如图 12-56 所示。这样的建筑设计就有别于一般建筑，设计应注意以下问题：

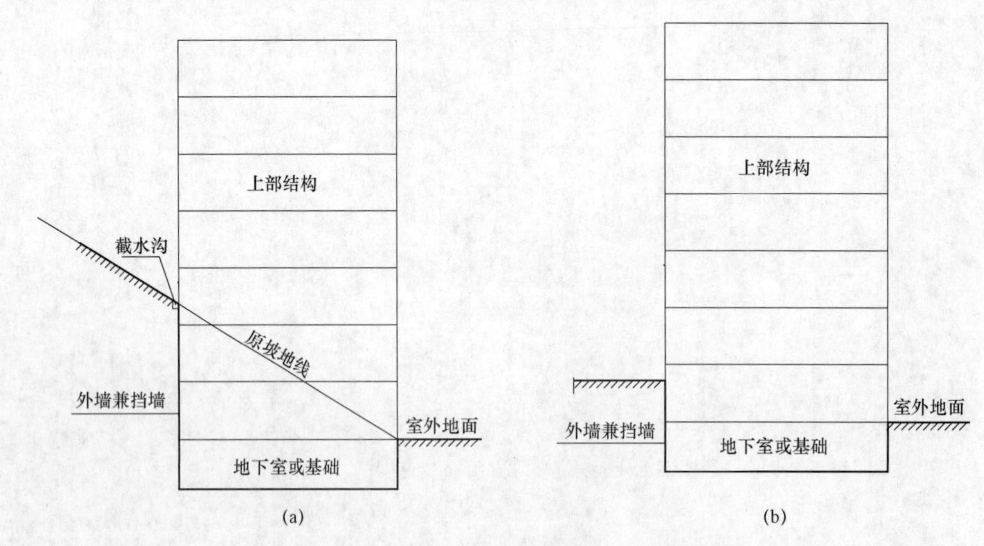


图 12-56　坡地建筑局部处理措施

1）由于建筑位于坡地，地下室的埋置深度各侧不同，建筑一侧位于地面以上，其余三侧全部或部分位于土中。此时上部结构的嵌固部位不可设在有土侧的最高位置，当然也不可设置成沿坡地斜面，可设在地下层顶板或基础顶面。此时注意，无土侧也宜设置钢筋混凝土外墙，以免由于墙体布置不均匀产生过大的扭转效应。

2）对于图 12－56 的坡地建筑如果不能设置永久挡墙与结构脱离，则需要将土压力、水压力及地面超载折算成土厚，人工加在整体模型中对整体楼层进行计算分析计算（由于目前程序还无法自动加剪力墙平面外荷载）。

此时的土压力建议可按主动土压力计算。

考虑地震作用时，作用于支护结构上的地震主动土压力可按《建筑边坡工程技术规范》（GB 50330—2013）中主动土压力系数计算公式进行计算：

$$
\begin{aligned}
K_{a}=&\frac{\sin(\alpha+\beta)}{\cos\rho\sin^{2}\alpha\sin^{2}(\alpha+\beta-\varphi-\delta)}\\
&\{K_{q}[\sin(\alpha+\beta)\sin(\alpha-\beta-\rho)+\sin(\varphi+\delta)\sin(\varphi-\rho-\beta)]+\\
&2\eta\sin\alpha\cos\varphi\cos\rho\cos(\alpha+\beta-\varphi-\delta)-\\
&2[(K_{q}\sin(\alpha+\beta)\sin(\varphi-\rho-\beta)+\eta\sin\alpha\cos\varphi\cos\rho)\\
&(K_{q}\sin(\alpha-\delta-\rho)\sin(\varphi+\delta)+\eta\sin\alpha\cos\varphi\cos\rho)]^{0.5}\}
\end{aligned}
\tag{12-12}
$$

式中　$\rho$——地震角，可按表 12－22 取值。

其他符号说明可参见《建筑边坡工程技术规范》（GB 50330—2013）。

**表 12－22　　地　震　角　$\rho$**

| 类别 | 7 度 | | 8 度 | | 9 度 |
|---|---|---|---|---|---|
| | $0.10g$ | $0.15g$ | $0.20g$ | $0.30g$ | $0.40g$ |
| 水上 | 1.5° | 2.3° | 3.0° | 4.5° | 6.0° |
| 水下 | 2.5° | 3.8° | 5.0° | 7.5° | 10.0° |

3）如果需要考虑地震土压力影响，可以参考《建筑边坡工程技术规范》（GB 50330—2013）。

**【工程案例 12－14】** 2016 年作者单位任咨询顾问的三亚某一个工程为 2～3 层框架结构，平面布置如图 12－57 所示。整个建筑南侧有土，北侧临空，高差近 5m。由于原设计院整体计算既没有考虑建筑北侧 5m 高土对建筑稳定影响，也没有考虑采用永久挡墙支护，仅利用北侧建筑外墙作为支护结构。修改后的扶壁挡墙方案如图 12－58 所示。

将覆土人工建入模型复核后发现，整体稳定及抗滑移均不满足规范要求。

作者单位认为本工程存在重大安全隐患，并将复核结论发函正式通知甲方及设计院，建议设计院重新调整方案或重新复核计算。作者单位建议在条件允许时应优先考虑在建筑南侧设置永久挡土墙与主体脱离。但甲方与设计院依然采用原方案，仅将南侧土压力加入到整体模型进行复核，复核结果为结构整体稳定及抗滑移严重不足。为了满足结构整体稳定及抗滑移，在建筑南侧每隔 4m 设置腹壁挡墙（与建筑外墙公用），且在 4m 宽挡墙下设置 3 排灌注桩，保证了结构安全。

4）坡地建筑整体计算还需要考虑以下问题：

① 挡土的外墙也应参与结构整体计算，但注意此挡土外墙需要人工进行外墙构件的配筋计算。

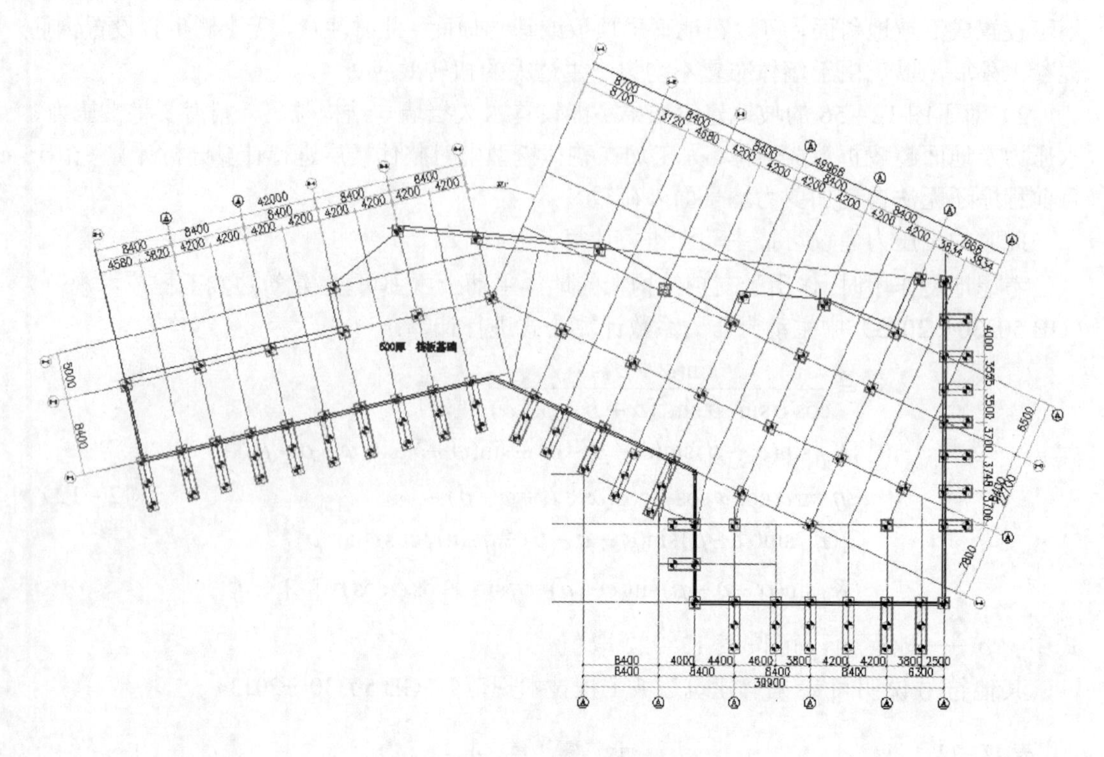

图 12－57　基础平面布置图

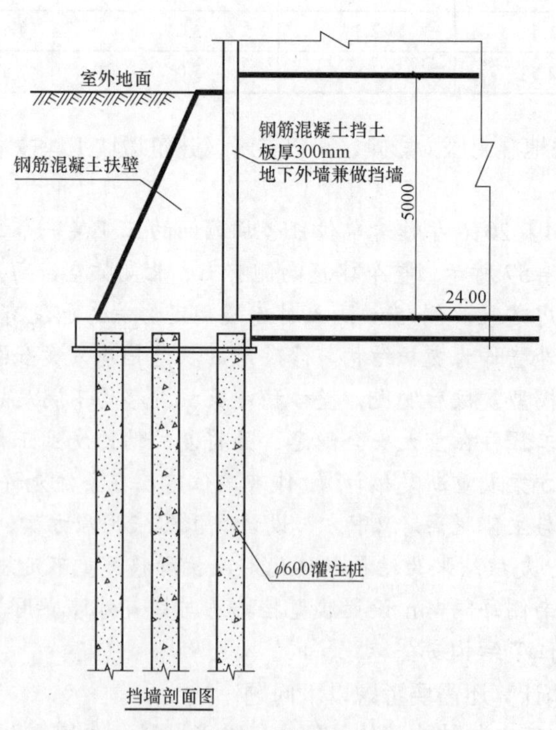


图 12－58　修改后的扶壁挡墙方案图

② 计算时结构体系可以依据上部结构类型区别对待，如整个结构均为框架–剪力墙结构、剪力墙结构；如果底部由于地下挡墙参与整体计算底部为框剪结构，上部为框架结构，则需要分别按框架剪力墙及框架结构进行计算，配筋采用包络设计。

**【工程案例 12–15】**作者单位设计的银川韩美林博物馆建筑是依据以上原则进行的结构设计，如图 12–59 所示。

图 12–59 银川韩美林美术馆

### 12.24.3 建筑物基础设置在不同标高应注意的问题

由于建设场地存在多阶台地，建筑依地势而建，导致基础设置在不同标高，常遇情况有以下几种处理方法。

（1）如图 12–60（a）所示，台地高差为 2 层，相互之间设置永久性挡土墙和防震缝，形成两个独立的结构单元，相互之间没有影响。上部结构的嵌固部位，低位部分可设在地下室顶板，高位部分可设在地下室底板。永久性挡土墙除作用有水压力和土压力外，还应考虑水平地震作用，其设计尤为重要；同时还应考虑永久性挡土墙对低位部分地下室的影响。高位部分的基底应放坡，放坡台阶宽高比对于土质边坡应不小于 2，对于岩质边坡应不小于 1。

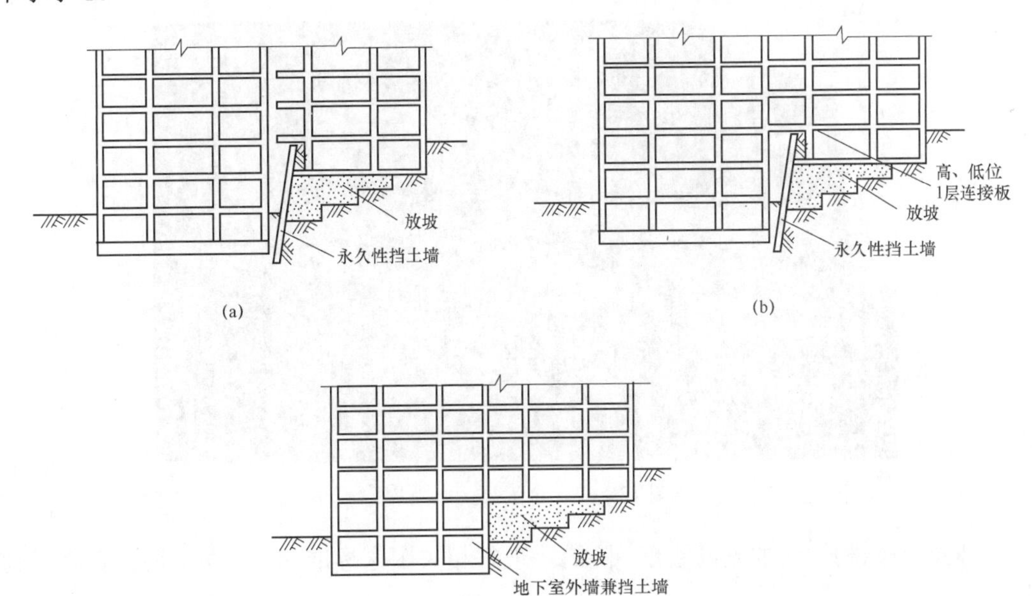


图 12–60 基础有较大的高差

（2）如图 12-60（b）所示，由于建筑功能等原因，仅高、低位部分之间设永久性挡土墙，上部结构连为一体。由于基础埋置标高不同，导致两个方向的抗侧刚度分布有较大不同，相互之间需要协调一致。

设计时应加强考虑：确定符合实际受力的计算模型，体现多层嵌固的情况，并用两个程序分析比较；加强低位部分底部几层的抗侧刚度，减小扭转效应；加强相连楼板的刚度，特别是与 1 层相连的楼板；永久性挡土墙的设计同第（1）条的要求。

（3）如图 12-59（c）所示，高、低位部分从高位部分的地下室开始连为一体，与第（2）条做法相比，受力得到了一定的改善；但低位部分的 1 层和 2 层失去了自然通风和采光的可能性，环境变差。高、低位部分交界处地下室外墙兼作挡土墙，除作用有水压力和土压力外，还应考虑水平地震作用及上部建筑传来的地基压力的影响；其他设计应注意的问题同第（2）条的要求。

（4）因山地地形需要，在坡地上底部构件约束部位不在同一水平面上且不能简化为同一水平面的结构形式，包括吊脚结构、掉层结构等形式，如图 12-61 和图 12-62 所示。

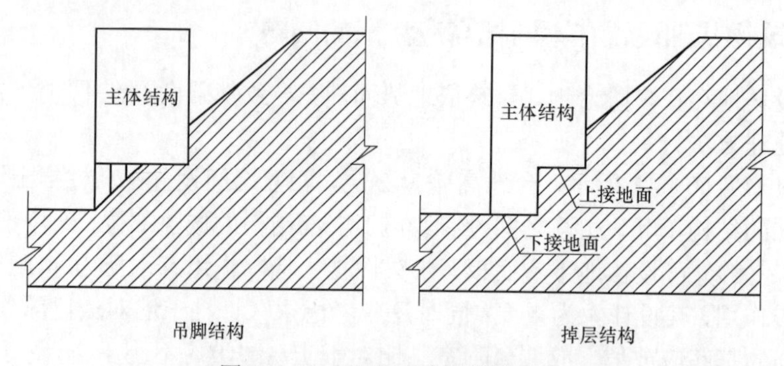


图 12-61　吊脚、掉层结构示意

图 12-62　重庆某工程照片

山地建筑结构楼层的侧向刚度，除满足现行相关国家标准的规定外，还应符合下列规定：

1）对于吊脚建筑结构，应验算建筑底层以下吊脚部分的等效侧向刚度，其值与上部若干层结构的等效侧向刚度之比宜接近于 1，非抗震设计时不应小于 0.5，抗震设计时不应小于 0.8。验算时，吊脚部分的高度可取为最大和最小吊脚高度的平均值，上部若干层结构的验算高度接近且不大于该平均值。

2）对于掉层建筑结构，应验算上接地层及以下部分的等效侧向刚度，其值与上部若干层结构的等效侧向刚度之比宜接近于 1，非抗震设计时不应小于 0.5，抗震设计时不应小于 0.8。验算时，上接地层及以下部分的等效高度可按各竖向构件的抗侧刚度进行加权平均计算，上部若干层结构的验算高度接近且不大于该平均值。

说明：本条规定了山地结构楼层侧向刚度比的限值。控制上下部位等效刚度比将更符合山地结构的受力变形特点，等效刚度比的计算方法可参照《高规》JGJ3 附录 E。

当为吊脚结构时，吊脚部分层间受剪承载力不宜小于其上层相应部位竖向构件的承载力之和；当为掉层结构时，掉层层间受剪承载力不宜小于其上层相应部位竖向构件的承载力之和。

山地掉层结构与上接地柱相邻的掉层楼板厚度不小于 120mm，接地柱与掉层部分采用拉梁连接。

说明：有限元计算分析结果表明，山地掉层结构设置拉梁并加强掉层部分与上接地相连楼板厚度，可降低掉层部分的地震反应，但拉梁受力较大，可作为预设破坏构件，宜加强受拉钢筋的配筋率。

（5）坡地高层建筑裙房层数不同。

建在坡地上的高层建筑，裙房层数不同。两侧地面标高不同（见图 12－63），抗震设计时应考虑结构侧向刚度不均匀对结构的不利影响。

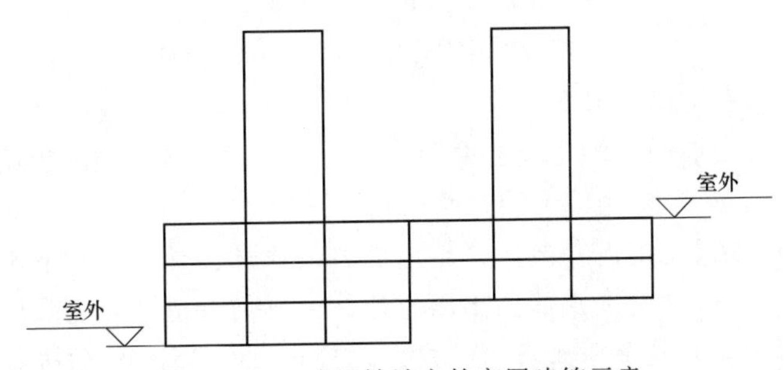


图 12－63　建于坡地上的高层建筑示意

对这样的工程抗震设计应注意如下要求：

1）如果裙房不用防震缝分开，应按双塔计算。

2）左塔楼宜按带 3 层裙房考虑，且应满足嵌固条件。

3）如果左塔楼裙房侧向刚度足够大，可作为右塔楼裙房侧限。因此，右塔楼裙房可视为地下室，并可据此验算塔楼的嵌固条件。

### 12.24.4　不等高基础设计时应注意的问题

由于各种原因，有些结构经常采用不等高基础（见图 12－64），比如竖向构件之间基底标高相差很大，分别处于不同的持力层，此时应特别注意验算整体结构的倾斜。

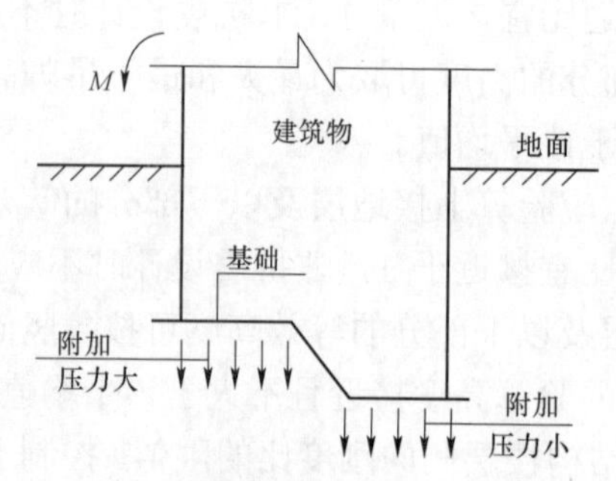


图 12－64　不等高集成基底附加压力分布示意

## 12.24.5　关于“有限”土压力计算问题

《地规》《边坡规范》都给出了“有限”土压力计算公式，如《地规》中规定如下：

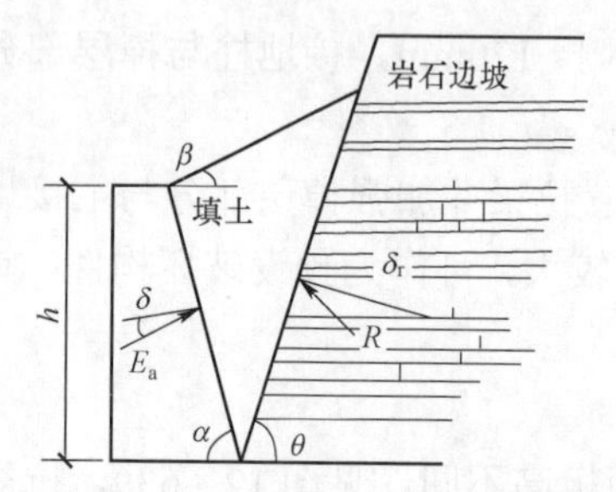


图 12－65　有限填土的土压力计算图

山区建设中，经常能遇到坡角为 60°～80°的陡峭岩石边坡，该坡角远大于库仑破裂面的倾角（45°+$\varphi$/2），这时的土压力，如果仍然按照库仑土压力计算式进行计算，将造成较大的误差。这种情况下的土压力，应为陡峭岩石边坡与支挡结构间的楔形体（见图 12－65），根据楔形体的平衡条件来计算土压力，其土压力系数 $k_a$ 按下式进行计算：

$$k_a=\frac{\sin(\alpha+\theta)\sin(\alpha+\beta)\sin(\theta-\delta_r)}{\sin^2\alpha\sin(\theta-\beta)\sin(\alpha-\delta+\theta-\delta_r)} \tag{12-13}$$

式中　$\theta$——稳定岩石坡面的倾角；

$\delta_r$——稳定岩石坡面与填土间的摩擦角，根据试验确定。当缺少试验资料时，可取 $\delta$=0.33$\varphi_k$（$\varphi_k$ 为填土的内摩擦角标准值）。

【工程案例 12－16】2017 年某地产界朋友咨询作者，说他们有个地下车库，邻近山坡如图 12－66 所示，设计院采用静止土压力计算，他们希望设计院采用主动土压力（他们的观点是这个工程实际是有限土压力，应该比静止土压力小）。作者告诉他们，这种情况属于“有限土压力”，就应按《地规》有限土压力计算。

计算条件：填土内摩擦角 $\varphi_k$=30°，$\delta$=9.9°　$\delta_r$=0.33×30°=9.90°

当岩石角 $\theta$=60° 时，$k_a$=0.580

当岩石角 $\theta$=70° 时，$k_a$=0.494

当岩石角 $\theta$=80° 时，$k_a$=0.336

当岩石角 $\theta$=90° 时，$k_a$=0

如果不按有限土压力计算，而按无限填土压力计算：

主动土压力 $k_a$= tan[2×(45°－30°/2)]=0.333

静止土压力 $k_0$=1－sin30°=0.50

从不同岩石角计算的有限土压力系数可以看出：如果岩石角度小于 80°，按无限土主动土压力计算就偏于不安全的。

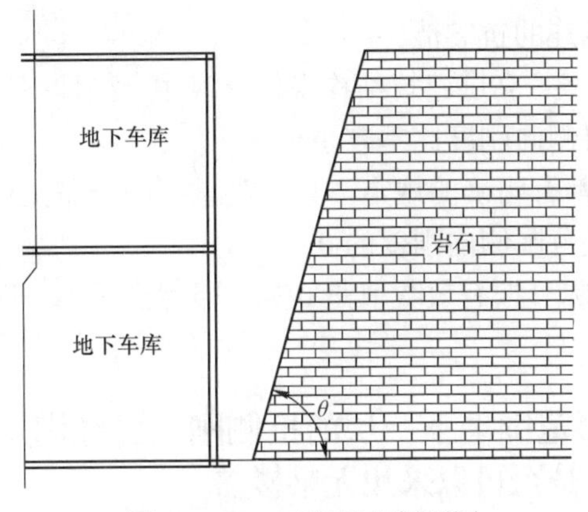

图 12－66　工程局部剖面图

因此作者提醒各位读者注意：今后如果工程设计遇到有限土压力，还是严格按《地规》有限土压力计算比较妥当，以免造成安全隐患。

## 12.25　关于结构计算时“嵌固端”相关问题

### 12.25.1　嵌固端的作用和意义

规范要求任何结构在进行结构计算分析之前，必须首先合理确定结构嵌固端所在的位置。嵌固部位合理、正确的选择是结构设计安全与否的一个重要假定，它将直接关系到结构计算模型与结构实际受力状态的符合程度，影响到杆件内力及结构侧移等计算结果的准确性。

所谓“嵌固”部位，物理意义就是此处的水平位移及转角均为零，实际工程没有绝对的嵌固，只有相对的嵌固；由力学角度看嵌固端是一个面，从工程抗震概念看应是一个区域，也就是结构依据概念设计预期塑性铰出现的部位；确定嵌固端部位可以通过刚度和承载力调整迫使塑性铰在预期部位出现。嵌固部位是地震动输入的位置，反应谱法、时程法、推覆法计算的模型嵌固部位需一致。《抗规》《高规》等规范中要求，一般应采取措施满足地下室顶板嵌固，刚度比可按有效数字控制，如图 12－67 所示。

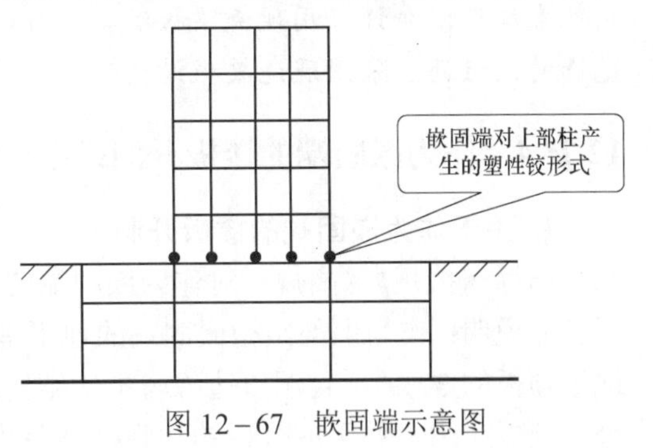

图 12－67　嵌固端示意图

### 12.25.2　满足嵌固端的刚度比条件

为了实际工程计算方便，避免地上与地下整体计算的复杂性，规范要求地下室顶板作为上部结构的嵌固部位的条件如下：

（1）《抗规》第 6.1.14－2 条：地下室顶板作为上部结构的嵌固部位时，应符合下列要求：结构地上一层的侧向刚度，不宜大于地下一层“相关部位”楼层侧向刚度的 0.5；地下室周边宜有与其顶板相连的抗震墙。

（2）《高规》第5.3.7条：高层建筑结构整体计算中，当地下室顶板作为上部结构嵌固部位时，地下一层与首层侧向刚度比不宜小于2。

《抗规》和《高规》都有明确的规定，其中最重要的一条是：结构地上一层的侧向刚度不宜大于地下一层相关范围侧向刚度的0.5倍。

注意：这里的0.5实际可按有效数值是0.54，即相当于地下刚度大于地上结构刚度的1.85倍就可以。

### 12.25.3 如果主楼投影范围地下一层的抗侧刚度已经满足地上一层的嵌固条件时，相关范围是否可以采用无梁楼盖

规范中对上述问题并没有明确规定工程界目前存在两种观点：

观点一：无论主楼投影范围刚度是否能满足，相关范围也应采用梁板结构。

观点二：如果主楼投影范围已经满足嵌固要求的刚度比，相关范围可以采用无梁楼盖。

作者认为观点二更合理。这个观点作者也曾与《抗规》主编进行过当面交流，规范主编说他本人也认可这个观点。

后来这个观点也得到一些省市审图专家的认可，如《山东省建设工程施工图审查结构专业技术问题问答》（2018年6月济南）中提到：

25. 地下室顶板作为上部结构嵌固部位时，《抗规》第6.1.14条规定：地下室在地上结构相关范围的顶板应采用现浇梁板结构。如果主楼投影范围内的地下室刚度满足地上地下刚度比时，上述的相关范围是否可以允许采用现浇梁板结构以外的顶板类型？

解答：规范要求地下室在地上结构相关范围的顶板采用梁板结构主要是具有足够的平面内刚度，以有效地传递地震剪力。

若上部结构投影范围内地下室抗侧刚度满足地上、地下刚度比要求时，相关范围顶板结构类型可以允许采用现浇梁板结构以外的结构类型。除此之外，地下室在地上结构相关范围的顶板还应采用现浇梁板结构。

### 12.25.4 作为嵌固端的楼板开洞或主楼四周有部分下沉广场时

**1. 关于作为嵌固端的楼板开洞**

国标《抗规》《高规》对作为嵌固端的楼板开洞并没有明确说明，但上海《抗规》做了补充说明：作为上部结构嵌固端的地下室顶板，一般不宜开大洞口（洞口面积不宜大于地下顶板的30%），且洞口边缘与主体结构的距离不宜太近；当不满足该要求时，应详细分析顶板应力，并采取合适的加强措施后才可将顶板作为上部结构的嵌固端。

**2. 关于主楼四周有部分下沉式广场**

这个问题目前相关规范均无明确说明，但一些地方审图及2018年《全国施工图审查质量检查总结》给出明确说法：

（1）如2015年北京施工图审查答疑：

问：地下一层板顶作为嵌固部位满足各项要求，但房屋地下一层某侧有下沉广场或庭院，此时嵌固部位如何确定？相应的抗震计算模型、地下结构抗震等级、墙底部加强部位

等如何确定?

答：紧邻下沉式广场或庭院的地下一层外墙，当其总长度大于建筑平面总周长的1/4或某侧的长度大于相应单边边长的1/2时，整体结构应分别按嵌固在地下一层顶板和地下二层顶板两种计算模型进行包络设计；底部加强部位应延伸至地下一层，地下二层的抗震等级应与底部加强部位相同，地下二层以下抗震构造措施的抗震等级可逐层降低。

（2）2018年《全国施工图审查质量检查总结》给出明确说法：

问：地下一层板顶作为嵌固部位满足各项要求，但房屋地下一层某侧有下沉广场或庭院，此时嵌固部位如何确定?

答：紧邻下沉式广场或庭院的地下一层外墙，当其总长度大于建筑平面总周长的1/4或某侧的长度大于相应单边边长的1/2时，整体结构应分别按嵌固在地下一层顶板和地下二层顶板两种计算模型进行包络设计；底部加强部位应延伸至地下一层，地下二层的抗震等级应与底部加强部位相同，地下二层以下抗震构造措施的抗震等级可逐层降低。

作者理解：这句话的话外因是“如果紧邻下沉式广场或庭院的地下一层外墙，当其总长度不大于建筑平面周长的1/4或某侧的长度不大于相应边长的1/2时，整体计算可以将地下一层作为嵌固端”。

### 12.25.5 主楼首层底板顶与周边相关范围地下室有高差时，如何确定嵌固端部位

这个问题目前相关规范也无明确说明，但一些地方审图及2018年全国施工图审查检查总结给出明确说法。

（1）如2015年北京施工图审查答疑：

问：主楼首层底板顶与周边相连地下室顶板有高差时，如何确定嵌固部位?

答：1）首层底板顶与周边地下室顶板高差不大于梁高，且主楼首层与相关范围内地下一层侧向刚度之比满足嵌固部位要求时，可将主楼首层底板作为嵌固部位。

2）首层底板顶与周边地下室顶板高差大于梁高，且主楼首层与主楼范围内地下一层侧向刚度之比不大于0.5时，可将主楼首层底板作为嵌固部位，地下一层应按错层结构采取加强措施。

（2）2018年《全国施工图审查质量检查总结》给出明确说法：

问：主楼首层底板顶与周边相连地下室顶板有高差时，如何确定嵌固部位?

答：1）首层底板顶与周边地下室顶析高差不大于梁高，且主楼首层与相关范围内地下一层侧向刚度之比满足嵌固部位要求时，可将主楼首层底板作为嵌固部位。

2）首层底板顶与周边地下室顶析高差大于梁高，且主楼首层与主楼范围内地下一层侧向刚度之比不大于0.5时，可将主楼首层底板作为嵌固部位，地下一层应按错层结构采取加强措施。

问：当嵌固端下层柱的截面尺寸大于上层柱，且受弯承载力不小于上层柱的1.1倍时，下层柱纵筋可否小于上层柱纵筋的1.1倍?

答：下层柱纵筋可以小于上层柱纵筋的1.1倍。

作者理解这两句的意思是：高差不大于一个梁高可考虑车库顶的相关范围；大于一个梁高就不能考虑相关范围的刚度。但如果高差大于一个梁高呢?

【工程案例12-17】作者2012年主持设计的天津某工程，主体结构地上22层，地下一层层高6.1m，大底盘地下一层，层高4.6m，车库顶有覆土1.5m，工程剖面图如图12-68所示。

特别说明：由于本工程主楼与地下车库高差较大（1.65m），远大于一个工程概念上的梁高，为了将主楼地下一顶板作为嵌固端，必须考虑相关范围车库的刚度贡献，为此作者单位电话咨询了《抗规》编委之一的戴总（戴国莹），他建议如果嵌固端下移有困难时，可以考虑地库相关范围的刚度，但要特别注意地震水平力的传递问题，建议在主楼四周假设扶壁挡墙，如图12-69和图12-70所示。

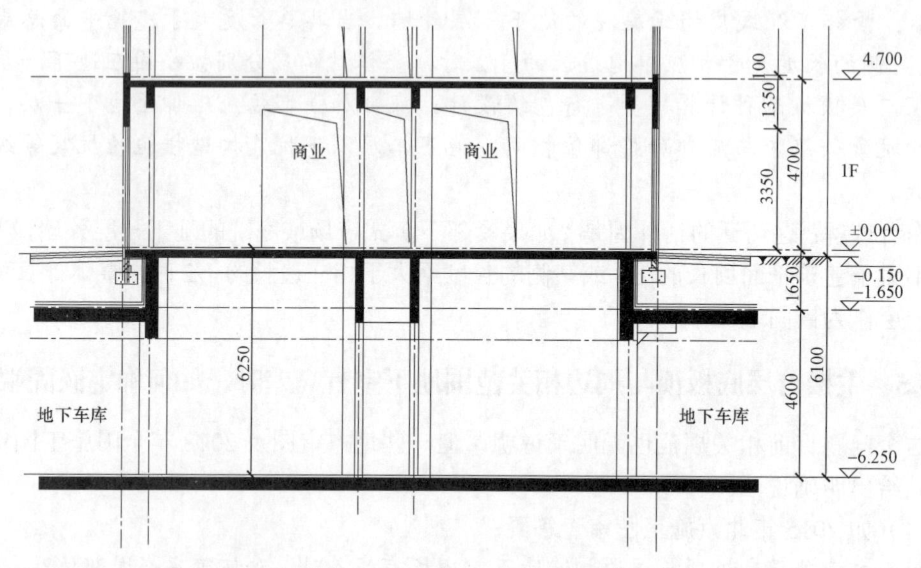


图12-68 工程典型剖面图

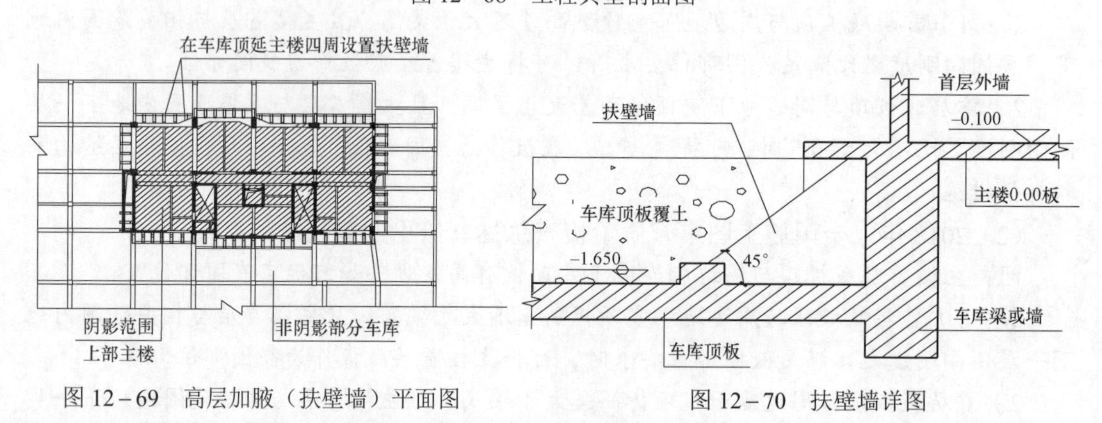


图12-69 高层加腋（扶壁墙）平面图　　图12-70 扶壁墙详图

### 12.25.6 无地下室时，如何确定上部结构的嵌固部位

2018年《全国施工图审查质量检查总结》给出明确说法：

无地下室时上部结构的嵌固部位应为基础顶面，且在计算时不应考虑土对结构的约束作用，并按嵌固端在首层地面的计算模型进行承载力包络设计。

作者认为上述答复过于简单，建议还是结合具体工程情况，灵活把控为宜，具体可参考作者2015年出版发行的《建筑结构设计规范疑难热点问题及对策》一书。在此不再赘述。

## 12.26 大底盘多塔结构设计相关问题设计的把控

### 12.26.1 如何合理认定大底盘多塔结构

（1）多塔结构是指裙房或大底盘上有两个或两个以上塔楼的结构，是体型收进结构的一种常见例子。

（2）一般情况下，在地下室连为整体的多塔结构可不认为是多塔结构。但注意此时，地下室顶板设计宜符合《高规》10.6 节多塔楼结构设计的有关规定。

请大家注意：这个地方并没有讲 0.00 能否作为“嵌固端”。

（3）对于地下室有一侧或多侧无土约束时，也应按多塔对待。

### 12.26.2 大底盘多塔结构分析计算需要注意的问题

（1）大底盘多塔结构，应分别采用多塔整体和分塔楼模型进行结构计算，并采用包络设计进行配筋。

（2）分塔计算时，应考虑至少带 2 跨裙房进行计算分析。但注意如果两塔之间裙房少于 4 跨时，则宜各带一半进行计算。

（3）主楼结构的周期比、位移角、扭转位移比、剪重比、层刚度比、层抗剪承载力等均可以取分塔模型结果。

（4）裙楼及地下结构应按整体计算控制以上指标。

### 12.26.3 多塔楼高层建筑结构应符合的要求

（1）各塔楼质量及侧向刚度宜接近；相对底盘宜对称布置。塔楼结构质心与底盘结构质心的距离不宜大于底盘相应边长的 20%。为增强大底盘的抗扭刚度，可利用裙楼的卫生间、楼电梯间等布置剪力墙或支撑，剪力墙或支撑宜沿大底盘周边布置。

（2）转换层不宜设置在底盘屋面的上层塔楼内（见图 12－71）；不能避免时，应有必要的加强措施。

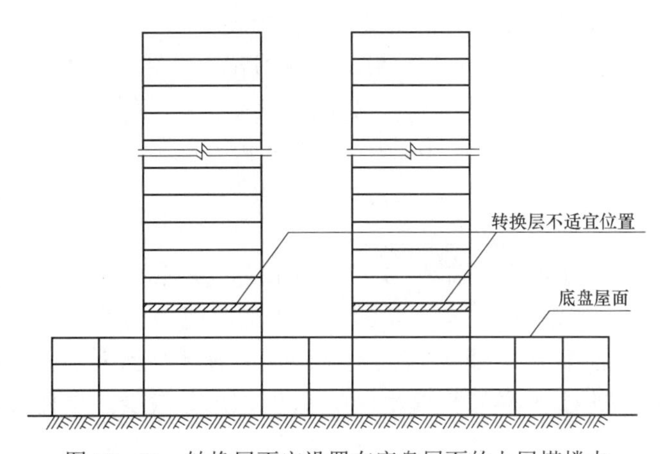


图 12－71　转换层不宜设置在底盘屋面的上层塔楼内

（3）塔楼中与裙房相连的外围柱、剪力墙，从固定端至裙房屋面上一层的高度范围内，柱纵向钢筋的小配筋率宜适当提高，柱箍筋宜在裙楼屋面上、下层的范围内全高加密；剪力墙宜设置约束边缘构件（见图 12－72）。

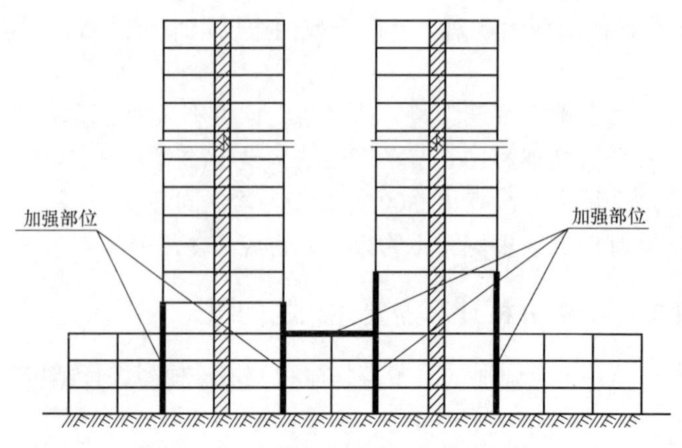


图 12－72　剪力墙设置约束边缘构件

## 12.27　地下室顶板或裙房顶板上，局部单独设有两层及两层以上框架房屋（非电梯、楼梯间），其框架柱支承在地下室顶板或裙房顶板的梁上，那么这些梁是否设计为转换梁

根据《高规》，框支梁一般指部分框支剪力墙结构中支承上部不落地剪力墙的梁，是有了框支剪力墙结构，才有了框支梁。《高规》第 10.2.1 条所说的转换构件中，包括转换梁，转换梁具有更确切的含义，包含了上部托柱和托墙的梁，因此，传统意义上的框支梁仅是转换梁中的一种。

《高规》第 10.2.9 条中提到的“梁上托柱”的技术规定，只是关于托柱梁的两个个别规定，“梁上托柱”的梁和传统的“框支梁”有不同要求。实际上，从《高规》第 10.2 节的全部内容看，已经明显区分了这两种梁所构成的转换层结构的不同要求，如第 10.2.2 条关于转换层设置位置的要求、第 10.2.5 条关于提高抗震等级的要求、第 10.2.8 条第 2 款关于纵向钢筋和腰筋的要求、第 10.2.9 条第 2 款和第 4 款的要求等。

托柱的梁一般受力比较大，有时受力成为空腹桁架的下弦，设计中应特别注意。因此，采用框支梁的某些构造要求是必要的，这在《高规》第 10.2 节已有反映。针对本条问题，应视具体情况（跨度、荷载、位置）的不同区别对待。如高层结构底部转换，要承载的构件较多、承载较大，及当竖向构件大部分或全部不连续时（即大部分或全部框架柱均支承在下部梁上），此时应按框支转换梁设计；当大部分柱可直接连续，仅局部转换（局部较少的柱支撑在下部梁上），且上部层数较少，单柱荷载较小时，可按普通梁设计。

## 12.28 地下建筑抗震设计的地震作用应如何考虑？抗震验算有哪些特殊要求

### 12.28.1 地下建筑抗震设计的地震作用应如何考虑

现行《抗规》第 14 章定义的地下建筑仅局限于单建式建筑，不包括地下铁道和城市公路隧道。单建式地下建筑服务于人流、车流或物资储藏、抗震设防应有不同的要求。

地下建筑结构的地震作用方向与地面建筑有所区别。

（1）水平地震作用问题。对于长条形的地下结构，与其纵轴方向斜交的水平地震作用，可分解为沿横断面和纵轴方向的水平地震作用，一般不能单独起控制作用。因此，当按平面应变问题分析时，一般仅考虑沿结构横向的水平地震作用。对于地下空间综合体建筑等体型复杂的地下建筑结构，宜同时计算结构横向和纵向的水平地震作用。

（2）竖向地震作用问题。对于体型复杂的地下空间结构或地质条件复杂的长条形地下结构，都容易发生不均匀沉降并导致结构破坏，因此在 7 度及以上地域，也有必要考虑竖向地震作用效应的组合。

### 12.28.2 抗震验算的特殊要求

（1）抗震验算问题。地下建筑结构应进行多遇地震作用下构件截面承载力和结构变形验算。考虑地下建筑修复难道较大，对于不规则的地下建筑以及地下变电站和地下空间综合体等，尚应进行罕遇地震作用下的抗震变形验算，计算可采用新《抗规》第 5.5 条的简化方法。混凝土结构弹塑性层间位移角限值宜取 1/250。当存在液化危害性的地基中建造地下建筑结构时，应验算其抗浮稳定性，必要时应该采取抗液化措施。

（2）对于特别重要的地下建筑，也可参考《地下结构抗震设计标准》（GB/T 51336—2018）相关规定进行。

## 12.29 结构分析采用时程分方法在抗震设计中的作用及应用中应注意的问题

### 12.29.1 结构分析采用时程分方法在抗震设计中的作用

目前，结构抗震验算的基本方法是振型分解反应谱法，时程分析法仅作为补充计算方法，是对特别不规则、特别重要的和较高的高层建筑结构才需要采用。《抗规》给出的采用时程分析的高度范围见表 12－23。

**表 12－23　　需要采用时程分析的高层建筑**

| 烈度、场地类别 | 房屋高度范围 |
|---|---|
| 8 度Ⅰ、Ⅱ类场地和 7 度 | ＞100m |
| 8 度Ⅲ、Ⅳ类场地 | ＞80m |
| 9 度 | ＞60m |

时程分析法又称为直接动力分析法，可分为弹性时程分析和弹塑性时程分析法。时程分析法主要用于结构变形验算，判断结构的薄弱层和薄弱部位。采用弹塑性时程分析法还能找到结构的塑性铰位置及其发生的时刻。

另外，传统的弹性计算不能考虑结构进入弹塑性阶段以后构件刚度退化、内力重新分布，部分构件受损退出工作，阻尼增加，地震作用力相应减小等一系列的变化。结构的弹塑性分析是了解大震作用下结构响应的必要手段。当前常用的有动力弹塑性时程分析和静力弹塑性分析两种方法。这两种方法各有其优缺点，可根据工程的具体情况选用，如结构较规则，高度不大于300m，基本振型的质量参与系数不小于50%的结构可采用静力弹塑性分析方法，否则宜采用动力弹塑性时程分析方法。

### 12.29.2　应用中应注意的问题

**1. 时程分析法的适用范围**

现规范仍将时程分析作为振型分解反应谱法的补充计算手段，小震作用下弹性时程分析的适用范围与原规范相同。按照《超限高层建筑工程抗震设防专项审查技术要点》要求，大震作用下弹塑性时程分析的适用范围扩大到高度超过200m的各类建筑结构。

**2. 输入地震波的选择原则**

结构时程分析法中，输入地震波的确定是时程分析结果能否既反映结构最大可能遭受的地震作用，又能满足工程抗震设计基于安全和功能要求的基础。在这里不提真实地反映地震作用，也不提计算结果的精确性，是由于预估地震作用的极大的不确定性和计算中结构建模的近似性。在工程实际应用中经常出现对同一个建筑结构采用时程分析时，由于输入地震波的差异造成计算结果的数倍乃至数十倍之大，使工程设计无所适从。为此，新规范作了比较明确的规定。以方便工程设计应用。

（1）数量需求。对于高度不是太高（即没有超限的高层建筑）、体型比较规则的高层建筑，一般取2+1，即选用不少于2条天然地震波和1条拟合目标谱的人工地震波，出于结构安全考虑，计算结果取包络值。对于高度超限的高层、大跨超限、体型复杂的建筑结构，需要取更多地震波输入进行时程分析，规范规定是5+2，即不少于7组，其中，天然地震波不少于5条（即2/3），拟合人工目标的地震波2条，计算结果取平均值。

**【工程案例12－18】** 图12－73（a）为一组3分量天然地震波，其中编号US2569为竖向分量，US2570和US2571为水平两向分量。通常取峰值较大者为主向，主向与次向按1.00:0.85比例调整。从波形和反应谱可以看出，竖向分量的短周期成分比较显著，水平分量在短周期部分的波动明显，而且各向分量的反应谱曲线相差十分明显。图12－73（b）为另一组3分量天然地震波，其中编号US186为竖向分量，US184和US185为水平两向分量。可以看出，竖向分量的短周期成分也比较显著，水平分量在短周期部分的波动明显。但是，两个水平分量的反应谱曲线比较一致。这反映了天然地震波特征的不确定性，用于结构时程分析时，很难做到两向水平输入的地震波均能满足规范要求，一般只要求结构主方向的底部剪力满足规范即可。

（2）持续时间要求。为了充分激励建筑结构，一般要求输入的地震动有效持续时间为结构基本周期的5倍左右，且不小于15s。时间短了不能使建筑结构充分振动起来，时间太长则会增加计算时间。对于结构动力时程分析，只有加速度记录的强震部分的长度，即有效持续时间才有意义。

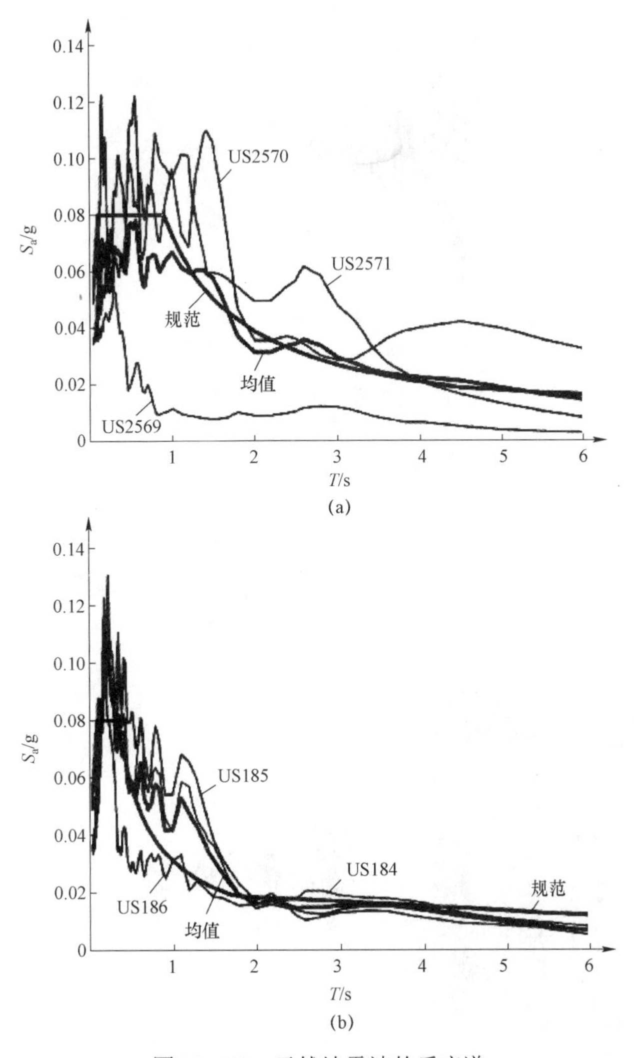


图 12－73　天然地震波的反应谱

那么什么是加速度记录的有效持续时间？最常用的有效持续时间定义是：取记录最大峰值的 10%～15%作为起始峰值和结束峰值，在此之间的时间段就是有效持续时间。图 12－74 表示上述地震加速度中编号为 US185 的波形，用于 7 度多遇地震下结构时程分析，最大加速度峰值是 35gal，取首、尾两个峰值为 3.5gal 之间的时间长度为有效持续时间，大约为 30s，可以用于基本周期小于 6s 的建筑结构。

**【工程案例 12－19】**作者 2011 年主持的宁夏亘元万豪大厦 50 层超限高层（见图 12－75），结构第一主周期为 $T_1$=3.96s，安评提供的适合本场地的 3 条天然地震波如图 12－76 所示。

（3）选波的原则。选用的地震波的特征应与设计反应谱在统计意义上一致。对选波结果的评估标准是，以时程分析所得到的结构基底总剪力和振型分解反应谱法的计算结果对比。用一组（单向或两向水平）地震波输入进行时程分析，结构主方向基底总剪力为

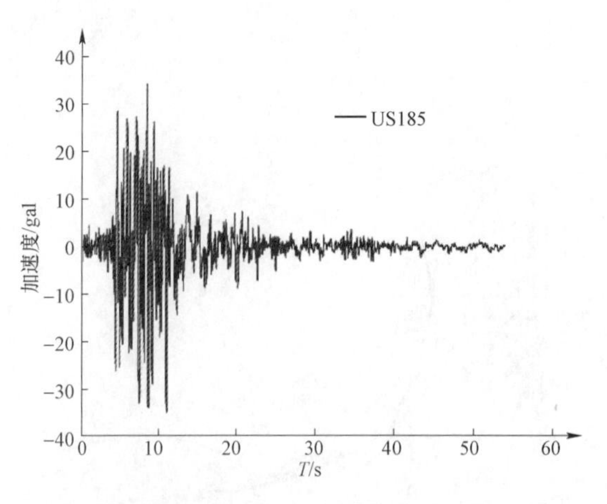


图 12－74　加速度记录有效持续时间的定义

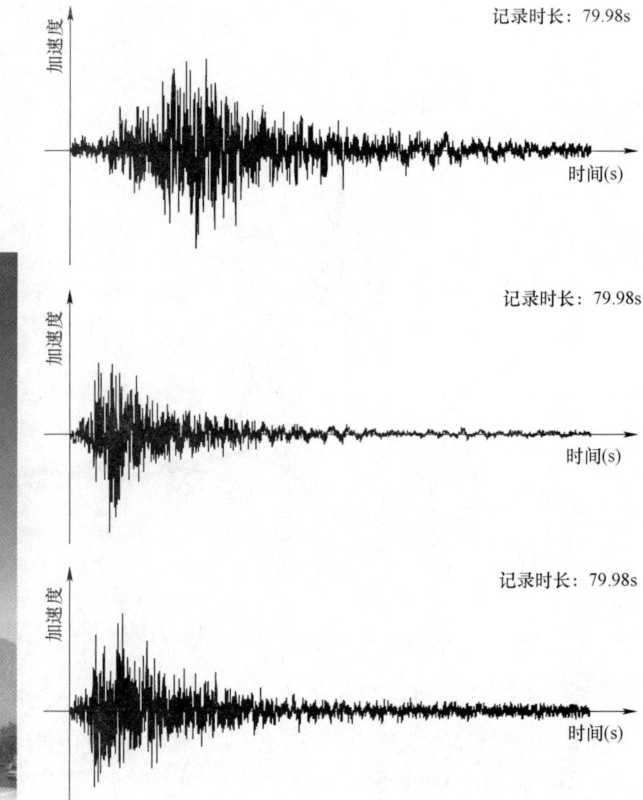


图 12－75　工程效果图

图 12－76　万豪大厦的地震波

同方向反应谱计算结果的 65%～130%。多组地震波输入的计算结果平均值为反应谱计算结果的 80%～120%。不要求结构主、次两个方向的基底剪力同时满足这个要求。一组地震波的两个水平方向记录数据无法区分主、次方向，通常可取加速度峰值较大者为主方向。

**【工程案例 12－20】**作者 2011 年主持的宁夏亘元万豪大厦 50 层超限高层，安评提供的适合本场地的 3 条地震波谱与规范小震谱对比图如图 12－77 及表 12－24 所示。

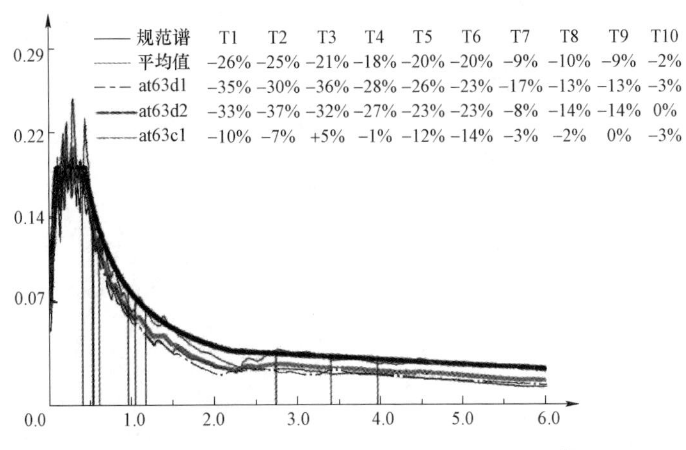


图 12－77　安评提供的 3 条地震波谱与规范小震谱对比图

**表 12－24　　基底剪力对比结果表**

| 项目 | 软件名称 | At63d1 | At63d2 | At63c1 | 规范反应谱 |
|---|---|---|---|---|---|
| *X* 向首层基底剪力 | SATWE | 70 449.3 | 64 964.1 | 62 387.5 | 63 276×0.65=41 129<br>63 276×0.8=50 621 |
| | | 满足 | 满足 | 满足 | |
| | | 65 933（平均）满足 | | | |
| *Y* 向首层基底剪力 | SATWE | 61 814.3 | 52 277.4 | 65 783.6 | 62 307×0.65=40 499<br>62 307×0.8=49 846 |
| | | 满足 | 满足 | 满足 | |
| | | 59 958（平均）满足 | | | |

结论：通过分析比较，安评提供的 3 条地震波满足《抗规》要求，可以采用。

**3. 结构时程分析结果的应用**

小震下结构弹性时程分析结果主要有楼层水平地震剪力和层间位移分布。对于高层建筑，通常可由此判断结构是否存在高振型响应和发现是否有薄弱楼层，以及是否满足规范关于弹性位移角限值要求等。如果存在高振型响应，应对结构上部相关楼层地震剪力加以调整放大。

图 12－78 为某栋高层建筑结构弹性时程分析得到的楼层剪力分布，图 12－79 为层间位移角分布。由图 12－78 可以看出：输入 3 组地震波进行时程分析，结构底部总剪力与反应谱结果相比，符合规范的要求，地震波选用合适；结构高振型响应明显，上部楼层剪力和位移均放大了，应对反应谱法结果进行调整，并进行包络设计。

补充说明：地震影响加速度时程曲线，要满足地震动三要素的要求：

1）频率谱特性：根据所处的场地类别和设计地震分组确定的地震影响系数曲线确定。

2）有效峰值：按表 12－25 采用。

**表 12－25　　时程分析时输入地震加速度的最大值**　　（单位：$cm/s^2$）

| 设防烈度 | 6 度 | 7 度（0.10*g*） | 7 度（0.15*g*） | 8 度（0.2*g*） | 8 度（0.30*g*） | 9 度 |
|---|---|---|---|---|---|---|
| 多遇地震 | 18 | 35 | 55 | 70 | 110 | 140 |
| 设防地震 | 50 | 100 | 150 | 200 | 300 | 400 |
| 罕遇地震 | 120 | 220 | 310 | 400 | 510 | 620 |

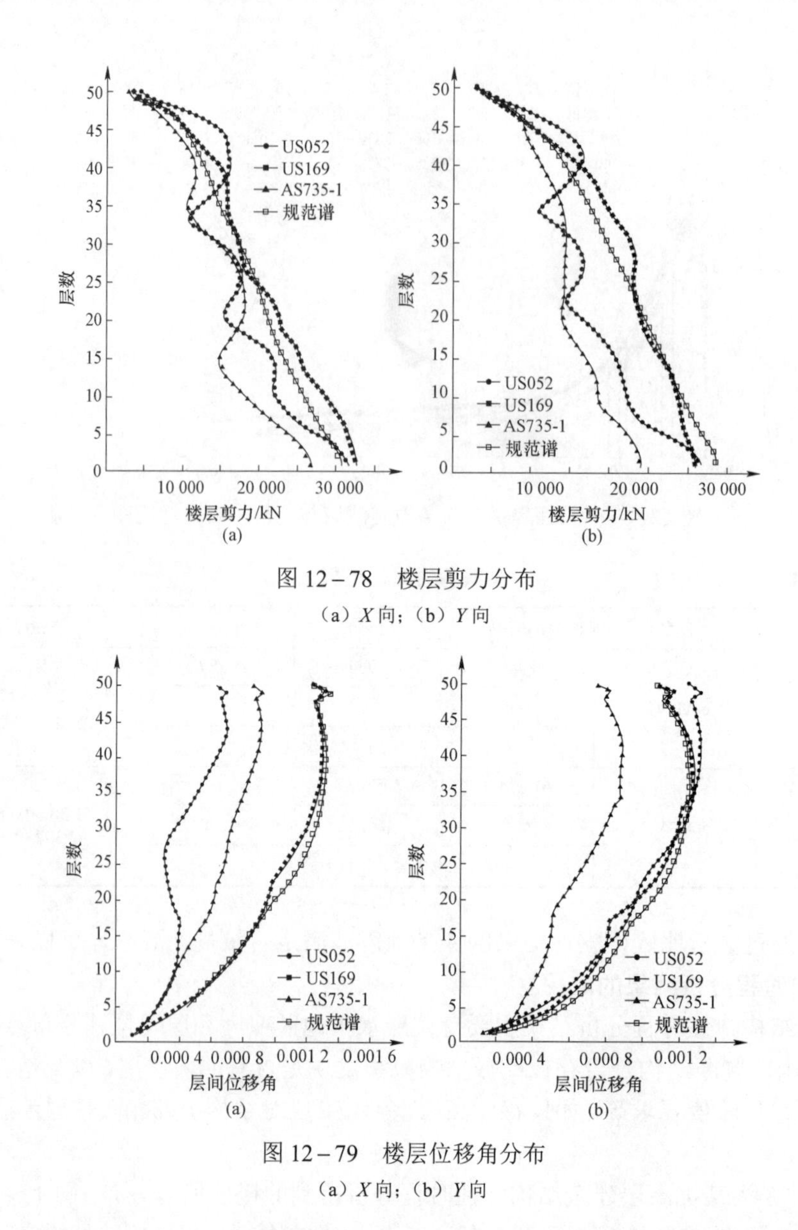


图 12－78　楼层剪力分布

（a）$X$向；（b）$Y$向

图 12－79　楼层位移角分布

（a）$X$向；（b）$Y$向

3）地震加速度曲线的有效持续时间：输入地震加速度时程曲线的有效持续时间，一般从首次达到该时程曲线最大峰值的 10%那一点起，到最后一点达到最大峰值的 10%为止，为结构基本周期的 5～10 倍。

## 12.30　复杂连体结构空中连廊结构形式及其连接方式的把握

### 12.30.1　空中连廊与两侧主体连接方式的合理选择与分析

随着建筑业的蓬勃发展，越来越多的多层、高层建筑各塔之间为了交通方便和立面造型的美观，常常采用连接体将多座塔楼连接在一起。

空中连廊的出现和发展，主要是基于使用功能上的需要，如连接各楼或作为空中观光、休闲使用；其次是建筑形体的需要。

建筑物之间通过连接体连接，形成了多塔连体结构体系。由于结构各部分的动力特性不同，刚度和质量也不一样。在地震作用下，被连接的两栋主体结构会由于连接体的存在而相互影响出现耦连现象。连接体部分是连体结构的关键部位，其受力比较复杂。连接体部分一方面要协调两侧结构的变形，在水平荷载作用下承受较大的内力；另一方面当本身跨度较大时，除竖向恒活荷载作用外，竖向地震作用影响也比较明显。

连接体结构体系的关键问题是连接体与两侧塔楼的支座连接，如处理不当结构安全将难以保证，甚至还会产生连接体在地震作用下与主体结构脱离从而整体倒塌的现象。连接体与主体结构的连接方式一般根据建筑方案与布置来确定，基本可以分为强连接方式和弱连接方式两大类。每种连接方式的处理不同，但均应进行详细分析与设计。

当连接体具有足够的刚度，能将两侧主体结构连为整体并能协调受力与变形时，一般采用强连接结构（刚性连接）。连接处可采用两端刚接（或铰接）的方式来实现。在这种情况下，连接体同塔楼之间的连接不释放任何约束，连接处受力较大，构造处理较为复杂。当连接体无法协调连接体两侧主体结构的受力与变形时可采用弱连接结构（柔性连接）。连接处可采用一端铰接一端滑动连接或两端均做成滑动支座（可用摩擦摆）连接的方式来实现。在此情况下，连接体至少在某一方向的约束得到了释放，使两侧的主体结构在释放的方向上能独立工作，连接体受力较小。此时设计的重点就转化到了滑动支座的做法，限复位装置的设置，滑动位移的确定及防倾覆防碰撞等问题上。

下面对空中连廊的结构形式及其连接方式进行分析说明。

**1. 连廊自成结构单元**

当连廊所处位置不高（一般不超过 24m），场地条件允许自身设立柱子等竖向支承结构时，可自成一个单元结构，两端设缝与主体结构脱开。此种处理最简单，对主体结构也没有影响，是常见的一种方式。

**2. 连廊与主体结构相连**

当连廊所处位置较高或场地条件不允许自身设立柱子等竖向支承构件，连廊结构将与主体结构发生关系。根据被连接的两侧主体结构的特性、连廊的跨度及所处的高度位置，可采用不同的结构形式和连接方式，归纳为以下几种：

（1）与主体悬挑式连接。悬挑式根据出挑长度可分为单侧悬挑和双侧悬挑两种如图 12－80 所示。出挑结构根据出挑长度可为梁、直腹杆或斜腹杆桁架。

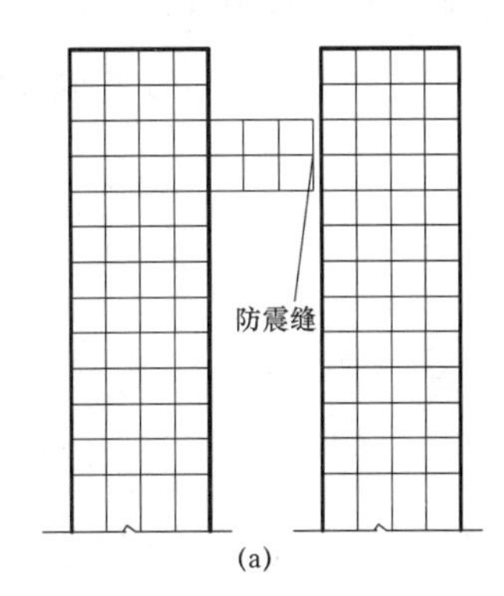


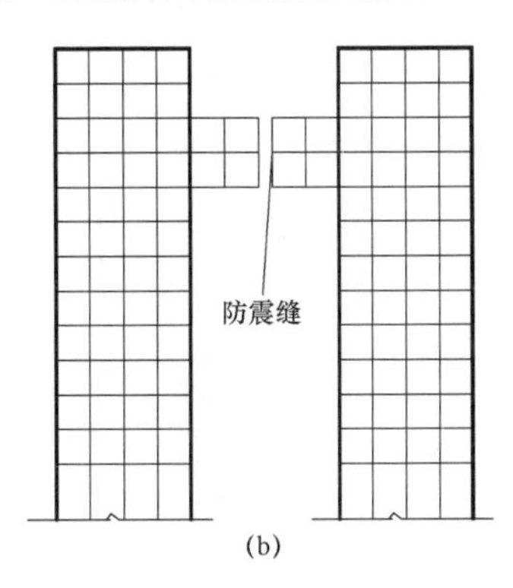


图 12－80　悬挑式连廊

（a）单侧悬挑；（b）双侧悬挑

此种方式，两个主体结构之间不存在相互影响，可以独立进行分析。悬挑端与主体结构（单侧悬挑）或两个悬挑端（双侧悬挑）之间的缝宽应该满足在罕遇地震作用下的位移要求；悬挑部分应考虑竖向地震的影响，悬挑部分与主体结构的连接宜参照《高规》中的连体结构连接体的规定进行设计。

（2）连廊与主体两端刚性连接。当被连接的两侧主体结构有相同或相近的体型、平面和刚度，相互之间是对称布置（见图 12－81），且连廊部分楼板有一定宽度能协调两侧主体结构的变形时，可采用两端刚性连接的方式，其设计应按照《高规》对连体结构的规定进行设计。

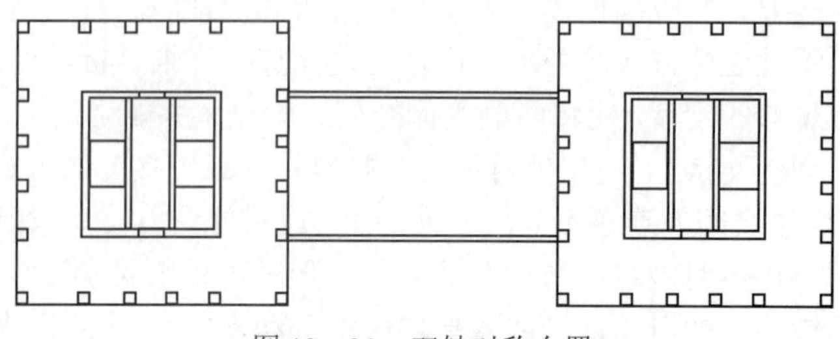

图 12－81　双轴对称布置

**【工程案例 12－21】** 如图 12－82 所示为北京茂华 UHN 国际村，大跨高位连体结构。

图 12－82　刚性连接体示意

当被连接的两侧主体结构虽有相同或相近的体型、平面和刚度，但相互之间不是双轴对称布置（见图 12－83），如两端采用刚性连接方式，将引起较大的扭转效应，对主体结构及连廊均不利，此时宜采用弱连接的方式。

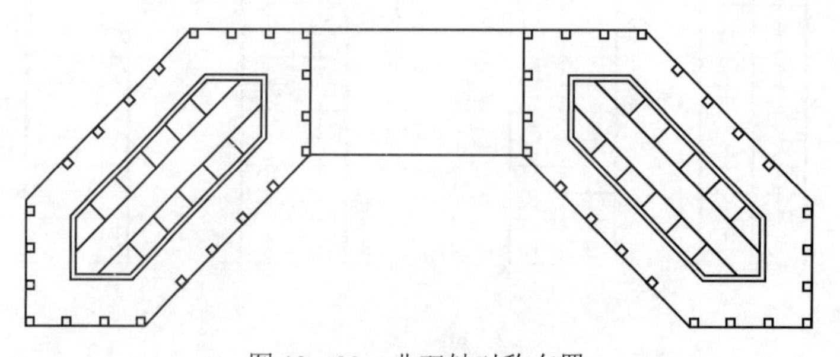

图 12－83　非双轴对称布置

**【工程案例 12－22】** 如图 12－84 所示为北京某工程，两侧结构完全一样，但由于相互之间不是双轴对称结果，结构设计时连接体就采用弱连接设计。

图 12－84　弱连接工程示意

**【工程案例 12－23】** 作者 2018 年在美国看到华盛顿的这个两侧主楼刚度明显差异的连廊，采用弱连接方式（见图 12－85）。

图 12－85　国外弱连接工程示意

实际工程中经常也会遇到这种情况，尽管两侧建筑振动特性差异很大，结构平面也非双轴对称，但由于种种原因，必须采用刚性连接方案的工程也不少见。

**【工程案例 12－24】** 青岛胶南世茂国际中心采用高位大跨弧形刚性连接体设计方案。立面效果图和连接体平面布置图如图 12－86 和图 12－87 所示。

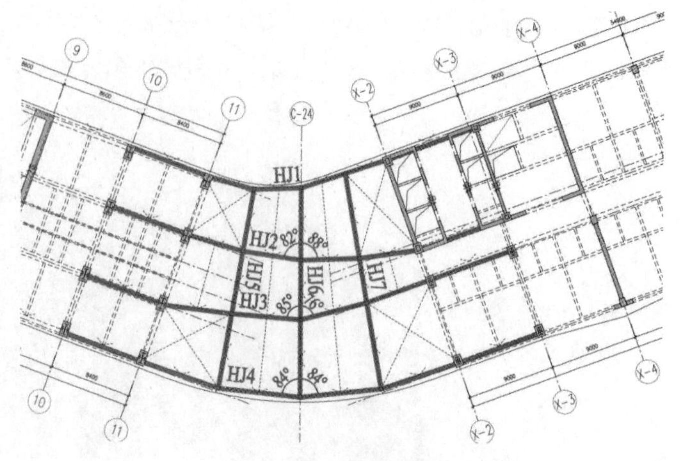


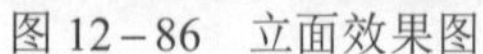

图 12－86　立面效果图

图 12－87　连接体平面布置图

（3）与主体一端刚接，另一端滑动连接。

当被连接的两侧主体在体型、平面和刚度相差较大，或虽有相同或相近的体型、平面和刚度，但相互之间不是对称轴布置，且连廊跨度不大、位置处于低位时，可采用一端刚接、另一端滑动的连接方式，如图 12－88 所示。

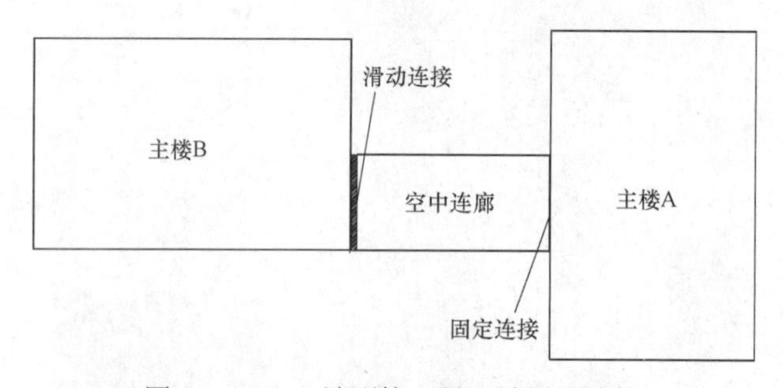


图 12－88　一端刚接、另一端滑动连接

**【工程案例 12－25】**2012 年作者主持的某工程案例，如图 12－89 所示，尽管采用这种一端刚接、另一端滑动的连接方式，但由于预留的滑动量不足，依然引起连廊破坏。

图 12－89　一端刚接、另一端滑动连接

此种连接方式，两侧主体结构相互影响较小，可独立建模分析。滑动端一侧的主体结构，仅承受连廊部分的竖向荷载；而刚接端一侧的主体结构，除承受连廊竖向荷载外，还应能承受连廊的全部水平地震作用和风荷载。所以刚接端一般宜设在抗扭刚度较大的一侧。在水平地震作用和风荷载作用下，连廊楼层盖是一根悬臂空间桁架的模型，刚接端与主体结构的连接宜按《高规》中的连体结构连接的规定进行设计。滑动端的支座滑移量应能满足两个方向相反振动，在罕遇地震作用下的位移要求，由于仅有一侧滑动，支座滑移量相对较大。建议这种情况的连接还需要考虑防连续倒塌设计。

（4）与主体结构两端均为滑动连接。

当连廊跨度较大时，采用一端刚接、另一端滑动连接方式，连廊平面外受力较大，且对刚接端一侧主体结构有一个较大的扭矩，不尽合理，此时也可采用两端均为滑动连接。

此种连接方式，与一端刚接、另一端滑动连接方式一样，两侧主体结构之间相互影响较小，可独立建模分析。一般希望在风荷载作用下，连廊与主体结构间不产生滑动，此时可采用栓钉等初始限位，当限位移超过风荷载作用时，限位被克服，即可自由滑动；在地震作用下，两侧主体结构间发生碰撞造成破坏，应在连廊与两侧主体结构间设置可靠的限位装置和采取减轻碰撞的措施。

**【工程案例 12－26】** 阿联酋金融大厦：由两座高 27 层的椭圆形大楼组成，包括两幢超 A 级写字楼、豪华公寓、DIFC Mall 购物中心，是一个非常典型的两端均采用滑动支座的连廊设计，如图 12－90 所示。

（5）与主体结构两端滑动加阻尼器连接。

如果连廊跨度较大，所处位置较高，仅采用两端均为滑动连接时位移量较大，不容易控制，此时可考虑采用滑动支座加阻尼器的连接方式。

此种连接方式需考虑连廊、滑动支座、阻尼器及两侧主体结构的共同作用，按连体模型进行分析。分析软件应能考虑阻尼器的非线性行为；此时，应合理选取滑动支座的摩擦系数或侧向刚度，配合阻尼器参数合理选取，以期达到在风荷载作用下连廊与两侧主体结构间不发生滑移，在小震作用下限制位移量，在大震作用下减小位移量。

图 12－90　两端均滑动连接

（6）两端滑动加单向约束连接。此种连接方式是在两端滑动连接的基础上增加限制连廊在横向与两侧主体结构间发生位移的装置，连廊在纵向可滑移，但有限位，同时在两侧主体结构间可转动。此种连接方式两侧主体结构相互影响较小，可独立建模分析。两侧主体结构共同承担连廊竖向荷载、横向风荷载和地震作用。

（7）两端滑动，一端加单向约束，另一端加固定铰约束。此种连接方式与两端滑动加单向约束连接不同的是，连廊在纵向仅在单向约束一侧可滑移，但有限位，连廊沿两个主体结构间的水平地震作用由固定铰约束装置承受。

（8）两端滑动，一端加单向约束，另一端加单向约束和阻尼器。此种连接方式在两端滑动加单向约束的基础上，在一端增设了阻尼器，与两端滑动加单向约束连接不同的是，利用阻尼器承受连廊沿主体结构间的水平地震作用，以减小滑移量。阻尼器与连廊及主体牛腿均采用万向转动铰连接。

**3. 连体结构设计还应满足的要求**

（1）连体结构各独立部分宜有相同或相近的体型、平面布置和刚度，宜采用双轴对称的平面形式。

（2）7 度、8 度抗震设计时，层数和刚度相差悬殊的建筑不宜采用刚性连接的连体结构。

（3）7 度（0.15$g$）和 8 度抗震设计时，连体结构的连接体应考虑竖向地震的影响。

（4）6 度和 7 度（0.10$g$）抗震设计时，高位连体结构的连接体宜考虑竖向地震的影响。

（5）连接体结构与主体结构宜采用刚性连接。刚性连接时，连接体结构的主要结构构件应至少伸入主体结构一跨并可靠连接。

（6）连接体楼板应按弹性楼板进行抗剪承载力验算，刚性连接的连接体楼板较薄弱时，宜补充分塔楼模型进行计算分析。

（7）当连接体结构与主体结构采用滑动连接时，支座滑移量应能满足两个方向在罕遇地震作用下的位移要求，并应采取防坠落、撞击措施。计算罕遇地震作用下的位移时，应采用弹塑性时程分析方法进行复核计算，同时宜采用简化方法或按弹性楼板模型验算连接体楼板的平面内承载力。

（8）连接体结构可设置钢梁、钢桁架、型钢混凝土梁。连接体结构的边梁截面宜加大；楼板厚度不宜小于 150mm，宜采用双层双向配筋，每层每方向的配筋率不宜小于 0.25%。

（9）当连接体结构包含多个楼层时，宜考虑施工流程对连体结构内力的影响，应特别加强其下面一个楼层及顶层的构造设计。

（10）抗震设计时，连接体及与连接体相连的结构构件应符合下列要求：

1）连接体及与连接体相连的结构构件在连接体高度范围内及其上、下层，抗震等级应提高一级采用。

2）与连接体相连的框架柱在连接体高度范围及其上、下层，箍筋应全柱段加密配置，轴压比限值应按其他楼层框架柱的数值减小 0.05 采用。

3）与连接体相连的剪力墙在连接体高度范围及其上、下层应设置约束边缘构件。

### 12.30.2 连接体与主体结构间常用支座介绍

随着科学技术进步及材料的研发成功应用，建筑材料的力学性能、耐久性能等也得到了极大的发展，从而为连接体与主体结构的连接方式提供了更多的选择。连体结构中常用的几种支座类型如下：板式支座、橡胶支座、成品铰支座、拉压橡胶支座及摩擦摆支座。

（1）板式支座连体结构中主要应用聚四氟乙烯平板滑移支座等。主要是在普通的平板支座与埋板间放置聚四氟乙烯减小摩擦阻力，在辅助以其他措施使连体结构可以单向滑移的支座类型。可以在跨度较小，自重较轻，地震力较弱的连体结构中应用。

（2）橡胶支座可以分为普通天然橡胶支座（见图 12－91）和铅芯橡胶支座（见图 12－92）。

普通天然橡胶支座是一种由连接钢板、橡胶层和加劲钢板组成的隔震支座。该支座具有较高的竖向承载能力和良好的水平变形能力。目前在桥梁及建筑的底部应用较为广泛。

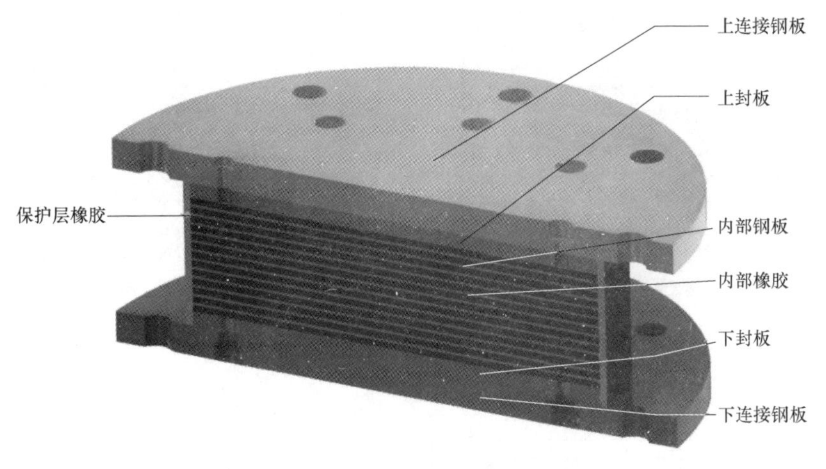


图 12－91　普通天然橡胶支座

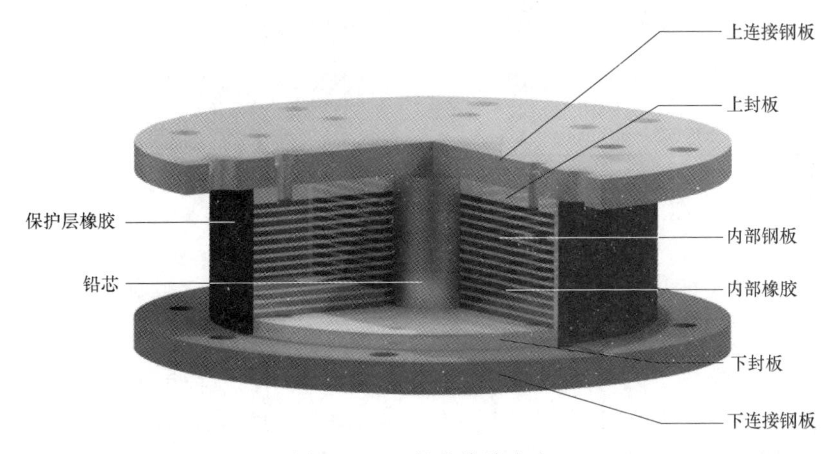


图 12－92　铅芯橡胶支座

铅芯橡胶支座是在普通天然橡胶支座的中心插入铅芯，以改善橡胶支座阻尼性能的一种减震支座。铅芯橡胶支座除能承受结构的竖向力和水平力外，铅芯产生的滞后阻尼的塑性变形还能吸收地震能量，并可以通过橡胶提供水平恢复力。其在桥梁和建筑中得到了广泛的应用。

（3）成品铰支座根据约束的释放条件可以分为固定成品铰支座（见图 12－93）、单（双）向抗拔球型成品铰支座（见图 12－94 和图 12－95）。

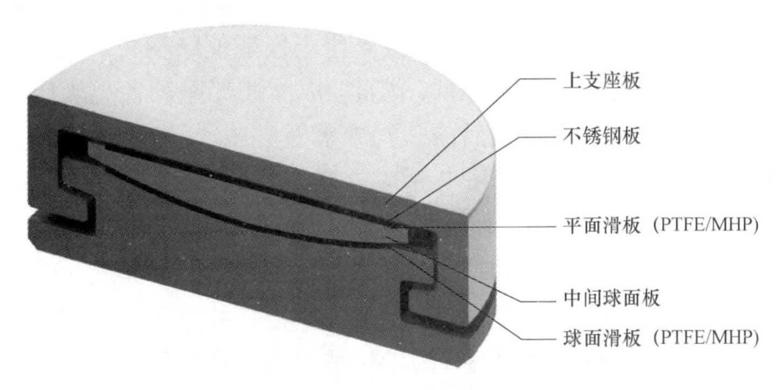


图 12－93　固定成品铰支座

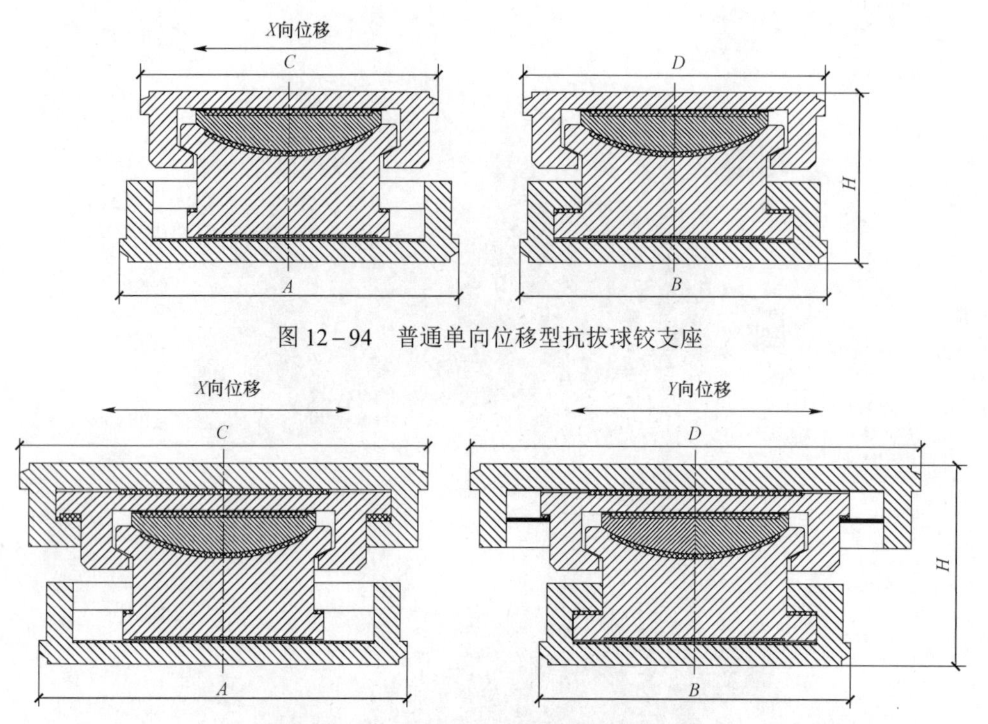


图 12-94　普通单向位移型抗拔球铰支座

图 12-95　普通双向位移型抗拔球铰支座

成品铰支座是一种可具有抗拉能力适用于大跨度空间结构的新型支座，其转动力矩较小，与计算模型比较贴近。转动力矩只与支座球面半径及 PTFE 滑板/MHP 滑板的摩擦系数有关，与支座转角大小无关。特别适合大转角的要求，设计转角可达 0.05rad 以上。使用寿命较长，不存在老化的问题，适用于环境比较恶劣的地区。因此在体育场馆、火车站跨线天桥、多塔连体结构等项目中得到了广泛的应用。

另外，成品支座在体育场馆、跨线天桥、市政等大型工程方面得到了广泛的应用。体育场馆的支座一般采用刚铰双控设计，因此支座实体多采用固定成品铰支座。此类支座能很好地释放弯矩，可认为其只承担竖向力和水平力。跨线天桥的底部混凝土结构在沿天桥的纵向相对刚度也不是很大，不会因温度等原因产生很大的水平力。因此，天桥底部一般采用固定铰支座也能满足要求。

总之，随着科学技术的发展，成品铰支座在建筑结构中得到了广泛的应用。我们可以根据建筑的结构特点选取合适的成品铰支座，让计算假定及模型能更精准地反映建筑实体的受力。另外，结构设计中合理地选取成品铰支座不仅能使结构更加安全可靠，还因支座处内力的释放等因素使结构成本大大降低。因此，成品铰支座等各类支座在国内外都得到了很好的应用和发展，建议大家在以后的工程中多做尝试。

（4）拉压橡胶支座（见图 12-96）是为适应屋盖、连廊、天桥等钢结构的需要研发的。它能够释放因温度、地震、风荷载等因素而引起的水平力和弯矩，从而达到保护主体结构的作用。

（5）摩擦摆隔震支座具有稳定的动力特性、良好的自动复位能力、较高的竖向承载力和较大的水平位移能力。另外，摩擦摆支座自振周期稳定并且可控，具备较低的摩擦系数和高阻尼的特性，其耐久性好，耐高温，力学性能受周围环境影响较小。因此，摩擦摆隔震支座可适用于大跨度、高楼层、水平位移较大结构。

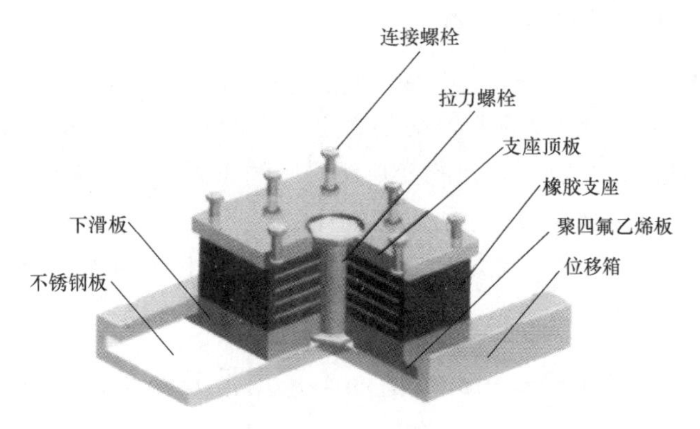


图 12－96　拉压橡胶支座

# 12.31　单桩极限承载力标准值、承载力设计值、特征值关系问题

## 12.31.1　关于桩承载力取值概论

桩基础设计时，由于各版桩基规范的变化，再加上勘察单位依据国标或地标提供的桩基设计参数有差异，按现行规范均采用“特征值”，但目前有地标要求依然按“标准值”，如北京就是采用“标准值”，这就需要我们对这些说法有个基本的了解。

单桩承载力设计值=单桩极限承载力标准值/抗力分项系数（一般 1.65 左右）；

单桩承载力特征值=静载试验确定的单桩极限承载力标准值/安全系数 2

94 桩基规范中单桩承载力有两个：单桩极限承载力标准值和单桩承载力设计值。

单桩极限承载力标准值由载荷试验（破坏试验）或按 94 规范估算（端阻、侧阻均取极限承载力标准值），该值除以抗力分项系数（1.65、1.7，不同桩形系数稍有差别）为单桩承载力设计值，确定桩数时荷载取设计值（荷载效应基本组合），荷载设计值一般为荷载标准值（荷载效应标准组合）的 1.25 倍，这样荷载放大 1.25 倍，承载力极限值缩小 1.65 倍，实际上桩安全度还是 2（1.25×1.65=2.06）。94 规范荷载都取设计值，为了荷载与设计值对应，引入了单桩承载力设计值，在确保桩基安全度不低于 2 的前提下，规定桩抗力分项系数取 1.65 左右。所以，单桩承载力设计值是在当时特定情况下（所有规范荷载均取设计值），人为设定的指标，并没有实际意义。

2002 年版与现行 2011 年版《建筑地基基础设计规范》中地基、桩基承载力均为特征值，该值为承载力极限值标准值的 1/2（安全度为 2），对应荷载为标准值。同一桩基设计，分别执行两本规范，结果应该是一样的。

单桩承载力特征值×1.25=单桩承载力设计值；

单桩承载力特征值×2=单桩承载力极限值；

单桩承载力设计值×1.6=单桩承载力极限值。

“单桩承载力设计值”与“单桩承载力特征值”是两个时代的两个单桩承载力指标，没有可比性。

### 12.31.2　承载力特征值到底是什么

现行规范在地基基础设计里，大多采用特征值，而不是设计值或标准值。实际上，这里的特征值，同时具备了设计值和标准值的含义。地基承载力特征值指由载荷试验测定的地基土压力变形曲线线性变形内规定的变形所对应的压力值，其最大值为比例界限值。在意义上来说，它可以直接拿来设计，所以和设计值含义差不多。但是在取值上，它不带分项系数，所以它在取值上与标准值是一样的。为什么不叫标准值呢？主要就是使它与一般意义上的设计值、标准值区分开来。

### 12.31.3　为什么地基设计要采用标准值而不采用带分项系数的设计值

主要是因为地基变形一般是大变形，而且其极限承载力差异性很大，往往难以统一界定。所以地基设计基础的时候，不按承载力极限状态原则来设计，而按正常使用极限状态原则来设计，类似于裂缝挠度验算。所以地基承载力的取值就采用了与标准值相对应的特征值。

### 12.31.4　不同值的取值原则

在取值原则上，特征值和标准值的本质是一样的。但是在使用意义上，它是设计值。过去地基规范有的叫标准值，有的叫设计值，现行规范为了避免混淆，才将地基承载力称为“特征值”。有些地质勘察报告里的标准值，实际上就是我们所说的特征值。如果给出的是极限标准值，除以 2.0 就是特征值了。在老规范体系的 94 桩基规范里，桩承载力设计值（即现规范的特征值）的分项系数（实际上应该是安全系数）取 1.60～1.70。目前现行标对于桩承载力特征值取值，统一采用 2.0。

这里 2.0 是安全系数，不是抗力分项系数。将极限承载力除以 2.0，与直接取比例极限，这两个含义是一样的。例如，HRB 400 级钢筋的比例极限（即屈服强度）是 400MPa，这是标准值，除以 1.1 的抗力材料分项系数等于 360MPa，这就是设计值了。而对于特征值来说，其含义就相当于直接取 400MPa，没有 1.1 的抗力分项系数。

最后提醒一点：规范里的所有公式中，凡是有“特征值 $f_a$”的地方，对应的上部结构传下来的荷载或内力，都是采用标准值。

## 12.32　墩基础与桩基础的异同及墩基础计算问题

在我国的工程技术标准中，很少提及墩基础的概念。但实际工程中又会经常遇到这个问题：如在一些坡地基岩层埋深比较浅的地方，经常会碰到把人工孔桩改成墩基础的情况，如图 12－97 所示。鉴于对桩与墩基础界定及计算方法还不够熟悉，可供参考的资料也很少见，以下谈谈作者的一些理解，供读者参考。

**1. 相关资料**

（1）《技术措施》2003 版中 3.11 挖孔桩基础设计中谈到：人工挖孔桩长度不宜小于 6m，桩长小于 6m 的按墩基础考虑。桩长虽然大于 6m，但 $L/D<3$，按墩基础计算。

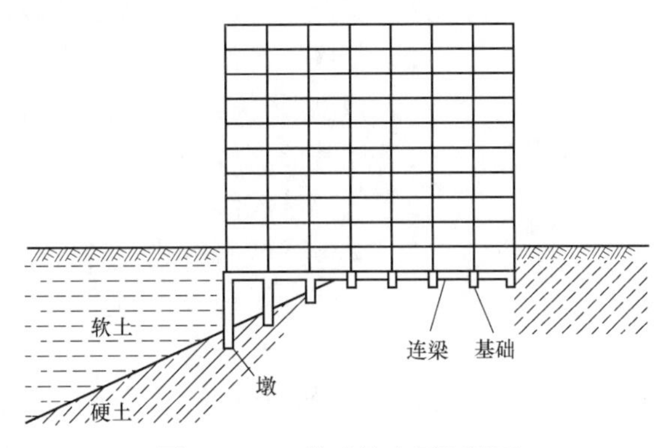

图 12－97　基础持力层深浅不一

（2）《技术措施》2009 版中附录 H 挖孔桩基础：人工挖孔桩长度不宜小于 6m 及 $L/D\leqslant 3$ 时，按墩基础计算。

（3）湖北地标《建筑地基基础技术规范》（DB 42/242—2014）第 11.6.1 条，埋深大于 3m，直径不小于 1000mm，且有效墩高与直径的比小于 6 或有效墩高与扩底直径放大比小于 4 的独立刚性基础，可按墩基础进行设计。

**2. 墩基础计算及配筋建议**

（1）单墩承载力特征值或墩底面积计算不考虑墩身侧阻力，应计入墩身自重及扩大头上部土重的作用，墩底端阻力特征值采用修正后的持力层特征值或抗剪强度指标确定的承载力特征值。岩石持力层承载力特征值不进行深宽修正。

（2）墩身的纵向钢筋最小配筋率 0.15%，宜通常配筋，箍筋直径及间距 $\phi$ 8@250。

（3）墩基础可以采用人工挖孔，机械成孔，扩底直径不宜大于墩直径 2.5 倍，且每边扩出尺寸不应大于 800mm。

（4）墩底端进入持力层不宜小于 300mm，但当墩底为中风化、微风化、未风化岩时，墩底可以直接放在岩层顶。

## 12.33　关于复合地基处理 CFG 相关问题

### 12.33.1　何为 CFG 桩复合地基

（1）天然地基中设置一定比例的增强体（桩），并由原土和增强体共同承担建筑物的荷载。这样的人工地基称为 CFG 复合地基。

（2）CFG 桩复合地基就是非柔性基础条件下，由褥垫层、刚性的 CFG 桩和原土组成的复合地基。褥垫层以下，一般由复合土层（桩长范围）和天然土层（下卧层）两部分组成，如图 12－98 所示。

### 12.33.2　满足什么条件筏板基础下才可以满堂均匀布桩

（1）筏板基础下的 CFG 桩复合地基，能否满堂均匀布桩取决于两方面的条件：

1）基础底面压力受轴心荷载作用；

2）基底压力满足荷载线性分布条件。

（2）基底压力线性分布的条件：

1）地基土比较均匀；

2）上部结构刚度比较好；

3）梁板式或平板式筏基板的厚跨比不小于 1/6；

4）相邻柱荷载及柱间距的变化不超过 20%。

满足以上 4 个条件则可以认为基底压力按线性分布如图 12－99 所示，筏板下可以均匀布桩，如图 12－100 所示。

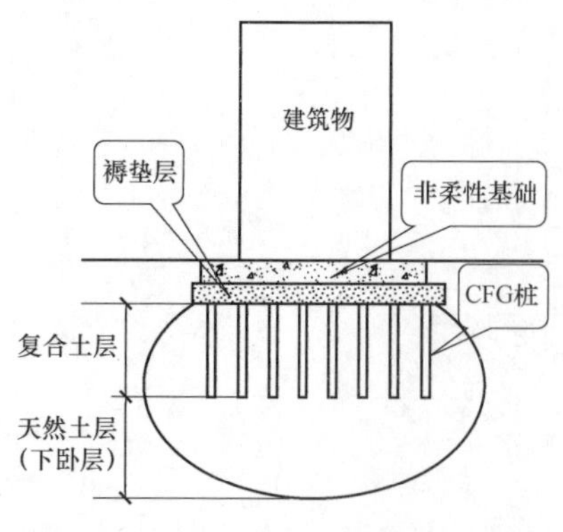


图 12－98　CFG 桩复合地基示意图

平板式筏基

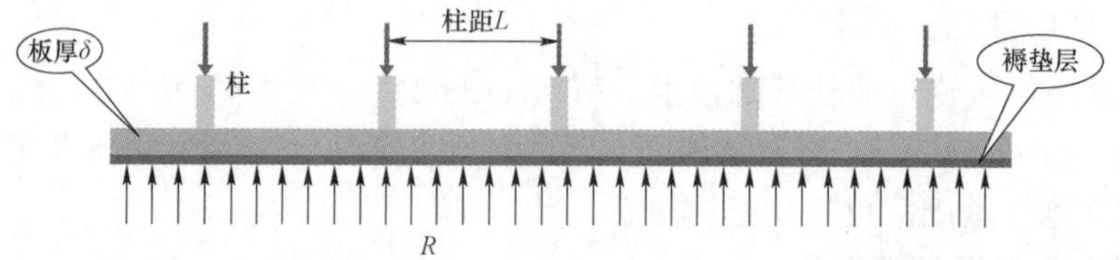


当 $h/L>1/6$ 时，且相邻柱荷载及柱间距的变化不超过 20%，基底压力线性分布，在中心荷载条件下，基底压力均匀分布。

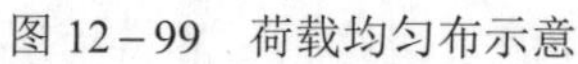

图 12－99　荷载均匀布示意

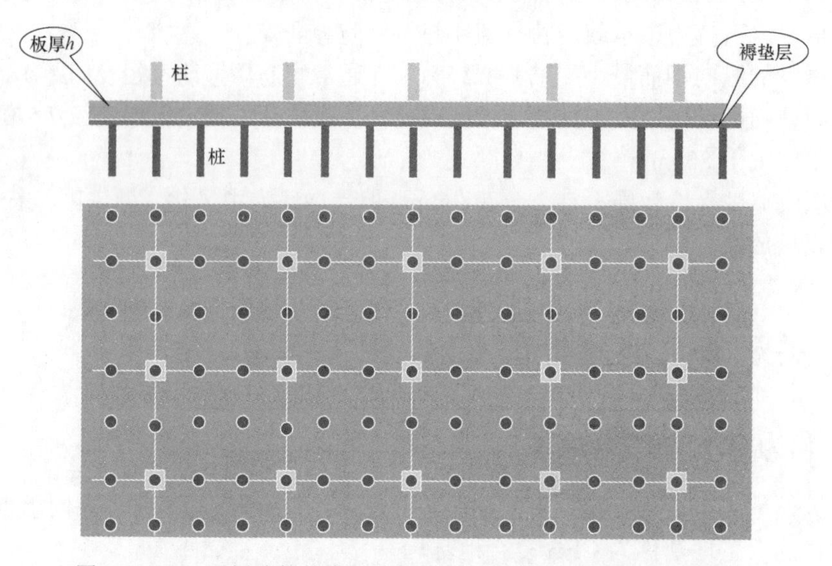


图 12－100　平板式筏基满足整体均匀时的布桩（满堂均匀布桩）

### 12.33.3　基底压力不满足整体压力均匀分布，但满足局部均匀分布时，CFG 布桩应注意的问题

（1）《地基处理规范》第 7.7.2－5 条规定：

1）筏板厚度与跨距之比小于 1/6 的平板式筏基、梁的高跨比大于 1/6 且板的厚跨比小于 1/6 的梁板式筏基，应在柱和梁边缘每边外扩 2.5 倍板厚的面积范围内布桩。

2）对荷载水平不高的墙下条形基础，可采用墙下单排布桩（桩距可选用 3～6 倍桩径）。

（2）对于平板式筏板，当不满足板厚与柱距大于 1/6 时，可以偏于安全地认为压力分布在 2.5 倍筏板厚度范围内均匀，如图 12－101 所示。

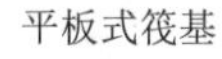


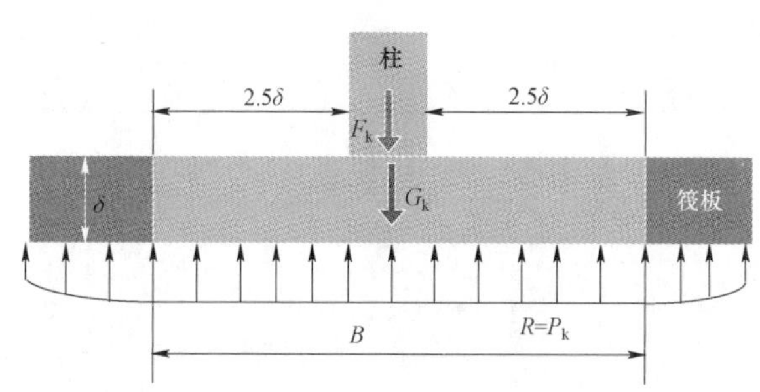


图 12－101　应力按 2.5 倍筏板厚度均匀扩散

$$P_k = \frac{F_k + G_k}{A}$$

式中　$A$ ——外扩 2.5 倍范围基础面积；

　　$G_k$——面积为 $A$（从柱边扩出 $2.5\delta$）、厚度为$\delta$的板重；

　　$F_k$——柱荷载标准值。

应力按 2.5 倍板厚扩散（偏于安全）。

当平板式筏基板的厚跨比小于 1/6，且相邻柱荷载及柱间距的变化不超过 20%时，荷载非均匀分布，可在柱边 2.5 倍板厚范围内布 CFG 桩，如图 12－102 所示。基底压力按布桩范围作为基础面积计算。

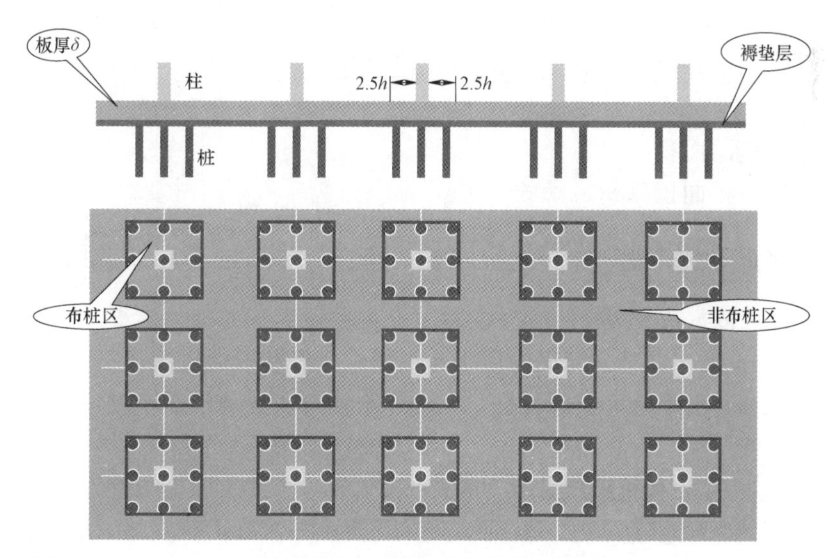


图 12－102　平板式筏基不满足整体均匀时的布桩（柱荷载、柱距均匀时）

（3）梁板式筏基梁的高跨比大于 1/6、板的厚跨比小于 1/6，且相邻柱荷载及柱间距的变化不超过 20%时，可在梁边 2.5 倍板厚范围内布 CFG 桩，如图 12－103 所示。基底压力按布桩范围作为基础面积计算。

$$P = P_k = \frac{F_k + G_k}{A}$$

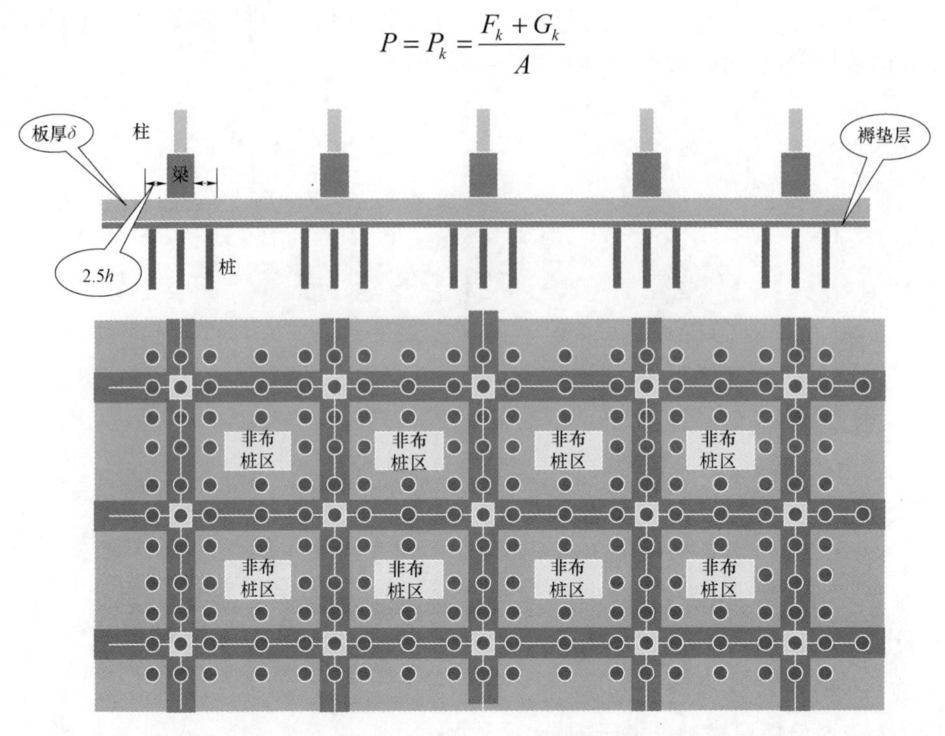


图 12－103　梁板式筏基梁高跨比＞1/6 板厚距比＜1/6 时的布桩（柱荷载、柱距均匀时）由梁扩出 2.5 倍板厚范围布桩

（4）对于无论平板筏板还是梁板筏板当不满足整体均匀布桩时基底压力应按下式验算：

$$P = P_{\mathrm{k}} = \frac{F_{\mathrm{k}} + G_{\mathrm{k}}}{A - A_f} \tag{12-14}$$

式中　$A$——基础总面积；

$A_f$——非布桩面积总和。

### 12.33.4　如何正确选择桩端持力层，CFG 桩复合地基是否必须选用摩擦型桩

《地基处理规范》第 7.7.1 条：CFG 桩复合地基适用于处理黏性土、粉土、砂土和自重固结已完成的素填土地基。对淤泥质土应根据地区经验或通过现场试验确定其适用性。

第 7.7.2 条 1　水泥粉煤灰碎石桩，应选择承载力和压缩模量相对较高的土层作为桩端持力层。

（1）应选择承载力和压缩模量相对较高的土层作为 CFG 桩桩端持力层。大量工程实践表明，密实砂层、卵石层、强风化岩、中风化岩是非常好的桩端持力层。

（2）CFG 桩不限定只能选用摩擦型桩。

刚性桩复合地基的桩端还是不宜采用以端承载桩为主的持力层。理由是：在使用过程中，通过桩与土变形协调使桩与土共同承担荷载是复合地基的本质和形成条件。由于端承型桩几乎没有沉降变形，只能通过垫层协调桩土相对变形，不可知因素较多，如地下水位

下降引起地基沉降，由于各种原因，当基础与桩间土上垫层脱开后，桩间土将不再承担荷载。因此，《地基处理规范》指出刚性桩复合地基中刚度桩应为摩擦型桩，对端承型桩进行限制。

### 12.33.5 关于复合地基面积置换率公式的适用性

《地基处理规范》给出了散体材料桩复合地基面积置换率公式

$$m = d^2 / d_e^2$$

式中 $d$——桩径；

$d_e$——一根桩分担地基处理面积的等效圆直径，对于等边三角形布桩，$d_e = 1.05s$；正方形布桩，$d_e$=1.13$s$；矩形布桩，$d_e$=1.13$\sqrt{s_1 s_2}$；

$s$、$s_1$、$s_2$——分别为桩间距、纵向间距和横向间距。

对于独立柱基础如果按照《地基处理规范》给出的面积置换率计算，就会出现以下情况：

图 12－104（a）布置时：4.5m×4.5m 正方形布置，桩径 0.4m,桩距 1.5m，则置换率 $m_a$=0.4$^2$/(1.13×1.5)$^2$=0.056；

图 12－104（b）布置时：4.5m×4.5m 正方形布置，桩径 0.4m,桩距 1.8m，则置换率 $m_b$=0.4$^2$/(1.13×1.8)$^2$=0.039，$m_a > m_b$。

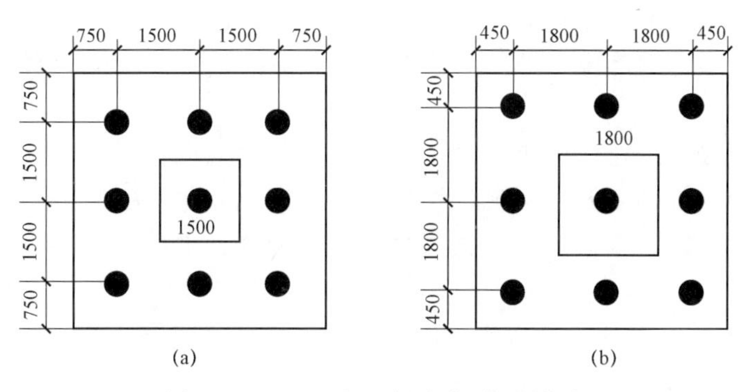


图 12－104 正方形布置时面积置换率

由于两个基础平面尺寸均为 4.5m×4.5m 总桩数均为 9 个，直径均为 0.4m ,显然这样计算置换率是不合理的。说明如下：

（1）具有黏结强度桩复合地基承载力的基本表达式有以下两种形式：

1）用集中力表达的承载力表达式

$$P \leqslant n\lambda R_a + \beta f_{sk} A_s \quad (12-15)$$

桩提供的承载力　桩间土提供的承载力

2）单位面积力表示的承载力表达式

式（12－15）除以 $A$，即为单位面积力表示的承载力表达式

$$f_{spk} = n\lambda R_a / A + \beta f_{sk} A_s / A \quad (12-16)$$

式中 $R_a$——单桩承载力特征值（kN）；

$f_{sk}$——桩间土承载力特征值（kPa）；

$\lambda$——单桩承载力发挥系数；

$\beta$——桩间土承载力发挥系数；

$A$——独立基础底面积（m²）；

$A_p$——桩面积（m²）。

$$A_s=A-nA_p$$

（2）承载力另一种形式的表达式

$$\begin{aligned}f_{spk}&=n\lambda R_a/A+\beta f_{sk}A_s/A\\&=n\lambda R_aA_p/A_pA+\beta f_{sk}(A-nA_p)/A\\&=\lambda mR_a/A_p+\beta(1-m)f_{sk}\end{aligned}\tag{12-17}$$

式中，$m=nA_p/A$。

结论：

1）式（12－17）是普遍的表达式，适用于各种复合地基，只适用于正方形、三角形、矩形布桩且每根桩分担的面积相等，基础面积较大条件下的复合地基。

2）对于独立基础下的布桩，此时可以采用 $m=nA_p/A$ 计算置换率，但对于如图 12－105 所示，不是等边三角形，而是等腰三角形，此时只能通过 $m=nA_p/A$ 计算置换率，然后再按（12－17）计算复合地基承载力。

3）如墙下条形基础单排布桩，其置换率也只能按一个桩承担的面积计算置换率即 $m=A_p/A$。

作者理解实际就是：独立基础下的总桩面积除以基础总面积就是最准确的置换率。规范给出的近似按正方形、等边三角形、矩形布置是基于面积较大的筏板基础。

**【工程案例 12－27】** 作者 2016 年对某工程进行的分析比较：关于 CFG 地基处理的初步估算。

（1）以某柱为例（六桩承台，见图 12－106），由整体模型计算结果可以得知，基础尺寸为 4.4m×2.8m×1.0m。

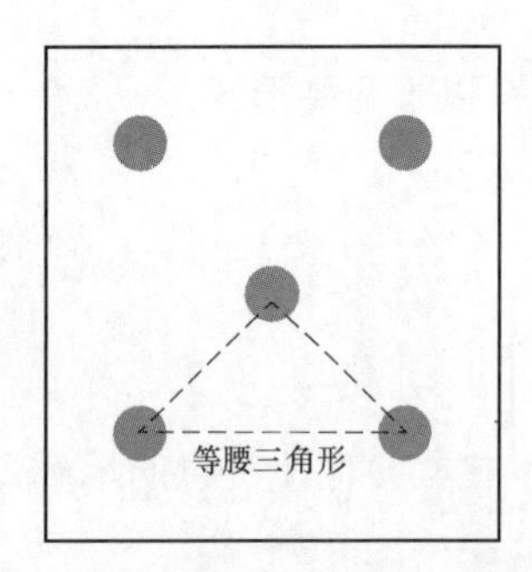


图 12－105 独立基础等腰三角形布桩

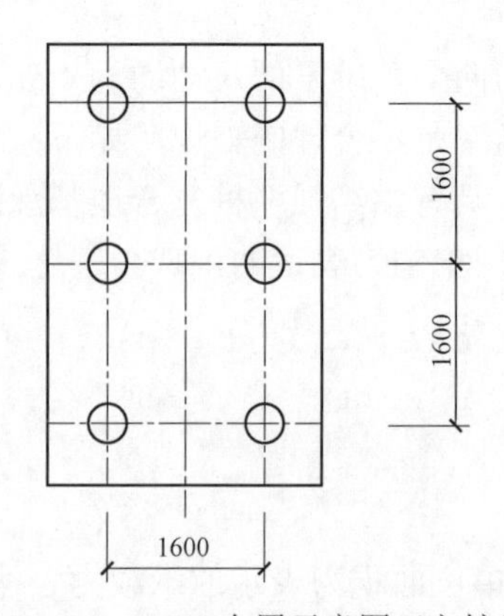


图 12－106 CFG 布置示意图（六桩承台）

柱下布置 6 桩，桩长 $L$=10m，桩径 $d$=400，置换率 $m$=0.2×0.2×3.14×6/(4.4×2.8)=0.061。

如果按《地基处理规范》，则置换率 $m=[0.4/(1.13\times1.6)]^2=0.0489$。

（2）再以某柱为例（4 桩承台，见图 12－107），由整体模型计算结果可以得知，基础尺寸为 2.6m×2.6m×1.0m。

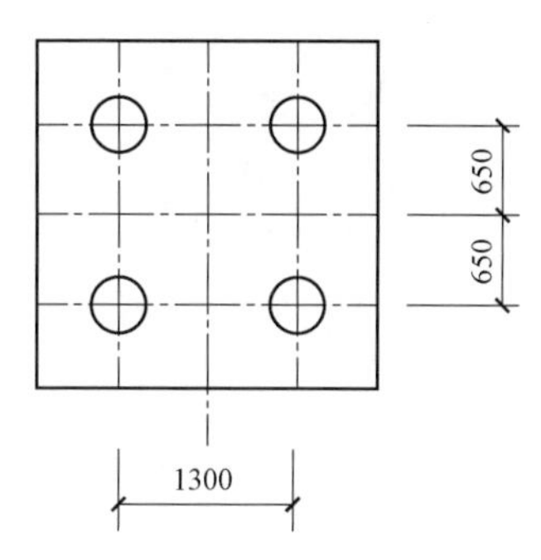


图 12－107　CFG 布置示意图

柱下布置 4 桩，桩长 $L$=8m，桩径 $d$=400mm，

置换率 $m=0.2\times0.2\times3.14\times4/(2.6\times2.6)=0.0743$。

如果按《地基处理规范》，则置换率 $m=[0.4/(1.13\times1.3)]^2=0.0741$。

通过以上说明及工程案例，作者建议今后设计师完全可以依据基础地下总桩数的面积除以基础总面积来计算置换率（当然前提是桩布置满足规范均匀布置的要求）。

### 12.33.6　关于复合地基承载力抗震验算调整系数问题

由于目前《抗规》没有对 CFG 桩在地震作用下是否可以进行抗震承载力提高的说明，业界就出现了两种观点：

观点一：规范没有规定，就不提高。作者认为这种观点简单粗暴，但未必合理。

观点二：既然天然地基和桩基础都可以考虑，自然复合地基也应可以考虑。这也是作者本人的观点。但具体提高多少各地或每个设计师把握尺度不一。作者遇到的有按处理后复合地基承载力特征值大小与《抗规》表 4.2.3（即表 12－26）给出类似土取值（如处理后承载力特征值不小 300kPa，则就取 1.5），也有的地方直接取 1.2 的调整系数。当然以上取值应该说均无可靠试验资料支撑。

**表 12－26　　天然地基抗震承载力调整系数**

| 岩土名称和性状 | $\zeta_a$ |
|---|---|
| 岩石，密实的碎石土，密实的砾、粗、中砂，$f_{ak}\geqslant300$ 的黏性土和粉土 | 1.5 |
| 中密、稍密的碎石土，中密和稍的砾、粗、中砂，密实和中密的细、粉砂，$150\text{kPa}\leqslant f_{ak}<300\text{kPa}$ 的黏性土和粉土，坚硬黄土 | 1.3 |
| 稍密的细、粉砂，$100\text{kPa}\leqslant f_{ak}<150\text{kPa}$ 的黏性土和粉土，可塑黄土 | 1.1 |
| 淤泥，淤泥质土，松散的砂，杂填土，新近堆积黄土及流塑黄土 | 1.0 |

我们一起看看近期规范编制单位对这个问题的解释：

抗震规范：　$f_{aE}=\zeta_a f_a$　《抗规》公式（4.2.3）

天然地基：　　$f_a=f_{ak}+\eta_b\gamma(b-3)+\eta_d\gamma_m(d-0.5)$　　《地规》公式（5.2.3）

复合地基：　　$f_{spk}=\lambda mR_a/A_p+\beta(1-m)f_{sk}$　《地基处理规范》公式（7.1.5－2）

复合地基考虑深度修正：$f_a=\lambda mR_a/A_p+\beta(1-m)f_{sk}+\gamma_m(d-0.5)$　　（12－18）

式中　$f_{aE}$——调整后的地基抗震承载力特征值（kPa）；

$\zeta_a$——天然地基土抗震承载力调整系数；

$f_a$——修正后的地基承载力特征值（kPa）；

$f_{ak}$——天然地基承载力特征值（kPa）；

$\eta_b$、$\eta_d$——基础宽度和深度的地基承载力修正系数；

$b$、$d$——基础宽度和埋置深度（m）；

$\gamma$、$\gamma_m$——基础底面以下土的重度和基础底面以上土的加权平均重度（$kN/m^3$）；

$f_{spk}$——复合地基承载力特征值（kPa）；

$\lambda$——单桩承载力发挥系数，按地区经验取值；

$m$——复合地基面积置换率；

$R_a$——单桩竖向承载力特征值（kN）；

$A_p$——桩的截面面积（$m^2$）；

$\beta$——桩间土承载力发挥系数，按地区经验取值；

$f_{sk}$——处理后桩间土承载力特征值（kPa）。

问题1：对于复合地基表12－26按什么指标确定调整系数？

问题2：复合地基式（12－18）中3项均需乘$\zeta_a$吗？

为了回答以上2个问题，需要看看规范编制单位的如下解释。

（1）根据汶川地震震害调查，CFG桩复合地基按荷载标准值设计均为轻微破坏。汶川震害调查资料多为基础埋深不大的情况，按荷载标准值确定的设计参数，在地震荷载条件下工程没有问题。

（2）打桩后为人工地基，原土变为桩间土，桩基土受到的侧向约束，会使地基承载力和模量有所提高（有侧限与无侧限的区别），但由于设置褥垫层，产生负摩擦区，对桩是负摩擦，对桩间土是阻止土下沉的正摩擦，使桩间土承载力和模量有所提高。这就改变了天然地基土的受力性状。

对可挤密和挤密效果好的土，选用具有振密、挤密作用的施工工艺，如振动沉管施工工艺，桩间土承载力会高于天然地基承载力。

因此表12－26应选用$f_{sk}$确定$\zeta_a$，$f_{sk}$由桩间土现场静载荷试验确定。

（3）表12－26是根据动三轴测定的原状土动静强度比等于动静承载力比给出的，目前尚没有动荷载条件下单桩承载力提高的资料，不宜按复合地基承载力特征值$f_{spk}$选用$\zeta_a$。

（4）按荷载标准值确定复合地基设计参数，考虑地震荷载组合进行验算，不管设计要求是否考虑深度修正，边载的存在肯定对复合地基承载力提高有作用。验算时必须把深度修正的量计入抗力。

为了避免过度保守，复合地基承载力按下述方法进行计算：

$$f_{spE}=\lambda mR_a/A_p+\zeta_a\beta(1-m)f_{sk}+\zeta_a\gamma_m(d-0.5) \quad (12-19)$$

式中，按表12－26确定$\zeta_a$时，用打桩后的桩间土承载力特征值$f_{sk}$取代$f_{ak}$；当无实测的$f_{sk}$时按原状土承载力特征值确定，此时$\lambda$（0.8～0.9）及$\beta$（0.9～1.0）均可取高值。

特别说明：以上建议及观点已经被纳入北京市建筑设计研究院有限公司 2019 年 10 月出版发行的《建筑结构专业技术措施》一书。

作者总结如下，目前《地基处理规范》编制单位给出的建议是：

（1）复合地基承载力抗震承载力可以调整提高。

（2）建议用打桩后桩间土承载力特征值 $f_{sk}$ 取代 $f_{ak}$；当无实测 $f_{sk}$ 时按原状土承载力特征值确定。

（3）作者认为随着研究的不断深入，今后桩的承载力也是可以考虑 $\zeta_a$ 提高的。

**【工程案例 12－28】**2019 年作者单位设计的某工程采用 CFG 复合地基处理。

**1. 项目概况**

某市谯城区万达广场建设项目位于某市谯城区汤王大道与曙光路交会处西南部，人民路北部。项目总建筑面积 576624m²，住宅地上 34 层，地面以上建筑高度约 99.2m；地下 1 层，层高约 5.05m。工程效果图 12－108 所示。

图 12－108　工程效果图

**2. 地质勘察单位建议**

33～34 层层主楼：可采用 CFG 桩或预应力管桩复合地基，基础持力层可选⑤号土层，桩端持力层可选⑥号或⑦号土层。

**3. 设计方案简介**

住宅单体地上 34 层，设计中针对本工程实际情况分别对 CFG 桩+筏板基础、预应力管桩复合地基+筏板基础、预应力管桩基础三种方案进行了比较，其中还对 CFG 桩和管桩桩径为 400mm、500mm 分别进行了细化比较。比较中结合各种不同基础方案形式的经济性、施工周期等进行了详细分析，通过比较建议本项目住宅采用 CFG 地基处理+筏板基础形式。

地下车库为地下一层，普通车库层高约 3.4m，顶板覆土 1.5m。车库基础设计中分别对独立柱基（天然地基）+防水板、筏板基础+下反柱墩、独立柱基（CFG 地基处理）+防水板方案进行了经济性与施工周期对比；由于部分区域存在抗浮问题，故对相关区域采用压重抗浮、抗拔锚杆抗浮方案进行了经济性及施工周期对比，通过比较建议车库采用筏板基础+下反柱墩基础方案、车库抗浮采用抗拔锚杆（D400mm）方案。

**4. 提请专家论证事宜**

（1）地震工况下地基承载力是否可以乘以调整系数？

（2）CFG复合地基处理后土基床系数如何选取？

（3）目前1号、2号楼栋CFG桩长细比大于50，部分楼栋长细比达到60，是否可行？

（4）部分楼栋持力土层为第4层粉质黏土（$f_{ak}$=130kPa），经处理后地基承载力将达到580kPa，提高幅度较多，是否可行？

（5）本基础底板跨厚比基本满足不大于6，拟采用倒楼盖法进行基础计算，是否可行？

**5. 论证会议意见及建议**

本工程应甲方要求邀请了中国建筑科学研究院，中国建筑设计研究院、中国中冶建筑设计研究院、北京天鸿设计有限责任公司（作者本人）四位专家参与评审。

与会专家认真听取了设计院对本工程情况及地基处理方案、基础形式的优选过程的详细介绍，经质询和讨论形成以下意见及建议：

（1）设计院前期针对本工程经过多方案比选，优选出适合本工程的地基处理方式及基础形式是合适的。即

1）高层建筑采用CFG地基处理+筏板基础；

2）车库采用筏板下返柱墩方案；

3）抗浮可采用抗浮锚杆或配重方案，请设计单位与业主协商综合考虑，选择综合性价比较高的方案。

（2）地震工况下地基承载力是否可以乘以调整系数？可以按1.2考虑。

（3）CFG桩的长径比不宜超过60。

（4）机床系数建议按规范推荐值计算，载荷板试验实测值复核。

（5）没有具体规定CFG处理不能达到桩间土几倍的规定，施工完成后，处理后地基承载力将达到即可。

（6）筏板厚度满足倒楼盖条件，地基处理均匀可以采用倒楼盖计算。

（7）建议施工图阶段结合各单体建筑的情况及地勘资料对各单体进行具体细化，以使地基处理及基础设计安全可靠，经济性更加合理。

（8）建议业主尽快委托具有相关资质的地基处理单位对CFG桩复合地基的施工工艺、单桩承载力、复合地基承载力、基床系数进行试验，以确保CFG地基处理的可靠性和经济合理性。

**【工程案例12-29】**作者2020年7月20日在北京参加的某项目关于CFG桩抗震承载力调整问题的论证。

**1. 工程概况**

北京房山某住宅小区，建筑面积10.5万$m^2$，住宅地上10～12层，地下1层，地勘报告建议采用CFG地基处理方案。工程鸟瞰图如图12-109所示。

**2. 问题**

甲方希望设计院在进行抗震验算时考虑地震工况提高系数，但设计院咨询审图单位意见，审图单位建议目前这个系数规范没有明确如何合理选取，建议组织相关专家进行论证。

图 12－109　工程鸟瞰图

为此设计邀请了中国建筑科学研究院专家、审图公司专家及作者本人参与论证。

**3. 专家论证意见及建议**

与会专家听取了设计院详细汇报，讨论形成如下建议及意见：

（1）CFG 处理后的复合地基的抗震承载力按北京院《建筑结构专业技术措施》（2019 版）式（4.5.3.3－2）验算［即式（12－20）］，式中 $\gamma_m$（基底以上土的加权平均重度）中的"地下水位"按常水位取。

$$f_{spE}=\lambda m R_a/A_p+\zeta_a \beta(1-m) f_{sk}+\zeta_a \gamma_m(d-1.5) \qquad (12-20)$$

（2）上式中无地库侧基础埋深可按室外地面考虑修正。

请各位读者注意：北京地区目前深度修正是由 1.5m 开始。

## 12.33.7　主体设计单位对复合地基设计单位应提出哪些要求

目前各地对复合地基设计要求有两种情况：一是主体单位仅提出对复合地基的要求，复合地基由具有地基处理资质的单位进行设计；二是复合地基由主体单位设计。

作者发现大部分设计单位仅在设计说明中提出处理后地基承载力特征值（深度修正前）及总变形量、沉降差的控制要求。

作者建议施工图设计要明确说明桩端持力层、桩长和进入桩端持力层双控。

（特别说明：以上部分内容来自中国建筑科学研究院地基所闫明礼研究员 2019 年 8 月 2 日、9 日、16 日在建筑云联盟"地基基础大讲堂"上的演讲内容及作者理解与解读）

## 12.33.8　设计应关注 CFG 桩复合地基检测的几个问题

**1. 检测条件**

（1）桩体强度应满足检测要求，一般建议宜在桩施工 28d 后进行。

（2）恢复期：指土体侧阻、端阻的恢复时间。

（3）复合地基载荷试验的加载方式应采用慢速维持荷载法。

**2. 检测内容**

（1）采用低应变动力试验检测桩身完整性。

（2）静载荷试验：复合地基、单桩静载试验。

（3）工程桩验收检测荷载最大加载量不应小于设计承载力特征值的 2 倍，为设计提供依据的荷载试验应加载至复合地基达到破坏状态。

**3. 检测数量**

（1）低应变试验：不低于总桩数的 10%。

（2）复合地基+单桩静载荷试验：总桩数的 1.0%。

复合地基不少于 3 个点，单桩试验也不少于 3 个点。

《建筑地基检测技术规范》（JGJ 340—2015）规定如下：

复合地基载荷试验的检测数量应符合下列要求：单位工程检测数量不应少于总桩数的 0.5%，且不应少于 3 点。

**4. 试验点选择**

（1）复合地基静载试验点在平面上应均匀分布，当土性分布不均匀时，试验点选择应考虑土性对复合地基承载力的影响。

（2）低应变检测试验点要求。

1）平面上应均匀分布。

2）注意随机选点，以保证缺陷桩统计比例的真实性。

3）北京地区多用抽取桩尾号数字来确定。比如，抽取总桩数的 10%进行低应变检测，选尾号数字 3，则 3、13、23、33、43……即为所选被检测桩。

4）监理旁站发现施工可能有问题的桩，可另做检测，不参与统计。

**【工程案例 12－30】**某工程因机械清土不当，造成桩浅部水平断裂，随机选取 143 根桩进行低应变检测，发现 25 根桩有水平断裂缺陷，缺陷桩为被检测桩的 17%。又增加 143 根桩进行低应变检测，缺陷桩为被检测桩的 16.8%。作者认为，对于这样的检测结果，只能认定检测不合格，需要进行处理。

### 12.33.9　复合地基布桩需要注意的问题

（1）筏板基础下的复合地基，不是什么情况都可以均匀满堂布置的。

（2）对复合地基，基底压力分布与基础形式和布桩形式密切相关，当满足基底压力为线性分布条件时，方可在基础下满堂布置。

（3）工程界有的人认为复合地基承载力不能超过天然地基承载力的 3 倍。事实上并没有这个规定，应依据理论计算和试验数据确定。

**【工程案例 12－31】**2014 年作者主持的北京某框架－核心筒超高层（120m）采用 CFG 地基处理，地基天然承载力特征值为 180kPa，CFG 处理后的承载力特征值核心筒为 750kPa。这个案例处理后的承载力就达到天然地基特征值的 4.2 倍。

**【工程案例 12－32】**某工程基础底面下天然地基承载力特征值 120kPa，建 33 层楼，采用 CFG 桩复合地基，桩长 21m，桩距 1.3m，桩端持力层细砂。要求复合地基承载力特征值 570kPa。这个案例也说明 CFG 处理后的地基承载力特征值可以达 4.3 倍之多。

（4）对于框架－核心筒结构筏板基础布桩建议。

由于核心筒荷载大，外框柱荷载小，核心筒与外框柱荷载分别提供，可以依据基底压力分别设置CFG桩，如图12－110所示。

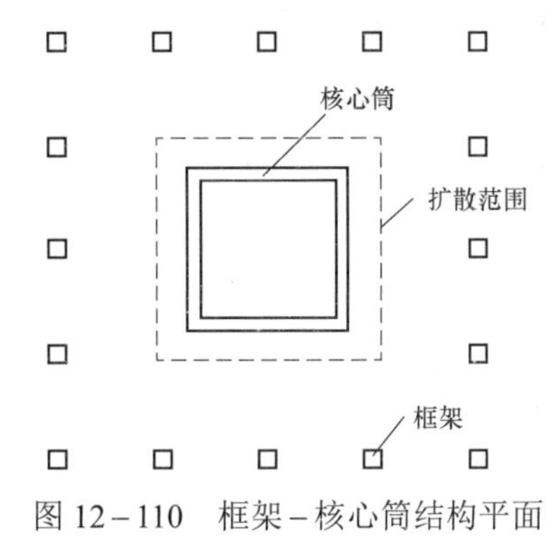


图12－110　框架－核心筒结构平面

（5）对于相邻柱荷载水平相差很大时。

结构工程师根据勘察报告选择不同的桩端持力层（不同桩长），分别计算单桩承载力、不同桩距（3*d*、4*d*、5*d*）时的复合地基承载力，柱荷载小的选用较小承载力，柱荷载大的选用高承载力确定基础面积（非等承载力设计方法），容易控制柱间沉降差满足规范要求。且应进行相邻基础沉降差计算控制。

（6）尽量采用较高复合地基承载力，减小基础面积，比较经济。

独立基础和条形基础与筏形基础、箱形基础条件下复合地基设计的不同之处在于，前者需要根据地基承载力不同选择不同的基础尺寸。独立基础和条形基础尽量选用较高的承载力，较小的基础尺寸。

（7）刚性桩复合地基中的桩体可采用钢筋混凝土桩、素混凝土桩、预应力管桩、大直径薄壁筒桩、水泥粉煤灰碎石桩（CFG桩）、二灰混凝土桩和钢管桩等刚性桩。钢筋混凝土桩和素混凝土桩应包括现浇、预制，实体、空心，以及异形桩等。

（8）复合地基静载试验最大加载量可以适当大于设计要求特征值的2倍。例如，设计要求的承载力特征值为500kPa（见表12－27）。但作者建议可以适当要求大于2.0倍。

**表12－27　　承载力特征值对比表**

| 最大加载压力<br>$2.0f_{spk}$=1000kPa | | 最大加载压力<br>$2.1f_{spk}$=1050kPa | | 备注 |
|---|---|---|---|---|
| 试1（kPa） | 1000/2=500 | 试4（kPa） | 1050/2=525 | 承载力由最大加载压力的一半来控制 |
| 试2（kPa） | 1000/2=500 | 试5（kPa） | 1050/2=525 | |
| 试3（kPa） | 950/2=475 | 试6（kPa） | 950/2=475 | |
| 极差 | 5%＜30% | 极差 | 9.8%＜30% | |
| 平均值（kPa） | 491.7＜500<br>不满足要求 | 平均值（kPa） | 508＞500<br>满足设计要求 | |

## 12.34　旋挖桩与冲孔桩的合理选择问题

### 12.34.1　旋挖桩与冲孔桩异同点有哪些

（1）旋挖桩。

旋挖桩机是用回转斗、短螺旋钻头进行干、湿钻进，逐次取土，反复循环作业成孔为基本功能的机械设备。旋挖机采用动力头形式，其工作原理是用短螺旋钻头或旋挖斗，利用强大的扭矩直接将土或砂砾等钻渣旋转挖掘，然后快速提出孔外，形成具有一定直径和深度的桩孔。

（2）冲孔桩。

冲孔桩机是利用冲击钻头对孔底冲击破碎成孔的机械设备。其工作原理是利用冲孔桩机动力装置将具有一定质量的冲击钻头提升到一定高度后让其自由下落，利用自由下落的冲击动力对孔底进行周期性的冲击破碎，过程中用泥浆循环的方式对孔内碎屑进行清理，形成具有一定直径和深度的桩孔。

### 12.34.2　旋挖桩与冲孔桩适用地层

旋挖桩适用于黏土层、淤泥层、砂土层、强度不高的胶结砂岩层、中风化泥岩和强风化岩，在单轴抗压强度 30MPa 以下硬岩中成孔速度较理想。能满足绝大多数的高层建筑和桥梁施工环境的要求（目前国内已成功进行过单轴抗压强度 120MPa 岩层中的旋挖成孔施工）。

冲孔桩适用于填土层、黏土层、粉土层、淤泥层和碎石土层，也适用于卵石层、岩溶发育岩层和裂隙发育的岩层施工，在复杂的场地条件下（如地下漂石、建筑垃圾含筋量高的钢筋混凝土垃圾等场地内）一般无须采取其他处理手段便可直接进行桩基施工，其适用性高，善于“啃硬骨头”。

旋挖桩要求自重大，对场地要求比较严格。旋挖桩机工作状态自重一般在 70t 左右，但其履带与地面接触面积约为 7.0m$^2$，所以要求的地基承载力在 100kPa 左右，在地表水比较丰富或雨期施工情况下，一般需采取回填砖渣的方式保证旋挖桩机的正常运转。

冲孔桩桩锤质量约 10t，桩机质量约 15t，加上施工时产生的振动荷载对施工作业面层的要求高，在地表水比较丰富或雨期施工情况下，需采取挤填级配砂石方式提高土层承载力。

### 12.34.3　旋挖桩与冲孔桩成孔方式及施工速度

（1）旋挖桩：可用短螺旋钻头进行干挖作业，也可用回转钻头在泥浆护壁的情况下进行湿挖作业。

旋挖机采用动力钻头，钻头的钻进力加上钻杆、桩机的质量，钻进能力强。据统计，旋挖桩机成孔速度最快能达到 1m/min，在相同的地层中，旋挖机的成孔速度是冲孔桩机的 3～5 倍，优势明显。

（2）冲孔桩：只能采取泥浆护壁的方式冲击成孔。

钻机自身质量有限，进行硬土地层钻孔时，难以保证钻头施加足够的压力，从而影响了成孔的速率，且每钻进 1～2m 需停钻掏渣，大部分作业时间消耗在提放钻头和停钻掏渣上，桩孔越深，提钻、掏渣耗时越长，其整体冲进速度较低。

### 12.34.4 旋挖桩与冲孔桩清渣方式及成桩质量

（1）旋挖桩：利用旋挖钻头直接将土、砂砾等钻渣旋转挖掘，然后快速提出孔外，清渣相对干净、彻底，孔底沉渣厚度一般可控制在 3cm 以内。通过泥浆循环清渣，1.2m 桩可控制在 5～7cm，1.4m 以上桩一般在 7～10cm。

孔壁比较平滑、桩径上下一致，孔壁极少出现泥渣沉结物，出现断桩、桩身夹泥、蜂窝等质量问题的可能性较小。

（2）冲孔桩：孔底沉渣难以掏尽，将会使桩承载力不够稳定。成孔直径难以统一、孔壁相对不够平滑，在泥浆护壁、掏渣的情况下，极易导致孔壁附有大量泥渣沉结物，存在断桩、桩身夹泥、蜂窝等风险较高。

### 12.34.5 旋挖桩与冲孔桩护筒埋设及扩底问题

（1）旋挖桩：护筒安装方便，利用钻机动力头的自重、加压油缸、额定转矩和提升力可自动将钢护筒压入或拔出。

配置有配合扩大头工具，可进行扩底施工。

（2）冲孔桩：依靠有操作经验的工人采取冲锤及挖机等埋设，无法扩底。

### 12.34.6 旋挖桩与冲孔桩混凝土充盈系数

（1）旋挖桩：由于采用电脑精确控制，旋挖桩钻进过程中，钻头反复钻进过程中钻进角度、垂直度控制精确，孔径精确成孔质量高，充盈系数一般为 1.03～1.05。

（2）冲孔桩：由于冲锤上下往复运动，随着钢丝绳的旋转带动冲锤摆动容易造成桩孔不圆，扩孔率较高，其混凝土充盈系数一般大于 1.2。

### 12.34.7 旋挖桩与冲孔桩对持力层判定

旋挖机在进入强度较高的岩层时，钻进速度明显降低，钻杆有明显的抖动，当达到预判的深度后可直接将挖掘的岩土提升到地面，观察孔底基岩情况，及时准确判断入岩情况。

冲孔桩机需要靠泥浆循环才能将孔底的岩渣带出，并且还混杂了一直悬浮在其中前期岩渣，以致未能及时准确判断入岩，往往比设计要求入岩 20～30cm 才能终孔。

### 12.34.8 旋挖桩与冲孔桩单桩承载力

旋挖桩机靠筒底角刃切土成孔，成孔后孔壁比较粗糙，同钻孔桩比较孔壁几乎没有泥浆的涂抹作用，成桩后桩体与土体的结合程度比较高，相对而言单桩承载力要高。

冲击成孔，在泥浆的涂抹作用下，孔壁相对光滑，单桩承载力相对要低。

### 12.34.9 旋挖桩与冲孔桩环境保护及淤泥排放

旋挖在正常情况下可进行干法施工，不需要泥浆护壁，即使在特殊地层需要泥浆护壁的情况下，泥浆也只起支护作用，钻削中的泥浆含量相当低，污染源大大减少。

冲击钻在钻进、掏渣过程中多采用泥浆循环方式，在施工中需在场内设置泥浆池，文明施工难以控制。

旋挖桩采用干法成孔，余泥较为干燥，余泥量是理论方量的 1.3 倍左右，可降低运输成本且运输较为方便。

冲击桩因采用泥浆循环方式清渣，余泥含水量高，余泥量是理论方量的 1.8 倍左右，运输工程量增大且运输不便。

### 12.34.10 旋挖桩与冲孔桩施工过程中噪声及行走

旋挖桩机施工的噪声主要来自机身发动机的声音和钻筒倒渣时的活门撞击声。旋挖机操作中发出的噪声在 70～90dB，对场地周边环境的生活生产影响相对较小。

冲击桩受冲孔桩机工作原理的制约，噪声污染很难避免，检测 30m 范围噪声竟达 100dB 以上，尤其是进入岩层冲孔施工时，噪声将更大，容易造成噪声污染。

旋挖钻移位靠自身履带可以自行移动，无须其他机械配合，从一个桩位转移到另一桩位一般 15～20min 即可。

冲击钻靠自身卷扬或者起重机械配合，从一个桩位转移到另一桩位一般需 60～90min，甚至更长。

### 12.34.11 应用工程案例

**【案例 12－33】** 某市某高层住宅工程，本工程桩基础拟采用混凝土灌注桩，桩径分 1.2m 和 1.4m 两种，桩长初步设为 21～50m，实际施工桩长为 22～60.5m，共 325 根桩。场地地质情况由上至下分别为人工填土层、冲积层、残积层和基岩层。其中基岩依据其风化程度分为全风化、强风化、中风化和微风化四个岩带。桩端持力层为微风化岩层，其单轴抗压强度为 11MPa，完全符合旋挖机的施工要求。

该工程在桩基设计过程中采用了旋挖、冲孔两种成孔方式，通过对比，得出如下结论：

（1）旋挖机、冲孔桩机整桩成孔工效随着成孔深度的增加而逐步提高，但旋挖机的工效提升速率比冲孔桩机的大。说明旋挖机成孔工效高的优势在长桩成孔中能更好地体现出来，并且成孔深度越大，旋挖成孔的优势就越大。

（2）旋挖机、冲孔桩机整桩成孔工效随着成孔直径的增大而逐步提高，但冲孔桩机提高的速率比旋挖机的大。由于旋挖机的最大输出扭矩是固定的，改用更大的钻头时，其施工效率也基本不变；而冲孔桩机因桩径变大时，可采用更大的桩锤，增大了输出功率，因此较大幅度的提升了施工效率。说明在小桩径桩基础的施工中采用旋挖机较冲孔桩机更有优势，而随着桩径的增大，这种优势逐渐减小。

（3）在进入微风化岩时，旋挖机与冲孔桩机的工效比达到最大值。因为旋挖机是带动力的主动钻进，在输出功率保持一致的情况下，其对土层、岩层的破坏力是一致的；而冲孔桩机是靠桩锤的自由落体产生的冲击力作为掘进力，故对岩层的破坏力远远比对土层破坏力低；所以在入岩阶段，冲孔桩机会大大降低工效，而旋挖机虽然也降低工效，但降低的幅度没有那么大。说明旋挖机比冲孔桩机更适合在入岩深度大或岩层地质条件多变的情况下施工。

结合以上三点，可以看出旋挖机在桩长较深、桩径较小、岩层丰富的条件下，能最大限度地发挥其优越性，其相对冲孔桩机的工效比也将达到最大化。

**【案例 12－34】** 某高层住宅工程，工程桩基础设计拟采用冲孔灌注桩施工，桩数量为 1500 根，桩身长度为 9～13m（平均值取 11m），桩端持力层为微风化粉砂岩，工程桩入岩深度为 2m。场地地质情况由上至下分别为人工填土、淤泥质粉质黏土、粉质黏土、泥质粉砂岩。取样岩石单轴抗压强度为 6～19MPa，属于较软质岩，完全符合旋挖桩机的施工要求。

应业主要求在桩基设计前对桩基选型进行了分析对比：

（1）施工成本对比。

通过分析对比，得出如下结论：在相同地质条件下，冲击成孔的施工成本低于旋挖成孔，其单价差最大为 305 元/$m^3$。随着桩径的变大，单价差也在随之缩小。

结合工效对比可以看出，旋挖成孔相对于冲击成孔而言，其成孔工效为后者的 3～5 倍，而成孔费用平均为后者的 1.25 倍，其费用增速较缓但工效增速迅速。在增加费用的同时，其成孔工效大幅度提高，这对缓解工期压力、保证如期完工是极为有利的。

（2）其他成本对比：购机费用。

1）旋挖钻机：整机的价格较贵，国产旋挖机价格为 400 万～500 万元，进口钻机价格为 600 多万元。对于一般的基础施工企业，一次性投资几百甚至上千万元购置设备有一定困难。

2）冲击桩机：1m 桩径的桩机，每台 11 万左右；1.5m 桩径的桩机，每台 12 万左右。价格相对低廉，设备购置费用较低。

（3）其他成本对比：维修费。

1）旋挖钻：用时长，旋挖机的全负荷正常工作寿命为 6000 多个小时，超过这一寿命后，一些部件就需要更换修理，尤其是液压系统主泵、动力头以及钻杆钻具，而往往这些关键部件的维修费用较高，时间也较长。需经常检查钢丝绳磨损情况、卡扣松紧程度、转向装置是否灵活，以免突然掉钻。

2）冲击桩机：冲击钻头磨损较快，每天均需检修补焊；遇地层不均匀，特别是岩溶地区容易出现卡锤、掉锤、斜孔等事故，维修耗时较长，但是维修成本较低。

（4）其他成本对比：材料成本。

冲击桩的混凝土充盈系数为 1.02～1.05。混凝土充盈系数为 1.2 以上，混凝土用量远多于旋挖桩。

（5）其他成本对比：淤泥排放。

1）旋挖桩：余泥量是理论方量的 1.3 倍左右，可降低运输成本且运输较为方便。

2）冲击桩：余泥量是理论方量的 1.8 倍左右，运输工程量增大且运输不便。

通过各方面的综合对比分析发现，相对于冲孔桩机而言，旋挖机机动灵活，成孔速度快，施工精度高，环境污染少，适应的地层和施工条件范围广，在成本略增加的情况下，其成孔工效可大幅度增加，极大满足了建筑对施工周期及施工质量上的要求。虽然旋挖桩在设备上的一次性投入较大，但是在质量、效率以及整体费用上考虑仍然是较为理想的施工工艺，能够从根本上保证经济效益及施工质量。

## 12.35 关于强夯及强夯置换在地基处理中的应用相关问题

### 12.35.1 强夯法及强夯置换法概述

长期以来，我国软弱地基处理手段中，一般首选各种桩基础及换填碾压的处理方法。20 世纪 80 年代开始，强夯法及强夯置换法开始在我国建筑工程推广应用。由于起步较晚，理论尚不完善，且起步阶段设备的落后，强夯法的应用不多。近年来，随着大能级强夯、超大能级强夯的推出，以及冲孔强夯置换、SDDC 等多种新型强夯工艺的推出，强夯法处理地基的优势日益显著。

依据工程实例，并结合多年的实践经验，总结出在许多地基处理项目中强夯法要比桩基及分层碾压成本低、效率高、效果好，因而可以作为更好的选项。

### 12.35.2 强夯工艺概述及特点

强夯技术起源于古老的夯实方法，是在重锤夯实法的基础上发展起来的，但又是在原理、加固效果、适用范围和施工工艺方面与重锤夯实法迥然不同的一项近代地基处理新技术，又称动力固结法或动力压实法。这种方法是用强夯设备将很重的夯锤反复提到一定高度使其自由落下，给地基以冲击和振动能量进行强力夯实，从而提高地基的强度并降低其压缩性，改善地基性能。目前使用的夯锤质量一般为 10～200t，提升高度在 8～40m。由于强夯法处理地基设备简单、原理直观、适用范围广泛，而且加固速度快、效果好、投资少，是当前较经济简便的地基加固方法之一。强夯处理地基原理如图 12－111 所示。

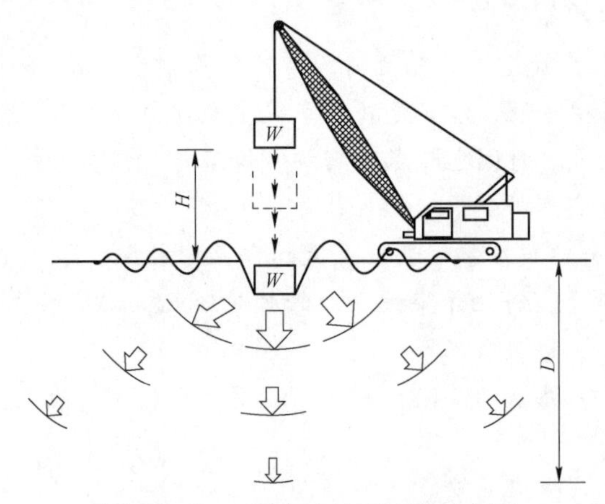


图 12－111　强夯法处理地基示意图

*W*—锤重；*H*—落距；*D*—最大加固深度

强夯技术较具有以下特点：

（1）适用性广泛。强夯工艺各类土层可用于加固各类砂性土、粉土、一般黏性土、黄土、人工填土，特别适宜加固一般处理方法难以加固的大块碎石类土以及建筑、生活垃圾或工业废料等组成的杂填土，结合其他技术措施亦可用于加固软土地基。

（2）应用范围广泛。可应用于工业厂房、民用建筑、设备基础、油罐、堆场、公路、铁道、桥梁、机场跑道、港口码头等工程的地基加固。

（3）加固效果显著。地基经强夯处理后，可明显提高地基承载力、压缩模量（见表 12－28），增加干重度，减少孔隙比，降低压缩系数，增加场地均匀性，消除湿陷性，膨胀性，防止振动液化。地基经强夯加固处理后，除含水量过高的软黏土外，一般均可在夯实后投入使用。

**表 12－28　　　　强夯法处理各种土体效果对比**

| 项目 | 土类型 | | | |
|---|---|---|---|---|
| | 细颗粒土（粉土、黏土及湿陷性黄土等） | 砂土等粗颗粒土 | 戈壁、碎石土及人工配制土夹石 | 备注 |
| 承载力特征值/kPa | 150～250 | 230～300 | 300～500 | — |
| 压缩模量/MPa | 8～15 | 15～20 | 22～30 | — |

说明：1）回填土与原土参考表 12－28，数值略有差异。

2）因土体本身含水率、粒径成分有差异，因而处理效果亦有差异。

（4）有效加固深度。目前超大能级强夯已可以达到 20 000kN・m，一般单层超高能级强夯处理深度达 15m，采用多层强夯处理深度更深。

（5）施工机具简单。强夯机具主要为履带式强夯机。当起吊能力有限时可辅以龙门式起落架或其他设施，加上自动脱钩装置。当机械设备困难时，还可以因地制宜地采用打桩机、龙门吊、桅杆等简易设备。施工现场如图 12－112 所示。

（6）节省材料。一般的强夯处理是对原状土施加能量，无须添加建筑材料，从而节省了材料，若以砂井、挤密碎石工艺配合强夯施工，其加固效果比单一工艺高得多，而材料比单一砂井、挤密碎石方案少，费用低。

图 12－112　施工现场

（7）节省工程造价。由于强夯工艺无须建筑材料，节省了建筑材料的购置、运输、制作、打入费用，仅需消耗少量油料，因此成本低。

（8）施工快捷。只要工序安排合理，强夯施工周期最短，特别是对粗颗粒非饱和土的强夯，周期更短。与挤密碎石桩、分层碾压、直接用灌注桩方案比较更为快捷，因此间接经济效益更为显著（见表 12－29）。

**表 12－29　　各种不同地基处理工艺性价比统计表**

| 处理方法 | 强夯 | 强夯置换 | 堆载预压 | 灌注桩 | 化学法 | CR 预制桩 | 真空预压 | 振冲法 | 灰土桩 | 注浆 | CFG 桩 | 砂井预压 | 水泥土桩 | 碎石桩 |
|---|---|---|---|---|---|---|---|---|---|---|---|---|---|---|
| 造价 | 1 | 1.2 | 4 | 12 | 12 | 16 | 2.8 | 2 | 2 | 6.4 | 6 | 4.4 | 2.4 | 2.4 |
| 工期 | 1 | 1.2 | 10 | 5 | 8 | 3 | 4 | 3 | 2 | 3 | 3 | 8 | 2 | 2 |

正是基于强夯法的上述优点，近年来，“以夯代碾”“以夯代桩”的理念越来越来得到认可。

## 12.35.3　强夯置换法工艺特点

### 1. 强夯置换法简介

强夯置换法是在强夯法和软弱地基换填或者强填相结合而发展起来的一种地基处理方法。它是采用在软弱地基上换填或者强填一定厚度的碎石、砂砾等透水性材料，利用强夯法的高能量冲击和挤压，将这些粗颗粒料挤压入土中，形成整体层式置换的地基，从而达到地基加固的目的（见图 12－113）。

图 12－113　强夯置换法夯孔锤

强夯置换法与强夯法的区别在于夯坑或夯孔内填料，成孔方式一般有三种：人工挖孔、冲击成孔和机械成孔。强夯置换法一般施工过程为：用强夯法冲击成较深夯坑或用其他方式成孔，在夯坑或孔内不断填入建筑垃圾、石块、碎石或其他粗颗粒材料，强行夯入并排开软土或回填土，在软土地基中形成大于夯锤直径的大颗粒墩。这种碎石或建筑垃圾开成的墩，我们也称之为置换墩或置换桩。置换墩一方面有置换作用，使建筑物荷载向桩体集中；另一方面有强夯加密作用，在对碎石强夯过程中，通过碎石向下的不断贯入，会使碎石桩下的土层受到冲击能的影响，从而得到加密，另外碎石桩有一个向四周的侧向挤出，也使桩侧的土层得到了加固；再一方面，碎石桩也起到了一个特大直径排水井的作用。

强夯法一般对细颗粒土加固效果要低一些，是由于强夯法加固细颗粒土时，是通过冲击能的作用使地基土压缩并产生裂隙，增加排水通道，使孔隙水顺利逸出，随着孔隙水压力的消散而提高土体强度。但是饱和细颗粒土由于土中黏粒含量多，粒间结合力强，渗透性低，孔隙水压力消散缓慢等原因，加固效果不显著且不稳定，所以工程界普遍认为，在强夯处理这类地基时必须给予排水的路径。而强夯置换法夯入软土中的碎石桩在夯实并挤密软土的同时也为饱和土中的孔隙水的排出提供了顺畅的通道，加速了软土在强夯过程中和夯后的排水固结，提高桩间土的强度。

**2. 强夯置换法的优势**

强夯置换法的优势在于以下几个方面。

（1）适用范围广泛。可广泛应用于可用于加固各类砂性土、粉土、一般黏性土、黄土、人工填土。尤其是处理湿陷性黄土、膨胀土、高回填土等多数软弱土等各类疑难地基效果显著，同时可用于煤矿采空区的治理及垃圾回填场的地基处理。

（2）成本低，效果好，效率高。由于形成了置换墩，强夯置换法可明显大幅度提高地基承载力、压缩模量，增加干重度，减少孔隙比，降低压缩系数，增加场地均匀性，消除湿陷性、膨胀性，防止振动液化。处理后由于地基压缩模量大幅提高，沉降变形小，处理后的复合地基整体刚度均匀。墩与墩间土的共同作用效果佳。墩孔中的材料在受到强力冲击挤压下，墩间土明显往侧向挤压密实，从而使处理后的复合地基上下均匀，横向抱紧成团，密实度高。

（3）可利用的资源很丰富，材料容易取得，且可以变废为宝。强夯置换法可直接利用废弃的建筑混凝土、废砖块，也可采用破碎后的道路混凝土。路面板是一种处理和重新利用建筑垃圾的新途径。在当前，很多建筑物和构筑物都达到或将达到设计使用年限或者丧失使用功能面临拆除的情况下，该法是一种不错的地基处理方法。在山区附近，可直接开凿山石，方便就地取材，节省运输费用。在炼钢厂附近，有好多钢渣堆积如山，采用钢渣，可节约占地面积，消除污染，美化环境。这种方法可以充分利用所在地的环境条件，节约钢材、水泥，经济效益显著，是一种处理和重新利用建筑垃圾的新途径。

### 12.35.4 工程案例

**【工程案例 12－35】** 甘肃白银铅冶炼厂工程。

工程地貌概况：所属地貌为典型黄土高原地貌，厚度大，最大失陷性黄土近 10m，且具有较强的湿陷性黄土特征，含水率在 9.1%～18.2%。通过试夯结果分析认为基于当时夯击设备条件限制，最大夯击影响深度仅能达到 5m 左右。为此，本工程经过分析研究决定，整个厂区先普遍强夯处理，处理后的地基承载力设计值达 150kPa（设计值是当时设计规范），然后对于荷载较大的厂房或重要建筑物再采用人工挖孔灌注桩处理。

处理效果：经检测强夯后地基土承载力达到 280kPa，完全满足设计要求。

主要技术要求：地基承载力达到 200kPa。

【工程案例 12-36】2017 年设计的葫芦岛某别墅工程，由于工程厂区上部分黄土状粉土厚度一般大于 5m，该层在场地普遍分布，该地层在距离自然地面下约 3m 深度范围内具有湿陷性，为Ⅱ级非自重湿陷性黄土场地。根据有关规范，需进行地基处理消除湿陷，提高地基承载力。于是结合地质勘察报告建议，采用强夯处理，且为了更进一步节约投资，仅处理每栋别墅相关范围之内。要求处理后地基承载力特征值 110～150kPa。

### 12.35.5 关于采用强夯处理地基振动对邻近建筑物影响问题

强夯是充分利用和发挥土层本身的作用，在没有其他建筑材料介入的地基上，通过施加夯击能，改变地基土的物理力学性质，使其满足工程要求，其突出优势是经济易行、节省材料。在施工便捷、质量可控、施工周期等方面也具有优势。

但强夯最大的不足是振动对周围环境及已有建筑物的影响，这也是制约其技术在城市民用建筑地基处理发展的重要因素。

《地基处理规范》作为强条要求：

“当强夯施工所引起的振动和侧向挤压对邻近建筑物和地下构筑物产生不利影响时，应设置监测点，并应采取挖隔振沟等隔振或防振措施。”

依据工程经验，建议不同能量级强夯施工振动安全距离的建议参考值如图 12-114 和表 12-30 所示。

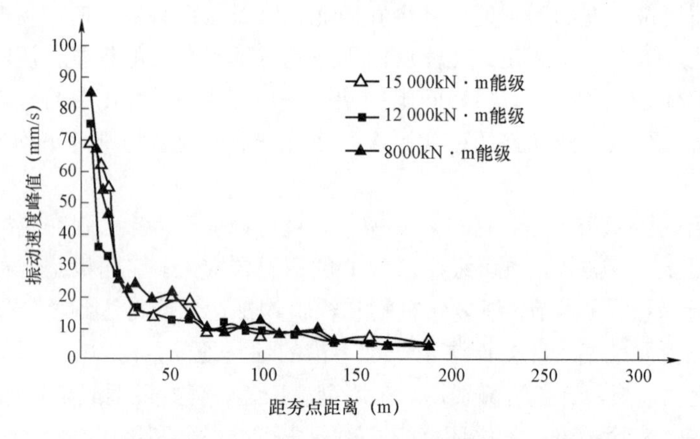


图 12-114　8000kN · m、12 000kN · m、15 000kN · m 强夯振速衰减曲线

表 12-30　不同能级强夯施工振动安全距离建议值

| 保护对象 | 不同能级强夯的安全距离/m | | | |
|---|---|---|---|---|
| | 8000kN · m | 10 000kN · m | 12 000kN · m | 15 000kN · m |
| 一般砖房、非抗震大型砌块建筑物 | 40 | 40 | 50 | 50 |
| 钢筋混凝土结构房屋 | 20 | 20 | 30 | 30 |
| 水电站及发电厂控制设备 | 160 | 170 | 170 | 190 |
| 新浇大体积混凝土 | 15 | 15 | 20 | 20 |

如果工程无法满足上述强夯振动安全距离，就应考虑采取挖隔振沟等措施。

### 12.35.6 对于采用强夯地基处理的建议

（1）多年工程实践表明，随着强夯工艺的不断发展和完善，通过强夯及强夯置换法处理后可明显大幅度提高地基承载力(可达到 250～450kPa 甚至更高)和地基土的压缩模量，增加干重度，减少孔隙比，降低压缩系数，增加场地均匀性，消除湿陷性、膨胀性，防止振动液化，可以满足大部分工业民用工程项目建（构）筑物的设计要求。强夯作为一种经济有效的地基处理技术，在各工程项目中的应用也必将进一步扩大。

（2）试夯。强夯和强夯置换施工前，应在施工现场选择有代表性的场地选取一个或几个试验区，进行试夯或试验性施工。每个试验区面积不宜小于 20m×20m，试验区数量应根据场地复杂程度、建筑规模及建筑类型确定。

（3）场地地下水位高，影响施工或夯实效果时，应采取降水或其他技术措施进行处理。

（4）强夯置换处理地基，必须通过现场试验确定其适用性和处理效果。

（5）强夯的有效加固深度，应根据现场试夯或地区经验确定，在缺少试验资料或地区经验时，可参考表 12－31 进行预估。

**表 12－31　　强夯的有效加固深度**　　（单位：m）

| 单击夯击能 $E$/（kN·m） | 碎石土、砂土等粗颗粒土 | 粉土、粉质黏土、湿陷性黄土等细颗粒土 |
|---|---|---|
| 1000 | 4.0～5.0 | 3.0～4.0 |
| 2000 | 5.0～6.0 | 4.0～5.0 |
| 3000 | 6.0～7.0 | 50～6.0 |
| 4000 | 7.0～8.0 | 6.0～7.0 |
| 5000 | 8.0～8.5 | 7.0～7.5 |
| 6000 | 8.5～9.0 | 7.5～8.0 |
| 8000 | 9.0～9.5 | 8.0～8.5 |
| 10 000 | 9.5～10.0 | 8.5～9.0 |
| 12 000 | 10.0～11.0 | 9.0～10.0 |

注：1. 强夯法的有效加固深度应从最初起夯面算起；也就是说有条件时可以分层夯实。

2. 单击夯击能 $E$＞12 000kN·m 时，强夯的有效加固深度应通过试验确定。

3. 表中给出的最大夯击能及最大影响深度是 2012 年以前的技术水平，目前已经具有更大的夯击能及影响深度的技术。

# 主 要 参 考 文 献

［1］徐培福. 复杂高层建筑结构设计［M］. 北京：中国建筑工业出版社，2005.

［2］傅学怡. 实用高层建筑结构设计［M］. 2 版. 北京：中国建筑工业出版社，2010.

［3］本书编委会. 建筑抗震构造手册［M］. 北京：中国建筑工业出版社，2013.

［4］金新阳. 建筑结构荷载规范理解与应用［M］. 北京：中国建筑工业出版社，2013.

［5］徐有邻，刘刚. 混凝土结构设计规范理解与应用［M］. 北京：中国建筑工业出版社，2013.

［6］腾延京. 建筑地基处理技术规范理解与应用［M］. 北京：中国建筑工业出版社，2013.

［7］国家标准建筑抗震设计规范管理组. 建筑抗震设计规范统一培训教材［M］. 北京：地震出版社，2010.

［8］王依群. 混凝土结构设计计算算例［M］. 3 版. 北京：中国建筑工业出版社，2016.

［9］黄世敏，杨沈，等. 建筑震害与设计对策［M］. 3 版. 北京：中国计划出版社，2009.

［10］龚思礼. 建筑抗震设计手册［M］. 2 版. 北京：中国建筑工业出版社，2002.

［11］刘大海，等. 高层建筑抗震设计［M］. 北京：中国建筑工业出版社，1993.

［12］王亚勇，戴国莹. 建筑抗震设计规范疑问解答［M］. 北京：中国建筑工业出版社，2006.

［13］胡庆昌，等. 建筑结构抗震减震与连续倒塌控制［M］. 北京：中国建筑工业出版社，2007.

［14］住房城乡建设部. 建筑工程施工图设计文件技术审查要点［M］. 北京：中国城市出版社，2014.

［15］易方民，高小旺，苏经宇. 建筑抗震设计规范理解与应用［M］. 2 版. 北京：中国建筑工业出版社，2011.2.